WALTER A. MUSCIANO

Die berühmten Me 109 und ihre Piloten

1939-1945

WELTBILD VERLAG

Einbandgestaltung: Siegfried Horn, unter Verwendung von Motiven aus »Adler« und »Signal«, die im Motorbuch Verlag Stuttgart erschienen sind.

Copyright © by Walter A. Musciano.
Das Originalwerk ist 1982 unter dem Titel »Messerschmitt Aces« erschienen bei Arco Publishing, Inc., New York.

Die Übertragung ins Deutsche besorgte:
Wolfgang Dierich

Meiner geliebten Tochter Tess, in Liebe und Stolz.

Genehmigte Lizenzausgabe für
Weltbild Verlag GmbH, Augsburg 1994
© by Motorbuch Verlag, Stuttgart
Ein Unternehmen der Paul Pietsch-Verlage GmbH & Co.
Sämtliche Rechte der Verbreitung in deutscher Sprache – in jeglicher Form und Technik – sind vorbehalten.
Gesamtherstellung: Offizin Andersen Nexö, Leipzig
Printed in Germany
ISBN 3-89350-557-1

Inhalt

Danksagung

Der Autor dankt Mara Musciano für die Recherchen ausländischer Quellen und die damit verbundenen Übersetzungen; John W. Conrad und Fred Muller für die Hilfe bei Übersetzungen deutscher Dokumente und Briefe; A.E. ›Ed‹ Ferko und Lorenz Rasse für Fotos und biographische Informationen; der französischen Armée de l'Air; der deutschen Gemeinschaft der Jagdflieger; der USAF; General Adolf Galland; General Hannes Trautloft; Robert Roland Stanford Tuck; Clive ›Killer‹ Caldwell; Walker Mahurin; der amerikanischen Gemeinschaft der Jagdflieger; Bruce Reynolds und dem Luftfahrtmuseum San Diego; Günther Rall; Gerhard Barkhorn; Aladar de Heppes; Robert S. Johnson; Douglas Bader; Walter Boyne, Kustos und Museumsdirektor im National Air and Space Museum, Smithsonian Institution, Abteilung für Luftfahrt, für Fotos und biographische Hintergrundinformationen. Ihnen allen ganz herzlichen Dank! Besonders danke ich Diane M. Jenkins für ihre unermüdliche Arbeit bei der Erstellung des Manuskripts.

Einführung

»Krieg war einst grausam und großartig; jetzt ist der Krieg grausam und schmutzig.« Dieser scharfsinnigen Feststellung, die der allseits bekannte Soldat/Staatsmann/Historiker Winston Churchill traf, kann ohne weiteres zugestimmt werden, nur eine Ausnahme gibt es: Der Einsatz von Jagdflugzeugen im Luftkrieg. Das Großartige, auf das Churchill anspielte, betraf den Kampf Mann gegen Mann, Angesicht zu Angesicht, ganz wie es die Kämpfer im Altertum und Mittelalter pflegten. Den modernen, unpersönlichen Kampf mit hochtechnisierten Waffen erachtete er als eine schmutzige und entwürdigende Sache. Kaum waren Jagdflieger im Ersten Weltkrieg am Himmel über den Schlachtfeldern aufgetaucht, entwickelten sich die Kämpfe von Mann gegen Mann wie zu den Zeiten der alten Ritter im Mittelalter. Hervorragende Kampfflieger wie William Bishop, René Fonck und Manfred von Richthofen waren in ihrer Zeit so etwas wie Achilles, Horaz, Roland, Tankred oder andere legendäre Ritter. Nach dem Waffenstillstand, auch in den zwanziger und dreißiger Jahren stimmten die Militärtheoretiker darin überein, daß die Zeiten ritterlicher Luftkämpfe vorüber seien. Der Zweite Weltkrieg belehrte sie jedoch eines besseren. Sicher, die Kontaktphase der Gegner im Luftkampf war viel kürzer, weil die Geschwindigkeiten größer waren und die modernen Maschinenwaffen schneller feuerten, aber irgendwie läßt es sich doch noch mit dem vergleichen, was Churchill einen ›großartigen‹ Krieg nannte.

Im Zweiten Weltkrieg wurden von beiden kriegführenden Parteien bisher unglaubliche Mengen an Mensch und Material in den Kampf geworfen. Am bedeutendsten und entscheidendsten war der Luftkrieg, der Schlachten, Feldzüge und den Krieg selbst schließlich entschied. Die Luftstreitkräfte der Kriegführenden gründeten auf den verschiedensten taktischen und strategischen Vorstellungen und Theorien, die, wie wir noch sehen werden, insbesondere der deutschen Jagdwaffe eine fast unbezwingbare Aufgabe aufbürdeten. Es waren die übermenschlichen und atemberaubenden Leistungen der deutschen Jagdfliegerasse, die den Autor anspornten, sich näher mit dem Thema zu befassen, um mit zahlreichen Legenden, Ungenauigkeiten und übler Kriegspropaganda aufzuräumen, die über diese tapferen Männer verbreitet wurden. Wenn man sich wissenschaftlich, mit kühlem Kopf und sachlich, ohne Emotionen an die Sache begibt, wird man feststellen können, daß die deutschen Jagdflieger des Zweiten Weltkriegs faire Gegner waren, die sich ohne weiteres mit den legendären Rittern vergangener Zeiten messen können.

Die fünf besten Jagdflieger der Luftwaffe schossen insgesamt 1453 Luftgegner ab: Erich Hartmann – 352; Gerhard Barkhorn – 301; Günther Rall – 275; Otto Kittel – 267; Walter Nowotny – 258! Hätte man diese erstaunliche Zahl abgeschossener alliierter Flugzeuge nebeneinander auf einem Feld aufgestellt, so entspräche dies einer Fläche von 10 ha oder 100000 m², mit anderen Worten einem Feld von etwa 316 m Seitenlänge! 50 alliierte Staffeln waren das. In der Tat eine beachtliche Menge von Flugzeugen!

Der Begriff »As« war bei den Alliierten eine inoffizielle Bezeichnung für einen Jagdflieger, der fünf und mehr feindliche Flugzeuge abgeschossen hat. Bei der deutschen Luftwaffe gab es diesen Begriff nicht. Sie nannte ihre hervorragenden Jagdflieger nur »Experten«, den man nur als Titel erhielt, wenn man weit mehr als fünf Luftsiege erzielte. Ein Jagdflieger mußte durch stetige Leistungen erst den Beweis erbringen, daß er sich des außergewöhnlichen Titels eines »Experten« würdig erwies.

Würden wir nach alliierten Maßstäben messen (RAF/USAAF), so hätte die Luftwaffe im Zweiten Weltkrieg mehr als 3000 »Asse« hervorgebracht! Vergleicht man damit die Zahl alliierter »Asse« auf dem europäischen Kriegsschauplatz (Europa und Mittelmeerraum), wird die außergewöhnliche Leistung der deutschen Jagdwaffe erst offenbar; Royal Air Force (inklusive Kanada, Australien, Neuseeland) 868 (Spitzenmann: 40 Luftsiege); USAAF (8. Luftflotte) 262 (Spitzenmann: 24 Luftsiege); UdSSR 162 (Spitzenmann: 62 Luftsiege); Frankreich 130 (Spitzenmann: 33 Luftsiege); Südafrika 23 (Spitzenmann: 15 Luftsiege); Amerikaner in der RAF 20 (Spitzenmann: 25 Luftsiege); Polen 47 (Spitzenmann: 18 Luftsiege); Norwegen 16 (Spitzenmann: 16 Luftsiege); Tschechoslowakei 12 (Spitzenmann: 28 Luftsiege). Insgesamt also 1540 »Asse«.

Zwei deutsche Jagdflieger erzielten mehr als 300 Luftsiege, 13 zwischen 200 und 300, 92 zwischen 100 und 200

Links und rechts oben:
Ein Jagdflieger bereitet sich auf einen Einsatz zur freien Jagd über Südostengland vor. Man beachte die Signalmunition und Signalpistole, die griffbereit um die Beine geschnallt sind. Er trägt eine Schwimmweste, weil Hin- und Rückflug sowie die Luftkämpfe sich hauptsächlich über Wasser abspielen. Der 1. Wart hilft ihm beim Anlegen des Fallschirms.

Mitte der zwanziger Jahre wurde Erhard Milch Vorstandsmitglied der Lufthansa. Unter strenger Geheimhaltung wurde militärische fliegerische Ausbildung betrieben.

Hermann Göring, Alter Adler und mit 22 Luftsiegen Träger des Pour le Mérite, gelang es, zahlreiche Weltkriegsflieger für den Aufbau der Luftwaffe zu gewinnen.

Oben: Auf diesem seltenen Foto sieht man vier Jagdgeschwaderführer kurz vor Ende des Ersten Weltkriegs vereint. v. l.: Oskar von Boenigk, Eduard Ritter von Schleich, Bruno Loerzer und Hermann Göring. Alle wirkten beim Aufbau der Luftwaffe mit und bekleideten Führungspositionen.

Links: Generaloberst Hans-Jürgen Stumpff war zunächst Chef des Luftwaffenpersonalamts, dann Chef des Generalstabs der Luftwaffe. Während des Krieges war er Chef der Luftflotte 5 in Norwegen.

Im Ersten Weltkrieg nannte man Eduard Ritter von Schleich den Schwarzen Ritter. Er baute das NSFK (Nationalsozialistisches Fliegerkorps) auf und trug wesentlich zur Verbreitung des Fluggedankens in Deutschland bei. Er war einer der ersten, der sich auf Bitten Görings bereit erklärte, am Aufbau der Luftwaffe mitzuwirken.

Ernst Udet und Hermann Göring, die sich von gemeinsamen Fronteinsätzen im Ersten Weltkrieg kannten, verband kein besonders kameradschaftliches Verhältnis, dennoch arbeiteten sie am Aufbau der Luftwaffe zusammen.

9

Oben: 1936 schlug Walther Wever, Chef des Generalstabs der Luftwaffe, den Aufbau einer ausgewogenen Luftwaffe mit Jägern und Bombern vor. Man hörte nicht auf ihn. General Wever ganz links im Bild, in der Mitte General von Blomberg, ganz rechts Erhard Milch.

Links: Schon 1909 sagte der italienische Oberstleutnant Giulio Douhet voraus, daß das Flugzeug zu einer entscheidenden Waffe reifen wird. Er schlug Luftstreitkräfte mit taktischen und strategischen Aufgaben vor, die in einem ausgewogenen Verhältnis zueinander stehen müßten. Die für den Aufbau der Luftwaffe Verantwortlichen verschlossen sich seinen Luftkriegstheorien. Die Jagdwaffe hatte dafür den Preis zu zahlen.

Unten links: Ein weiterer Weltkriegsflieger, der in die Reihen der Luftwaffe trat, war General Joachim-Friedrich Huth. Obwohl er im Ersten Weltkrieg ein Bein verloren hatte, führte er im Frankreich-Feldzug und während der Luftschlacht um England sein Geschwader im Gefecht. Nach seiner Verwendung als Jafü 2 führte er verschiedene Jagddivisionen und schließlich das I. Jagdkorps.

Unten rechts: General Kurt von Döring, der schon im Ersten Weltkrieg im Jagdgeschwader Richthofen flog und 11 Luftsiege erzielte, stellt auch seine Erfahrungen in den Dienst der neuen Luftwaffe. 1943 befehligte er die 1. Fliegerdivision in Holland.

und etwa 360 zwischen 40 und 100. Diese Zahlen werden nur dadurch verständlich, wenn man sich einmal vorstellt, daß die Jagdflieger der Luftwaffe sich von 1939 bis 1945 in einer Art und Weise unbarmherzig schinden mußten, wie es kein Jagdflieger anderer Nation tun mußte. Panzer und Infanterie im Spanischen Bürgerkrieg, im Polenfeldzug, in Dänemark, Norwegen, Holland, Belgien und Frankreich hätten nie die Erfolge erzielen können, wenn es die Jagdwaffe der Luftwaffe nicht gegeben hätte, die in taktischer und technischer Hinsicht vor der Räumung Dünkirchens auf ihrem Höhepunkt angelangt war. Der propagandistisch geschickt aufbereitete Einsatz der Luftwaffe gegen England war im Vergleich zu den ständigen Luftangriffen englischer und amerikanischer Verbände gegen das Reich kaum der Rede wert. Die tapferen englischen Jagdflieger, die die kurze, halbherzige deutsche Luftoffensive – die Luftschlacht um England – zum Scheitern brachten, nannte man die ›wenigen Unsterblichen‹. Aber die gleichermaßen tapferen deutschen Jagdflieger, die versuchten, der alliierten Bomberoffensive Einhalt zu gebieten, sind der Vergessenheit anheimgefallen. Und das trotz der Tatsache, daß die Jagdwaffe in einem Monat während der alliierten Luftoffensive allein mehr Verluste erlitt als während der gesamten Luftschlacht um England!

Zumeist zahlenmäßig unterlegen, mußten deutsche Jagdflieger während des Krieges täglich bis zu fünf Feindflüge durchführen. Insgesamt 500 bis 1000 Feindflüge an der Front waren keine Seltenheit. Es ist fraglich, ob außer den wenigen großen alliierten Jagdfliegern noch andere insgesamt 100 Feindflüge im Kriege erreichten. Der laufende, anstrengende Einsatz an der Front gab dem deutschen Jagdflieger die Möglichkeit, viele Luftsiege zu erringen, andererseits aber auch eine erhöhte Chance, dem Bordwaffenbeschuß durch alliierte Jäger zum Opfer zu fallen. Viele wurden dutzendmal und mehr abgeschossen, um dann wieder an die Front zurückzukehren und weitere Luftsiege zu erzielen.

Die außerordentlichen Erfolge der Jagdflieger standen in scharfem Gegensatz zu den falschen Entscheidungen, die die unfähige Führung des Oberkommandos der Luftwaffe traf. Trotz der Unfähigkeit und mangelnder vorausschauen-

General Werner Junck erzielte im Ersten Weltkrieg 5 Abschüsse und wurde 1939 der erste Inspekteur der Jagdflieger. 1943 führte er als Jafü 3 die 3. Fliegerdivision.

den Planungen taten deutsche Jagdflieger hervorragend und tapfer ihre Pflicht im Sinne bester soldatischer Tradition.

Der deutsche Jagdflieger war ein ritterlicher Soldat. Er kämpfte zwar hart, aber er folgte dabei den Regeln des Fairplay. Zu seinen Grundsätzen zählte: Schieße nie auf einen am Fallschirm hängenden Piloten oder auf ein notgelandetes Feindflugzeug. Es gibt keinen Nachweis darüber, daß gegen diesen Grundsatz je verstoßen worden wäre.

Wie unvoreingenommene Untersuchungen bestätigen, kämpften deutsche Jagdflieger genauso tapfer für ihr Vaterland, wie es Soldaten aller Nationen taten. Die Luftwaffe und insbesondere ihre Jagdflieger werden stets bei denen einen besonderen Platz des Interesses einnehmen, die sich näher mit Kriegsgeschichte und dem Schicksal der kämpfenden Truppe beschäftigen.

Dieses Buch widmet sich der Geschichte der deutschen Jagdwaffe und ihren Männern.

Teil I

Die Kriegsschauplätze – Luftkrieg an drei Fronten

DIE LUFTWAFFE VOR DEM ZWEITEN WELTKRIEG

Nachdem die Mittelmächte den Krieg von 1914–1918 verloren hatten, war es Deutschland nach dem Vertrag von Versailles verboten, Luftstreitkräfte zu haben und Flugzeuge aller Art zu bauen. Vier Jahre später lenkten die Alliierten ein und genehmigten Deutschland den Bau ziviler Flugzeuge. Nach dem Verbot von Luftstreitkräften und der Gewährung eines nur kleinen Reichsheeres, dem reine Verteidigungsaufgaben oblagen, bemühte sich Deutschland mit allen Mitteln darum, diese militärische Hilflosigkeit unter allen Umständen zu überwinden. Die Flugzeugwerke von Focke-Wulf, Heinkel, Dornier und Junkers, aber auch begabte Flugzeugkonstrukteure, wie Willy Messerschmitt, Kurt Tank, Ernst Heinkel und Claudius Dornier, boten erstaunlichen Erfindergeist auf, um Zivilflugzeuge zu entwickeln, die sich ohne großen Aufwand in militärische Versionen umbauen ließen. Natürlich hatten diese Entwürfe gewisse Schwächen, die es bei einer reinrassigen Militärflugzeugentwicklung nicht gegeben hätte. Langsam und stetig entstand eine noch getarnte Luftwaffe.

General Hans von Seeckt, Chef der Heeresleitung der Reichswehr, hatte persönlich maßgeblichen Anteil am Wiederaufbau von deutschen Luftstreitkräften. Im Frühjahr 1920 führte er mit dem sowjetischen Kriegskommissar Leon Trotzki mehrere Gespräche und eine Reihe von Verhandlungen. In den Folgen der Oktoberrevolution war das gesamte Offizierkorps mehr oder weniger zerschlagen worden, und jetzt brauchte die UdSSR dringend gut ausgebildetes militärisches Führungspersonal und qualifizierte Techniker. Deutschland verfügte über einen Kern hervorragend ausgebildeter Offiziere und Soldaten, für die man einen geeigneten Platz suchte, wo im Geheimen militärisches Gerät erprobt und Flugzeugführer ausgebildet werden konnten, ohne daß die allgegenwärtige Überwachung der Alliierten Waffenstillstandskommission drohte.

Sowohl Deutschland als auch die Sowjetunion brachten ihre Wünsche, aber auch ihre Angebote und Möglichkeiten ins Gespräch, so daß man sich bald handelseinig wurde. Im Gegenzug zur Nutzung russischen Geländes für eine deutsche fliegerische Ausbildung bildeten die Deutschen dafür russische Offiziere aus. Bis Herbst 1922 trafen fast 400 deutsche Techniker und erfahrene Fluglehrer in Rußland ein. Viele von ihnen nahmen später Führungspositionen in der Luftwaffe ein. Die deutsch-russische Fliegerschule in Lipzek, etwa 320 km südlich von Moskau gelegen, diente vornehmlich der Ausbildung deutscher Flieger, gab aber auch den Russen die Möglichkeit, deutsche Ausbildungsmethoden, Taktik und Organisation kennenzulernen, die nach dem Ersten Weltkrieg stetig weiterentwickelt worden waren. Andererseits konnten sich die Deutschen mit russischen Problemen vertraut machen und die sowjetischen Ansichten über eine Luftkriegsführung in Erfahrung bringen.

Da das Deutsche Reich etwa ein Drittel des Kapitals der Deutschen Lufthansa AG kontrollierte und diese Luftverkehrsgesellschaft massiv subventionierte, konnte von Seeckt seinerseits in dieser Monopolgesellschaft Einfluß gewinnen, indem er wichtige Positionen durch Männer seines Vertrauens besetzen lassen konnte. Dazu zählte auch Erhard Milch, der früher bei den Junkers Werken tätig war und jetzt Direktor der Lufthansa wurde. Milch sorgte dafür, daß in den Verkehrsfliegerschulen militärische Fliegerausbildung, wie Kunstflug, Verbandsflug, Luftkampf, Bombenwurftheorie und ähnliche Bereiche, nicht zu kurz kam.

General Hugo Sperrle bekleidete vor seinem Eintritt in die Luftwaffe bis zum Ende des Krieges höchste Führungspositionen. 1937 befehligte er die ›Legion Condor‹ in Spanien, um dann mit Beginn der Luftschlacht um England Chef der Luftflotte 3 zu werden, die er bis 1944 führte, als die alliierten Bomberoffensiven gegen Kontinentaleuropa begannen.

Nachdem der Weltkriegsflieger Wolfram Freiherr von Richthofen Chef des Technischen Amtes der Luftwaffe gewesen war, wurde er als Chef des Stabes der ›Legion Condor‹ berufen. Später füllte er zahlreiche Führungspositionen aus, so vor allem als Kommandierender General des VIII. Fliegerkorps.

Diese Me 109B-2 dienten bereits im April 1937 im Spanischen Bürgerkrieg. Typisch die Markierung mit dem Andreaskreuz.

13

Im Hintergrund Me 109 in Bereitschaft, bereiten sich Jagdflieger der J 88 auf ihren Einsatz vor.

Eine Me 109 der J 88 stürzt sich auf ihr Ziel.

Auf diesem Bild sieht man einen Me 109-Schwarm (4 Flugzeuge), der aus zwei Rotten zu je zwei Flugzeugen besteht. Die RAF nennt diese Formation ›finger four‹, während die USAF den Begriff ›double attack‹ verwendet. Die Maschine oben bildet mit der Maschine rechts eine Rotte, genauso die Maschine ganz links und in der Mitte. Man beachte die relativ großen Abstände zwischen den Flugzeugen.

Reichsmarschall Göring an der französischen Kanalküste mit General Albert Keßelring (links) und General Bruno Loerzer.

Mit 14 bestätigten Luftsiegen war Werner Mölders Spitzenmann unter den Jagdfliegern im Spanischen Bürgerkrieg. Hier ein Bild von ihm nach Rückkehr von einem Einsatz.

Auch General Robert Ritter von Greim stand von Anfang an beim Aufbau der Luftwaffe zur Verfügung. 1939 führte er die 5. Flieger-division. Nach Verwendungen als Oberbefehlshaber einer Luft-flotte landete er 1945 auf der Ost-West-Achse des brennenden Berlin, um sich im Bunker bei Hitler einzufinden. Hitler tobte über Görings Versuch, die Führung des Reichs an sich zu reißen und ernannte von Greim zum Oberbefehlshaber der geschlage-nen Deutschen Luftwaffe. Der Alte Adler beging am 24. Mai 1945 Selbstmord.

1918 führte General Alfred Keller das Bombengeschwader Nr. 1 (BOGOHL 1). Sehr bald folgte er Görings Ruf. Zu seinen vielen Führungspositionen zählte 1939 die 4. Fliegerdivision und die Luftflotte 1 am Nordabschnitt der Front in Rußland.

Als 1933 die sehr antikommunistisch eingestellte NSDAP mit Adolf Hitler an die Macht kam, wurde die geheime Ausbildung deutscher Flieger in der Sowjetunion natürlich sofort eingestellt. Dafür half das faschistische Italien dem deutschen Verbündeten. Benito Mussolini lud die deutschen Flieger ein, mit seiner Regia Aeronautica die taktische Ausbildung gemeinsam weiterzuführen. Als Tiroler und Touristen getarnt, machten sich Personal der Lufthansa und junge begeisterte Flieger auf den Weg über die Alpen nach Italien, wurden mit italienischen Luftwaffenuniformen eingekleidet und flogen italienische Flugzeuge im Rahmen ihrer taktischen Aus- und Weiterbildung. Italo Balbo, der berühmte italienische Langstreckenflieger, und Hermann Göring, hochdekorierter Jagdflieger des Ersten Weltkriegs, hatten dieses Ausbildungsabkommen vereinbart, wo in Dreimonatskursen viele der zukünftigen Spitzenkönner der Luftwaffe geschult wurden.

Im März 1935 kündigte Deutschland die Vereinbarungen des Vertrages von Versailles auf. Die allgemeine Wehrpflicht wurde ausgerufen, und gleichsam über Nacht mußte die Weltöffentlichkeit zur Kenntnis nehmen, daß eine Wehrmacht mit 36 Heeresdivisionen und einer Luftwaffe mit 20 000 Mann Realität zu werden schien, weil man sich dreizehn Jahre im Geheimen darauf vorbereiten konnte. Hermann Göring hatte es durchgesetzt, daß die Luftwaffe gleichberechtigt neben dem Heer und der Kriegsmarine selbständiger Teil der Wehrmacht wurde, während die amerikanischen Luftstreitkräfte noch eingebunden waren in Befehlsstrukturen des Heeres oder der Kriegsmarine. Göring, der bisher ziviler Reichskommissar für Luftfahrt gewesen war, wurde zum Reichsluftfahrtminister ernannt. Sehr schnell verfügte er, daß alle Flieger- und Segelfliegervereine, deren es sehr viele gab, sich zum Deutschen Luftsportverband vereinigten, dem offiziellen Organ, das von der Regierung gefördert wurde. In diesem Verband ließ sich auf legaler Basis die Ausbildung zukünftiger Luftwaffenpiloten organisieren. Im Reichsluftfahrtministerium wurde auch eine getarnte Dienststelle geschaffen, das sogenannte C-Amt, das für die Auswahl und Erprobung von Flugzeugen der neuen Luftwaffe zuständig war.

Als äußerst wertvoll erwiesen sich Görings persönliche Kontakte, die er mit seinen Kriegskameraden pflegte. Jetzt bat er sie, ihre Erfahrungen beim Aufbau der Luftwaffe zur Verfügung zu stellen. Kurz vor dem Waffenstillstand von 1918 hatte die Kriegsmarine gemeutert, das geschlagene Heer revoltiert und hatten viele Kompanien sich der bolschewistischen Sache verschrieben. In vielen Städten tobte der Mob und Pöbel. Nur die kaiserlichen Luftstreitkräfte blieben loyal und erzielten noch in den letzten Tagen des Krieges beachtliche Erfolge. Die ehemaligen Flieger konnten nie verstehen und verwinden, warum sie kapitulieren sollten, wo sie doch in der Luft unbesiegt geblieben waren.

Begeistert von der Idee, daß es wieder Flieger und Luftstreitkräfte geben sollte, folgten viele der berühmten Weltkriegsflieger und andere Fachleute dem Aufruf Görings, um Schlüsselfunktionen in der neuen, jungen Luftwaffe einzunehmen. Um nur einige zu nennen, die zu den Männern der ersten Stunde beim Aufbau der Luftwaffe zählten: Theodor Osterkamp, 32 Luftsiege; Alfred Keller, 1918 Kommandeur des Bombengeschwaders 1; Eduard Ritter von Schleich, 35 Luftsiege; Kurt Student, 5 Luftsiege; Werner Junck, 5 Luftsiege; Bruno Loerzer, 45 Luftsiege; Hans Klein, 22 Luftsiege; Friedrich Christiansen, 21 Luftsiege; Wolfram von Richthofen, 8 Luftsiege; Hugo Sperrle, Kommandeur der Flieger 7. Armee; Robert Ritter von Greim, 25 Luftsiege; Hilmer von Bülow-Bothkamp, 6 Luftsiege; Kurt von Döring, 11 Luftsiege; Oskar von Boenigk, 26 Luftsiege; Joachim Friedrich Huth, der im Ersten Weltkrieg ein Bein verlor; Karl-August von Schönebeck, 8 Luftsiege; Erich Mix und viele andere mehr. Hermann Göring, 22 Luftsiege, Träger des Pour le mérite, der höchsten Kriegsauszeichnung im Ersten Weltkrieg, berief Walther Wever als Chef des Generalstabes der Luftwaffe, Hans-Jürgen Stumpff als Chef des Luftwaffenpersonalamtes und Erhard Milch zum Staatssekretär der Luftfahrt.

Diese ›Alten Adler‹, wie man sie nannte, wurden verdientermaßen entsprechend gewürdigt, man erwies ihnen allseits die angemessene Reverenz. In der Luftwaffe sah man in ihnen jedoch nicht nur die Wahrer mehrer Traditionen, sondern viele von ihnen dienten auch als Truppenführer in Geschwadern, Gruppen und Staffeln. Sie waren in der Tat an verantwortlicher Stelle in die Führungsstruktur der Luftwaffe eingebunden. Einige von ihnen, so Erich Mix, Harry von Bülow und Theodor Osterkamp, flogen im Zweiten Weltkrieg noch Jagdeinsätze und erzielten Luftsiege gegenüber jungen alliierten Piloten, die ihre Söhne hätten sein können! Nur bei der deutschen Luftwaffe gab es Jagdflieger des Ersten Weltkriegs, die noch Luftkämpfe im Zweiten Weltkrieg ausfochten.

Trotz der Fülle hervorragender Flieger, die Görings Ruf folgten, gab es doch einen der besten Jagdflieger des Ersten Weltkriegs, der nichts mit der neuen Luftwaffe zu tun

Hilmer von Bülow-Bothkamp war Kommodore des JG »Richthofen« Nr. 2 und anderer Verbände. Später war er Kommandeur der 5. Jagddivision und Jafü 4.

◄

▲

General Kurt Student, 5 anerkannte Luftsiege im Ersten Weltkrieg, baute die deutsche Fallschirmtruppe auf, die Teil der Luftwaffe war. Seine Planungen kamen beim Einsatz gegen Norwegen und Kreta zum Tragen.

◄

General Hans Jeschonnek, Weltkriegsflieger, spielte schon bei der geheimen Ausbildung deutscher Flieger in der Sowjetunion eine wesentliche Rolle. 1939 wurde er als Nachfolger von Keßelring Chef des Generalstabs der Luftwaffe.

haben wollte. Es war Ernst Udet, nach Manfred von Richthofen, dem ›Roten Baron‹, mit 62 Luftsiegen an zweiter Stelle in der Abschußliste deutscher Jagdflieger des Ersten Weltkriegs stehend. Nach dem Waffenstillstand hatte sich Udet dem gewidmet, was er über alles liebte, nämlich dem Fliegen. Er bewies auf internationalen Flugtagen seine außergewöhnlichen fliegerischen Begabungen und wirkte als Double und Kunstflieger – Stuntman – bei Filmproduktionen mit. Seine vorzüglichen Kunstflugdarbietungen machten ihn zum beliebtesten und berühmtesten Kunstflieger seiner Zeit. Für einige Zeit versuchte sich Udet auch als Flugzeughersteller, wobei er einige flugzeugtechnische Erfahrungen sammeln konnte. Obwohl er ein sehr erfolgreicher Jagdflieger war und unter Baron von Richthofen und Göring diente, verabscheute Udet das Töten und den Krieg. Für den pompösen Göring hatte er nur Spott übrig. Trotz wiederholter Absagen ließ Göring nicht locker, Udet immer wieder eine führende Stellung im Luftfahrtministerium anzubieten.

1934 waren in der Luftwaffenführung die Meinungen darüber geteilt, in welche Richtung die Flugzeugentwicklung gehen sollte. Eine Richtung bevorzugte den Sturzbomber, ein Flugzeugtyp, dem Udets besonderes Interesse galt, seit er in den USA an den Versuchen mit einem diesbezüglichen Flugzeug teilnehmen konnte. Erhard Milch und Major Wolfram von Richthofen, Chef des Technischen Amtes, lehnten das ab, wohingegen General Walther Wever sowohl Sturzbomber als auch Fernbomber zu entwickeln und zu produzieren forderte. Da Ernst Udet befürchtete, daß der Sturzbomber möglicherweise nicht angeschafft wird, wenn er sich nicht dafür einsetzen kann, willigte er schließlich ein, seinen Kameraden in die Reihen der Luftwaffe zu folgen. Als Oberst übernahm er den Posten des Chefs des Technischen Amtes. Nachdem er von Richthofen abgelöst hatte, fand er in den Akten ein von Richthofen verfaßtes Papier, aus dem hervorging, daß die Entwicklung eine Sturzbombers einzustellen sei! Sehr schnell hob Udet diese Weisung wieder auf und widmete sich mit aller Kraft und Leidenschaft der Entwicklung des Sturzkampfflugzeuges – Abkürzung und Synonym zugleich: Stuka.

Wenn wir uns schon mit dem Thema der Flugzeugauswahl bei der Luftwaffe beschäftigen, ist es auch von Bedeutung, inwieweit die Großmächte, die später im Zweiten Weltkrieg sich gegenüberstanden, dem Einfluß von drei anerkannten Luftkriegstheoretikern und ihren Ansichten über den zukünftigen Einsatz von Flugzeugen und Luft-

macht unterlagen.

Der italienische Generalstabsoffizier Oberstleutnant Giulio Douhet schrieb im Jahre 1909: »Auch der Himmel wird zum Schlachtfeld werden, nicht weniger bedeutsam wie Land und Meer. Um den Luftraum zu erobern, ist es erforderlich, den Feind aller Mittel und Wege der Luftfahrt und des Fliegens zu berauben. Man muß ihn in der Luft bekämpfen, ihn in seinen Absprungbasen und Industriezentren treffen. Mit diesen Vorstellungen müssen wir uns vertraut machen und uns in der Tat darauf vorbereiten.« Douhet hat vorausgesehen, daß man Jäger brauchte, um Jäger in der Luft zu bekämpfen, taktische Bomber benötigte, um die feindlichen Absprungbasen auszuschalten, und Fernbomber haben mußte, um die feindlichen Industriezentren zu zerschlagen. In Douhets Sicht ging kein Weg daran vorbei, eine wohlausgewogene Luftstreitmacht zu schaffen. Seine Zeitgenossen konnten seinen Visionen und Vorschlägen geistig noch nicht folgen. Als Störenfried und militärischen Traumtänzer schickte man ihn 1916 für ein Jahr lang ins Gefängnis!

Dank seiner Voraussage der Katastrophe von Caporetto, wo die deutschen Truppen den Italienern im Oktober 1917 eine vernichtende Niederlage bereiteten, wurde er aus der Haft entlassen, obwohl er hartnäckig und reuelos auf seinem strategischen Grundsatz der Anwendung von Luftmacht bestand. 1918 wurde Douhet in das italienische Direktorium für Luftfahrt berufen, zwei Jahre später wurde das Militärgerichtsurteil von 1916 offiziell aufgehoben und kassiert. 1920 ließ er sich verabschieden und widmete sich fortan ganz der Militärschriftstellerei, insbesondere aber der Verbreitung seiner Luftkriegstheorie, daß zukünftige Kriege nur in der Luft entschieden werden. Eine Schlüsselrolle würde dabei, so schrieb er, der massive Einsatz von Fernbombern spielen. Dieser ließe sich nur durch Jäger bekämpfen, die die Luftherrschaft erringen und erhalten müßten. Giulio Douhet starb 1930 als einer der anerkanntesten und meistgelesenen Luftkriegstheoretiker.

Schon 1911 schrieb einer der ersten englischen Fliegeroffiziere, Hauptmann Bertram Dickson: »Beide Seiten werden über große Fliegerverbände verfügen, die versuchen werden, jeweils über den Gegner möglichst viel in Erfahrung zu bringen. Um den Gegner an der Gewinnung dieser Informationen zu hindern, müssen bewaffnete Flugzeuge eingesetzt werden.« – Dickson wies schon darauf hin, daß Jagdflugzeuge entscheidend sind für die Luftüberlegenheit oder gar Luftherrschaft.

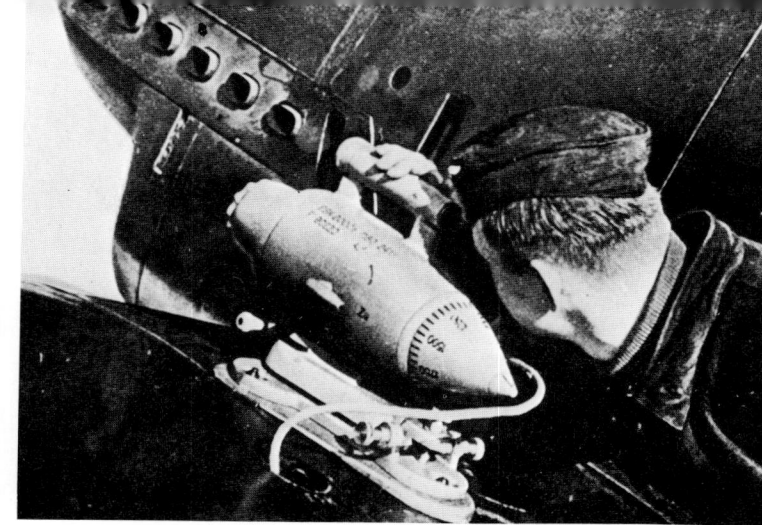

Das JG »Richthofen« Nr. 2 hatte während des Polenfeldzugs den Auftrag, die Reichshauptstadt Berlin gegen mögliche Bombenangriffe zu schützen. Auf dem Bild Me 109B-2 beim Wartungsdienst und Justieren der Bordwaffen.

Der amerikanische Brigadegeneral William »Billy« Mitchell schrieb 1920: »Das wichtigste Element in der Luftfahrt ist die Jagd. Jagdflugzeuge kämpfen um die Luftüberlegenheit, um die Luftherrschaft zu gewinnen.« General Mitchell wurde von einem Kriegsgericht verurteilt, weil er nicht locker ließ, die US-Armee auf die Bedeutung starker Luftstreitkräfte hinzuweisen.

Die Luftwaffe hörte nicht auf die Luftkriegstheoretiker und mußte dafür später bitter büßen.

Der Chef des Generalstabes der Luftwaffe, General Walther Wever, war Verfechter einer gut ausgewogenen Luftwaffe. Er setzte sich für ein Produktions- und Beschaffungsprogramm für eine strategische Fernbomberstreitmacht ein, die jeden Punkt in Europa erreichen sollte. Dieses Projekt lief unter der Bezeichnung »Ural-Bomber«, in Anlehnung an den russischen Gebirgszug, den er im Falle eines Krieges mit der Sowjetunion als Zielgebiet erster Priorität erachtete. Aber ein tragisches Schicksal traf die Luftwaffe am 3. Juni 1936, als General Wever nach dem Start in Dresden einem Flugunfall zum Opfer fiel. Albert Keßelring, Nachfolger von Wever, sprach sich gegen die weitere Entwicklung eines viermotorigen Fernbombers aus. Udet, der vehement die Idee eines Stuka und eines mittleren Schnellbombers vertrat, fand in Keßelring einen Verbündeten seiner Ansichten. Obwohl Junkers und Dornier bereits Prototypen gefertigt hatten, schafften beide es, das Fernbomberprogramm zu stoppen. Keßelring und Udet begründeten das folgendermaßen: Großbomber verschlingen zu viel kriegswichtiges Material; an Stelle eines viermo-

torigen Bombers kann man zwei bis drei mittlere Bomber bauen; um den Vormarsch des Heeres vorzubereiten, bedarf es der Heeresunterstützungsflugzeuge und operativ einsetzbarer, leichtbewaffneter Schnellbomber, die für feindliche Jäger eine nur schwer faßbare Beute wären. So könnten Panzerkräfte schnell vorstoßen, feindliche Truppen überrollen und die Industriezentren des Gegners erreichen, bevor er in der Lage wäre, genügend Kriegsgerät zu produzieren, um dem deutschen Vormarsch Einhalt zu gebieten. Deutschlands Feinde liegen unmittelbar an der Reichsgrenze, so daß sich Fernbomber ohnehin erübrigten. Die verhältnismäßig langsam fliegenden Fernbomber brauchen für ihren Begleitschutz Jäger, die es zusätzlich zu produzieren heißt, was die Gesamtkosten für eine Fernbombermacht noch weiter ansteigen ließe!

Die Masse der Männer der ersten Stunde der Luftwaffe rekrutierte sich aus ehemaligen Jagdfliegern, auch der Reichsminister, Hermann Göring, zählte dazu. Unter Görings Führung hatten Jagdflugzeuge in den ersten Beschaffungsprogrammen allerhöchste Priorität. Dann verlor Göring immer mehr Interesse an dienstlichen Dingen, und er überließ anderen die Entscheidung, die die Beschaffungsprogramme für die Zukunft der Luftwaffe änderten. In erster Linie dachte man nun an Bomber. Bei den Auseinandersetzungen über die Typenfrage wurde die Frage einer Jagdwaffe immer mehr in den Hintergrund gedrängt.

In der Royal Air Force wurde die Jagdwaffe nie in Frage gestellt. Im Gegensatz zu Deutschlands strategischen Vorstellungen und Luftkriegslehren, verfolgten die USA und

Großbritannien ihr seit 1936 begonnenes Programm zur Entwicklung viermotoriger Fernbomber, was schließlich die ›Fliegende Festung‹, ›Liberator‹, ›Stirling‹ und ›Lancaster‹ hervorbrachte, die letztendlich zum siegreichen Ende des Krieges in Europa beitrugen. Deutschlands Verzicht auf den viermotorigen Fernbomber war wesentlicher Faktor für seine Niederlage im Zweiten Weltkrieg, ganz abgesehen von der Tatsache, daß dadurch der vernachlässigten Jagdwaffe fast unmöglich zu lösende Aufgaben aufgehalst wurden, wie sie keine andere Jagdwaffe zu lösen hatte. Wir werden das nachvollziehen können, wenn wir uns mit den zehn Jahren beschäftigen, in denen die deutsche Jagdwaffe bis an die Grenze ihres Leistungsvermögens belastet wurde.

DER SPANISCHE BÜRGERKRIEG – TAKTIK UND TECHNIK AUF DEM PRÜFSTAND

Zum ersten Male nahmen Angehörige der neuen deutschen Luftwaffe im Jahre 1936 im Spanischen Bürgerkrieg als Kriegsteilnehmer teil. Im Februar war die Republik ausgerufen worden. Die neue Regierung begann sich zu festigen, verabschiedete viele widerspenstige Offiziere vorzeitig in den Ruhestand und versetzte andere zu Dienststellen außerhalb des spanischen Mutterlandes. Im Juli putschte die Armee unter der Führung von General Francisco Franco und anderen enttäuschten Offizieren. Deutschland stellte den Aufständischen zahlreiche Transportflugzeuge Ju 52 zur Verfügung, um 1000 ›Moros‹, spanische Kolonialtruppen aus Marokko, auf das Festland zu befördern. Jede Maschine konnte 22 Soldaten aufnehmen. Nachdem die (rechten) Nationalisten erste Erfolge verbuchen konnten, rief die (linke) republikanische Regierung das Ausland um Hilfe. Frankreich und Rußland reagierten darauf. Frankreich lieferte Infanteriewaffen, Rußland Panzer und Flugzeuge. Die absolut antikommunistisch eingestellten Regierungen von Deutschland und Italien unterstützten Franco und seine Nationalisten, nachdem diese um Hilfe gebeten hatten. Italien

entsandte Flugzeuge, Panzer und Heerestruppen, während Deutschland, das insbesondere die seltene Chance sah, seine neue Luftwaffe im Kampf zu erproben, sich darauf vorbereitete, Flugzeugführer und Flugzeuge nach Spanien zu schicken.

Während der Olympiade von 1936 war es ein offenes Geheimnis, daß die Achsenmächte eine durchaus aktive Rolle im spanischen Konflikt spielten, wenngleich die Deutschen alles daran setzten, ihre Teilnahme zu tarnen. Luftwaffenpersonal, das zum Dienst in Spanien vorgesehen und ausgewählt worden war, hatte sich in Berlin beim Sonderstab »W« zu melden, wo es zivile Kleidung, unverfängliche zivile Papiere und spanisches Geld erhielt. Das erste Truppenkontingent sollte den Eindruck erwecken, als ob zu einer Kreuzfahrt im Rahmen der »Kraft-durch-Freude«-Bewegung ausgelaufen wird. Am 31. Juli hielt General Erhard Milch vor den Freiwilligen eine zündende Rede, und am nächsten Tag gingen sie an Bord des 22000-t-Frachters ›Usaramo‹ der Wörmann-Linie, auf dem schon sechs He 51, Doppeldecker-Jagdflugzeuge, 11 Ju 52-Transportflugzeuge, Ersatzteile und Munition verladen waren. Nach ihrer Ankunft in Spanien, am 7. August 1936, wurden sie in olivbraune Uniformen gesteckt, die denen der Nationalspanier ähnelten. Alle Post für die Flieger mußte über die Deckadresse »Max Winkler, Berlin SW 68« geschickt werden. Von dort wurde die Post verteilt. In Spanien gingen sechs Jagdflieger an Bord, die He 51 fliegen sollten: Leutnant Herwig Knüppel, Leutnant Freiherr von Houwald, Leutnant Ekkard Hefter, Oberleutnant Hannes Trautloft, Leutnant Klein und Oberleutnant Eberhard.

Die He 51 lagen auf dem Fliegerhorst Tablada, nahe Sevilla. Die Maschinen sollten spanischen Fliegern zu Ausbildungszwecken zur Verfügung stehen, wenn sie nicht von den Deutschen gebraucht wurden. Leutnant von Houwald war für die Ausbildung verantwortlich. Am 25. August startete dieser aus sechs Mann bestehende Jagdfliegerverband zum ersten Male unter Führung von Oberleutnant Eberhard. Trautloft eröffnete die Jagd mit dem Abschuß einer französischen Bréguet. Auch Eberhard erzielte einen Abschuß, wie nochmals am nächsten Tag, an dem Oberleutnant Knüppel einen russischen Doppeldecker ›Chato‹ abschoß, was er am 27. noch einmal schaffte. Diese kleine Streitmacht verbuchte am 5. September zwei weitere Luftsiege, aber am 28. September stürzte Leutnant Hefter in den Tod. Er war der erste Gefallene dieses kleinen Jagdverbandes. Vom August bis Oktober 1936 trugen diese Jäger zusammen mit ihren schlecht ausgebildeten und ausgerüsteten spanischen Kameraden die Hauptlast des Luftkampfes für General Francos Revolutionsarmee.

Nachdem eine große Menge russischer Jagdflugzeuge vom Typ I-15, I-153 und I-16, auch ›Chato‹, ›Chaika‹ und ›Moska‹ genannt, in Spanien eingetroffen waren, merkte man erst, wie veraltet die deutschen Heinkel-Jäger waren. Trotz der Tatsache, daß Ende Oktober sechs weitere Flugzeugführer und He 51 zugeführt wurden, fanden deutsche Jagdflieger im Luftkampf gegen die russischen Maschinen den Tod, so auch der Staffelführer, Oberleutnant Eberhard, der in der Luft mit einer ›Chato‹ zusammenstieß. Selbst die im November eintreffenden Verstärkungen mit weiteren He 51 halfen den Deutschen, die technisch, taktisch und zahlenmäßig unterlegen waren, nicht, sich gegen die Russen zu behaupten oder gar durchzusetzen. Jetzt erkannte die Luftwaffenführung, daß gehandelt werden mußte. Eine der neuen Me 109B wurde zur Fronterprobung nach Spanien geschickt. Dieses moderne Jagdflugzeug stand ab 9. Dezember 1936 zur Verfügung und wurde Hannes Trautloft zur Erprobung übergeben. Bogenweise schrieb er Erfahrungsberichte und gab Empfehlungen, wie die Maschine fronttauglich gemacht werden könnte.

Anfang 1937 wurde ein vollständiges deutsches Truppenkontingent aufgestellt, daß sich zumeist aus Luftwaffensoldaten rekrutierte. Diese Truppe erhielt die Bezeichnung »Legion Condor«, verfügte über eigene Kampfflugzeuge, Jagdflugzeuge, Sturzkampfflugzeuge, Transport-, Verbindungs- und Aufklärungsflugzeuge und stand unter der Führung von General Hugo Sperrle, dessen Chef des Stabes Oberstleutnant Wolfram von Richthofen war. Richthofen, der das Technische Amt zuvor an Ernst Udet übergeben hatte, war ein Vetter von Manfred von Richthofen, dem berühmten ›Roten Baron‹ des Ersten Weltkriegs, in dessen Geschwader er einst flog. Wolfram von Richthofen hatte nach dem Kriege Ingenieurwissenschaften studiert und zum Dr. Ing. promoviert.

Die Jagdkomponente der »Legion Condor« bestand aus vier Staffeln, die in der Jagdgruppe J/88 zusammengefaßt waren. Die Staffelführer seinerzeit waren: 1. J/88 – Oberleutnant Lützow; 2. J/88 – Oberleutnant Galland; 3. J/88 – Oberleutnant Harder und 4. J/88 – Oberleutnant Pitcairn. Immer noch mit den Heinkel-Doppeldeckern ausgerüstet, bewährte sich die J/88 bei den Luftkämpfen im Raum Madrid. Als sie im Februar 1937 an die Nordfront verlegt wurde, traf sie auf den erbitterten Widerstand der Republikaner, die russische Flugzeuge flogen. Im April wurden die ersten Me 109B-2 an die 2. Staffel übergeben. Die neuen Jagdflugzeuge errangen schnell gegenüber den russischen Maschinen die Luftüberlegenheit. In den Händen erfahrener Flugzeugführer war die Me 109 ein leistungsfähiger und gefährlicher Luftkampfgegner. Während die Me 109 der 2. J/88 He 111-Bombern Begleitschutz gaben, mußten die alten Heinkel-Jäger taktische Aufgaben im Rahmen der Heeresunterstützung wahrnehmen. Der J/88, von Olympiasieger und Goldmedaillengewinner Major Gotthardt Handrick geführt, war es zu verdanken, daß westlich von Madrid die starke Offensive der Republikaner zusammenbrach. Im August trafen weitere Me 109 in Spanien ein. Im Frühjahr 1938 flog nur noch die 3. J/88, unter Adolf Gallands Führung, die veralteten He 51.

Die Me 109 der »Legion Condor« waren in einem matten hellgrauen Anstrich gehalten. Die Hoheitsabzeichen bestanden aus einem schwarzen Punkt auf Tragflächen und Rumpfseiten, in dessen Mitte ein weißes St. Andreaskreuz gezeichnet war. Die Maschinen der J/88 zeigten links des Hoheitszeichens am Rumpf die schwarze Ziffer »6«, rechts des Hoheitsabzeichens die Kennzahl der einzelnen Maschine. Das Seitenruder war weiß gestrichen, mit einem schwarzen St. Andreaskreuz darauf.

Bei der »Legion Condor« legte man Wert darauf, daß ein regelmäßiger Personalaustausch vorgenommen wurde, um möglichst vielen Luftwaffensoldaten bereits in Friedenszeiten Fronterfahrung zu vermitteln. Am 24. Mai 1938 traf Werner Mölders in Spanien ein, der von Adolf Galland die 3. J/88 übernahm. Galland kehrte nach Deutschland zurück, ohne je eine Me 109-Staffel geführt zu haben. Im Juli 1938 war es schließlich soweit, daß die langersehnten Me 109C angeliefert wurden, so daß die Jagdgruppe reinrassig mit den Messerschmitt-Jagdflugzeugen ausgerüstet war. Mit 48 modernen Jagdflugzeugen und unter Führung des meisterhaften Taktikers Werner Mölders begannen die Männer der J/88 neue Gefechtsformationen zu entwickeln. Sie entsprachen weit mehr den neuen Hochleistungsjagdflugzeugen, als die bisherigen Gefechtsverbände für langsame Doppeldecker hergaben, wie sie die anderen Luftstreitkräfte üblicherweise anwendeten.

Alle Luftstreitkräfte bevorzugten seinerzeit riesige, unbewegliche Angriffsverbände. Taktische Grundeinheit war der engfliegende, aus drei Flugzeugen bestehende Keil (umgekehrte V-Form), an dessen Spitze der jeweilige Verbandsführer flog. Vervielfachte man diesen Keil um das Sechs- bis

Zehnfache, um den sogenannten Staffelkeil zu bilden, so mußte der durchschnittliche Flugzeugführer mehr Aufmerksamkeit aufwenden, um Zusammenstöße mit anderen zu vermeiden, als sich dem Luftkampfgeschehen selbst zuzuwenden. In der Luftwaffe hieß der Dreierverband Kette. Mölders wählte statt dessen als taktische Einheit die Rotte, die aus zwei Flugzeugen gebildet wurde, die etwa 200 Meter seitlichen Abstand hielten. Dieser seitliche Abstand, auch Zwischenraum genannt, gab mehr Manövrierfähigkeit und bot die Möglichkeit, den Luftraum besser zu überwachen. In der Rotte übernahm der Rottenführer die Rolle des Angreifers, während dem Rottenflieger, im Fliegerjargon der »Katschmarek«, die Luftraumsicherung und Deckung des Rottenführers oblag. Natürlich war der Rottenführer der erfahrenere Flugzeugführer und bessere Schütze, der sich dank der Rückendeckung durch seinen Rottenflieger voll auf den Angriff des Gegners konzentrieren konnte. Zwei Rotten bildeten einen Schwarm, in dem wiederum eine Rotte den Angriff führte, während die zweite Rotte die Sicherung übernahm. Die vier Maschinen eines Schwarms flogen entweder in gleicher Höhe zueinander, oder sie nahmen verschiedene Höhen- oder Tiefenstufungen vor. Wenn man von oben auf einen Schwarm hinabsah, so glich der Gefechtsverband einem Bild, als ob man die Fingerkuppen einer gespreizten Hand sah. In Form dieser beweglichen, gelockert fliegenden Gefechtsverbände ließ sich der Luftraum weit besser sichern und überschauen, als es noch mit den großen engfliegenden Jagdverbänden der Fall war, wo man sich vor lauter eigenen Flugzeugen gegenseitig den Blick auf das Wesentliche, nämlich den Feind, nahm. Da die modernen Jagdflugzeuge zudem über Funkgeräte verfügten, erübrigte sich der enge Verbandsflug, denn niemand brauchte mehr auf die wichtigen Handzeichen des Verbandsführers zu achten. Angesichts all dieser Vorteile wundert es nicht, daß ein Mann mit den außerordentlichen Fähigkeiten eines Werner Mölders diese neue Art Gefechtsverband nach und nach entwickelte. Inzwischen haben alle Luftstreitkräfte der Welt die hervorragenden taktischen Ideen dieses Mannes übernommen, und sie leben als sein Vermächtnis fort. Die Royal Air Force nennt den taktischen Gefechtsschwarm »Finger-four-Formation«, die US-Air Force »Double-attack-System«.

Mit Hilfe moderner, leistungsfähiger Jagdflugzeuge, neuer Gefechtsverbandsarten und ausgefeilter Taktiken stiegen die Erfolge deutscher Jagdflieger im Spanischen Bürgerkrieg stetig. Nachdem Werner Mölders im November

1938 seine Frontverwendung in Spanien beendet hatte, war er mit 14 Abschüssen zum Spitzenmann der Jagdwaffe aufgestiegen. Zu weiteren erfolgreichen Jagdfliegern in diesem Bürgerkrieg zählten: Wolfgang Schellmann, 12 Luftsiege; Walter Oesau, 8; Hans-Karl Mayer, 8; Adolf Galland, 7; Walter Grabmann, 6; Günther Lützow, 5; Herbert Ihlefeld, 7; Wilhelm Balthasar (er schoß einmal in sechs Minuten 4 ›Moska‹ ab), 7 Luftsiege. Obwohl zahlenmäßig unterlegen, konnte die J/88 der »Legion Condor« insgesamt 314 offiziell bestätigte Luftsiege an ihre Fahne heften.

Im Januar 1939 nahmen die Nationalisten Tarragona ein, und am 9. Februar standen sie an der französischen Grenze. Damit ging der Spanische Bürgerkrieg zu Ende, und Franco und seine Nationalisten gingen als Sieger aus dem blutigen Ringen hervor.

In der deutschen Jagdwaffe des Jahres 1939 sah man die beste, kampfkräftigste und bestgeführte Teilstreitkraft einer Armee der Welt. Die Fronterfahrungen im Spanischen Bürgerkrieg trugen dazu bei, daß die Luftwaffe in die Rolle einer wirkungsvollen Waffengattung der Wehrmacht hineinwuchs. Viele Militärfachleute und Luftfahrtexperten, so auch Charles A. Lindbergh, versuchten ihre jeweiligen Regierungen vor diesem Sachverhalt zu warnen. Generalstäbe und Politiker überschätzten die Erfolge der Luftwaffe, weil sie übersahen, daß die »Legion Condor«, wenn auch zahlenmäßig unterlegen, mit ihren neuen, modernen Me 109 in Spanien gegen verhältnismäßig altes Kriegsgerät kämpfte. Es stand noch aus, sich mit modernen englischen, französischen und amerikanischen Jagdflugzeugen messen zu müssen. Die hervorragenden Erfolge der »Legion Condor« im Rahmen der Heeresunterstützung überzeugten die Wehrmachtsführung derart, daß sie nur noch im operativen Rahmen dachten, im Sinne von Kooperation – so der damalige Fachausdruck – also Zusammenarbeit von Heer und Luftwaffe. Dafür vernachlässigte man, den Aufbau einer wohlausgewogenen Luftwaffe zielstrebig zu verfolgen.

AM VORABEND DES ZWEITEN WELTKRIEGS

Wie schon in den Jahren vor dem Ersten Weltkrieg, so herrschten auch vor dem Zweiten Weltkrieg innerhalb der osteuropäischen Völkerschaften erhebliche Spannungen und Unruhen vor. Um zu verstehen, warum einige osteuropäische Länder an der Seite Deutschlands an der Ostfront kämpften, kurz eine Übersicht über die politische Lage.

1913 erhoben sich Bulgarien, Serbien und Griechenland gegen die türkische Herrschaft, die sie im 1. Balkankrieg bezwangen. Serbien und Griechenland besetzten Mazedonien, ohne Bulgarien seinen Anteil an der Kriegsbeute zu gewähren. Das löste den 2. Balkankrieg aus, in dem Bulgarien von seinen zwei ehemaligen Verbündeten geschlagen wurde. Im Ersten Weltkrieg verbündete sich Bulgarien mit dem Deutschen Reich in der Hoffnung, sich auf der Siegerseite zu befinden und einen Anteil Mazedoniens zu bekommen. Diese Rechnung ging nicht auf, denn Bulgarien stand auf der Seite der Verlierer. Voller Sehnsucht wartete es auf die nächste sich bietende Gelegenheit. Während des Ersten Weltkriegs, als in Rußland die Revolution tobte, bemächtigte sich Rumänien der Bukowina, Bessarabiens und des nördlichen Siebenbürgens. Rußland wollte dieses Territorium unter allen Umständen zurückhaben.

Als die Donaumonarchie den Ersten Weltkrieg verloren hatte, verlor Ungarn nach dem Friedensvertrag von Trianon 75% seiner Landfläche und 50% seiner Bevölkerung. Jugoslawien und die Tschechoslowakei gewannen die Territorien hinzu. Demnach war auch Ungarn sehr darauf erpicht, einen Teil des verlorenen Landes zurückzugewinnen.

Im Münchener Abkommen vom 30. September 1938 stimmten Großbritannien und Frankreich zu, daß Deutschland das von Deutschen besiedelte Sudetenland der Tschechoslowakei zugesprochen bekommt. Innerhalb weniger Tage besetzte Polen das tschechoslowakische Teschen, und Ungarn annektierte Teile der Karpato-Ukraine und der Slowakei. Am 15. März 1939 besetzte das Deutsche Reich die Tschechoslowakei, die zum Reichsprotektorat Böhmen und Mähren erklärt wurde. Gleichzeitig erklärte die Slowakei ihre langersehnte Unabhängigkeit und stellte sich unter den Schutz des Deutschen Reichs. Verbände der Luftflotten 2, 3 und 4 waren an den Operationen beteiligt. Obwohl die tschechischen Fliegerkräfte über 1200 Flugzeuge verfügten, setzten sie keinen nennenswerten Widerstand entgegen. Acht Tage nach dem Einmarsch der Deutschen besetzte Ungarn den Rest der Karpato-Ukraine, wobei es zum beachtlichen Einsatz von Luftstreitkräften kam.

Da die Weltöffentlichkeit sich seinerzeit in erster Linie mit Deutschland beschäftigte, nahmen viele Historiker kaum Notiz von den Ereignissen und bedrohlichen Situationen, die sich auf den Nebenkriegsschauplätzen der Politik abspielten.

Vor dem Zweiten Weltkrieg war die deutsche Luftwaffe in vier Luftflotten gegliedert, die jeweils für Großräume zuständig waren: Lfl. 1 (Ost) – General Albert Keßelring; Lfl. 2 (West) – General Felmy; Lfl. 3 (Süd) – General Hugo Sperrle; Lfl. 4 (Ostpreußen) – General Wimmer. Die Verbände der Luftwaffe in Österreich standen unter dem Befehl von General Alexander Löhr. Darunter gliederten sich die Fliegerdivisionen: 1. – General Grauert; 2. – General Bruno Loerzer; 3. – General Putzier; 4. – General Alfred Keller; 5. – General Robert Ritter von Greim; 6. – General Deßloch; 7. – General Kurt Student.

Nachfolger als Chef des Generalstabes der Luftwaffe, nach General Keßelring und General Hans-Jürgen Stumpff, wurde Generalmajor Hans Jeschonnek, der Erfahrung als Jagdflieger des Ersten Weltkriegs und aus der geheimen Ausbildung in Rußland mitbrachte.

1939 hatte die Luftwaffe etwa 850 Me 109 E-Jagdflugzeuge im Bestand. Sie befanden sich bei zwölf Jagdgruppen, die im Reichsgebiet, in der Tschechoslowakei und in Österreich lagen: I./JG 1 – Jesau; I./JG 2 und II./JG 2 – Döberitz (Hilmer von Bülow-Bothkamp); Stab/JG 3 – Bernburg; I./JG 3 – Zerbst; I./JG 26 – Köln; II./JG 26 – Düsseldorf; III./JG 26 – Köln/Ostheim (Eduard Ritter von Schleich); I./JG 51 – Bad Aibling (Theodor Osterkamp); I./JG 52 – Böblingen; I./JG 53 – Wiesbaden; II./JG 53 – Mannheim (Hans Klein). Einige Geschwader führten die Namen deutscher Kriegshelden oder entsprechend ihrer Geschwaderwappen. Als Beispiele seien genannt: JG ›Richthofen‹ Nr. 2 – nach dem berühmten ›Roten Kampfflieger/Roten Baron‹, oder JG 53 ›Pikas‹ – nach der Art des Geschwaderwappens.

Aus den erwähnten Namen läßt sich ersehen, daß die Jagdwaffe am Vorabend des Zweiten Weltkriegs von den bewährten Jagdfliegern des Ersten Weltkriegs geführt wurde.

An folgende Verbände, die nicht in erster Linie als reine Jagdgruppen oder -staffeln für den Einsatz vorgesehen waren, wurden ältere Versionen der Me 109 vergeben: I./JG 20 – Döberitz; I./JG 21 – Jesau; I./JG 71 – Böblingen; II./JG 71 – Fürstenfeldbruck; I./JG 76 – Wien; I./JG 77 – Breslau; II./JG 77 – Pilsen.

DER KRIEG BEGINNT

Im Zusammenhang mit den deutschen Kriegsvorbereitungen gegen Polen gestattete der slowakische Präsident Tiso im Juli 1939 der Luftwaffe, Verbände auf die slowakischen Fliegerhorste Nova Ves, Piestany und Spisska zu verlegen. Dadurch konnte die Luftwaffe näher an die südpolnische Grenze rücken, so daß Polen nunmehr wie in einer geöffneten Zange von Luftwaffenverbänden lag.

Am 1. September 1939 überschritten die 3., 4., 8., 10. und 14. Armee mit Luftunterstützung durch die Luftflotten 1 und 4 die polnische Grenze. Innerhalb weniger Tage hatte die I./JG 1, I./JG 21 und I./LG 2 fast die gesamte polnische Jagdwaffe bezwungen. Einige slowakische Staffeln unterstützten die Luftwaffe mit einigen Angriffen gegen Polen; so wurde auch Tarnopol bombardiert, was wohl in erster Linie als Vergeltung gegen Polens Landnahme vom März 1938 geschah. Die Polen wehrten sich mit ihrem veralteten Fluggerät sehr tapfer, indem sie 285 deutsche Flugzeuge abschossen, 109 davon waren Bombenflugzeuge. In diesem etwa drei Wochen dauernden Blitzkrieg fielen ungefähr 745 deutsche Flieger.

Das JG ›Richthofen‹ Nr. 2 blieb im Reich zurück mit dem Auftrag, die Reichshauptstadt Berlin gegen mögliche Bombenangriffe zu verteidigen.

Drei der späteren Me 109-Asse zeichneten sich bereits im Polenfeldzug aus: Gordon Gollob erzielte in der 1./ZG 76 den ersten seiner 150 Luftsiege; Karl-Gottfried Nordmann machte in der I./JG 77 seinen ersten von 78 Abschüssen; nur Adolf Galland, der aufgrund seiner Erfahrungen im Spanischen Bürgerkrieg als Staffelkapitän einer Staffel in der II.(S)/LG 2 Heeresunterstützungseinsätze flog, hatte keine Gelegenheit, Abschüsse zu erzielen.

Am 3. September erklärten Großbritannien, Australien, Neuseeland und Frankreich den Krieg gegen Deutschland. Zwei Wochen später marschierte Rußland in Polen ein und besetzte Ostpolen.

Im Polenfeldzug hatten die Me 109 einen dunkelgrünen Anstrich an der Oberseite, während die Unterseiten von Rumpf, Tragflächen und Höhenleitwerk in einem hellen Himmelblau gehalten waren. Das mit weißen Linien eingefaßte schwarze Balkenkreuz war an den Rumpfseiten und den Tragflächenenden. Beiderseits des Seitenleitwerks saß als Hoheitsabzeichen das schwarze Hakenkreuz in weißem Kreis. Die Geschwader-, Gruppen- und Staffelkennzeichen,

die erst vor kurzem eingeführt worden waren, wurden nach und nach angebracht.

Nachdem zwischen Deutschland und den europäischen Alliierten Kriegszustand herrschte, hielten sich beide kriegführenden Seiten in ihren Aktionen sehr zurück, vor allem hinsichtlich der Bombardierung feindlichen Gebietes. Die Lufttätigkeit beschränkte sich auf Aufklärungsflüge und die Bekämpfung des feindlichen Schiffsverkehrs. Im September 1939 versenkten die Deutschen 26 britische Handelsschiffe. Auch die RAF hielt sich an die »Spielregeln«, war jedoch nicht so erfolgreich mit ihren Angriffen gegen die deutsche Flotte. Seit dem ersten RAF-Angriff gegen die deutsche Flotte am 4. September bis zum Angriff vom 29. September, bei dem 5 Bomber von 11 Handley-Page ›Hampden‹ über dem Ziel Helgoland verlorengingen, erlitten die Engländer hohe Verluste. Das JG 1, mit Horsten auf den Ostfriesischen Inseln, und das JG 77, das aus dem Raum Bremen und Hamburg operierte, warfen sich gnadenlos den britischen Angreifern entgegen. Sie unterstanden Oberstlt. Carl Schumacher, der als Jafü Deutsche Bucht seinen Gefechtsstand in Jever hatte. Bis zum 14. Dezember 1939 wurden die Angriffe gegen die Küste Nordwestdeutschlands fortgesetzt. An jenem Tage galten die Angriffe deutschen Marinestützpunkten im Bereich der Elbemündung. Von 12 Vickers ›Wellington‹ kehrten nur 6 zu ihren Heimathäfen in England zurück. Vier Tage später griffen 24 ›Wellington‹ der 9., 37. und 149.(RAF) Staffel Kreuzer und Schlachtschiffe in Wilhelmshaven an. Me 109 der III./JG 77 und vom JG 1 warfen sich diesen Bombern, die ohne jeden Begleitschutz anflogen, entgegen und bereiteten dem Feindverband eine herbe Niederlage, denn die Hälfte des Verbandes wurde abgeschossen. Durch die Vierlings-Abwehrstände der englischen Bomber wurden zwei deutsche Me 109 abgeschossen und zahlreiche weitere schwer getroffen. Lt. Johannes Steinhoff, Staffelkapitän im JG 77, konnte zwei ›Wellington‹ abschießen. Das waren die zwei ersten Luftsiege von seinen insgesamt 176. Aufgrund dieser bitteren Rückschläge flog die RAF nie wieder während des gesamten Krieges ohne Begleitschutz von Jagdkräften bei Tage in das deutsche Reichsgebiet ein!

Um diese Zeit herum ordnete das Technische Amt der Luftwaffe an, alle Flugzeuge mit einem neuen Tarnschema zu versehen. Die Flugzeugoberseiten hatten hellgrüne und dunkelgrüne Farbflächen, die zickzackförmig voneinander getrennt waren. Die Rumpfunterseite behielt die hellblaue Farbe. Dieser Tarnanstrich unterschied sich von dem der englischen und französischen Flugzeuge, deren Farbfelder in unregelmäßigen runden Linien verliefen. Es dauerte eine Weile, bis alle deutschen Maschinen das neue Tarnschema führten, so daß der reinfarbig dunkelgrüne Tarnanstrich noch einige Zeit bei vielen Maschinen vorherrschte.

In der Jagdwaffe ergaben sich einige Veränderungen. JG ›Richthofen‹ Nr. 2, JG 3, JG ›Schlageter‹ Nr. 26, JG 52 und JG 53 ›Pikas‹ wurden mit je drei Gruppen auf volle Kriegsstärke gebracht, während die JG 70, JG 71 und JG 72 aufgelöst wurden. JG 51 erhielt eine II. Gruppe, und drei neue Gruppen wurden aufgestellt: I. und II./ JG 27 sowie die I./JG 54 ›Grünherz‹.

Während Bomber der RAF und Jäger der Luftwaffe sich am Himmel über der Nordsee Luftgefechte lieferten, griff Rußland am 30. November 1939 Finnland an, um seine Gebietsansprüche durchzusetzen. Obwohl zahlenmäßig weit unterlegen, schlugen sich die standhaften Finnen sehr tapfer gegen die russischen Großangriffe, vor allem auch in der Luft, wo sie mit amerikanischen, holländischen und deutschen Flugzeugen kämpften. Der feindlichen Übermacht nicht mehr gewachsen, verlor Finnland schließlich diesen Winterkrieg und mußte im März 1940 zehn Prozent seines Gebietes an die Sowjetunion abtreten.

Deutschland, das über verhältnismäßig wenige eigene Rohstoffe verfügte, bezog aus dem neutralen Schweden erhebliche Mengen von Eisenerz und anderen Erzen. Diese Erze wurden nach Westen durch Norwegen zum Hafen Narvik transportiert, dort auf Schiffe umgeschlagen, die durch die Nordsee fuhren, um die Ladung in norddeutschen Häfen zu löschen. Das Eisenerz war wesentlicher Bestandteil deutscher Kriegsproduktion. So wundert es nicht, daß England plante, diese Erzversorgung zu unterbinden. Im Frühjahr 1940 wollte man mit einer amphibischen Operation gegen Norwegen vorgehen, nicht nur, um die Erzversorgung abzuschneiden, sondern vor allem wollte man gegenüber Deutschland eine nördliche Flanke besitzen.

Als die deutschen Abwehrstellen erfuhren, daß die Engländer mit ihren Vorbereitungen soweit waren, erhielt die Luftwaffenführung den Auftrag, noch vor den Engländern in Norwegen zu landen. Sehr schnell wurde unter Gen. Geisler das X. Fliegerkorps gebildet. Das Unternehmen, das am 9. April 1940 mit der Besetzung Dänemarks und Norwegens beginnen sollte, erhielt die Bezeichnung »Weserübung«. Die fliegenden Verbände umfaßten Transportflugzeuge, Fallschirmtruppen, Kampf- und Sturzkampf-

flugzeuge, Zerstörerstaffeln und etwa 30 Me 109 E-3 der II./JG 77, die den Jagdschutz zu geben hatten. Die Jagdabwehr der Norweger und Engländer, die alte Doppeldecker vom Typ ›Gladiator‹ flogen, war zwar tapfer, brach aber bald zusammen. Die Luftwaffe konnte den englischen Landungsversuch zerschlagen und somit für Deutschland die Erzversorgung sicherstellen, ganz abgesehen davon, daß nunmehr die Nordflanke gesichert war. Norwegen kapitulierte am 1. Mai 1940.

Für Angriffsvorhaben im Westen standen der Luftwaffe folgende Verbände zur Verfügung: Luftflotte 2 (Gen. Keßelring) mit I. und IV. Fliegerkorps; Luftflotte 3 (Gen. Sperrle) mit II., V. und VIII. Fliegerkorps. Gen. von Richthofen, der sich einst sehr gegen das Sturzkampfflugzeug ausgesprochen hatte, befehligte jetzt das VIII. Fliegerkorps, in dem hauptsächlich Ju 87 Stuka-Staffeln flogen. Die 860 einsatzbereiten Me 109 verteilten sich auf: JG 1 und JG 77, die Nordwestdeutschland schützten; JG ›Richthofen‹ Nr. 2, das zum Schutz der Reichshauptstadt Berlin bereitstand; und ferner JG 3, JG 26 ›Schlageter‹, JG 27, JG 51, JG 52, JG 53 ›Pikas‹ und JG 54 ›Grünherz‹. Diesen Kräften stand die französische Armée de l'Air mit knapp 600 Flugzeugen gegenüber. Sie war gegliedert in fünf Jagdgeschwader mit 24 Jagdgruppen. Dazu kam das englische Expeditionskorps der RAF mit zehn Jagdstaffeln Hawker ›Hurricane‹. Die kleine belgische Aeronautique Militaire hatte nur 11 ›Hurricane‹ in Diest, 27 italienische Fiat-Doppeldecker CR 42 in Nivelles und 15 Doppeldecker Gloster ›Gladiator‹ in Diest.

DER FRANKREICH-FELDZUG

Im Morgengrauen des 10. Mai 1940 eröffnete die deutsche Wehrmacht den Feldzug gegen Frankreich. Die Luftwaffe griff nach abgestimmten Plänen französische Plätze in Lyon, Nancy, Metz, Dijon und Romilly an. Durch Bombenangriffe gingen viele französische und belgische Flugzeuge am Boden verloren. Jedes alliierte Jagdflugzeug, das sich am Himmel zeigte, wurde schnell ein Opfer deutscher Jagdflieger. Die sechs Wochen nach Beginn des Feldzuges erwiesen sich als die schlimmsten in der Geschichte französischer Luftstreitkräfte. Unter dem Schutzschirm der Me 109 zerschlugen Stukas Verkehrs- und Versorgungswege und eröffneten so den Vormarschweg für die zehn deutschen Panzerdivisionen. So schnell rückten deutsche Truppen vor, daß die Jagdstaffeln täglich verlegen mußten. Im gleichen Rhythmus mußten französische Jagdstaffeln zurückverlegen. Zahllose französische Jagdflugzeuge mußten aufgegeben werden, als vom Einsatz zurückkehrende Jagdflieger bemerkten, daß deutsche Truppen bereits ihre Heimathorste besetzt hatten!

General Alfred Keller befehligte die deutschen Kampfverbände, die gegen ungefähr 70 französische, belgische und holländische Flugplätze eingesetzt waren. Etwa ein Viertel aller auf dem europäischen Festland stationierten Jagdflugzeuge vom Typ ›Hurricane‹ fielen diesen Angriffen zum Opfer. Dadurch wurde gerade der alliierte Jagdflugzeugtyp dezimiert, der den Me 109 wirklich hätte Paroli bieten können.

Die Luftwaffe heftete einen Erfolg nach dem anderen an ihre Fahnen, was schließlich im Erfolg vom 14. Mai 1940 gipfelte. Diesen Tag erhob man zum »Tag der Jagdflieger«, weil er im Frankreichfeldzug für die Jagdwaffe die höchste Einsatztätigkeit mit hervorragenden Einsatzerfolgen brachte. Bei 814 Einsätzen erzielte die Jagdwaffe an jenem Tag über dem Raum von Sedan 90 Luftsiege, wobei sich die I./JG 53 besonders auszeichnete, indem sie 39 alliierte Flugzeuge abschoß. Diesem Erfolg war es zu verdanken, daß am nächsten Tag der Weg für deutsche Panzer zum Durchbruch frei war. In der Woche darauf konnte man von alliierter Luftüberlegenheit über Frankreich nichts mehr spüren.

Der erfolgreichste deutsche Jagdflieger im Frankreichfeldzug war Hauptmann Wilhelm Balthasar, der schon in Spanien sieben Abschüsse erzielte. Für den Abschuß von 23 alliierten Flugzeugen und die Zerstörung von 13 Flugzeugen am Boden wurde dem Staffelkapitän der 7./JG 27 das Ritterkreuz zum Eisernen Kreuz verliehen.

Nachdem Hauptmann Werner Mölders, Kommandeur der III./JG 53 ›Pik As‹ im Frankreichfeldzug bereits 16 Luftsiege erzielt hatte, wurde er am 5. Juni 1940 über Compiègne überraschend von einem französischen Jagdflieger so schwer getroffen, daß er aus seiner Me 109 aussteigen mußte. Sehr schnell wurde er gefangengenommen und mußte vier Wochen in einem französischen Kriegsgefangenenlager verbringen.

Holland kapitulierte am 15. Mai und Belgien am 26. Mai 1940, an dem 300000 französische und englische Soldaten bei Dünkirchen eingekesselt wurden. Hier tauchten zum

ersten Male ›Spitfire‹ auf, die von Stützpunkten aus England einflogen. Die Engländer hatten dieses Jagdflugzeug bewußt aus dem Einsatz in Frankreich herausgehalten. Bei den ersten Luftkämpfen mit Me 109 bewies dieser moderne englische Jäger seine hervorragenden Qualitäten. Er war der Me 109 in jeder Hinsicht gewachsen und trug dazu bei, daß das Kräfteverhältnis im Luftraum über Dünkirchen ausgewogen blieb. Es sei jedoch darauf hingewiesen, daß viele Me 109 Dünkirchen gar nicht erreichen konnten, weil sie zu wenig Kraftstoff mitführten. Eine wesentliche Schwäche der Me 109 war ihre sehr beschränkte Reichweite, die, wie wir noch sehen werden, auch ihre Achillessehne war. Der schnelle Verlegerhythmus während des Vormarsches zur Küste ließ sehr bald die Versorgungstruppen nachhinken, so daß viele Me 109 aus Gründen mangelnder Reichweite nicht in das Einsatzgeschehen eingreifen konnten, weil die über Kraftstoff verfügenden Plätze zu weit von Dünkirchen entfernt lagen. Dieser Faktor spielte eine entscheidende Rolle im Zusammenhang mit der Evakuierung alliierter Truppen aus Dünkirchen.

Im Mai und Juni standen die französischen und englischen Staffeln in ununterbrochenem Einsatz. Unter der Wucht deutscher zusammengefaßter Luft- und Bodenoperationen war ihre Niederlage unausweichlich. Einen Flugplatz nach dem anderen aufzugeben gezwungen, mußte das fliegende Personal sehr häufig das Bodenpersonal zurücklassen, dem nur das Schicksal der Kriegsgefangenschaft blieb.

Die alliierten Luftstreitkräfte konnten bis zu ihrer Zerschlagung 350 deutsche Flugzeuge zerstören. Die französischen Verluste waren unermeßlich, wenn man bedenkt, daß alleine die RAF mehr als 450 Flugzeuge verloren hatte. Als am 22. Juni 1940 Frankreich die Waffen streckte, flogen die kläglichen Überreste der RAF nach England zurück.

DIE LUFTSCHLACHT UM ENGLAND

Nachdem es Deutschland gelungen war, den größeren und besser gerüsteten Teil alliierter Luftstreitkräfte zu bezwingen, wandte es sich nun England zu. Görings Prahlereien glaubend, daß die Jagdwaffe das RAF Fighter Command innerhalb von sechs Wochen in die Knie zwingen könnte und England somit ohne Jagdschutz wäre, entschied sich das Oberkommando der Wehrmacht, Jagdgeschwader über den Ärmelkanal nach England einfliegen zu lassen, um die englische Staffel in vernichtende Luftkämpfe zu verwickeln. Deutscherseits dachte man wohl an die schweren Schläge, die man den ohne Jagdschutz angreifenden RAF-Bombern ›Hampden‹ und ›Wellington‹ versetzt hatte. Denn ohne die Kräfte des Fighter Command, die eigenen Bombern Begleitschutz geben, wäre England weder in der Lage, Deutschland anzugreifen, noch fähig, deutsche Kampfverbände im englischen Luftraum abzufangen und zu bekämpfen.

Die Luftwaffe ging äußerst optimistisch an diesen Auftrag heran, denn die Erfolge gegen polnische, norwegische, belgische und französische Luftstreitkräfte, die in den Blitz-Feldzügen zu verzeichnen waren, hatten ein Gefühl der Unbesiegbarkeit entstehen lassen. Durch die Sicherung der Luftüberlegenheit gegenüber quantitativ, qualitativ und taktisch unterlegenen Jagdkräften gelang es der Jagdwaffe, deutschen Kampfverbänden und taktischen Fliegerkorps den Weg freizukämpfen. Mit einem Male sollten nun deutsche Jagdflieger die Hauptlast der Kämpfe tragen, um gegen hervorragend ausgerüstete und organisierte Jagdkräfte anzutreten, die nicht von einer Landgrenze, wie es bisher der Fall war, zu bekämpfen waren, sondern über eine 30 bis 80 Kilometer spannende Meeresenge hinweg. Die Jagdwaffe war dafür ausgelegt, auf dem Festland zu wirken, aber nicht, um einen schwerer zugänglichen Raum zu beherrschen.

Diese Schwäche sollte sich bald während der Luftschlacht um England deutlich offenbaren. Hier kam es zur Stunde der Wahrheit.

Im Zusammenhang mit den Vorbereitungen zu bevorstehenden Auseinandersetzungen wurden das Tarnschema der Me 109 wiederum geändert. Die zwei Grüntöne auf der Rumpfoberfläche wichen einem Hellgrau, das an der Rumpfseite in ein Hellblau überging, auf dem in Dunkelgrau die sogenannte Flecktarnung aufgebracht wurde. Diese Tarnung sollte vor allem Vorteile im Luftkampf bieten.

Wenngleich es noch viele Aspekte der Luftschlacht um England gibt, worüber sich die Historiker noch nicht einig sind, darf man von der einhelligen Meinung ausgehen, daß im Juli 1940 die Luftschlacht mit der Bekämpfung englischer Küstengeleitzüge im Ärmelkanal eröffnet wurde. Während ein Großteil der Verbände der Luftwaffe Ausbildung betrieb, ansonsten aber abwartete und in Bereitschaft

lag, wurde unter dem Kanalkampfführer Oberst Johannes Fink ein Gefechtsverband für die Schiffsbekämpfung gebildet. Er bestand aus dem KG 2, zwei Stuka-Gruppen und dem JG 51, das noch Theo Osterkamp führte. Die Angriffe gegen die feindliche Schiffahrt kann man als Vorphase zur Hauptangriffsphase gegen das Fighter Command betrachten, die für Mitte August angesetzt war. Auf die Versenkung britischen Schiffsraums kam es weniger an, obwohl es den deutschen Kriegsanstrengungen zugute gekommen wäre, vielmehr legte man es darauf an, die Kräfte des Fighter Command aus der Reserve zu locken. Wenn man die englischen Jagdflieger über dem Kanal packen könnte, so wären die Rettungsmöglichkeiten für einen abgeschossenen englischen Jagdflieger ziemlich gering und, was viel wesentlicher wäre, die Me 109 hätten mit ihrer geringen Kampffreichweite längere Verweildauer im Luftkampfgebiet, ganz abgesehen von höheren Verfügungszahlen. In kurzen Zügen soll im folgenden auf die Eröffnung der Luftschlacht um England eingegangen werden.

Am 10. Juli 1940 hatten deutsche Aufklärer um die Mittagszeit einen großen britischen Küstengeleitzug auf der Höhe von Folkestone gemeldet. Die II./KG 2 (Arras) unter Major Adolf Fuchs und die III./JG 51 (St. Omer) unter Hptm. Hannes Trautloft werden alarmiert. Der Angriffsverband startet am Nachmittag und nimmt den zwischen 1000 und 2000 Meter fliegenden Begleitschutz auf. Als sich die 20 Do 17 und 20 Me 109 dem Geleitzug nähern, sichtet Trautloft 6 ›Hurricane‹ der 32. RAF-Staffel (Biggin Hill), die zum Schutz des feindlichen Schiffsverbands abgeordnet waren und nur darauf warteten, sich auf die Do 17 zu stürzen. Trautloft hält seine Jagdgruppe zusammen und schützt den Bomberverband, der seine tödliche Last auf die Schiffe ablädt. Plötzlich tauchen vier englische Jagdstaffeln am Himmel auf, die in etwa 5000 Meter Höhe anfliegen. Görings taktische Absicht hat gegriffen! Es sind folgende Staffeln: 56. (Manston) mit ›Hurricane‹; 64. (Kenley) mit ›Spitfire‹; 74. (Hornchurch) mit ›Spitfire‹ und 111. (Croydon) mit ›Hurricane‹. Als die Bomber zum Heimflug tief auf die See hinunterdrücken, stehen 32 englische 20 deutschen Jagdfliegern gegenüber. Gleich zu Beginn des sich entwickelnden Luftkampfes schießt Oblt. Walter Oesau, Staffelkapitän der 7./JG 51, zwei ›Hurricane‹ ab. Während er sich seinen dritten Luftgegner vornimmt, stürzt diese ›Hurricane‹ auf eine Do 17. Nach Beendigung der Luftkämpfe zählte man sechs abgeschossene englische Jagdeinsitzer und zwei schwer beschädigte Me 109, die bei Calais und Boulogne notlanden mußten, als Verluste. Eine davon flog Trautlofts Rottenflieger Fw. Dau, der unverletzt die Bauchlandung überstand.

Den ganzen Juli über wurden die Angriffe gegen die Kanalschiffahrt fortgesetzt. Am 16. Juli 1940 war der Bestand der III./JG 51 von ursprünglich 40 Me 109 auf 15 einsatzbereite Jagdmaschinen abgesunken. Nur wenige wurden abgeschossen, die Masse hatte schwere Luftkampfschäden oder Fahrwerkschäden. Während der Kontaktphase der Luftschlacht um England trugen die Hauptlast des Kampfes das JG 51 und die III./JG 3 unter Hptm. Walter Kienitz. Der Rest der Jagdverbände brauchte Ruhe zur Neugliederung, Einrichtung neuer Einsatzfliegerhorste und Verbesserung der Nachschuborganisation. Am 19. Juli griff Trautlofts Verband in der Nähe von Dover zwölf der neuen Boulton-Paul ›Defiant‹ an. Dieser zweisitzige Eindecker hatte einen Abwehrstand mit Vierling-MG im Drehturm. Beim ersten Angriff stürzten schon fünf ›Defiant‹ brennend in den Kanal, nach Abbruch des Gefechts waren schließlich elf ›Defiant‹ abgeschossen, während vier Me 109 mit Schäden zurückflogen. Damit hatte die III./JG 51 bereits 157 Luftsiege zu verzeichnen, wovon Osterkamp sechs erzielte. Der Verband hatte selbst 29 Me 109 verloren.

Einige Tage später flog Oberst Osterkamp mit allen seinen Gruppen des JG 51 mehrmals in großer Höhe über Südostengland »Parade«, um die englischen Jäger aus ihrer Reserve heraus zum Kampf zu locken. Aber Air Marshal Sir Hugh Dowding, Befehlshaber des Fighter Command, dachte gar nicht daran, die Herausforderung anzunehmen, denn jeder Tag und jede Woche würden ihm Zeit geben, nach den schweren Einbußen in Nordfrankreich und bei Dünkirchen wieder eine neue und schlagkräftige Jagdwaffe aufzubauen.

Im Juli 1940, vor Aufnahme der Schwerpunktangriffe gegen das Fighter Command, wurde die Jagdwaffe umgegliedert, so daß sich im August folgender Stand ergab: I./JG 1 wurde III./JG 27; I./JG 20 wurde III./JG 51; I./JG 76 wurde II./JG 54 ›Grünherz‹ und I./JG 21 wurde III./JG 54 ›Grünherz‹. Die Luftflotte 2 (Gen. Albert Keßelring), mit Hauptquartier in Brüssel, war zuständig für Nordfrankreich und die Niederlande, während die Luftflotte 3 (Gen. Hugo Sperrle), Hauptquartier Paris, ihre Verbände in Westfrankreich liegen hatte. Zum VIII. Fliegerkorps (Gen. Wolfram von Richthofen) der Luftflotte 3 zählte das JG 27 unter Oberst Max Ibel, während der Jafü 3 (Jagdfliegerführer) der Luftflotte 3, Gen. Werner

Junck, selbständig im Einsatz führte das JG 2 (Oberst Hilmer von Bülow-Bothkamp) und das JG 53 (Oberstlt. von Cramon-Taubadel). Jafü 2 der Luftflotte 2 war jetzt Gen. Theo Osterkamp, dem unterstand JG 3 (Oberstlt. Vieck), JG 26 (Maj. Gotthardt Handrick), JG 51 (Oberst Werner Mölders), JG 52 (Oberst von Merhart) und JG 54 (Maj. Mettig). Diese insgesamt 22 Jagdgruppen sollten das RAF Fighter Command zerschmettern.

Die einsatzbereiten Kräfte der Jagdwaffe betrugen 878 Me 109. Das RAF Fighter Command bot 29 Staffeln Hawker ›Hurricane‹ mit 527 Jagdeinsitzern und 19 Staffeln Supermarine ›Spitfire‹ mit 321 Jagdeinsitzern auf; somit hatte die deutsche Jagdwaffe nur 30 Maschinen mehr als das RAF Fighter Command.

Am 28. Juli 1940 fand das erste größere Luftgefecht statt, als die JG 27, JG 51 und JG 53 acht Me 109 verloren, wozu auch die Maschine von Mölders zählte. Am ersten Tag, nachdem er die Führung des JG 51 übernommen hatte, erhielt Mölders in seiner Maschine durch den berühmten RAF-Jagdflieger Squadron Leader Adolf ›Sailor‹ Malan derart schwere Beschußschäden, daß er es mit seinen Verwundungen nur mit Mühe und Not schaffte, zurück über den Kanal zu fliegen und seine Maschine bei Wissant auf dem Bauch notzulanden.

Die ersten Einsätze bestätigten nicht nur, daß die Me 109 über eine zu geringe Reichweite verfügte, um ihren Aufgaben gerecht zu werden – zog man die Hin- und Rückflugzeit nach England ab, so blieben höchstens 20 Minuten Kampfzeit –, sondern es war auch unzweifelhaft, daß jeder Luftwaffenverband, der den Kanal überflog, von den englischen Radarstellungen erfaßt wurde. Die intakte Kette von Radarstationen des Fighter Command meldete jeden anfliegenden Luftwaffenverband, dem dadurch jede Möglichkeit eines Überraschungsangriffs genommen wurde. Diese nie zuvor zum Einsatz gekommene Ortungsmethode von Feindtätigkeit hatte Sir Robert Watson-Watt entwickelt. Sie war 1939 einsatzbereit. In Ergänzung zu den technischen Voraussetzungen hatte Air Marshal Dowding in taktischer Hinsicht eine vorzügliche Bodenorganisation auf die Beine gestellt, indem er ein Netz von Führungsgefechtsständen schuf. Dank technischer und taktischer Voraussetzungen waren die Engländer in die Lage versetzt, genügend Vorwarnzeit vor deutschen Angriffen zu haben und ihre Jagdverbände am Boden halten zu können, bis das Signal zum Alarmstart gegeben wurde. Nach dem Start führte man sie gezielt in günstige Angriffspositionen. Im Gegensatz dazu flogen die deutschen fliegenden Besatzungen ohne jede Führung vom Boden und im wahrsten Sinne des Wortes solange blind in Feindesland, bis sie Sichtkontakt mit angreifenden englischen Jägern aufnahmen. Nachdem der Chef des Nachrichtenverbindungswesens der Luftwaffe, Gen. Wolfgang Martini, vom englischen Funkortungs- und Führungssystem gehört hatte, informierte er den Chef des Generalstabes der Luftwaffe, Gen. Jeschonnek, unverzüglich. In einer Weisung an die Luftflotte orderte er: »... DeTe-Geräte (alte Bezeichnung für Funkmeß-/Radargeräte – DeTe = Dezimeter-Telegrafie; d. Ü.) sind durch besondere Kräfte mit der ersten Welle anzugreifen ...«

Am 3. August 1940 griffen Stukas, Ju 88 und Me 110 die Küstenradarstellungen mit 250- und 500 kg-Bomben an. Zwar wurden zahlreiche Gebäude Opfer dieser Angriffe, aber die Antennenmaste und Antennen selbst schienen fast unzerstörbar. Die Angriffsergebnisse waren für die Deutschen eine bittere Enttäuschung, denn innerhalb weniger Stunden konnten die Schäden behoben werden, und die Einsatzbereitschaft einer Stellung war wiederhergestellt. Am schlimmsten wurde die Stellung Ventnor auf der Insel Wight getroffen, wo es elf Tage dauerte, um die Schäden zu beheben und wieder einsatzbereit zu werden. Die Unfähigkeit der Luftwaffe, dieses Führungssystem zu zerschlagen, bedeutete einen ersten bitteren Rückschlag.

Außer der mangelnden Reichweite der Me 109 und des Vorteils eines Radarführungssystems hatte das RAF Fighter Command noch einen Stich zu seinen Gunsten. Da die englischen Jagdflieger über ihrem Heimatland die Luftkämpfe ausfochten, konnten sie im Zweifelsfalle ihre Maschinen mit dem Fallschirm verlassen oder sie auf eigenem Boden notlanden, um am nächsten Tage wieder in eine neue Jagdmaschine einzusteigen und zu kämpfen. Das konnten deutsche Jagdflieger eben nicht.

»Adlertag«, so hieß der Deckname für den Angriff der deutschen Luftwaffe am 13. August 1940, als die Fliegerhorste des Fighter Command Primärziele waren, um die englische Jagdwaffe am Boden zu zerstören. Der Plan beinhaltete auch Ziele der englischen Flugzeug- und -motorenindustrie, um den Flugzeugnachschub zu unterbinden. Diese neue Angriffstaktik beruhte auf der Erkenntnis der Luftwaffe, daß man das Fighter Command nicht alleine im Luftkampf in die Knie zwingen konnte. Jetzt galt es, das Fighter Command in der Luft zu packen, seine Bodenorganisation zu bekämpfen genauso wie die Industrie, die für Flugzeuge und Ersatzteile sorgte.

Am Morgen des »Adlertag«, um 07.30 Uhr, standen in Frankreich und den Niederlanden die Bomber- und Jagdverbände der Luftflotten 2 und 3 bereit, um gegen England zu fliegen. Obwohl tags zuvor die Wettervorhersage gute Flugbedingungen versprach, dämmerte der 13. August mit grau verhangenem Himmel herauf, mit Nebel auf den meisten Startplätzen und mit einer dichten Wolkenbank über dem Kanal. Die Luftwaffenführung befahl kurzerhand, den Angriff auf den Nachmittag zu verschieben. Bevor der Befehl über die Luftflotten zu den Geschwadern durchdrang, waren einige Verbände schon gestartet. Ein paar erreichten ihr Ziel Eastchurch, andere kehrten um und landeten mit voller Bombenlast. Über England kam es zu einigen Mißverständnissen, weil der Me 109-Begleitschutz aufgrund widriger Wetterverhältnisse den zu schützenden Bomberverband aus den Augen verlor und von ›Hurricane‹ angegriffen wurde. Am Nachmittag klappte es dann schon ein wenig besser. Die Stukas des II. Fliegerkorps (Gen. Bruno Loerzer) erhielten von Me 109 der I./JG 26 (Hptm. Fischer) und der II./JG 26 (Hptm. Ebbighausen) Begleitschutz, so daß sie den Flugplatz Detling bei Maidstone erreichen konnten. Dieser Platz wie auch der von Andover wurden schwer getroffen. Trotz später Startzeit und schlechten Wetters gelang es mehr als 480 deutschen Kampfflugzeugen und fast 1000 Jägern und Zerstörern, den Weg über den Kanal zu finden und fünf Flugplätze anzugreifen. Die Luftwaffe wußte seinerzeit jedoch nicht, daß die am schwersten getroffenen Flugplätze – Eastchurch, Detling und Andover – gar nicht Plätze des Fighter Command waren! Entweder lag es an den schlechten Sicht- und Flugbedingungen, oder aber kannten die deutsche Abwehr oder der Feindnachrichtendienst der Luftwaffe die genaue Lage der Plätze des Fighter Command nicht. So hatte der »Adlertag« nicht nur das gesetzte Ziel verfehlt, sondern auch noch der Luftwaffe 34 Verluste eingebracht bei nur 13 abgeschossenen englischen Jägern.

Obwohl am 14. August das Wetter noch schlechter war, was die Einsatztätigkeit beschnitt, kam die III./JG 26 (Galland) zum Einsatz. Beim Begleitschutz für Stukas konnte die Gruppe sechs englische Jäger abschießen, wobei Galland, Oblt. Beyer, Oblt. Müncheberg, Oblt. Schöpfel, Lt. Müller-Dühe und Lt. Bürschgens je einen Abschuß erzielten.

Tags darauf setzte die Luftwaffe 800 Bomber und Stukas sowie mehr als 1100 ein- und zweimotorige Jäger der Luftflotte 2 und 3 und 170 Maschinen der in Norwegen liegenden Luftflotte 5 gegen England ein. Am Vormittag war die Wetterlage so schlecht wie an den zwei vorhergehenden Tagen. Doch mittags riß die Bewölkung auf, und die Sonne kam durch, so daß die Angriffe beginnen konnten. Die JG 26 (Handrick), JG 51 (Mölders), JG 52 (Trübenbach) und JG 54 (Trautloft) – alle von der Luftflotte 2 – flogen über dem Kanal Begleitschutz oder Jagdvorstöße. Während Stukas die Flugplätze Lympne und Hawkinge, Ju 88 den Platz Driffield angriffen, flogen die Jagdverbände in großer Höhe über ihnen freie Jagd. Gegen 16.00 Uhr griffen Do 17 mit Begleitschutz die Plätze Eastchurch und Rochester an, wobei insbesondere die Short-Flugzeugwerke, in denen die ›Stirling‹-Bomber produziert wurden, so schwer getroffen wurden, daß die Auslieferung der ›Stirling‹ über Monate hin verzögert wurde.

Am 15. August 1940 war das JG 26 ›Schlageter‹ (Handrick) besonders gefordert. Westlich von Calais kämpfte die I./JG 26 (Hptm. Fischer), wo Oblt. Henrici ein Abschuß gelang. Die II./JG 26 flog Jagdvorstöße im Raum Dover, Folkestone und Tonbridge, wobei Hptm. Ebbighausen, Oblt. Ebersberger und Lt. Krug je einen Luftsieg erzielten. Die III./JG 26 (Galland) war am erfolgreichsten. Im Rahmen ihrer Begleitschutzaufgaben für die KG 1 und KG 2, die Hawkinge und Maidstone als Angriffsziel hatten, konnten 18 Feindflugzeuge abgeschossen werden, wovon alleine die 7./JG 26 sieben Abschüsse erreichte. Somit hatte die Gruppe insgesamt 119 Abschüsse erzielt.

Dann kehrte vorerst Ruhe über Südostengland ein.

Offensichtlich klappte die Abstimmung über den Einsatz ihrer Geschwader zwischen der Luftflotte 2 und 3 nicht, denn die Luftflotte 3 (Sperrle) pflegte erst gegen 18.00 Uhr zu starten. Dieser taktische Fehler gab dem Fighter Command eine Verschnaufpause von mindestens zwei Stunden, um seine ›Hurricane‹ und ›Spitfire‹ aufzutanken und aufzumunitionieren, damit die Staffeln bis 18.00 Uhr wieder ihre Einsatzbereitschaftsstufe aufnehmen konnten. Hätte Sperrle seine Verbände gleichzeitig mit denen Keßelrings in die Luft gebracht, so hätten sie nur geringe Gegenwehr von Jägern des Fighter Command zu erwarten gehabt.

Das JG 27 (Oberstlt. Ibel) und JG 53 (Maj. von Cramon-Taubadel) unterstützte die Me 110 des ZG 2 im Jagd- und Begleitschutz für Stukas und Ju 88. Die 250 Maschinen der Luftflotte 3 überflogen kurz nach 18.00 Uhr Englands Küste. Sie wurden sofort von 14 Staffeln ›Spitfire‹ und ›Hurricane‹ angegriffen – es waren insgesamt 170 englische Jagdflugzeuge auf sie angesetzt, soviel hatte das Figh-

ter Command noch nie aufbieten können! Einige ›Spitfire‹ nahmen sich die Me 109 der Höhendeckung vor, andere stürzten sich hinab in den Verband der Ju 88 und Me 110, wo sie heftig aufräumten. Fünf der sieben Ju 88 von Helbigs 4./LG 1 schossen die ›Spitfire‹ sehr schnell von hinten aus dem Verband heraus. Von 15 Ju 88 der Gruppe kamen nur drei bis zum Ziel durch – dem Flugplatz Worthy Down bei Southampton. Mehr Glück hatten die Me 109, die die I./LG 1 (Hptm. Kern) begleiteten, denn diesem Verband mit 12 Ju 88 gelang es, auf dem Jägerplatz Middle Wallop zwei englische Jagdstaffeln, Flugzeughallen und die Startbahn außer Gefecht zu setzen. Nur wenige ›Spitfire‹ der 609. RAF-Staffel konnten noch rechtzeitig starten, um dem Desaster zu entgehen und die Angreifer zu packen.

Als die Verbände der Luftflotte 3 zu ihren Heimathorsten zurückkehrten, bereitete die Luftflotte 2 sich auf den nächsten Schlag vor. Diesmal waren die Jagdbomber gefordert. Das waren Jagdflugzeuge, die Bomben trugen. Nach Abwurf ihrer tödlichen Last mußten sie sich den Weg zum Festland zurück selbst freikämpfen. Die Jabo-Kräfte bestanden aus 15 Me 110-Zerstörern und 8 Me 109, denen Me 109 des JG 52 Jagdschutz gaben. Ziel war der sehr wichtige Flugplatz Kenley, südlich von London. Wie schon erwähnt, die deutschen Verbände flogen ohne wesentliche Ortungshilfe – im wahrsten Sinne des Wortes blind –. Das zog manche Navigationsfehler nach sich, infolgedessen natürlich auch Angriffe auf falsche Ziele. Kommen wir nun auf den eben angesprochenen Angriff wieder zurück. Irgendwie verlor der Jagdschutz Kontakt zu den Jabos, die nun alleine ihr Ziel ansteuerten und um 20.00 Uhr erreichten. Aber es war nicht Kenley! Durch einen Navigationsfehler kam der Verband näher als geplant an London heran. Als Flugzeuge auf dem Londoner Flugplatz Croydon gesichtet wurden, glaubte man sich über Kenley, so daß Angriffsbefehl gegeben wurde. Jetzt stürzten sich aus großer Höhe ›Hurricane‹ der 111. RAF-Staffel in die Tiefe. Die schwerbeladenen Jabos befanden sich auch im Sturz, hatten aber eine höhere Geschwindigkeit und ließen die Verfolger hinter sich. Die ersten Bomben lagen gut und detonierten in Flugzeughallen, wobei 40 Flugzeuge zerstört wurden. Die anderen schlugen in Flugzeug- und Motorenwerke ein und richteten in einer Fabrik für Flugzeugfunkgeräte schweren Schaden an. Das war ein sehr erfolgreicher Angriff, nur leider gegen den falschen Flugplatz. Die Luftwaffenführung hatte ausdrücklich verboten, das ausgedehnte Stadtgebiet von London zu bombardieren. Croydon lag in diesem

Sperrbezirk. Nachdem die Jabos ihre Bomben abgeworfen hatten, begaben sie sich schnellstens auf den Heimflug. Sofort wurden sie von der 111. RAF-Staffel und der aus Biggin Hill zur Verstärkung kommenden 32. RAF-Staffel in die Zange genommen. Als sich die Gefechte bis in die Nähe der englischen Küste hingezogen hatten, stießen auch noch die ›Spitfire‹ der 66. RAF-Staffel in das Luftkampfgetümmel hinein. Schließlich waren 6 der 15 Me 110 und eine Me 109 abgeschossen worden.

So endete der dritte Tag in der Luftschlacht um England, den viele Historiker den heißesten nennen. Beide Luftgegner übertrieben ihre Abschußzahlen und setzten ihre Verluste ziemlich niedrig an. Das Fighter Command behauptete, 182 deutsche Flugzeuge mit Sicherheit und 53 wahrscheinlich abgeschossen zu haben. Die meisten Verluste waren Bomber und Me 110-Zerstörer. In den Verlustlisten der Luftwaffe waren aber nur 59 Flugzeuge verzeichnet. Die Deutschen meldeten 111 englische Jäger mit Sicherheit und 14 wahrscheinlich abgeschossen. In diesen Zahlen waren nicht die am Boden zerstörten Flugzeuge enthalten. Das Fighter Command legte 34 Verluste offen. Demnach darf man annehmen, daß die Verluste in etwa 34 englische Jäger zu 75 deutschen Bombern, Zerstörern und einigen wenigen Me 109 betrugen. Lassen wir einmal die Verlustaufrechnung von jenem Donnerstag im Sommer 1940 außer acht, so bleibt als Lehre zu ziehen, daß ohne Jagdschutz fliegende Bomber, Zerstörer und Stukas gegen energisch angreifende Jagdkräfte hilf- und wehrlos sind. Trotz der doppelten Aufgabe der Jagdwaffe – Bekämpfung der Kräfte des Fighter Command in der Luft und Jagdschutz für Bomber und Stukas – betrug im Sommer 1940 die deutsche Jägerproduktion nur halb so viel wie die englische. Die Angriffe gegen Flugplätze wurden fortgesetzt. Die englischen Jägerplätze Tangmere, Kenley und Biggin Hill erlitten schwerste Schäden.

Am Sonntag, dem 18. August, überflogen vier Stuka-Gruppen des VIII. Fliegerkorps den Kanal, um die Plätze Ford, Gosport und Thorney Island sowie die Radarstellung Poling anzugreifen. Bevor sich der Verband nach dem Angriff noch zum Rückflug sammeln konnte, wurden die ohne Jagdschutz fliegenden Stukas von ›Spitfire‹ der 152. RAF-Staffel und ›Hurricane‹ der 43. RAF-Staffel abgefangen. In dem sich anschließenden Luftgefecht schlug die Stunde für die so vielgerühmte Stukawaffe in der Luftschlacht um England. Die langsamen und unbeweglichen Maschinen konnten sich überhaupt nicht wehren. Sie brauchten unbedingt Jagdschutz, um ihren Auftrag erfolgreich durchführen zu können. 30 Ju 87, Stukas, fielen den englischen Jägern zum Opfer. Alleine die I./StG 77 verlor 12 von 28 Maschinen, darunter auch der Gruppenkommandeur, Hptm. Meisel. Andere Maschinen erhielten derart starke Beschußschäden, daß sie es mit Mühe und Not schafften, das Festland zu erreichen. Die Verluste der Stukawaffe nahmen beängstigende Formen an. Aus Mangel an Besatzungen mußten die Stukastaffeln aus dem Kampfgeschehen genommen werden. Bei den geringen Einsatzerfolgen und hohen Verlusten war es nicht mehr verantwortbar, Me 109 an diese Kräfte zu binden. Die Me 109-Verbände konnten am wirkungsvollsten im Rahmen der freien Jagd gegen das Fighter Command operieren.

An jenem Tage befand sich auch die III./JG 26 (Galland) auf freier Jagd im Raume Hornchurch und Northweald. Bei zwei eigenen Verlusten wurden acht englische Jäger abgeschossen. Oblt. Schöpfel erzielte vier Luftsiege, Oblt. Sprick und Lt. Ebeling je einen und Lt. Bürschgens zwei. Im Luftkampf fiel Lt. Müller-Dühe, und Lt. Blume gilt als vermißt, nachdem man ihn noch in eine Wolke wegtauchen sah.

Es muß etwa Mitte August 1940 gewesen sein, als Hermann Göring das Vertrauen zu seinen alten Kriegskameraden und zu anderen Alten Adlern, die die Jagdgeschwader der Luftwaffe führten, verloren hatte. Er beklagte sich, daß die älteren, wenn auch erfahrenen Gruppenkommandeure und Geschwaderkommodore zu wenig Kampfmoral und Angriffsgeist hätten. Er wollte Jagdfliegerkommodore haben, die jung sind, die sich durch hohe Abschußzahlen hervorgetan haben und sich an der Spitze ihrer Geschwader in den Luftkampf stürzen, um ihren Männern ›ein leuchtendes Beispiel‹ zu sein. Göring ließ sich nicht davon überzeugen, daß man den alten Jagdfliegern nicht anlasten könnte, wenn die Jagdwaffe nicht fähig war, das Fighter Command in die Knie zu zwingen. Göring versperrte sich der alten Kriegsweisheit, daß bei gleichstarken Gegnern auf dem Schlachtfeld der Vorteil stets in der Hand des Verteidigers liegt. Innerhalb kurzer Folge wurden alte Kommodore durch junge, erfolgversprechende Gruppenkommandeure ersetzt. Mölders hatte am 27. Juli bereits im JG 51 die Nachfolge von Osterkamp angetreten. Am 22. August folgte Galland im JG 26 Handrick nach. Drei Tage später löste Trautloft im JG 54 Mettig ab, wie am 3. September Schellmann im JG 2 von Bülow-Bothkamp nachfolgte. Am 10. Oktober übernahm von Maltzahn das JG 53 von von

Cramon-Taubadel. Woldenga löste später Ibel in der Führung des JG 27 ab.

Natürlich ließ sich trotz des jüngeren Führungspersonals in der Jagdwaffe die Lage nicht über Nacht verändern. Am 26. August 1940 mußten die JG 3, JG 52 und JG 53 schwere Verluste hinnehmen. Am 28. August waren es 23 Me 109, sechs alleine vom JG 3. Die letzten Tage des Monats brachten nochmals 26 Me 109-Verluste, darin eingeschlossen sechs vom JG 3 und sechs vom JG 26. Als Revanche für die Verluste wurde am 31. August in aller Frühe ein Jagdangriff gegen die Sperrballone bei Dover angesetzt. Eine Jagdstaffel nach der anderen stürzte sich auf die Ballone, bis schließlich 50 vernichtet waren. Es heißt, daß man von der französischen Küste aus die brennenden und qualmenden Reste habe sehen können. Danach folgten Angriffe gegen Biggin Hill und andere Flugplätze. Am letzten Augusttag waren 1300 Jagdmaschinen im Einsatz, um Schutz für 150 deutsche Bomber zu geben, dabei verlor die Luftwaffe 32 Maschinen und konnte 39 Jagdflugzeuge des Fighter Command abschießen. Insgesamt flog die Luftwaffe im August 4779 Einsätze gegen England.

Die Einsatzergebnisse vom 31. August gaben neuen Auftrieb, alle Anstrengungen zu machen, das Fighter Command, vor allem die 11. RAF-Group, vollends zu bezwingen. Denn diese Group verfügte über 22 Staffeln ›Spitfire‹ und ›Hurricane‹, die den Raum Südostengland bis London zu sichern hatten. Den Raum nördlich von London schützte die 12. RAF-Group, die gleichermaßen als Refugium und Reserve für die 11. RAF-Group diente. Im Zweifelsfalle half sie mit Besatzungen und Maschinen aus. Durch die zweifache Aufgabe, den Bombern Jagd- und Begleitschutz zu geben und dazu noch die Kräfte des Fighter Command in entscheidende Luftkämpfe zu locken, war die Jagdwaffe bis an die Grenze ihrer Belastbarkeit gefordert. Dennoch gelang es den Jagdgeschwadern in der ersten Septemberwoche fast, aber nur fast, das Kriegsglück zu ihren Gunsten zu wenden. Die vorangegangenen vernichtenden Schläge gegen Flugplätze und Flugzeugwerke sowie die heftigen Luftgefechte hatten das Fighter Command fast in die Knie gezwungen. Nur hatte der Feindnachrichtendienst (I c) der Luftwaffe davon keine Ahnung. Die Angriffe der Luftwaffe wurden tiefer nach England hineingetragen, wobei eine Bombergruppe den Jagdschutz eines ganzen Jagdgeschwaders erhielt. So konnten die Me 109 freie Jagd betreiben und gleichzeitig Jagdschutz gewähren. Aber die Verluste begannen wieder zu steigen. Am 2. September waren es

25 Me 109, am 5. September 22 und tags darauf 27, davon 9 Me 109 vom JG 27.

Im Zeitraum vom 24. August bis 6. September verlor das Fighter Command im Einsatz durch Tod 103 Jagdflieger, durch Verwundung 130. 466 Jagdflugzeuge ›Hurricane‹ und ›Spitfire‹ waren als Totalverlust oder schwerer Bruch abzuschreiben. Das Verlustverhältnis von Flugzeug zu Besatzung hielt sich etwa stetig bei 2:1. Demnach war es unerheblich, wieviele englische Jagdflugzeuge die deutsche Jagdwaffe abschoß, denn mehr als die Hälfte englischer Jagdflieger waren nach den Luftkämpfen wieder einsatzbereit, um am nächsten Tag von neuem ein Jagdflugzeug zu besteigen und zu kämpfen!

Dann wechselte das Angriffsziel auf London, womit die Hoffnung auf einen Sieg für die Jagdwaffe zunichte gemacht worden war.

Am 4. September entschied Hitler, offensichtlich als Vergeltung für den Nachtangriff von 81 RAF-Bombern, am 25./26. August, auf Berlin, die Londoner Docks anzugreifen. Obwohl Hitlers Absicht reine Vergeltung war, sah die Luftwaffenführung im Angriff gegen die britische Hauptstadt eher eine gute Gelegenheit, die Jagdkräfte des Fighter Command in Massen aufsteigen zu sehen, denen sich dann die Me 109-Jagdverbände entgegenwerfen konnten. Insbesondere hoffte man, daß die in Reserve gehaltene 12. RAF-Group für den Schutz Londons herangezogen werden würde. Am 7. September 1940 fanden sich Hermann Göring und sein alter Weltkriegskamerad, Bruno Loerzer, an der Kanalküste ein, um die für den Nachmittag vorgesehenen Angriffswellen gegen London zu beobachten. Die JG 26, JG 27 und JG 54 hatten Auftrag, die zwischen 5000 und 7000 Meter Höhe fliegenden He 111-Verbände zu begleiten. Die Angriffsbefehle lauteten, mit geradem Kurs, ohne jede Abweichungen auf das Ziel zuzufliegen, weil die Me 109 ohnehin an der Grenze ihrer Reichweite operieren müßten und noch weniger Kampfzeit als üblich für Luftkämpfe mit englischen Jägern hätten. Die geringe Reichweite der Me 109 erwies sich in dieser Phase der Luftschlacht als besonders nachteilig. Viele Jagdflieger schafften es mit leeren Kraftstofftanks nicht mehr bis zum Festland und mußten im Kanal notwassern. Am 9. September 1940 mußten 18 Me 109 wegen Spritmangels auf dem Strand oder in seichtem Wasser an der französischen Küste notlanden. Sie zählten zu den insgesamt 28 Tagesverlusten. Bis Mitte September verliefen die Bombenangriffe recht erfolgreich. Um so größer war am 15. September die Überraschung, als sich im Laufe des Tages, an dem 1790 Maschinen in sorgfältig geplanten Angriffswellen zum Einsatz kamen, 24 Staffeln ›Spitfire‹ und ›Hurricane‹, davon auch einige der 12. RAF-Group, den Eindringlingen entgegenwarfen. Im Höhepunkt der Abwehrschlacht befanden sich gleichzeitig bis zu 300 ›Hurricane‹ und ›Spitfire‹ in der Luft. Die Luftwaffe verlor dabei 60 Flugzeuge, allein 23 von den 60 beteiligten Me 109, wohingegen die RAF 26 Jagdflugzeuge einbüßte. Die Engländer nannten diesen Kampftag den »Battle of Britain Day«, der in der Tat einen Wendepunkt bedeutete. Danach war die Luftwaffe nicht mehr in der Lage, derart große Angriffswellen anzusetzen. In der Luftwaffenführung, der es wohl an nötiger Fronterfahrung mangelte, hatte man nicht entsprechende Maßnahmen zur Steigerung der Jägerproduktion eingeleitet, um mit den Verlusten Schritt zu halten. Dadurch fehlte es immer mehr am dringend erforderlichen Jagdschutz für die Kampfverbände. Bis zum Monatsende verschlechterte sich die Lage ständig, so daß am 30. September 34 Me 109 verlorengingen; 5 vom JG 2; 7 vom JG 26; 8 vom JG 27 und je 4 vom JG 51, JG 52 und JG 53. Obwohl die Luftwaffe im Monat September insgesamt 7260 Maschinen in die Luft gebracht hatte, hatte die Jagdwaffe ihren Auftrag nicht erfüllen können. Adolf Galland hat die Niedergeschlagenheit und Frustration anhand eines Bildes geschildert, indem man einem kampfwütigen Hund befiehlt, dem Gegner an die Gurgel zu springen, nur war die Kette zu kurz, um das Opfer zu erreichen.

Die Luftwaffe war die erste Luftstreitkraft, die sich dem strategischen Bombenkrieg zuwandte, selbst wenn sie es nur mit operativen und taktischen Mitteln versuchte. Hauptsächlich kamen zwei Bombertypen zum Einsatz: Die zweimotorige Do 17 mit etwa 1000 kg Bombenlast und die He 111, eine zum Bomber umgebaute zweimotorige Verkehrsmaschine der Lufthansa, mit etwa 2000 kg Bombenlast. Diese Maschinen waren nur »kleine Fische« im Vergleich zum viermotorigen ›Lancaster‹-Bomber, der später bei den Großangriffen gegen Deutschland zum Einsatz kam. Er konnte eine Bombenlast tragen, die dem Gewicht einer einzigen He 111 entsprach! Fehlbeurteilungen, die 1936 Theoretiker aus wirtschaftlichen Erwägungen zu engstirnigen Entscheidungen führten, fielen jetzt wie eine Heimsuchung auf die Luftwaffe zurück. Es war zu spät, um sie korrigieren zu können. Der Luftwaffenführung war immer noch nicht klar geworden, daß sie mit den verfügbaren Mitteln die Royal Air Force über den Britischen Inseln

nicht schlagen konnte. Nunmehr mußten die Bombenangriffe auf die Nacht verlegt werden, weil es an Jägern fehlte, denen man andererseits eine Bomberrolle zuweisen wollte. Im Oktober erreichte die Luftwaffe mit 9911 Einsätzen die höchste Einsatzzahl während der Luftschlacht. Meist flogen die Verbände zwischen 5000 und 6000 Metern Höhe, der Me 109-Begleitschutz hielt sich etwas darüber.

Bei den Tagesangriffen zwischen Juli und Oktober 1940 verlor die Luftwaffe etwa 1750 Maschinen. Das entsprach mehr als der Hälfte ihrer Ausgangsstärke. Am meisten Verluste mußten die Bomber- und Stukaverbände hinnehmen. Göring entschied, daß man die im Juli versuchsweise durchgeführten Jabo-Einsätze neu beleben sollte. Mit Tagesangriffen bombentragender Me 109 wollte man die Bomberverluste aus den Sommermonaten ausgleichen und verhindern, daß sich so ein Desaster wiederholte. Trotz der Proteste aus Kreisen der Jagdfliegerführung, die die leichten Kampfflugzeuge in »leichte Keßelringe« umtaufte, wurde befohlen, daß jede Jagdgruppe eine Jabo-Staffel aufzustellen hatte (das entsprach einem Drittel aller Jagdkräfte, die in der Luftschlacht um England auf deutscher Seite zur Verfügung standen). Zunächst warfen die Jabos unter dem Jagdschutz ihrer Kameraden ihre Bomben aus dem Horizontalflug ab. Später flogen Jabos und Begleitschutz gemischt im Verband. Das veranlaßte manche frustrierten Jabo-Jagdflieger, ihre 250 kg-Bomben über dem ersten sich bietenden Ziel auszulösen, um sich möglichst schnell der schweren Last über Feindgebiet zu entledigen und wendiger zu werden. Der Horizontalbombenwurf erwies sich als derart ungenau, daß man dazu überging, den Abwurf im Tiefflug zu entwickeln, wie es heutzutage bei taktischen Jagd- und Kampfverbänden gang und gäbe ist. Es wurde offensichtlich, daß kleine Flugzeuge, die ein weites Gebiet abdecken sollten, nicht so wirkungsvoll wie Bomber waren. Das Versagen der Jabos veranlaßte Göring zu harscher Kritik an der Jagdwaffe, der es nicht gelang, gleichzeitig taktische, strategische und Luftverteidigungsaufgaben zu erfüllen – und das alles angesichts eines unglaublichen Mangels an Flugzeugen und erfahrenem fliegenden Personal.

Im November 1940 werden die Jabo-Angriffe nach und nach eingestellt. Von nun an beginnen die Luftflotten 2, 3 und 5 wieder damit, Bomberverbände mit Jagdbegleitschutz einzusetzen. Wichtige Industrie- und Hafenstädte rückten in den Mittelpunkt der Angriffe. Maj. Helmut Wick folgte im Oktober Maj. Schellmann als Kommodore JG ›Richthofen‹ Nr. 2 nach. Bei Begleitschutzeinsätzen am

6. November über der Insel Wight und Southampton schoß das ›Richthofen‹-Geschwader neun englische Jäger ab, davon erreichte alleine Wick fünf. Oblt. Leie, Geschwaderadjutant, erzielte zwei Abschüsse, Oblt. Hahn und Lt. Schnell je einen. Am nächsten Tag gelang Wick, der seinerzeit Deutschlands bester Jagdflieger war, über Portsmouth der Abschuß einer ›Hurricane‹, während Oblt. Leie und Oblt. Pflanz, Geschwader T/O, je zwei ›Hurricane‹ abschossen. Lt. Schnell und Lt. Heinberg erzielten je einen Abschuß über der Insel Wight. Trotz der Verleumdungen und Beschimpfungen, denen die Jagdwaffe seitens der Bomberbesatzungen, Görings und sogar der deutschen Presse ausgesetzt waren, weil sie das Unmögliche nicht möglich machten, blieben die Jagdflieger unstillbar in ihrem Angriffsgeist und ließen sich nicht entmutigen.

In den Wintermonaten gingen die Einsatzzahlen stetig zurück: Dezember 1940 – auf 3844; Januar 1941 – 2465; Februar – 1400. Gründe dafür waren zunächst das schlechte Wetter im Einsatzraum, später aber der Einsatz der Luftwaffe auf dem Balkan und im Mittelmeerraum. Im März und April 1941 nahm die Angriffstätigkeit wieder zu (4365 Einsätze beziehungsweise 5448). Am 1. April flog Galland mit seinem Rottenflieger, Ofw. Robert Menge, von Düsseldorf nach Brest. Als sie sich entschlossen, einen Umweg über Südengland zu nehmen, wurden sie prompt von ›Spitfire‹ angenommen. Nachdem jeder einen englischen Jäger abgeschossen hatte, verdrückten sie sich schnell über den Kanal nach Frankreich zurück. Am 15. April forderte Galland mit Ofw. Hans-Jürgen Westphal über Dover wieder einmal das Fighter Command heraus. ›Spitfire‹ griffen sofort an. Galland erzielte drei Abschüsse, bevor er über den Kanal entwischte.

Am 16. Mai 1941 hörten die Großangriffe der Luftwaffe gegen England auf, weil sich die Luftwaffe, abgesehen vom Einsatz auf dem Balkan und im Mittelmeer, auf den bevorstehenden Einfall in die Sowjetunion vorbereiten mußte. Die Entscheidung, Rußland anzugreifen, war schon vor Beginn der Luftschlacht um England getroffen worden. Jetzt hatte der Kampf im Westen keinen Vorrang mehr. Die Besatzungen, die die Luftschlacht um England überlebt hatten, erhielten keine Ruhepause, denn auf die fronterfahrenen Flieger konnte man nicht verzichten. Ihnen stand das harte Los ununterbrochener Feindflüge bevor. Einen Ausweg gab es nicht, es sei denn, man fiel oder man zerbrach nervlich an der dauernden Überbelastung. Zwar hätte die Luftschlacht vielleicht die Flugzeugverluste ausgleichen

können, aber der Ersatz an ausgebildetem fliegenden Personal war eine fast unlösbare Aufgabe.

Die Planungen des Fighter Command sahen den schrittweisen Rückzug der Staffeln mehr nach Norden vor, falls die Jägerplätze an der Südküste ausfallen sollten. Da die englischen Jäger die Jagdwaffe immer stärker bedrängten, mußte man auf diese Notmaßnahme nicht zurückgreifen. Die deutschen Jagdflieger haben bis zur physischen Erschöpfung geflogen und gekämpft, dazu kam die bittere Enttäuschung. Unter schwersten Bedingungen hatten sie Hunderte von englischen Jägern abgeschossen, sich tapfer bei freier Jagd geschlagen und mußten jeden Tag von neuem die schmerzlichen Lücken in ihren Reihen, die die Schlacht riß, zur Kenntnis nehmen und verkraften. Dieses Versagen lastete der skrupellose Reichsmarschall Göring, der dauernd nach Sündenböcken suchte, um von seiner Unfähigkeit abzulenken, den Jagdfliegern an. Er behauptete, die Jäger hätten die Bomber über England im Stich gelassen und ihre Abschüsse zu verantworten. Hätten die Jäger stetig den engen Jagdschutz für die Bomberverbände beibehalten, hätten sie ihr vordringlichstes Ziel – Vernichtung des Fighter Command – nie erreichen können. Nur mittels freier Jagd hätte man auf gewisse Erfolge rechnen können. Aber es gab nie genügend Jagdflugzeuge, um beiden Aufgaben gerecht zu werden.

Am 4. Juni 1941 wurden alle Jagdgeschwader, mit Ausnahme des JG ›Richthofen‹ Nr. 2 (Maj. Wilhelm Balthasar) und JG 26 ›Schlageter‹ (Oberst Adolf Galland), aus Frankreich und vom Kanal abgezogen, das gleiche geschah mit der Luftflotte 2 (Keßelring), so daß lediglich die Luftflotte 3 (Sperrle) den Luftkrieg im Westen tragen mußte.

Die 10./JG 2 hatte als Jabostaffel den Auftrag, in erster Linie die englische Küstenschiffahrt zu bekämpfen. Unter Führung von Hptm. Frank Liesendahl konnte die Staffel bis zum 26. Juni 1941 insgesamt 20 Schiffe – zusammen 63000 t Schiffsraum – versenken.

Am Tage, als Deutschland den Rußlandfeldzug eröffnete, begann England seine Nonstop-Luftoffensive gegen Deutschland. Den JG 2 und JG 26 oblag mit etwa 150 bis 250 Jagdflugzeugen die Aufgabe, Westeuropa von den Niederlanden bis zur Biskaya zu verteidigen. Das bedeutete für das JG 2 und JG 26 Einsatztätigkeit vom ersten Tageslicht bis zum Dunkelwerden. Jeder Jagdflieger flog täglich fünf und mehr Einsätze. Am 21. Juni 1941 griffen Bristol ›Blenheim‹-Bomber mit 50 ›Hurricane‹ und ›Spitfire‹ als Begleitschutz St. Omer an. Das JG 26 warf sich diesem Verband entgegen. Obwohl zahlenmäßig dem feindlichen Jagdschutz unterlegen, konnten 14 englische Bomber abgeschossen werden. Galland gelangen zwar drei Abschüsse, er wurde aber dann von einem englischen Jäger abgeschossen und kam noch einmal glimpflich davon.

DER BALKANFELDZUG

Nach der Luftschlacht um England flammte der Krieg in Afrika und Südosteuropa auf. Seit dem 14. Juni 1940, als Italien England und Frankreich den Krieg erklärt hatte, verhielt sich Deutschlands südlicher Achsenpartner ruhig. Ohne jede Vorwarnung marschierten italienische Kolonialtruppen am 13. September von Libyen aus in Ägypten ein, und am 28. Oktober besetzten italienische Truppen Griechenland. Schon einen Tag später besetzten die Engländer Kreta – die Schlüsselposition im östlichen Mittelmeer. Das wiederum hieß den beabsichtigten deutschen Vorstoß nach Osten gefährden, weil die Südflanke bedroht war. Englische Bomber lagen nunmehr in Reichweite der kriegswichtigen Ölfelder des rumänischen Ploesti. Im März 1941 waren die Engländer schon auf dem griechischen Festland. Der schwache italienische Widerstand rief die alarmierten Deutschen auf den Plan. Zur gleichen Zeit putschte das Militär in Belgrad, so daß auch Jugoslawien von Unruhen geschüttelt wurde. Das wiederum gab den Deutschen Anlaß zur Besetzung Jugoslawiens, um den Weg nach Griechenland frei zu haben, die bedrängten italienischen Verbündeten zu unterstützen.

Die Luftflotte 4 (Gen. Alexander Löhr) koordinierte den Einsatz der Luftwaffenverbände, wozu auch die JG 27, JG 77 und das LG 1 gehörten. Der Feldzug nach Jugoslawien begann im Zusammenhang mit dem Unternehmen »Marita« am 6. April 1941. Wenngleich die Jagdwaffe nicht allzu sehr gefordert war, so kam es in den ersten Luftkämpfen doch zu einigen Mißverständnissen, denn die kgl. jugoslawischen Luftstreitkräfte (Jugoslavenko Kraljevsko Ratno Vazduhoplovsvo – JKRV) verfügten über Me 109, die 1938/39 beschafft worden waren. Verwirrung schuf unter anderem die Tatsache, daß das jugoslawische Hoheitsabzeichen ein Kreuz beinhaltete. Zur Identifizierungshilfe waren die Flugzeugnasen der Me 109 der Jagdwaffe, wie zuweilen auch schon während der Luftschlacht um England, in auffälligem Gelb gestrichen. Das veranlaßte die jugoslawischen Luftstreitkräfte zu dem Befehl: »Alle Me 109 mit gelben Nasen angreifen!« Zum Einsatz kamen auf jugoslawischer Seite ferner Hawker ›Hurricane‹, die vor Ausbruch der Feindseligkeiten von England erworben worden waren. Am ersten Kampftag verlor die Luftwaffe 10 Me 109, während das 6. Fliegerregiment der JKRV 13 Me 109 und zwei IK-Z einbüßte. Jugoslawische Jagdflieger begaben sich mancher Abschußchance, weil sie zögerten, auf Me 109 ohne den gelben Farbanstrich zu schießen. Am 7. April war das 6. Regiment in schwere Luftkämpfe verwickelt und verlor dabei 12 weitere Me 109. Mit einem Rest von vier Jagdmaschinen mußte es weiterkämpfen. Sehr schnell zerbrach der Widerstand. Nach diesem Blitzfeldzug rückten deutsche Truppen weiter nach Griechenland vor.

Griechenland selbst war schnell eingenommen. Der Einsatz gegen die englische Kriegsflotte und die Einnahme Kretas dauerten hingegen etwas länger. Die Einnahme Kretas lief unter der Bezeichnung Unternehmen ›Merkur‹, schloß die Bekämpfung feindlicher Flottenverbände mit ein und lag ausschließlich in der Verantwortung der Luftwaffe.

Gen. Kurt Student, ein Alter Adler, führte seine Fallschirmtruppen in der erfolgreichen Luftlandung auf Kreta. Die Royal Navy riegelte die Insel sofort von See her ab. Englische Kreuzer und Zerstörer verfügten über keinen nennenswerten sichernden Jagdschutz. Der Luftraum über und um Kreta wurde von der Luftwaffe beherrscht. Diese Lage führte zur ersten See-Luftschlacht der Geschichte, die am 22. Mai 1941 ihren Höhepunkt erreichte. Außer Begleitschutzaufgaben für Stukaverbände flogen das JG 77 (Maj. Bernhard Woldenga) und die I./LG 2 (Hptm. Herbert Ihlefeld) Jaboeinsätze. Me 109 der III./JG 77 beschädigten an jenem Tage, um 12.30 Uhr, das englische Schlachtschiff *Warspite* schwer. Vier Stunden später entdeckte Hptm. Wolf-Dietrich Huy, der sich alleine mit seiner Me 109 auf einem Jaboeinsatz befand, den Kreuzer *Fiji*. Der Staffelkapitän drückte seine Maschine an und löste die 250 kg-Bombe aus, die als Nahtreffer ein Loch in die Schiffspanzerung riß. Als die *Fiji* starke Schlagseite bekam, rief Huy Verstärkung herbei, weil sein Kraftstoff zur Neige ging. Um 18.15 Uhr kenterte der angeschlagene Kreuzer nach einem Volltreffer und sank eine Stunde später. Nachdem die englische Mittelmeerflotte durch Luftwaffenangriffe zwei Kreuzer und vier Zerstörer hatte einbüßen müssen, setzte sie sich am Morgen des 23. Mai mit Kurs auf Alexandria ab. Drei Tage später konnte die Kriegsmarine Panzer und

Gerät auf Kreta löschen. Am 1. Juni 1941 hatten die Engländer ihren letzten Stützpunkt auf der Insel geräumt. Der Kreuzer *Calcutta*, der diese Absetzbewegung sicherte, wurde schließlich noch versenkt. Außer diesen bitteren Schiffsverlusten gelang es der Luftwaffe noch, ein Schlachtschiff und drei Kreuzer schwerstens zu beschädigen.

Insbesondere zeichneten sich bei den Einsätzen gegen die Royal Navy im Kampf um Kreta folgende Jabo-Jagdflieger aus: Fw. Rudolf Schmidt, 7./JG 77, der zwei Torpedoboote versenkte und zahlreiche Transportschiffe in der Suda-Bucht traf; Lt. Johann Pichler, auch 7./JG 77, der mehrere kleine Schiffseinheiten versenkte; Fw. Franz Schulte, 6./JG 77, der einen Frachter und ein Torpedoboot versenkte.

Obwohl es kaum zu direkten Luftkampfbegegnungen gekommen war, konnten Hptm. Ihlefeld und Lt. Geißhardt jeweils nach Beendigung eines Jaboeinsatzes eine ›Hurricane‹ abschießen.

Neben den Angriffen der Jagdwaffe gegen die Royal Navy im Seegebiet um Kreta spielten sich über Malta, einer anderen strategischen Bastion im Mittelmeer, heftige Luftkämpfe ab. Die 7./JG 26 zeichnete sich dort aus. Ihr Staffelkapitän, Joachim Müncheberg, schoß im Frühjahr 1941 über der Inselfestung 19 ›Hurricane‹ ab.

DER AFRIKAFELDZUG

Den Italienern war bei ihrem Angriff gegen die englische Armee in Ägypten übel mitgespielt worden, insbesondere am 9. Dezember 1940, als die Engländer in der Cyrenaika überraschend zur Gegenoffensive antraten. Obwohl die hochgerühmte italienische Regia Aeronautica der RAF im Verhältnis 3:1 überlegen war, konnten die englischen Gloster ›Gladiator‹ und Hawker ›Hurricane‹ dieser zahlenmäßigen Übermacht Paroli bieten. Im Februar 1941 standen die Engländer bereits wieder in Bengasi. Das zwang Mussolini dazu, deutsche Hilfe zu erbitten. Deutschland hatte die strategische Bedeutung Nordafrikas erkannt und kam diesem Ersuchen schnell nach, indem Gen. Erwin Rommel nach Afrika beordert wurde, wo er am 2. Februar 1941 eintraf.

Die Einnahme Ägyptens war für die Deutschen von kriegsentscheidender Bedeutung. Wenn sich Ägypten in deutscher Hand befände, würde Malta fallen, ließe sich der Suez-Kanal für die englische Seefahrt schließen und das Mittelmeer wäre der englischen Seeherrschaft verschlossen. Syrien und Palästina wären bald verloren. Einmal in der Levante, würden sich Deutschland die unermeßlichen Ölquellen erschließen und die strategisch wichtigen Dardanellen der Türkei öffnen.

Am 24. März 1941 trat Rommel zur Gegenoffensive mit Ziel Ägypten an. Bald hatten deutsche Truppen El Agheila besetzt. Am 28. März war Marsa el Brega erreicht und am 4. April Bengasi wieder in deutscher Hand. Zehn Tage später schon fiel die 1./JG 27 unter Führung von Oblt. Karl Redlich auf dem Feldflugplatz Ain el Gazala ein. Eine Woche danach verlegten vom Balkan die 2. Staffel (Hptm. Erich Gerlitz) und die 3. Staffel (Oblt. Gerhard Homuth). Mit ihnen stieß auch der Gruppenkommandeur, Hptm. Eduard Neumann, hinzu. Das Gruppenwappen zeigte einen Leoparden- und Negerkopf vor dem Hintergrund einer Karte Nordafrikas. Erstaunlicherweise gab es das Wappen schon seit Anfang 1940, wo noch kein Mensch im Traum daran dachte, daß die Gruppe jemals auf dem Schwarzen Kontinent eingesetzt werden würde.

Die Jagdflieger der I./JG 27 hatten bereits Fronterfahrung in der Luftschlacht um England, während des Balkanfeldzugs und im Mittelmeerraum gesammelt, wobei sie 93 Abschüsse erzielten. Nach alliierten Kriterien waren viele schon ein »As«: Oblt. Redlich – 10 Luftsiege; Oblt. Homuth – 15; Oblt. Franzisket – 14; Lt. Kothmann und Ofw. Förster je 6; Ofhr. Marseille – 7. Hans-Joachim Marseille sollte in den sich über der Wüste abspielenden Luftkämpfen noch zu legendärem Ruhm kommen.

Am 19. April 1941 hatte die Gruppe ihren ersten Luftkampf. Über Tobruk traf sie auf ›Hurricane‹ der 274. RAF-Staffel und konnte dabei vier Luftsiege erringen. Lt. Schröer erzielte einen, Obtl. Redlich zwei und Uffz. Sippel einen Abschuß. Beim zweiten Treffen am selben Tage versetzte Pilot Officer Spence der Me 109 von Lt. Schröer so schwere Treffer, daß er zur Bauchlandung in der Wüste gezwungen war. Drei Tage darauf mußten Ofw. Kowalski und Ofhr. Marseille mit ihren Maschinen wegen Kraftstoffmangels notlanden. Am 23. April kam es über Tobruk zum letzten Mal zu einem Luftgefecht, als die Gruppe auf Bristol ›Blenheim‹ der 55. RAF-Bomberstaffel trafen, wobei Obtl. Redlich ein Bomberabschuß gelang. Daraufhin stürzten sich ›Hurricane‹ der 6. RAF-Staffel auf die Me 109, jedoch konnte Oblt. Franzisket und Lt. von Moller je zwei englische Jäger und Marseille einen abschie-

Oberstleutnant Carl Schumacher führte 1939 die deutschen Jagdkräfte zur Abwehr englischer Bomberkräfte über der Deutschen Bucht.

Waffenwarte des JG 51 laden die Bordwaffen der Me 109E der 8. Staffel.

ßen. Fw. Lange hingegen fiel bei diesem Einsatz im Luftkampf über Tobruk.

Zur Verstärkung der I./JG 27 (Neumann) traf am 1. Juni 1941 die 7./JG 26 (Oblt. Joachim Müncheberg) in Gazala ein. Damals hatte Müncheberg bereits 40 Luftsiege. Obwohl er Hptm. Neumann unterstellt war, begegnete man dem »Neuzugang« mit dem ihm gebührenden Respekt.

Die gut vorbereitete und großangelegte Offensive der Engländer begann am 14. Juni unter der Bezeichnung »Operation Battleaxe« (Unternehmen Streitaxt). Den deutschen 45 Me 109 und 70 italienischen Jagdflugzeugen standen sechs englische Jagd- und vier Bomberstaffeln gegenüber: 1. SAAF-Staffel mit ›Hurricane‹; 2. SAAF-Staffel mit Curtiss ›Tomahawk‹ und ›Hurricane‹; 73. RAF-Staffel mit ›Hurricane‹; 274. RAF-Staffel mit ›Hurricane‹; 250. RAF-Staffel mit ›Tomahawk‹ und die 6. RAF-Staffel mit ›Hurricane‹. (SAAF = South African Air Force – Südafrikanische Flugwaffe).

Am Morgen des 14. Juni 1941, um 05.30 Uhr, begleiteten fünf ›Hurricane‹ der 1. SAAF-Staffel eine ›Maryland‹ der 24. SAAF-Bomberstaffel beim Angriff auf den Flug-

Ein Jagdflieger der 7./JG 51 bereitet sich auf einen Einsatz während des Frankreichfeldzuges vor.

Die Erfolge der deutschen Jagdwaffe in Polen und Frankreich waren im wesentlichen dem schnellen, beweglichen Nachziehen der technischen Truppen, den FBK's, zu verdanken. Tankwagen, Feldwerften, Werkstatttrupps und Aggregate wurden mit den Panzervorstößen nachgeschoben, um rechtzeitig für die einfallenden Me 109-Verbände zur Verfügung zu stehen.

platz Gazala. Oblt. Franzisket startete, um den Feindverband abzufangen. Wegen hereinbrechenden schlechten Sichtverhältnissen wurde er zurückgerufen. Auf dem Rückweg entdeckte er den Bomber. Während des Anflugs stürzte sich Captain K. W. Driver mit seiner ›Hurricane‹ auf ihn und eröffnete fast gleichzeitig mit dem deutschen Jagdflieger das Feuer. Driver hatte etwas zu hoch angehalten, aber die Geschosse der Me 109 schlugen in den Zusatztank der ›Hurricane‹ ein. Beide Jagdflieger schossen weiter bis

zum letzten Augenblick. Beide rissen sie ihre Maschine leicht nach links, und sie stießen zusammen, wobei die Propellerspitzen die rechten Tragflächenenden durchschnitten. Die ›Hurricane‹ brannte sofort. In letzter Sekunde konnte der Flugzeugführer mit dem Fallschirm aussteigen. Trotz beschädigter Tragfläche verfolgte Franzisket den Bomber und schoß ihn in Brand. Der Südafrikaner kam in der Nähe des Flugplatzes mit dem Fallschirm nieder und wurde gefangengenommen. Es heißt oft, daß der Luftkrieg über der

Air Marshal Sir Hugh Dowding, der das RAF Fighter Command führte, baute ein dichtes Führungssystem auf, um Überraschungsangriffen der Luftwaffe zu begegnen. Dazu zählten: Radargeräte zur Ortung, zentrale Führung von Jagdverbänden und ein ausgebautes System von Jägerleitstellen.

Die 11. Group des RAF Fighter Command hatte die Hauptlast deutscher Bomberangriffe während der Luftschlacht um England zu tragen. Vice Marshal Keith Park, ein Neuseeländer, führte die 11. Group gegen die deutschen Angriffe. Wann immer möglich, versuchte er, die deutsche Jagdwaffe auszumanövrieren.

Wüste ein »Gentlemen-Krieg« gewesen war, was man annehmen darf, wenn man die Geschichte von K.W. Driver und Ludwig Franzisket hört. Gemeinsam frühstückten Sieger und Besiegter im Zelt der Deutschen, um sich danach die schon in Reparatur befindliche Me 109 des Oberleutnants anzuschauen. Die beiden Offiziere unterhielten sich ein paar Stunden recht angeregt, betrachteten Fotos von ihren Familien und sprachen über ihre allernächsten Angehörigen. Driver erwähnte, daß seine Frau in Kairo wäre, auf

dem Weg, ihn zu besuchen. Franzisket versprach ihm, über der englischen Seite eine Mitteilung für Frau Driver abzuwerfen, damit sie erfahre, daß ihr Mann am Leben ist und daß es ihm gut geht. Nachdem Captain Driver in ein Kriegsgefangenenlager abtransportiert worden war, riskierte Obtl. Franzisket Kopf und Kragen, um über Sidi Barrani eine an Frau Driver adressierte Meldekapsel abzuwerfen. Das war ritterliches Verhalten, wie es im Wüstenkrieg üblich war.

Ernst Udet (links), 62 Luftsiege im Ersten Weltkrieg, im Gespräch mit Adolf Galland (Mitte) und Werner Mölders während der Luftschlacht um England.

39

Während des Zweiten Weltkriegs wurden Me 109 zuweilen mit Bomben eingesetzt. Sie bewährten sich als Jagdbomber/Jabo. Links sieht man die Art der Anbringung der Bombe. Rechts den flachen Sturzwinkel beim Auslösen der tödlichen Last.

Bei den heftigen Luftgefechten, am 15. Juni über Libyen, konnte die I./JG 27 insgesamt 11 Luftsiege verbuchen. Seit dem 16. Juni mußten sich die Deutschen an einen neuen Luftgegner gewöhnen, nämlich an die amerikanische Curtiss P-40 ›Tomahawk‹, die immer häufiger am Himmel über der Wüste auftauchte. Schon zwei Tage später griffen vier Me 109 der I./JG 27 sieben ›Tomahawk‹ an, wovon drei abgeschossen wurden. Sieger im Luftkampf waren Oblt. Redlich, Lt. Remmer und Uffz. Steinhausen. Insgesamt verloren die Engländer an diesem Tage 32 und die Deutschen 25 Maschinen. Offensichtlich war die englische Offensive, »Operation Battleaxe«, gescheitert. Die Luftkampftätigkeit nahm sehr ab.

Erst am 20. Juni 1941 kam es zwischen Hptm. Müncheberg und seiner 7./JG 26 wieder zu Feindberührungen über der Wüste. Südostwärts von Buqbuq verwickelten sie ›Hurricane‹ der 1. SAAF-Staffel in Luftkämpfe, wobei der Staffelkapitän und Lt. Mietusch je einen Abschuß erzielten.

Vier Tage später gelang es Müncheberg, einen ›Hurricane‹-Aufklärer der 6. RAF-Staffel abzuschießen.

Zwischenzeitlich war Tobruk gefallen, und Rommel stürmte rastlos ostwärts, um an den Nil und in den Besitz von Kairo zu gelangen. Dieser Vorstoß wurde aber bei El Alamein gestoppt. Hier war wieder einmal der Einsatz der Luftwaffe gefordert.

Alleine pirschte sich Müncheberg am 15. Juli an ein Dutzend ›Hurricane‹ heran, die dabei waren, einen Verband Stukas und Me 110 zu »zerrupfen«. Dem Hauptmann gelang es nicht nur, die Engländer total durcheinanderzubringen, sondern mit dem Abschuß einer ›Hurricane‹ südwestlich von Ras Asaz konnte er seinen 46. Luftsieg feiern. Am 29. Juli griffen acht ›Tomahawk‹ der 2. SAAF-Staffel einen Pulk von Stukas der I./St.G. 1 an, die von der 7./JG 26 Jagdschutz bekamen. Gleich zu Beginn des Gefechts gingen vier Stukas und zwei Me 109 in die Tiefe. Auch Joachim Müncheberg befand sich in dem wilden Getümmel. Er

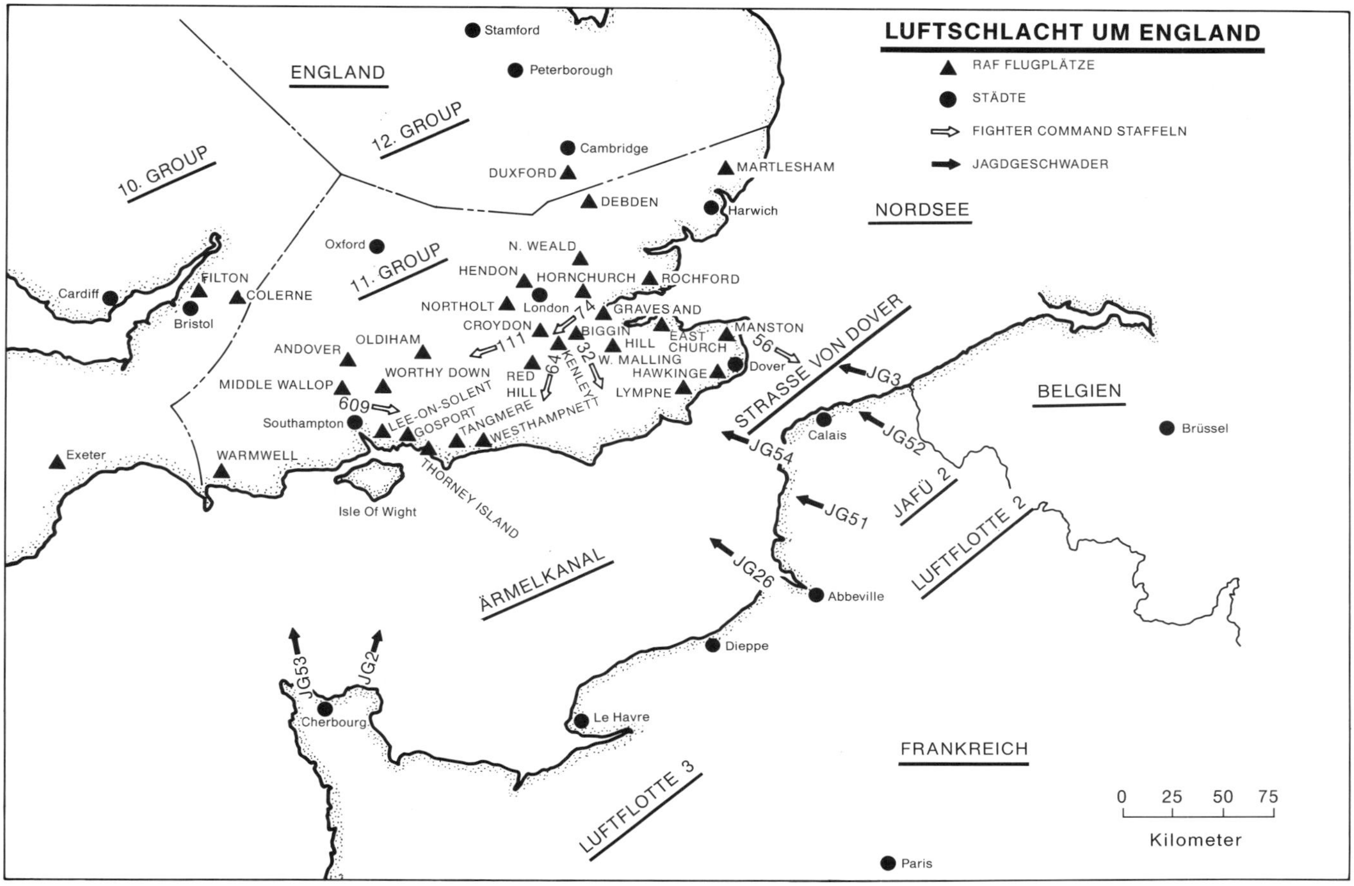

LUFTSCHLACHT UM ENGLAND

▲ RAF FLUGPLÄTZE

● STÄDTE

⇨ FIGHTER COMMAND STAFFELN

➡ JAGDGESCHWADER

ENGLAND

10. GROUP
11. GROUP
12. GROUP

● Stamford
● Peterborough
● Cambridge
▲ DUXFORD
▲ DEBDEN
▲ MARTLESHAM
● Harwich
NORDSEE

● Oxford
N. WEALD ▲
HENDON ▲ HORNCHURCH ▲ ROCHFORD ▲
NORTHOLT ▲ London CROYDON ⇨ GRAVESAND ▲
▲ 74
● Cardiff
FILTON ▲ COLERNE ▲
● Bristol
BIGGIN HILL ▲ EAST CHURCH ▲
111 ⇨
KENLEY ⇨ 32
W. MALLING ▲ HAWKINGE ▲
MANSTON ▲
56 ➡
● Dover
STRASSE VON DOVER
ANDOVER ▲ OLDIHAM ▲
WORTHY DOWN ▲
RED HILL ▲ 501
MIDDLE WALLOP ▲ 609 ⇨
LYMPNE ▲
HAWKINGE
LEE-ON-SOLENT ▲
GOSPORT ▲ TANGMERE ▲ WESTHAMPNETT ▲
● Southampton
JG3 ⬅
JG54 ⬅ ● Calais
JG52 ⬅
BELGIEN
● Brüssel
THORNEY ISLAND
Isle Of Wight
JG51 ⬅
JAFÜ 2
LUFTFLOTTE 2
▲ Exeter
WARMWELL ▲
ÄRMELKANAL
JG26 ⬅
● Abbeville
FRANKREICH
● Dieppe
JG53 ⬆ JG2 ⬆
● Cherbourg
● Le Havre
LUFTFLOTTE 3
● Paris

0 25 50 75
Kilometer

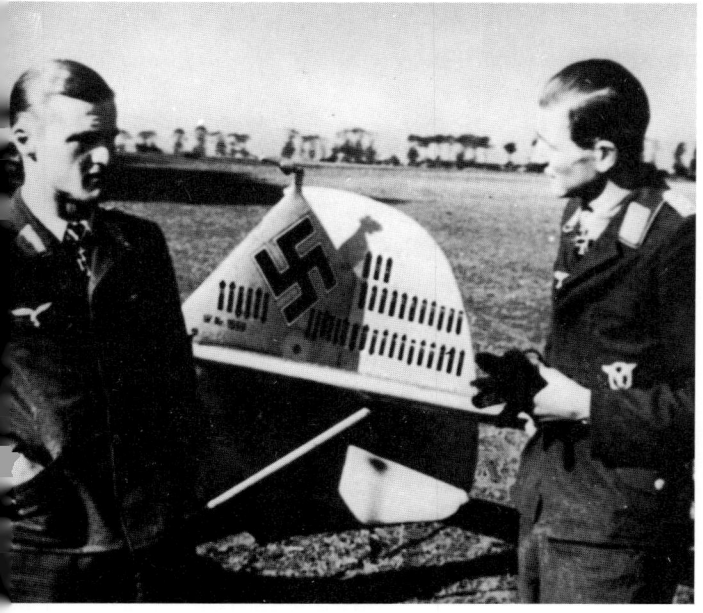

schoß zwei ›Tomahawk‹ ab, die ostwärts von Bardia ins Mittelmeer stürzten.

Nach mindestens acht Luftsiegen in Afrika, wovon Müncheberg fünf erzielte, verlegte die 7./JG 26 am 31. Juli nach Sizilien zurück. Immer wieder wies Müncheberg die Luftwaffenführung darauf hin, die Me 109 E durch die bessere und neuere Me 109 F zu ersetzen, um endlich wieder die Luftüberlegenheit zu gewinnen.

Im Luftkrieg über der Wüste herrschte eine bestimmte Art Flair und ein Fliegergeist, wie es auf keinem anderen Kriegsschauplatz des Zweiten Weltkriegs der Fall war. Hier gab es keine Terror- und Großangriffe auf Städte oder die

Günther Lützow, Kommodore JG 3, und Wilhelm Balthasar, Kommandeur III./JG 3, am Seitenleitwerk der Maschine von Lützow – eine Me 109 E –. Nach dem Einsatz tauschen sie Erfahrungen über die freie Jagd über England aus.

Bevölkerung. Nur militärische Ziele wurden angegriffen. Die Bombardierungen hatten mehr taktischen als strategischen Charakter. Es schien so, als ob es zwischen den Kriegsgegnern so etwas wie gegenseitigen Respekt und Verständnis füreinander gab, denn beide Seiten litten unter den Unannehmlichkeiten übermäßiger Hitze, dem überall wehenden Sand und den Gefährdungen von Maschinen und Gerät durch den allgegenwärtigen Sandstaub. Auch hatte man keine Möglichkeit, sich bei Angriffen zu verstecken oder Deckung zu finden. Alles lebte in Zelten. Nur ein Flugzeugführer hatte es besser. Hptm. Neumann, der schon in Frankreich einen Zirkuswagen sein Eigen nennen konnte, hatte es irgendwie geschafft, dieses Quartier nach Nordafrika transportieren zu lassen.

Das erste größere Luftgefecht im August fand am 21. statt, als es Hptm. Redlich, Oblt. Schneider, Ofw. Espenlaub, Hptm. Gerlitz, Lt. Kothmann, Ofw. Förster, Oblt. Maak und Lt. Schröer gelang, jeweils einen Abschuß aus einem Verband von ›Tomahawk‹, ›Maryland‹ und ›Hurricane‹ zu erzielen. Die I./JG 27 hatte keine Verluste zu beklagen.

Am 14. September 1941 unternahm Rommel einen Vorstoß auf Sidi Barrani. Zugleich erschienen einige neue englische Staffeln über dem Gefechtsfeld. Zu den bekanntesten zählte die 112. RAAF (Royal Australian Air Force = australische Flugwaffe)-Staffel, die die Flugzeugnasen ihrer ›Tomahawk‹ wie ein Haifischmaul bemalt hatten. In ihr dienten so berühmte Namen wie C. R. ›Killer‹ Caldwell und Neville Duke. Die I./JG 27 erzielte, ohne eigene Verluste, zwei Abschüsse ›Tomahawk‹, drei ›Hurricane‹ und einen ›Maryland‹-Bomber.

Die drängenden Vorschläge von Joachim Müncheberg waren in höheren Luftwaffenkreisen nicht ungehört verhallt. Die I./JG 27 verlegte staffelweise zurück ins Reich, um die Piloten auf die neue Me 109 F einweisen zu lassen. Wer die Umschulung abgeschlossen hatte, verlegte mit seiner Maschine zurück an die Front in Afrika. Am 16. August kehrte die 4./JG 27 als erste der Staffeln mit 13 brandneuen Me 109 F zurück nach Afrika.

Am 23. September trafen die 4. (Hptm. Rödel), 5. (Hptm. Dülling) und 6. Staffel (Oblt. Strößner) in Afrika ein. Sie unterstützten die I./JG 27. Gruppenkommandeur der II./JG 27 war Hptm. Wolfgang Lippert, der bereits 25 Luftsiege hatte. Die II./JG 27 war keineswegs frontunerfahren, denn sie hatte schon im Frankreichfeldzug, in der Luftschlacht um England, im Balkanfeldzug und ein paar

Im Gefechtstand des Jafü 2 versammeln sich im Herbst 1940 hohe Jagdfliegerverbandsführer, um den Fortgang der Luftschlacht um England zu besprechen. V. l.: Adolf Galland, Kommodore JG 26; Günther Lützow, Kommodore JG 3; Günther Freiherr von Maltzahn, Kommodore JG 53; Theo Osterkamp, Jafü 2; Werner Mölders, Kommodore JG 51.

Das Spiel geht weiter! Während ihre Kameraden des Bodenpersonals eine Me 109E-3 aus der Tarnung heraus zum Alarmstart bereitstellen, spielen zwei der Männer weiter Fußball.

Hans Jeschonnek, Chef des Generalstabs der Luftwaffe; Bruno Loerzer, Kommandierender des II. Fliegerkorps und Hermann Göring betrachten im Gefechtstand von Loerzer voller Sorgen eine Lagekarte.

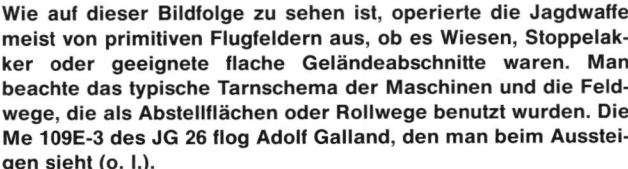

Wie auf dieser Bildfolge zu sehen ist, operierte die Jagdwaffe meist von primitiven Flugfeldern aus, ob es Wiesen, Stoppelacker oder geeignete flache Geländeabschnitte waren. Man beachte das typische Tarnschema der Maschinen und die Feldwege, die als Abstellflächen oder Rollwege benutzt wurden. Die Me 109E-3 des JG 26 flog Adolf Galland, den man beim Aussteigen sieht (o. l.).

43

Zu den erfolgreichsten Jagdfliegern der Luftschlacht um England zählte der Kommodore des JG »Richthofen« Nr. 2, Helmut Wick. Hier zeigt er ein neues Angriffsverfahren, das er in einem seiner Luftkämpfe anwendete. Auf dem Foto rechts seine Me 109E-3, die zum Start vorbereitet wird.

Wochen in Rußland gekämpft. Bei ihrer Ankunft in Afrika hatte die Gruppe bereits 114 Luftsiege erzielt.

Hatten die englischen Staffeln in der Luftschlacht um England sehr schnell die deutsche Rotten- und Schwarmtaktik übernommen, so taten sich die englischen und Commonwealthstaffeln in Nordafrika schwer, diese taktische Neuerung zu übernehmen. Sie flogen immer noch in Kette oder in Angriffsreihe. Über der Wüste spielten sich die Luftkämpfe meist unterhalb von 5000 Metern ab, weil es in erster Linie hieß, Angriffe auf Nachschubkolonnen und Fahrzeuge anzugreifen.

Im Oktober und November kam es häufig zu Begegnungen zwischen der II./JG 27 und Staffeln des Commonwealth. Erstmals griffen sieben Me 109 am 3. Oktober sechs ›Hurricane‹ der 33. RAF-Staffel an, die Begleitschutz für eine Aufklärer-›Hurricane‹ bei Buq Buq flogen. Eine ›Hurricane‹ wurde abgeschossen. Zwei Tage später nahmen sich drei Me 109F der II. Gruppe vier ›Hurricane‹ vor, von denen zwei in der Wüste aufschlugen. Am 30. Oktober lag die Gruppe bei Bardia und Sollum im Kampf mit ›Tomahawk‹ der 250. und 238. Staffel. Ofw. Schulz erzielte drei

Abschüsse und Lt. Schacht einen. Otto Schulz stieg schnell zum besten Schützen seiner Gruppe auf. Von seinen 51 Luftsiegen entfielen 42 auf seinen Einsatz in Nordafrika.

Überraschend traten die Engländer am 18. November 1941 zur Offensive an, genannt »Operation Crusader« (Unternehmen Kreuzfahrer). In der Nacht zuvor hatten schwere Wolkenbrüche die Flugplätze der Achsenmächte in ein Meer von Schlamm verwandelt und überspült, so daß die Einsatztätigkeit fast völlig erlahmte. Damals waren beide gegnerischen Jagdkräfte stärkemäßig in etwa ausgeglichen, wenngleich man sich bemühte, Verstärkungen heranzuführen. Die Luftwaffenverbände wurden umgegliedert und unter einheitliche Führung des Fliegerführers Afrika (Gen. Stefan Fröhlich) gestellt.

Am 28. November schoß Lt. Remmer von der I./JG 27 in den Morgenstunden eine ›Blenheim‹ der freifranzösischen Staffel ›Lorraine‹ ab. Am Nachmittag stürzte sich Ofw. Schulz von der II./JG 27 auf ein Dutzend ›Hurricane‹ der 94. Staffel und schoß in derart atemberaubender Weise Pilot Officer Muhart, Flight Officer Vos und Lt. Palm ab, daß die Staffel gar nicht Zeit hatte, dagegen anzugehen.

Adolf Galland, Kommodore JG 26, steigt mit stets bereiter Zigarre aus der Kanzel seiner ›Emil‹ nach erfolgreichem Feindflug. Rechts der Ausschnitt aus einem seiner Schießfilme, der die Treffer in einer *Hurricane* verzeichnet.

Im Dezember 1941 trafen bedeutende Verstärkungen der Luftwaffe in Nordafrika ein. Von der Ostfront wurde die Luftflotte 2 in den Mittelmeerraum verlegt, um die Nachschubwege übers Meer zu sichern, indem Malta ausgeschaltet werde, damit man die Alliierten endlich aus der Wüste vertreibe.

Das JG 53 ›Pikas‹ und die II./JG 3 wurden nach Sizilien verlegt, am 6. Dezember 1941 verlegte die III./JG 53 (Hptm. Wolf-Dietrich Wilcke) nach Tmimi. Die Staffelkapitäne waren Oblt. Altendorf (7./JG 53), Oblt. Heinecke (8./JG 53) und Oblt. Götz (9./IG 53). Wie auch alle anderen Staffeln, die nach Afrika gingen, hatte die III./JG 53 Fronterfahrung im Frankreichfeldzug, in der Luftschlacht um England und an der Ostfront gesammelt. Viele der Flugzeugführer zählten zu den sogenannten Experten: Hptm. Wilcke – 33 Luftsiege; Oblt. Götz – 30; Oblt. Altendorf – 15; Lt. Schramm – 37; Lt. Neuhoff – 37.

Diese Jagdflieger sonnen sich in Frankreich und warten darauf, daß das Bodenpersonal die Startvorbereitungen an den Me 109 beendet hat.

Die JG »Richthofen« Nr. 2 und JG 26 »Schlageter« blieben an der französischen Kanalküste, um sich der alliierten Bomberoffensive entgegenzustellen. Auf dem Bild oben v. l.: Gerhard Schöpfel, Adolf Galland und Joachim Müncheberg vom JG 26; darunter vom JG 2 Egon Mayer, Erich Leie, Walter Oesau und Rudolf Pflanz.

Joachim Müncheberg zeichnete sich während der schweren Kämpfe um Malta besonders aus, wo er im Frühjahr 1941 insgesamt 19 Luftsiege erzielte. Die Me 109E-7 seiner 7./JG 26 führten als Staffelwappen ein rotes Herz (Bild unten). Man beachte den Zusatztank unter dem Rumpf, der im Mittelmeerraum erforderlich war.

Die I./JG 27 wurde als erste Jagdgruppe nach Nordafrika verlegt, um Rommels Afrika-Korps zu unterstützen. Die Me 109E-4, die einem Stuka Geleit gibt, wird von Oblt. Ludwig Franzisket geflogen, während sich Rainer Pöttgen gerade in seiner Maschine auf einen Einsatz zur freien Jagd gegen alliierte Verbände fertig macht (Bild rechts).

Diese Me 109 mußte in der Wüste notlanden, weil ihr der Kraftstoff ausging. Nach dem Auftanken kann sie zu ihrem Feldflughafen zurückfliegen. Die kurze Flugzeit war eine der Schwächen der Me 109.

Als nächste Jagdgruppe verlegte am 12. Dezember die III./JG 27 (Hptm. Erhard Braune) nach Afrika. Die Staffelkapitäne waren Oblt. Gerlitz (7./JG 27), Oblt. Lass (8./JG 27) und Oblt. Graf Kageneck (9./JG 27). Auch viele aus dieser Gruppe hatten schon über Frankreich, England, Malta und Rußland Erfolge errungen: Obtl. von Kageneck – 65 Luftsiege; Oblt. Lass – 14; Hptm. Braune – 12; Oblt. Bauer – 9. Nachdem das Geschwader nun vollzählig war, traf auch der Kommodore, Bernhard Woldenga, mit der Stabsstaffel aus Rußland ein.

Am 11. Dezember 1941 erklärten Deutschland und Italien aufgrund der Ereignisse von Pearl Harbor und ihrer Verpflichtungen gegenüber Japan (Dreimächtepakt) den Vereinigten Staaten den Krieg. Das sollte den Niedergang der Achsenmächte besiegeln. Die ersten diesbezüglichen Auswirkungen bekamen die Verbündeten in Nordafrika zu spüren.

Die III./JG 53 erzielte am 11. Dezember ihren ersten Luftsieg, als sie bei Gazala auf ›Hurricane‹ der 94. Staffel traf. Drei ›Hurricane‹ wurden abgeschossen. Am 12. Dezember verlegte die Gruppe nach Derna, wobei ihr sieben Abschüsse gelangen. Ihren ersten Luftsieg in Afrika erzielte die III./JG 27 am 12. Dezember. Oblt. Erbo Graf von Kageneck schoß über Tmimi zwei ›Tomahawk‹ ab.

Am 17. Dezember verlegte die III./JG 53 zurück nach Sizilien, um wieder am Luftkrieg gegen Malta teilzunehmen. Drei Tage später war das JG 27 wegen vorrückender englischer Truppen gezwungen, die Flugplätze Derna und Marada zu räumen und nach Magrun und Got Bersis zu verlegen. Da allenthalben die Kraftstoffversorgung sehr mangelhaft war, gelang es der I./JG 27 nur mit Mühe und Not, die neuen Absprungplätze zu erreichen. Vor Aufgabe des Platzes hatte man für die vorrückenden englischen Truppen noch an die Gefechtsstandsbaracke die Aufschrift gepinselt: »We will be back. Happy Christmas!« (›Wir kommen zurück. Frohe Weihnachten!‹; d. Ü.).

Ludwig Franzisket zeigt dem südafrikanischen Captain K. W. Driver den Feldflugplatz, auf dem das JG 27 liegt, nachdem er ihn im Luftkampf bezwungen hatte. Der Verband um den Hals des verwundeten Driver zeugt von Brandwunden.

Die alliierten Jagdkräfte in Nordafrika nahmen sich vor allem die deutschen Jagdfliegerplätze vor, während die Jäger es vorzogen, freie Jagd oder Begleitschutz für eigene Bomberverbände zu fliegen. Diese Me 109F wurden trotz Sandsackschutzwällen nach einem Angriff beschädigt.

Erschöpft nach einem langen Einsatz steigt Major Eduard Neumann aus seiner Me 109.

Gustav Rödel, Kommandeur II./JG 27, Eduard Neumann, Kommodore JG 27 und Gerhard Homuth, Kommandeur I./JG 27 besprechen unter der brennenden Sonne Afrikas die Einsatzbefehle für den Tag.

Zwischen den Einsätzen versuchen die Männer des JG 27, die Zeit mit allen möglichen Dingen totzuschlagen. Unten ›droht‹ Hans-Joachim Marseille, den Fotografen zu steinigen.

Am Tage vor Weihnachten nahmen die Engländer Bengasi wieder ein. An diesem Tage konnten die drei Gruppen des JG 27 nur sechs Me 109 für den Einsatz bereitstellen. Schuld daran war der Mangel an Flugbenzin und die Tatsache, daß eine große Anzahl des Bodenpersonals auf dem Rückzug versprengt worden war oder in Gefangenschaft geriet. Einer der Jagdflieger, der starten konnte, war Oblt. von Kageneck, der beste Schütze im Geschwader. Bei Agedabia waren die sechs Me 109 F in einen Luftkampf mit zehn ›Hurricane‹ der 94. Staffel verwickelt, und von Kageneck erhielt dabei einen Magenschuß. Er schaffte es zurück zum Platz. Obwohl er sofort in ein Feldlazarett gebracht wurde, starb er am 12. Januar 1942 an seiner Verwundung. An seinem Todestage hatten englische Truppen Sollum zurückerobert. Anfang 1942 gab es endlich für die Luftwaffe Flugbenzin und wichtige Ersatzteile, weil es zahlreichen Geleitzügen gelang, Nachschub über das Mittelmeer heranzuführen. Die pausenlosen Luftangriffe gegen Malta und die englische Kriegsflotte machten den Weg über das Mittelmeer frei. Nachdem die »Operation Crusader« im Sande verlaufen war und Rommel wieder über Kraftstoff und Nachschubgüter verfügen konnte, bereitete er eine Gegenoffensive vor, die mit Luftunterstützung am 21. Januar 1942 begann. Am 28. Januar war Bengasi zurückgewonnen.

Für die Deutschen war der Luftkrieg in Afrika sehr oft eine schmerzliche Erfahrung, weil Erfolge einzig und allein vom Nachschub abhingen. Die Nachschublage wiederum

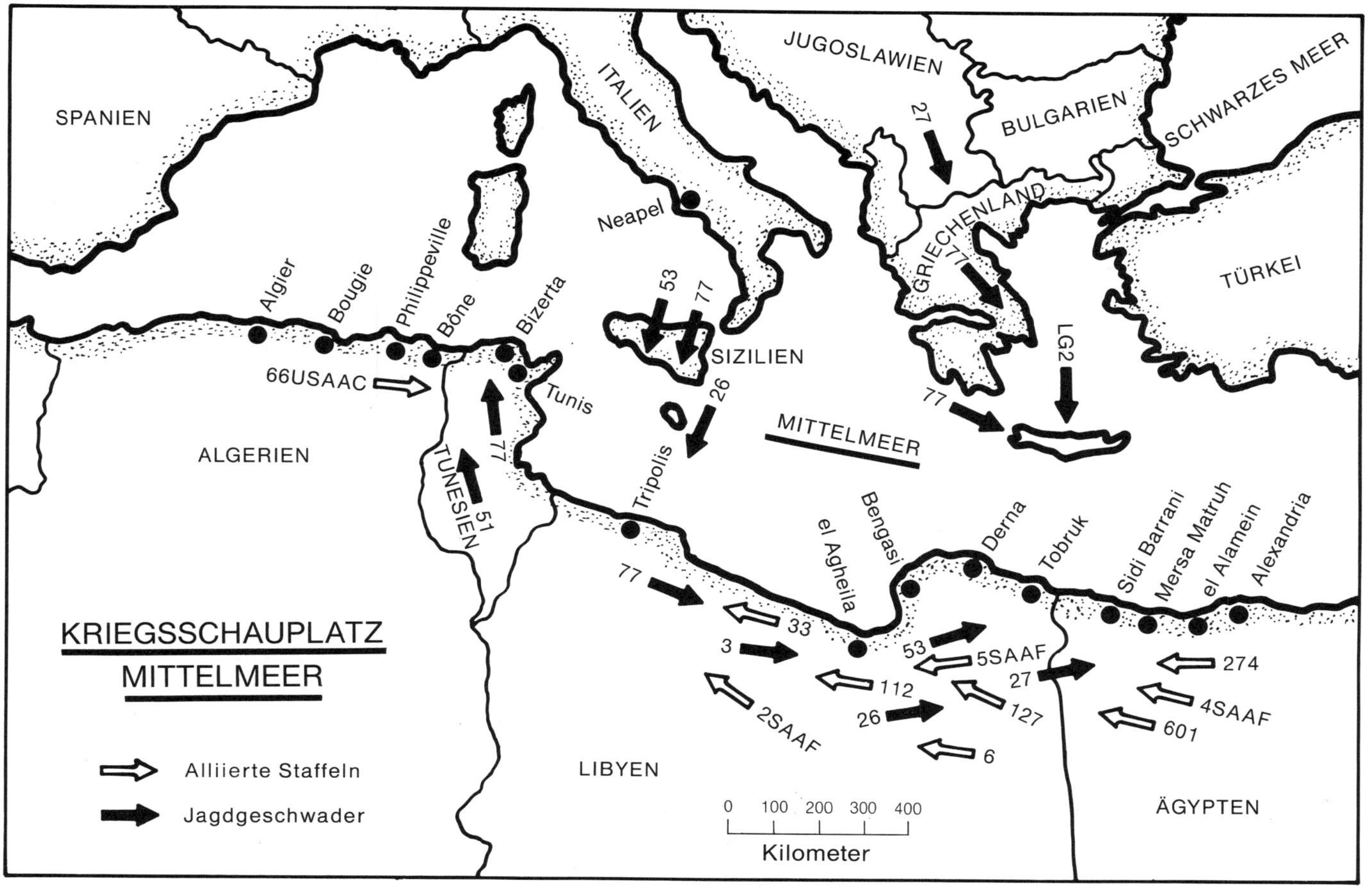

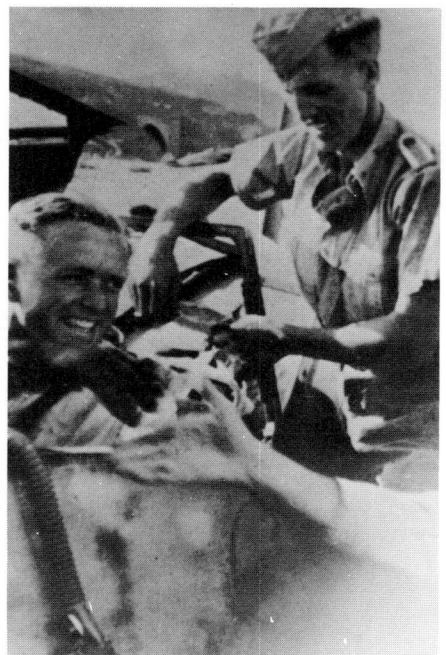

KRIEGSSCHAUPLATZ MITTELMEER

SPANIEN

ITALIEN

JUGOSLAWIEN

BULGARIEN

SCHWARZES MEER

TÜRKEI

GRIECHENLAND

Neapel

SIZILIEN

MITTELMEER

Algier · Bougie · Philippeville · Bône · Bizerta

66USAAC

Tunis

ALGERIEN

TUNESIEN

77

51

Tripolis

77

53

77

26

27

LG2

77

el Agheila

Bengasi

Derna

Tobruk

Sidi Barrani

Mersa Matruh

el Alamein

Alexandria

77

33

3

53

5SAAF

27

2SAAF

112

26

127

6

4SAAF

601

274

LIBYEN

ÄGYPTEN

⇨ Alliierte Staffeln

➡ Jagdgeschwader

0   100   200   300   400
Kilometer

---

war kritisch, teilweise sogar hoffnungslos. Alles Kriegsgerät mußte von italienischen Häfen mit Geleitzügen über das Mittelmeer nachgeschoben werden. Und die Royal Navy beherrschte das Seegebiet! Aus diesem Grunde mußten alle Anstrengungen und Offensiven Rommels scheitern. Die Nachschubprobleme in Nordafrika und die mangelhafte Jägerproduktion hinderten die Luftwaffe daran, schlagkräftige Verbände in der Wüste bereitzustellen, ohne die Rommel langfristig nur Mißerfolge ernten konnte. Gegen Truppen und hervorragende Luftstreitkräfte des Commonwealth zu kämpfen, denen es nicht an Nachschub mangelte, war eine fast unlösbare Aufgabe für die Jagdwaffe in der Cyrenaika.

Im März 1942 löste General Hoffmann von Waldau General Fröhlich als Fliegerführer Afrika ab. Etwa um diese Zeit herum tauchten immer häufiger am Himmel über der Wüste verbesserte Curtiss-Jagdmaschinen auf. Es waren die ›Kittyhawk‹ mit sechs Bordmaschinengewehren. Am

Nach einem erfolgreichen Jagdeinsatz über der Wüste nimmt Major Günther von Maltzahn die Glückwünsche seiner Männer entgegen.

49

Friedrich Geißhardt, I./JG 77, Günther von Maltzahn, Kommodore JG 53 ›Pikas‹ und Heinz Bär, I./JG 77, Anfang 1943 in Tunesien vor einer Me 109G, die zum Start vorbereitet wird. Die JG 53 und JG 77 lösten das JG 27 in Nordafrika ab.

Eine letzte Salve galt den eigenen, aber auch den feindlichen Gefallenen in der Wüste. Man beachte den verbogenen Propeller im Vordergrund.

24. März schoß Lt. Körner von der I./JG 27 eine Douglas ›Boston‹ ab. Dieser Abschuß war der 1000. Luftsieg für das JG 27.

Im Mai begann sich Oblt. Hans-Joachim Marseille zu einem der besten Jagdflieger des Zweiten Weltkriegs zu entwickeln, als er am 13. Mai über Gazala zwei ›Kittyhawk‹ der 3. RAAF-Staffel abschoß. Am 16. Mai traf Marseille auf zwölf ›Kittyhawk‹ derselben Staffel, wobei ihm zwei Abschüsse glückten. Nachdem der Flugzeugführer der zweiten ›Kittyhawk‹, Pilot Officer F. E. Parker, seine Maschine mit dem Fallschirm verlassen hatte, verursachte seine unkontrolliert taumelnde Maschine einen der kuriosesten Zwischenfälle im Luftkrieg: Sie rammte die ›Kittyhawk‹ des Sgt. W. J. Metherall und riß ihn in die Tiefe.

Am 20. Mai 1942 verlegte die III./JG 53 erneut von Sizilien nach Nordafrika, und zwar auf den Feldflugplatz von Martuba. Maj. Gerlitz übernahm die Gruppe als Gruppen-

kommandeur. Hptm. Rödel wurde Kommandeur der II./JG 27.

Aus der Gazala-Stellung heraus eröffnete Rommel am 26. Mai seine neue Offensive, mit der er die Commonwealth-Truppen zu einem weiten Rückzug zwang. Das JG 27 und die III./JG 53 waren bis an die Grenze ihrer Leistungsfähigkeit gefordert. Jeder Flugzeugführer mußte täglich mehrmals zum Einsatz starten. Trotz gefährlicher Sandstürme lieferten sich beide Seiten heftige Gefechte.

Je vier Me 109 von der I./JG 27 und der III./JG 53 flogen für 12 Stukas über Acroma Jagdschutz, als sich 12 ›Tomahawk‹ der 4. SAAF-Staffel auf den Verband stürzten. Beim ersten Überraschungsangriff stürzten zwei Stukas ab, eine Me 109 und ein Stuka wurden angeschossen. Dann nahm sich die I. Gruppe die Südafrikaner vor. Marseille schoß drei ›Tomahawk‹ ab, Lt. von Lieres und Ofw. Ment-

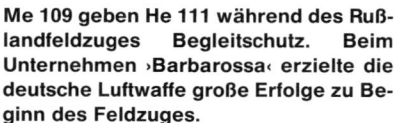

Me 109 geben He 111 während des Rußlandfeldzuges Begleitschutz. Beim Unternehmen ›Barbarossa‹ erzielte die deutsche Luftwaffe große Erfolge zu Beginn des Feldzuges.

Nach dem deutschen Angriff gegen die Sowjetunion kämpften an der Seite Deutschlands seine Verbündeten Finnland, Ungarn, Rumänien und die Slowakei mit deutschen Flugzeugen gegen den gemeinsamen Feind. In der oberen Reihe rumänische und ungarische Me 109G, unten eine slowakische Me 109E und eine finnische Me 109G. Die Kreuze auf den rumänischen, ungarischen und slowakischen Maschinen und das finnische Hakenkreuz hatten nichts mit den deutschen Hoheitsabzeichen zu tun.

Werner Mölders (Mitte) im Frühherbst 1941 mit Karl-Gottfried Nordmann, JG 51, und Günther Lützow, JG 3, in Rußland.

51

Generalfeldmarschall Albert Keßelring (2. v. l.) besuchte im August 1941 an der Ostfront das JG 53 ›Pikas‹. Mit ihm v. l.: Herbert Schramm, 42 Luftsiege; Wolf-Dietrich Wilcke, 163 Luftsiege; Erich Schmidt, 47 Luftsiege.

Vier hervorragende Experten der I./JG 51, die dazu beitrugen, daß ihr Geschwader als erstes 1000 Luftsiege erzielte. V. l.: Heinrich Höfemeier, 96 Abschüsse; Erwin Fleig, 66; Heinz Bär, 220; Heinrich Krafft, 78.

nich je eine und Fw. Steinhausen zwei. Die III. Gruppe hatte inzwischen vier Südafrikaner abgedrängt und konnte ohne eigene Verluste drei davon abschießen.

Marseille lieferte am 3. Juni ein Meisterstück seines Könnens, denn innerhalb von elf Minuten gelang ihm der Abschuß von sechs ›Tomahawk‹! Mit je sechs Me 109 flogen die I./JG 27 und die III./JG 53 Jagdschutz für einen Stukaverband, als sich 12–14 ›Tomahawk‹ der 5. SAAF-Staffel auf die Stukas stürzten. Wie üblich, griff Marseille als erster seiner Gruppe an. Nach zehn Schuß hatte seine Kanone Ladehemmung, so daß ihm nur noch die zwei MG blieben. Er setzte mit seinem Rottenflieger seinen Angriff fort. Um 13.22 Uhr hatte Marseille seinen ersten Luftsieg in diesem Gefecht. Capt. Pare ging brennend in die Tiefe. Drei Minuten später schlug Lt. Martin bei Bir Hacheim in der Wüste auf. Um 13.27 Uhr schlug die Stunde für Capt. Morrison und seine ›Tomahawk‹, knapp eine Minute darauf waren Oblt. Muir und Lt. Golding das vierte und fünfte Luftkampfopfer des jungen deutschen Jagdfliegers. Das sechste Opfer war Capt. Botha, dessen ›Tomahawk‹ um 13.33 Uhr schwer getroffen wurde. Ihm gelang es jedoch, seine Maschine über eigene Linien zu bringen und auf seinem Platz notzulanden. Sechs Luftsiege in elf Minuten! Es gab genügend Jagdflieger im Kriege, die es insgesamt nicht auf diese Abschußzahl brachten. Der Rottenflieger von Marseille, Fw. Rainer Pöttgen, sagte später: »Ich war damit beschäftigt, die Abschüsse zu zählen, Abschußzeiten und Ort zu

notieren und ihm den Rücken freizuhalten. Marseille hatte für das Vorhalten in der Kurve ein unwahrscheinliches Gefühl. Sobald er schoß, konnte ich sehen, wie die Garbe in der Motorschnauze begann und in der Kabine endete. Er vergeudete keinen Schuß Munition.«

Als Nachfolger von Hptm. Homuth wurde Oblt. Marseille am 8. Juni 1942 Staffelkapitän der 3./JG 27. Homuth übernahm von Maj. Neumann die I. Gruppe als Kommandeur und Neumann wurde Kommodore des JG 27.

Rommel schaffte es trotz eines 640 km tiefgestaffelten Minenfeldes, seinen Panzervorstoß ungehindert fortzusetzen. Sehr oft operierten seine Panzer sogar hinter feindlichen Linien. Am 14. Juni 1942 verlegten die I./JG 27 und die III./JG 53 auf den Flugplatz Derna, um mit Rommels Vormarsch Schritt zu halten. Am 20. Juni besetzten deutsche Truppen Tobruk und standen am 24. Juni in Sidi Barrani, die englischen Truppen nach Marsa Matruk zurückdrängend. Die Luftwaffe flog und kämpfte bis zur Erschöpfung. Marseille hatte inzwischen 95 Luftsiege errungen. Während des Höhepunktes der Lufttätigkeit war am 17. Juni ein Schwarm Me 109 bei Gambut auf einen Verband von 20 ›Kittyhawk‹ und 10 ›Hurricane‹ der 112. und 73. Staffel gestoßen. Marseille nahm sofort den Kampf auf und schoß beim ersten Ansatz zwei ›Kittyhawk‹ an, wobei Squadron Leader D. H. Ward und Pilot Officer Woolley den Tod fanden. Um hinter ihn kommenden schießenden ›Kittyhawk‹ auszuweichen, nahm sich Marseille vier Curtiss-Jäger vor, aus denen er zwei herausschoß. Pilot Officer Stone und Sgt. Goodwin blieb nur noch der Notausstieg mit dem Fallschirm. Dann sah er die ›Hurricane‹ des Sgt. Drew von der 112. Staffel, die zur Landung in Gam-

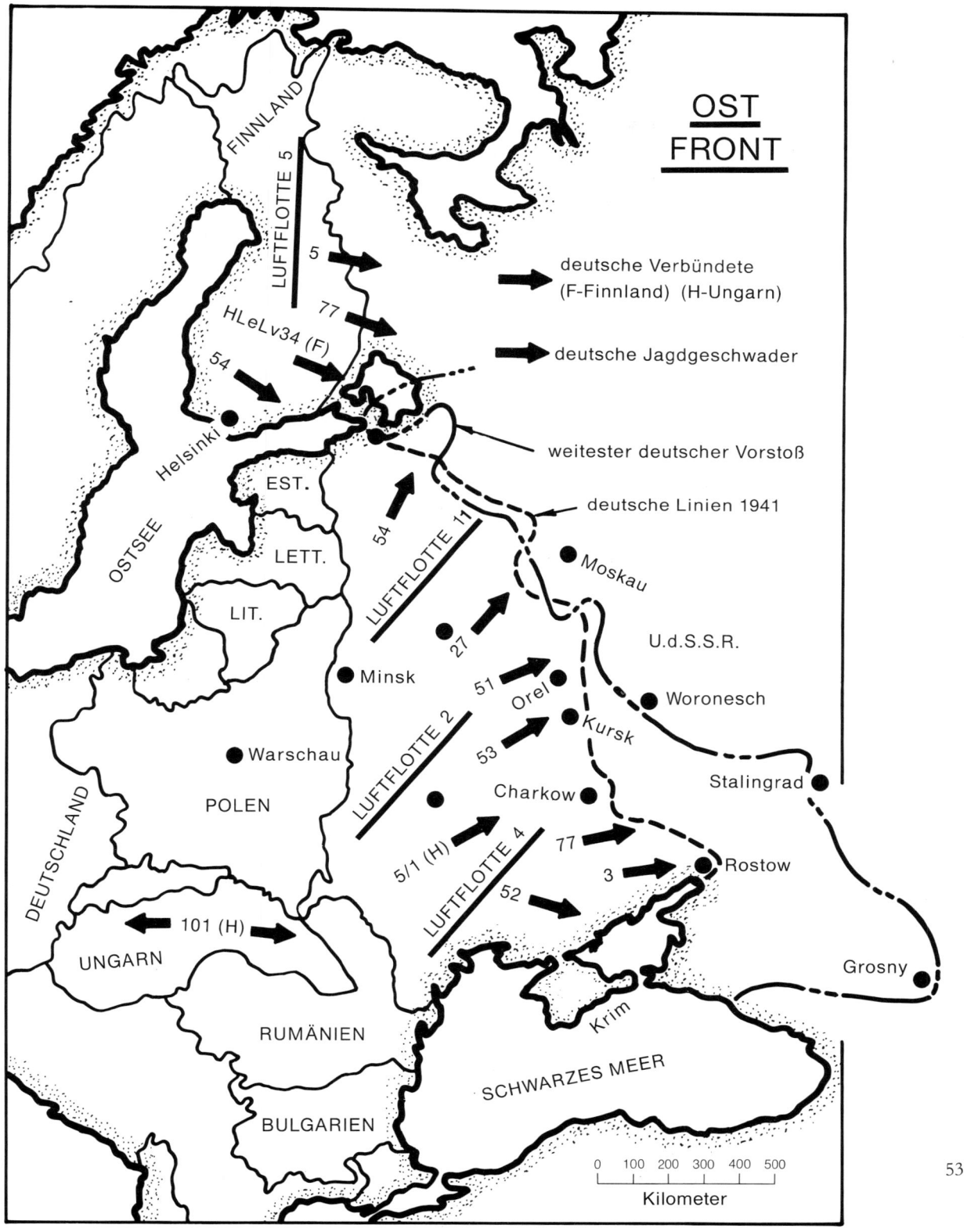

OST FRONT

LUFTFLOTTE 5

5

77

HLeLv34 (F)

54

deutsche Verbündete
(F-Finnland) (H-Ungarn)

deutsche Jagdgeschwader

weitester deutscher Vorstoß

deutsche Linien 1941

FINNLAND

Helsinki

EST.

OSTSEE

LETT.

LIT.

54

LUFTFLOTTE 11

Moskau

U.d.S.S.R.

27

Minsk

51

Orel

Woronesch

LUFTFLOTTE 2

53

Kursk

Warschau

POLEN

Charkow

Stalingrad

DEUTSCHLAND

5/1 (H)

LUFTFLOTTE 4

77

52

3

Rostow

101 (H)

UNGARN

Grosny

RUMÄNIEN

Krim

SCHWARZES MEER

BULGARIEN

| 0 | 100 | 200 | 300 | 400 | 500 |

Kilometer

53

Kommodores von Jagdgeschwadern und andere Spitzen der Jagdwaffe begleiteten im Leichenzug Ernst Udets Sarg auf der Lafette. Ganz vorne Adolf Galland, dahinter Walter Oesau. Der 4. in der zweiten Reihe ist Günther Lützow. Niemand der Trauernden wußte, daß Werner Mölders auf dem Wege zur Trauerfeier bei einem Flugzeugunfall ums Leben kam.

In erheblichem Maße behinderten Eis und Schnee im Winter 1942 den Einsatz der Jagdwaffe. Oben eine ›Emil‹ auf verschneitem Platz abgestellt. Darunter ein warmvermummter Mann des Bodenpersonals an der Arbeit, um Eis und Schnee vom Schwanz einer ›Gustav‹ zu kratzen.

Hannes Trautloft verläßt in typischer Jagdfliegerhaltung nach der Landung seine Me 109. Sein JG 54 »Grünherz« hatte bereits am 1. Mai 1942 den 2222. Luftsieg errungen.

but ansetzte. Das war sein 100. Abschuß. Diese fünf Abschüsse spielten sich innerhalb von sieben Minuten ab! Als sich der Schwarm zum Rückflug sammelte, sichtete er zwei ›Spitfire‹-Aufklärer in großer Höhe Der junge Oberleutnant riß seine Maschine steil nach oben, schoß, und hatte mit dem Abschuß einer der ›Spitfire‹ seinen 101. Luftsieg nach Hause geflogen.

Die Luftwaffenverbände hielten Schritt mit dem stürmischen Vormarsch der Truppe und verlegten stetig vor auf die Plätze Gambut und Gazala. Nur Flugbenzin, Verpflegung und Ersatzteile gab es kaum. Die Männer flogen ihre Einsätze mit fast leeren Tanks und Mägen! Die Kraftstofflage war derart kritisch, daß am 27. Juni 1942 die III./JG 53 nur einen Schwarm in die Luft brachte. Im Gegensatz dazu gewannen die Luftstreitkräfte des Commonwealth immer mehr an Schlagkraft, weil sie von gut ausgebauten und gut bevorrateten Plätzen Ägyptens operieren konnten. Je weiter die Luftwaffe ihre Verbände unter diesen schlechten Bedingungen vorziehen mußte, um so mehr hatte sie unter Verlusten zu leiden. Es kam, wie es kommen mußte: Westlich von El Alamein brach die Offensive zusammen.

Am 1. Juli 1942 versuchte Rommel, den alliierten Sperrriegel vor El Alamein zu brechen. Der Einsatzbefehl des Tages sah vor, daß die Jagdwaffe im Rahmen von freier Jagd oder Jaboeinsätzen mit ein oder zwei Schwärmen wirken sollte. Diese schwachen Kräfte trafen auf alliierte Verbände, die eine zwei- bis fünffache Übermacht hatten! Obwohl sich die Jagdwaffe tapfer schlug, konnte das auf Dauer nicht so weitergehen. Als Beispiel mag der 8. Juli gelten, als um 11.00 Uhr sechs Me 109F der I./JG 27 auf freier Jagd waren und zwölf ›Hurricane‹ der 33. RAF-Staffel angriffen. Lt. Stahlschmidt gelangen sofort drei Abschüsse, wobei

Pilot Officer Wigle und Sgt. Morris den Tod fanden. Während des Luftkampfes kamen 12 ›Hurricane‹ der 127. RAF-Staffel hinzu, um sich der wenigen Me 109 anzunehmen. Squadron Leader Pegge und Flight Lieutenant Marples konnten je eine Me 109 abschießen. Die vier Deutschen mußten sich dieser Übermacht gegenüber geschlagen geben. Selbst wenn die Jagdwaffe ihren Gegnern, die weit in der Überzahl waren, dann und wann ohne weiteres zeigen konnte, was eine Harke ist, schlugen die Verluste doch stärker zu Buche. Die stetige Abnutzungsrate forderte schließlich ihren Tribut.

In der Morgendämmerung des 31. August 1942 begann Rommels Offensive. Seine Divisionen stießen in drei Stoßkeilen gegen den Nord-, Mittel- und Südabschnitt der Alameinfront vor, woraus sich die Schlacht bei Alam el Halfa

Hier sieht man zwei Me 109G des JG 3 »Udet« mit verschiedener Bewaffnung. Links mit einer Bombe zum Jabo-Einsatz, rechts mit 21 cm-Raketenwerfern unter den Flächen. Mit den sogenannten »Dödeln« wurden Panzer und Fahrzeuge bekämpft.

Unter Kommodore Wilcke leistete das JG 3 in Stalingrad Hervorragendes. Hier Wilcke mit seinem 1. Wart an seiner Me 109G. Rechts eine Me 109 des JG 3, die bis zu den Fahrwerksachsen im Schlamm vor Stalingrad versank.

Dieser erlauchte Kreis von Jagdfliegern fand sich anläßlich der Verleihung des Ritterkreuzes an Hans Beißwenger, 152 Luftsiege, (2. v. l.), und Horst Hannig, 98 Luftsiege, (3. v. r.), ein. Beide gehörten dem JG 54 »Grünherz« an. Mit dabei Kommodore Hannes Trautloft, JG 54, ganz links; General der Flieger Helmuth Förster (3. v. l.); Dieter Hrabak (2. v. r.) und ganz rechts Josef Fözö, 27 Abschüsse.

Kommodore Dieter Hrabak war für sein JG 52 eine außerordentliche Führerpersönlichkeit. Hier sagte er den vier besten seiner Jagdflieger: »Fliegt mit dem Kopf und nicht mit dem Bizeps eurer Muskeln.« Aufmerksame Zuhörer v. l.: Erich Hartmann, 352 Abschüsse; Karl Gratz, 138; Friedrich Obleser 127; Willi Batz, 237.

entwickelte. Alam el Halfa ist ein Höhenrücken zwischen El Alamein und der Quattarasenke. Typisch für Rommel, den ›Wüstenfuchs‹, war es, sich bei seinen Planungen vor allem auf die Unterstützung der Luftwaffe zu verlassen. Der Afrikafeldzug bot alle Möglichkeiten für taktische Luftstreitkräfte. Am nächsten Tag setzten Verbände des Commonwealth in Hunderten von Einsätzen das Afrika-Korps pausenlos unter Druck und fügten den Deutschen enorme Verluste an Panzern, Lastwagen und anderen Fahrzeugen zu. Alle drei Gruppen des JG 27 und die III./JG 53 waren ununterbrochen im Einsatz, konnten aber keinen einzigen feindlichen Bomber abschießen. Die Alliierten boten unglaubliche Jagdkräfte auf, denen die Jagdwaffe mehrfach unterlegen war. Alliierte Jäger schossen neun deutsche Jagdflugzeuge ab, wohingegen die Deutschen 22 Abschüsse erzielten, wovon erstaunlicherweise Hans-Joachim Marseille alleine 17 für sich entschied. Seine kometengleiche Erfolgsserie ließ diesem Jagdflieger in der Heimat die Herzen zufliegen. Er wurde wie ein Held gefeiert. (Im Teil II dieses Buches erfahren Sie mehr über seine außergewöhnlichen Leistungen).

Die Jagdflieger der Luftwaffe flogen bis zur Erschöpfung verzweifelt weiter und waren darauf bedacht, Maschinen und Geräte so gut wie möglich zu schonen. Wenn man hingegen die Anzahl von Notlandungen aufgrund geringer Beschußschäden bei den Alliierten betrachtet, so darf man vermuten, alliierte Jagdflieger trieben Schindluder mit dem in Hülle und Fülle vorhandenen Gerät. Als Beispiel mag die Meldung der 4. SAAF-Staffel gelten, aus der hervorging, daß von 25 ›Kittyhawk‹ nur fünf abgeschossen wurden, aber 17 Bruch- und Bauchlandungen aus zweifelhaften Erwägungen machten, so daß nur noch drei einsatzbereite Flugzeuge zur Verfügung standen. Um diesem offensichtlichen sinnlosen Verschleiß guter Flugzeuge Einhalt zu gebieten, wurde Anfang September ein Befehl erlassen, in dem Flugzeugführer warnend darauf hingewiesen wurden, daß diejenigen, die mit noch flugfähigen Maschinen Bruchlandungen machen, solange in voller Flugausrüstung in der Kabine ihrer Maschine in gleißender Hitze ausharren müssen, bis ihr Flugzeug repariert war. Wo die Reparaturen nicht gleich vor Ort erfolgen konnten, sollte der Pilot in Flugausrüstung solange in der Sonnenhitze um sein Flugzeug herumlaufen, bis die Reparaturen abgeschlossen waren.

Ende Oktober 1942 hob sich der Vorhang zum letzten Akt des Kriegs in der Wüste. Die Alliierten hatten ihre Luftstreitkräfte inzwischen auf 600 Jäger, 250 mittlere Bomber und 60 viermotorige Langstreckenbomber verstärkt. Die Achsenmächte hatten nur 350 Jäger, 70 Sturzkampfbomber und 170 mittlere Bomber zur Verfügung. Einen beachtlichen Vorteil hatten die alliierten Wüstenluftstreitkräfte, weil das Flugzeugreparatur- und -bergewesen hervorragend organisiert war. Dadurch hielten sie prozentual einen höheren Flugzeugklarstand als die Deutschen. In der Nacht zum 23. Oktober eröffneten die Engländer die große Schlacht von El Alamein. Ohne nennenswerten Widerstand durch die Jagdwaffe griffen alliierte Jäger und Bomber das Afrika-Korps an. Mit einem oder zwei Jagdschwärmen 12–30 für Bomber Begleitschutz fliegende Jäger anzugreifen, gab den deutschen Jägern keine Chance, an das Hauptziel – die Bomber – heranzukommen, denn diese rückten sofort zusammen, ohne das Abwehrfeuer zu eröffnen, und überließen ihrem Jagdschutz die Abwehr. Selbst wenn den Deutschen ein Abschuß ohne eigenen Verlust gelang, war ihr Einsatz eindeutig ein Fehlschlag.

Der Luftwaffenführung war es jetzt mit Sicherheit klar, daß die schwer bedrängte Jagdwaffe in Nordafrika dringend Verstärkung brauchte. Von Sizilien verlegte am 27. Oktober 1942 die I./JG 77 ›Herzas‹, die bereits mehr als 900 Luftsiege in Rußland und über Malta erkämpft hatte. Gruppenkommandeur war Hptm. Heinz Bär, ein Experte mit über 120 Luftsiegen bei seiner Ankunft in Nordafrika. Die Staffelkapitäne hatten sich auch schon ausgezeichnet. Hptm. Fritz Geißhardt mit 90 und Oblt. Siegfried Freytag mit 70 Luftsiegen. Man freute sich insbesondere über das Eintreffen der Gruppe, zumal die III./JG 53 am selben Tage nach Sizilien zurückverlegen mußte. Sie hatte im Afrikafeldzug insgesamt 113 Abschüsse erzielt.

Im Laufe des 28. Oktober trafen die ersten Rotten und Schwärme der III./JG 77 ein. Sie wurden zunächst vom Bodenpersonal der I./JG 27 mit gewartet. Vormittags und nachmittags flogen die Gruppen freie Jagd, ohne dabei wesentliche Erfolge zu verbuchen. Ofw. Herbert Kaiser (III./JG 77) und sein Rottenflieger befanden sich auf dem Verlegeflug von Kreta nach Afrika und entdeckten sechs englische Jäger, die eine deutsche Nachschubkolonne beschossen. Kaiser nahm sich gleich den letzten Jäger in der Reihe vor und schoß ihn ab. Es dauerte nicht lange, da hatte er auch seinen zweiten Tagesabschuß erzielt. Die beiden waren so beschäftigt, daß sie nicht nach hinten schauten und den Angriff eines einzeln fliegenden englischen Jägers bemerkten. Der Angreifer setzte eine saftige Garbe in Kaisers

Wenn es um die Bekämpfung eines gemeinsamen Feindes ging, war es selbstverständlich, daß sich deutsche und ungarische Jagdverbände auf allen Ebenen laufend miteinander austauschten und berieten. Szazados Pottijondi (ganz links) und Ornagy Kovaks (3. v. r.) der 102. Jagdgruppe der kgl. Ungarischen Luftstreitkräfte treffen hier mit Jagdfliegern des JG 52 zusammen, die sich später zu Spitzenkönnern entwickelten: Erich Hartmann, 352 Abschüsse (2. v. l.); Gerhard Barkhorn, 301 (3. v. l.); Helmut Lipfert, 203 (2. v. r.); Heinrich Sturm, 157 (ganz rechts).

Motor, dessen Ölkühler sofort brannte. Die Me 109 ging nach unten weg und zog eine schwarze Qualmwolke hinter sich her. Kaiser machte in der Wüste eine Bauchlandung. Sein Rottenflieger erreichte den eigenen Platz Bir el Abd und meldete den Tod seines Rottenführers. Zwei Tage später traf der totgesagte Herbert Kaiser, der damals 45 Luftsiege hatte, bei seinem Verband wieder ein. Der Rest der III./JG 77 fiel am Abend des 28. Oktober 1942 mit seinem Kommandeur, Hptm. Kurt Ubben, ein. Ubben hatte schon 90 Luftsiege. Andere Experten der III./JG 77 waren: Oblt. Emil Omert mit 55 Luftsiegen und Oblt. Helmut Gödert mit 23.

Kurz darauf traf auch der Geschwaderstab JG 77 unter Führung des Kommodore ein. Es war Maj. Joachim Müncheberg, der im Sommer 1941 als Staffelkapitän der 7./JG 26 bereits Erfahrungen im Wüstenkrieg gesammelt hatte. Er hatte jetzt über 100 Abschüsse erreicht. Im Morgengrauen des 1. November 1942 führten Me 109 der I./JG 27, II./JG 27, I./JG 77 und III./JG 77 Jagdbegleitschutz für Stukas durch. Sie wurden von 40 ›Kittyhawk‹, sechs ›Spitfire‹ und 20 Bell ›Airacobra‹ überraschend angegriffen. Die Stukas erlitten schwere Verluste. Hptm. Bär, Hptm. Rödel, Oblt. Unterberger und Lt. Berres konnten je einen englischen Jäger abschießen. Zwei Tage später standen das JG 27 und das JG 77 in pausenlosem Einsatz, um den beginnenden Rückzug der Achsentruppen westlich von

El Alamein zu decken. Es konnten 21 alliierte Flugzeuge, unter anderem von der 127., 335. und 450. RAF-Staffel, abgeschossen werden. Am Nachmittag war der Flugzeugklarstand der II./JG 27 auf drei einsatzbereite Maschinen abgesunken. Die Gruppe verlegte nach Gambut zurück. Am 6. November sah sich die Gruppe aufgrund vorrückender englischer Panzer gezwungen, 30 so dringend benötigte Me 109 zu sprengen und sich anschließend mit Lastwagen abzusetzen.

Um die Rückzugprobleme des Afrika-Korps noch zu verschlimmern, begannen die unter der Bezeichnung »Operation Torch« großangelegten anglo-amerikanischen Truppenlandungen in Algier am 8. November und Philippeville am 9. November 1942. Jetzt hatten sich die Achsentruppen in Nordafrika mit einem Zweifronten-Krieg auseinanderzusetzen. Drei Tage später stießen die Deutschen auf Tunesien vor und besetzten Südfrankreich, um den Alliierten Paroli zu bieten. Gleichzeitig nahmen die Engländer Bardia ein, und die Amerikaner bildeten bei Bougie, etwa 190 km ostwärts von Algier, einen Brückenkopf. Am 12. November 1942 kam es zur englischen Luftlandung bei Bône. Die Einnahme des strategisch wichtigen Flugplatzes von Souk Al Arba folgte am 16. November. In Nordafrika saßen die Deutschen jetzt wie in einem großen Schraubstock, dessen Backen man nur entkommen konnte, wenn man den Weg übers Mittelmeer nahm. Um diese Zeit herum zogen sich

Links aus Nowotnys Schwarm: Anton Döbele, 94 Abschüsse; Karl Schnörrer, 46; Rudolf Rademacher, 126. Nowotnys Schwarm gehörte zur 9./JG 54, der »Teufelsstaffel«. Die Truppe schlief in ausrangierten Eisenbahnwagen, an denen das Staffelwappen mit den Abschußmarkierungen der Staffel prangte!

die II./JG 27 und das JG 77 über die Halbinsel Djebel Achdar nach Magrun zurück und überließen, gezwungenermaßen, den Flugplatz Gambut der südafrikanischen Flugwaffe.

Am 12. November 1942 erhielten der Geschwaderstab, die I./JG 7 und die III./JG 27 den Befehl, aus Nordafrika zu verlegen. Die I. Gruppe ging nach Deutschland zurück, während die III. Gruppe nach Kreta und Griechenland beordert wurde. Die Me 109 wurden an die II./JG 27 und an das JG 77 übergeben. Während der 18 Monate währenden Einsatzzeit in Afrika erzielte die I./JG 27 insgesamt 588 Abschüsse, die III./JG 27 erreichte in elf Monaten 100 Abschüsse.

Bengasi wurde von den Alliierten am 20. November eingenommen. Zu dieser Zeit verfügten die Deutschen über ungefähr 80 Jagdmaschinen, von denen knapp die Hälfte einsatzbereit waren. Und immer mehr amerikanische Flugzeuge erschienen am Himmel über der Wüste!

Mit der II./JG 77 trafen am 5. Dezember 1942 in Zazur/Libyen neue Verstärkungen ein. Damit war das Geschwader Müncheberg in Nordafrika vollständig. Die II. Gruppe hatte bereits 1300 Luftsiege, als sie in Afrika eintraf. Kommandeur war Hptm. Anton Mader, mit über 50 Abschüssen. Staffelkapitäne waren Obtl. Lutz-Wilhelm Burckhardt (4./JG 77) mit 53 Luftsiegen, und Oblt. Joachim Deicke mit 13 Luftsiegen.

Alarmstart für sieben Me 109 der I./JG 77 am 10. Dezember, um 12 ›Spitfire‹ der 601. RAF-Staffel und ›Kittyhawk‹ der 112. RAF-Staffel, die Jagdschutz für Curtiss P-40F der 66. USAAF-Staffel gaben, abzufangen. Kommodore Müncheberg flog mit der I. Gruppe. Im Luftkampf nordwestlich von El Agheila konnte das JG 77 bei drei eigenen Verlusten acht alliierte Jäger abschießen. Hptm. Heinz Bär schoß zwei und Maj. Joachim Müncheberg eine amerikanische P-40F ab. Der Verlegebefehl für die letzte Gruppe des JG 27 wurde am 12. Dezember erteilt, so daß alleine auf dem JG 77 und seinem Kommodore Müncheberg die Bürde des Kampfes lastete.

Im Osten Nordafrikas befanden sich die Deutschen auf dem Rückzug, im Westen stießen sie ungestüm vor, im Wettlauf mit den Amerikanern zur Gewinnung der Häfen von Bizerta, Bône und Tunis. Der Besitz dieser Häfen war für das Afrika-Korps eine Frage auf Leben und Tod, nicht nur als Häfen für Nachschubgüter und Kraftstoff, sondern auch als einzige Fluchtmöglichkeit für die Deutschen, sollten sie gezwungen werden, Nordafrika Hals über Kopf ver-

Gruppen des JG 54 »Grünherz« wirkten in Finnland mit der finnischen Luftwaffe zusammen. Hans Götz, III./JG 54, mit dem finnischen Jagdfliegeras Eino Luukkanen vor einer Me 109G.

Zwei Warte bei der Arbeit an einer Me 109G des JG 54. Werkzeug und Ersatzteile werden auf einem Panjeschlitten beigeschafft.

Der General der Jagdflieger, Galland, trägt Hermann Göring den Einsatzplan ›Donnerschlag‹ vor. Der Soldat im Hintergrund hält Lagekarten und Operationsunterlagen bereit.

lassen zu müssen. In der Schlacht um Tunesien hat sich das militärische Gleichgewicht in einem wesentlichen Grund verändert. Vor El Alamein waren Rommels Nachschubwege lang, die der Engländer kurz. In Tunesien waren Rommels Versorgungswege kurz, aber zu Beginn die der Engländer und Amerikaner lang. Unter keinen Umständen wollten die Deutschen Tunesien wie eine reife Pflaume fallen lassen, und sie gewannen den Wettlauf nach Tunis. Vor-

erst blieb die Hintertür für den deutschen Rückzug und die Zufuhr für Nachschub und Material noch offen.

Durch die ständige Zufuhr amerikanischer Staffeln wuchsen die alliierten Luftstreitkräfte stetig an, und sie wurden immer gefährlicher. In pausenlosem Einsatz in einem Gebiet, wie man es sich übler nicht vorstellen kann, nutzte sich die Jagdwaffe in Afrika auf dem langen Rückzug nach Westen immer stärker ab. Tonnen kriegswichtigen

Oberstlt. Hans Philipp, JG 1, spricht einen letzten Gruß für einen gefallenen Kameraden. Diese Szenen begannen sich zu häufen.

Georg-Peter Eder entwickelte wirkungsvolle Angriffsmethoden gegen amerikanische Viermotbomber. Hier erklärt er seinen Kameraden die Taktik. Von seinen 78 Luftsiegen waren alleine 36 viermotorige Bomber.

Flugbenzins und viele unersetzbare Flugzeuge gingen verloren. Zudem hatte die Royal Air Force in Malta, verstärkt durch die Zufuhr von amerikanischen Flugzeugträgern, die Nachschubwege der Achsenmächte über das Mittelmeer zu einem Schiffsfriedhof für Tanker, Nachschubkonvois und Transportflugzeuge gemacht.

1942 wurde eine verbesserte und stärkere Version der Me 109 an die Luftwaffe ausgeliefert, die jetzt auch dem JG 77 zur Verfügung stand. Es war die Me 109 G, die Anfang 1943 auch den in Tunesien stehenden Verbänden zugeführt wurde. Unter dem Kommodore Maj. Günther von Maltzahn traf das JG 53 ›Pikas‹ in Afrika ein, auch die II./JG 51 ›Mölders‹ mit ihrem Kommandeur Hptm. Hartmann Grasser unterstützte das JG 77. Nach seinem

153. Luftsieg wurde der Kommodore des JG 77, Maj. Joachim Müncheberg, Opfer amerikanischer Jagdflieger. Maj. Johannes Steinhoff wurde als sein Nachfolger bestimmt. Trotz dieser Spitzenverbände und besserer Maschinen war die Luftwaffe überfordert, gegen derart übermächtige Feindkräfte anzutreten. Die alliierte Luftüberlegenheit zerrieb die schwindenden Kräfte der Jagdwaffe. Im April und Anfang Mai 1943 wurde soviel Führungs- und Schlüsselpersonal wie möglich über das Mittelmeer evakuiert. Am 7. Mai nahmen die Alliierten Tunis und Bizerta ein, womit das Ende des Afrikafeldzuges besiegelt war.

DER KRIEG IN ITALIEN

Die Alliierten verloren keine Zeit, ihren militärischen Vorteil zu wahren, und sie setzten über das Mittelmeer. Am 9. Juli 1943 landeten sie auf Sizilien und zwei Wochen darauf auf dem italienischen Festland. Die Luftwaffenführung mußte sich dieser neuen Lage anpassen. Die Führungsstruktur wurde geändert. Feldmarschall Keßelring wurde zum Oberbefehlshaber Südwest ernannt, und Gen. von Richthofen übernahm als Chef die Führung der Luftflotte 2. Gen. Galland, General der Jagdflieger, und Gen. Peltz, General der Kampfflieger, waren zuständig für alle Operationen im Mittelmeerraum mit dem Ziel, die Alliierten aus Italien hinauszuwerfen. Der Auftrag, das Unmögliche möglich zu machen, zeigt, welchen Selbsttäuschungen die Luftwaffenführung unterlag. Trotz großer feindlicher Übermacht flogen und kämpften die Jagdflieger mit ungebrochenem Kampfgeist und Selbstvertrauen.

In den ersten Juliwochen 1943 verfügte die Luftwaffe im Mittelmeerraum über weniger als 650 Flugzeuge. Die alliierten Luftangriffe gegen den deutschen Luftpark Bari verschlimmerten die Lage noch, weil Hunderte fabrikneuer Maschinen bei den Bombardierungen zerstört wurden. Diese Verluste konnte die Luftwaffe kaum verkraften. In Süditalien und Sizilien standen die Jagdverbände der Luftflotte 2 unter dauerndem Feinddruck. Es waren dies vor allem: Geschwaderstab mit I. und II./JG 27; II./JG 51 ›Mölders‹; JG 53 ›Pikas‹ und JG 77 ›Herzas‹.

Am 15. Juli 1943 erhielt die neu aufgestellte 8./JG 27 – sie lag in Brindisi und wurde von Oblt. Wolf Ettel geführt – den Auftrag, alliierte Stellungen bei Catania anzugreifen. Da das Ziel außerhalb der üblichen Reichweite der Me 109 G lag, mußte mit Zusatztanks geflogen werden. Nördlich des Ätna griffen ›Spitfire‹ den Verband an. Ettel erzielte einen Abschuß. Tags darauf mußte die Staffel im Alarmstart gegen einen englischen Bomberverband (48 Viermotorige) aufsteigen, der starken ›Spitfire‹-Jagdschutz hatte. Bei diesem ungleichen Kampf – 12 deutsche gegen etwa 100 alliierte Flugzeuge – konnte Wolf Ettel zwei Bomber und eine ›Spitfire‹ abschießen, womit er insgesamt 124 Luftsiege erzielt hatte. Am 17. Juli 1943 erhielt die gesamte III./JG 27 Befehl, in den Morgenstunden englische Stellungen bei Catania anzugreifen. Während des Bordwaffeneinsatzes gegen Erdziele erhielt Ettels Me 109 G einen Flakvolltreffer. Ettel ist auf diesem Einsatz gefallen.

Die Experten kämpften in soldatischem Pflichtbewußtsein, aber all ihr Mühen war vergebens. Viele der besten Jagdflieger Deutschlands mußten sich schließlich in den sich steigernden Luftkämpfen geschlagen geben.

DER KRIEG IN RUSSLAND

Den Luftkrieg über afrikanischer Wüste haben wir als einen »sauberen« Krieg bezeichnet, in dem sich die Gegner einander achtend bekämpften und so etwas wie ritterliches Verhalten übten. Dementsprechend war der Luftkrieg an der Ostfront von Haßgefühlen geprägt. Das Schlimmste, was einem Luftwaffenpiloten passieren konnte, war eine Notlandung hinter den russischen Linien. Wurde er auf der Stelle erschossen, so hielt man das in der Tat für das gnädigste Schicksal. Als Beispiel mag der russische Jagdflieger Lt. Wladimir Lawrinenkow, 35 Luftsiege, erwähnt sein, der über den eigenen Linien eine Me 109 abgeschossen hatte. Der deutsche Jagdflieger machte eine Bauchlandung und hechtete in den nächsten Graben, um sich vor dem zu erwartenden Bordwaffenbeschuß seines Bezwingers in Deckung zu bringen. Statt dessen landete der Russe gleich neben der deutschen Maschine, rannte zu dem Graben und erwürgte den Jagdflieger. In aller Ruhe startete er wieder und flog zu seinem Heimatplatz zurück! So konnte es im Luftkrieg in Rußland zugehen.

Bevor sich das fliegende Personal noch von den Strapazen der Luftschlacht um England erholen konnte, war es nicht nur gefordert, den Italienern in Afrika und Griechenland hilfreich zur Seite zu stehen und den Staatsstreich in Jugoslawien niederzuschlagen, sondern sich auch der schwersten Aufgabe zu stellen, die man sich vorstellen konnte: Angriff gegen die Großmacht im Osten – Rußland. Aufgrund der sich dort entwickelnden Schlachten mit entsprechender Luftunterstützung und heftigen Luftkämpfen gingen aus diesem Feldzug die meisten deutschen Jagdfliegerexperten hervor.

Der Beginn des Unternehmens »Barbarossa«, dem Angriff auf die Sowjetunion, war auf 4.00 Uhr, am 22. Juni 1941 angesetzt, und zwar entlang einer Front, die sich vom Nordkap bis zum Schwarzen Meer über eine Länge von etwa 3200 km dehnte! Für dieses große Unternehmen standen seitens der Luftwaffe bereit:

Luftflotte 1 (Gen. Alfred Keller) für den Nordabschnitt

mit Hauptquartier in Norketten/Insterburg, dazu gehörte das JG 54 ›Grünherz‹ (Maj. Hannes Trautloft); Luftflotte 2 (Gen. Albert Keßelring) für den Mittelabschnitt mit Hauptquartier in Warschau/Bielany, dazu gehörten das JG 27 (Maj. Wolfgang Schellmann) mit II. und III. Gruppe, das JG 51 (Oberst Werner Mölders) und JG 53 (Maj. Günther von Maltzahn); Luftflotte 4 (Gen. Alexander Löhr) für den Südabschnitt mit Hauptquartier in Rzeszow/Reichshof, dazu gehörten das JG 3 (Oberst Günther Lützow), JG 52 (Maj. Hans Trübenbach) und JG 77 (Maj. Bernhard Woldenga); Luftflotte 5 (Gen. Hans-Jürgen Stumpff), im hohen Norden auch für die Zusammenarbeit mit Finnland zuständig, mit Hauptquartier in Oslo, dazu gehörte die 13./JG 77. Die Luftwaffe bot dafür 1900 Flugzeuge auf, wovon etwas mehr als 400 einmotorige Jagdeinsitzer waren, meist vom Typ Me 109 E und einige neuere Me 109 F. Das entsprach ungefähr 60 % der Gesamtstärke der Luftwaffe. Aber von den 1900 Flugzeugen waren nur knapp 1300 einsatzbereit. Diesen standen 15000 Flugzeuge der Roten Luftflotte gegenüber, von denen fast ein Drittel Jagdflugzeuge waren! Unter den russischen Jagdflugzeugen befanden sich noch viele veraltete Muster, wie beispielsweise die ›Chato‹ oder auch ›Rata‹, die schon im Spanischen Bürgerkrieg zum Einsatz gekommen waren.

Im morgendlichen Büchsenlicht griffen deutsche Kampfverbände russische Flugplätze mit 10 kg-Sprengbomben an, wo es bei den abgestellten Flugzeugen zu enormen Schäden kam. In der Morgendämmerung bombardierten Stukas auf den russischen Flugplätzen Kraftstofflager und Flugzeuge, danach beschossen Jagdflugzeuge mit Bordwaffen die noch am Boden stehenden Flugzeuge und verwickelten gestartete russische Jäger in erste Luftkämpfe. In den ersten Tagen des Vormarsches griff die Luftwaffe 66 grenznahe russische Plätze an, vor allem die, auf denen neuere Typen zu erwarten waren. Am Ende des ersten Kampftages, dem 22. Juni 1942, lagen 1800 sowjetische Flugzeuge zerstört am Boden. Die meisten konnten gar nicht erst starten. Aber immerhin 322 dieser Verluste waren Opfer von Luftkämpfen. Die Luftwaffe hatte 32 Flugzeuge verloren. Die Weltöffentlichkeit war Zeuge einer in der Kriegsgeschichte bisher noch nie erlebten Luftherrschaft. Die Anwendung und schwerpunktmäßige Zusammenfassung von Verbänden der Luftwaffe und die absolute Luftherrschaft erlaubten der Wehrmacht und den Panzerverbänden, in ungestümer Verfolgung die Rote Armee zum kopflosen Rückzug zu zwingen. Ihr fehlte der sichernde Schirm eigener

Luftstreitkräfte.

Viele Me 109 griffen russische Flugfelder mit den runden SD-2 Splitterbomben an. Diese zwei Kilo schweren Kugeln mit Bremsflügeln wurden ›Teufelseier‹ genannt, weil sie sich oft in den besonders konstruierten Abwurfrosten unter dem Rumpf der Maschine verklemmten und, da die Zünder bereits geschärft waren, bei der leichtesten Erschütterung explodierten. Eine Me 109 konnte 96 dieser Dinger mitführen.

Bei einem dieser Einsätze in den ersten Kriegstagen war Wolfgang Schellmann, Kommodore des JG 27, in einen Luftkampf mit einer ›Rata‹, I-16, verwickelt. Schnell brachte Schellmann die russische Maschine in sein Visier und schoß eine kräftige Garbe aus nächster Nähe. Der Gegner zerlegte sich in alle Einzelteile. Die Me 109 war derart nahe dran und so schnell, daß sie in Reste der Maschine hineinflog und von explodierenden Teilen beschädigt wurde. Schellmann stieg mit dem Fallschirm aus, kam sicher hinter russische Linien auf und wurde sofort von russischen Soldaten abgeführt. Seitdem ist er verschollen und vermißt. Man sagt, er sei zwei Tage später von der NKWD erschossen worden. Bernhard Woldenga übernahm die Führung des JG 27.

Die ersten Monate des Feldzuges verliefen besser, als es sich der Generalstab erhoffte. Auf den Flugplätzen lagen unzählige Mengen zerstörter russischer Flugzeuge und Tausende russischer Soldaten wurden eingekesselt und gerieten in Gefangenschaft. »Zurück! Zurück!«, so lautete der Tagesbefehl für russische Soldaten. Nachschub, ganze Fabriken mit ihren Arbeitern wurden bis zum Ural verlegt, um dort außerhalb der Reichweite der deutschen Bomber neue Fabriken aufzubauen, die später Unmengen von Kriegsmaterial ausstoßen sollten.

Deutschland hatte geplant, aus guten Gründen, den Sieg in sechs bis acht Wochen zu erringen. Es setzte alle Mittel und Wege der »Blitzkrieg-Strategie« in Bewegung, um dieses Ziel zu erreichen.

Gegen den gemeinsamen Feind Rußland zu kämpfen, schlossen sich Finnland, Ungarn, Rumänien, Kroatien, die Slowakei und Bulgarien an. Gen. Francisco Franco schickte für den Kampf gegen die Sowjetunion die ›Blaue Division‹, als Gegenzug für deren Versuch, die Verhältnisse in Spanien während der revolutionären Jahre zu ihren Gunsten zu wenden. Ihren östlichen Alliierten hatte Deutschland schon einige Me 109 geliefert: Finnland 162; Slowakei 15; Ungarn 59 und Bulgarien 145. Die finnischen und ungarischen Piloten handhaben ihre Jagdmaschinen mit beachtlichem Erfolg.

Am 30. Juni 1941 setzte die Jagdwaffe ihre erstaunlichen Erfolge, mit dem Abschuß von 114 russischen Flugzeugen an einem einzigen Tage, fort. Werner Mölders schoß fünf Flugzeuge ab, es war sein 78. bis 82. Luftsieg. Lt. Heinz Bär, der später in Afrika kämpfte, und Hptm. Hermann-Friedrich Joppien erzielten dasselbe Ergebnis, so daß das JG 51 als erstes Jagdgeschwader der Luftwaffe die Marke von 1000 Abschüssen erreichte. Am selben Tage konnte das JG 54 (Trautloft) 65 russische Bomber abschießen, die wichtige Brückenübergänge zerstören sollten. Am 31. Juli hatte das JG 53 (von Maltzahn) die magische Grenze von 1000 Luftsiegen erreicht. Am nächsten Tag glückte Oblt. Scholtz der 1000. Abschuß des JG 54 ›Grünherz‹, wovon alleine 623 russische Flugzeuge in den vergangenen zehn Tagen abgeschossen worden waren. Das JG 3 (Günther Lützow) zog am 15. August 1941 mit dem 1000. Abschuß nach, nachdem Fw. Stechmann drei russische Flugzeuge abgeschossen hatte.

Werner Mölders hatte am 15. Juli 1941 seinen 101. Luftsieg errungen, womit er der erste Jagdflieger war, der die magische Marke 100 überschritt. Dieser außergewöhnliche Mann, der im Spanischen Bürgerkrieg den Gefechtsverband entwickelte (»double-attack; finger-four«; d. Ü.), blieb immer am Ball und verlor nie den Blick für das Wesentliche, um neue taktische Überlegungen anzustellen und diese in die Tat umzusetzen. Viele seiner Ideen und taktischen Methoden finden sich heute noch in den modernen Luftstreitkräften verwirklicht. Jeden Morgen startete Mölders mit seinem Fieseler ›Storch‹, ausgerüstet mit einem tragbaren Funkgerät, um an der Front zu landen und aus einem Deckungsloch heraus die Lage zu beurteilen. Aus dieser vorgeschobenen Position heraus wies er seine Flugzeugführer auf die Ziele ein. Er war in der Tat der erste echte Fliegerleitoffizier (FAC = Forward Air Controller) in der Geschichte, wie er bei heutigen Luftstreitkräften nicht mehr wegzudenken ist.

Von Mölders stammt auch die Idee, für besondere operative Aufgaben sogenannte Gefechtsverbände zu bilden, die unter gemeinsamer Führung verschiedene selbständige Staffeln zusammenfaßten, wie Stukas, Schlachtflieger und Jäger. Sobald ein Sonderauftrag erfüllt worden war, traten die Staffeln zu ihren ursprünglichen Verbänden zurück. Das erinnert an das sogenannte Air Group System, wie es die US-Navy später im Verlaufe des Krieges praktizierte. Dort

hieß der Führer eines Gefechtsverbandes CAG, Commmander Air Group.

Sofern man sich auf zuverlässige Untersuchungen verlassen darf, sollen alle russischen Flugzeuge, die am 22. Juni 1941 vorhanden waren, Anfang September vollständig vernichtet worden sein. Dennoch verdunkelten immer mehr russische Flugzeuge den Himmel, als ob sie aus stetig sprudelnden Nachschubquellen kämen. Auf unglaubliche Weise schafften es die Russen, in den letzten sechs Monaten des Jahres 1941 den Ausstoß an Flugzeugen aus den Fabriken des Urals und von anderswo auf fast 16000 zu steigern. Das war fünfmal soviel wie in den ersten sechs Monaten des Jahres, und alles das ohne Einwirkung von Bombern der Luftwaffe! Wie es sich schon in der Luftschlacht um England zeigte, brauchte die Luftwaffe dringend viermotorige Langstreckenbomber: Den Ural-Bomber, wie ihn General Walther Wever vorgeschlagen hatte. Die Fehlentscheidung fiel hingegen Jahre zuvor, und jetzt war es zu spät. Die strategische Kurzsichtigkeit und die falschen Beschaffungsmaßnahmen der Luftwaffenführung besiegelten schließlich das Schicksal Deutschlands.

Die deutschen Jagdflieger mußten die Folgen dieses entscheidenden Fehlers tragen. Denn auf ihren Schultern lastete jetzt die Verantwortung, taktische und strategische Aufgaben wahrzunehmen. Zu den taktischen Aufgaben zählten das Abfangen feindlicher Bomberverbände, Begleitschutz für eigene Bomberverbände, freie Jagd zur Erringung der Luftüberlegenheit und Jabo-Einsätze zur Unterstützung des Heeres und der Kriegsmarine.

In wohlausgewogenen Luftstreitkräften fliegen viermotorige Langstreckenbomber tief ins feindliche Hinterland, um durch die Bombardierung von Fabriken die Produktion von Kriegsmaterial zu unterbinden oder wenigstens zu verzögern. Diese Maßnahmen sind strategischer Natur. Da russische Fabriken unbehelligt blieben, konnten Tausende von Flugzeugen produziert werden. Nun mußte die Jagdwaffe diese Flugzeuge, sobald sie an der Front ausgeliefert waren, in der Luft bekämpfen. Mit anderen Worten, die Jagdflieger nahmen die Aufgaben strategischer Bomber wahr, nur mit dem Unterschied, den harten Weg wählen zu müssen: Den Kampf in der Luft!

Wegen des hartnäckigen Widerstands der Roten Armee lief sich der Vorstoß auf Smolensk fest. Der Hauptstoß wurde daher nach Norden in Richtung auf Leningrad angesetzt. Am 5. September besetzten deutsche Truppen Estland. Im September war das JG 54 (Trautloft) im Nordabschnitt an der Leningrad-Front im Dauereinsatz. Am 16. September flogen Me 109 dieses Geschwaders Begleitschutz für die Stukas des StG 2 ›Immelmann‹ (Oberstlt. Dinort), die russische Panzerbereitstellungen und Schiffe der Roten Flotte angreifen sollten. Sechs Tage später waren es wieder die ›Grünherz‹-Jäger, die dem StG 2 Jagdschutz beim Angriff gegen Schlachtschiffe, Kreuzer und Zerstörer im Hafen von Kronstadt gaben. Tags darauf, am 23. September 1941, gipfelten die Anstrengungen in dem Erfolg, als die Bombentreffer von Hans-Ulrich Rudel das Schlachtschiff *Marat* versenkten.

Das Tarnschema der in Rußland geflogenen Me 109 war verschieden, um den extremen Wetter- und Geländebedingungen gerecht zu werden. Die Flugzeugoberseiten zeigten im Norden einen weißen Anstrich. Im Mittel- und Südabschnitt gab es die Standardtarnung in hell- und dunkelgrün oder grün und braun, vereinzelt auch in sandfarbenem Anstrich. Wie üblich in der Luftwaffe, war die Flugzeugunterseite in hellblauer Farbe gehalten.

Im September 1941 gab Oberst Mölders sein JG 51 ab und wurde General der Jagdflieger (das war kein Dienstgrad, sondern eine Dienststellung im Reichsluftfahrtministerium; d. Ü.).

Gen. Ernst Udet, dem glänzenden Jagdflieger des Ersten Weltkriegs, der dann Chef des Technischen Amtes und Generalluftzeugmeister wurde, wurde langsam klar, daß es ein großer Felder war, den Langstreckenbomber aus dem Beschaffungsprogramm gestrichen und die Jägerproduktion vernachlässigt zu haben. Udet war ein Künstlertyp, der das Fliegen über alles liebte. Er war den Problemen seiner Aufgabe nicht gewachsen, wie auch dem ständigen Druck und den in der Luftwaffe üblichen Intrigen. Göring stempelte Udet immer schnell zum Sündenbock ab, wenn falsche Entscheidungen getroffen wurden, ohne Rücksicht darauf, wer für diese Entscheidungen verantwortlich war.

Von Krankheit und dauernden Kopfschmerzen geplagt, begann Udet immer mehr abzubauen und zu verfallen. Weil er alles nicht mehr ertragen konnte, griff er am 17. November 1941 zur Pistole und erschoß sich. Auf die Stirnwand seines Bettes hatte er gekritzelt: »Reichsmarschall, warum hast du mich verlassen?« – Womit er natürlich Göring meinte. Auf seinem Schreibtisch fand sich ein Notizzettel: »Jäger bauen.«

Die Spitzen der Jagdwaffe wurden nach Berlin gerufen, um an dem Staatsakt für den berühmten Alten Adler teilzunehmen oder die Ehrenwache am Sarg zu stellen. Mölders,

Galland, Müncheberg, Lützow, Oesau und andere starteten aus allen Himmelsrichtungen zum Flug in die Reichshauptstadt, um Udet, diesem schon zu Lebzeiten zum Mythos gewordenen Helden und Waffenkameraden der jungen Jagdwaffe, das letzte Geleit zu geben.

Werner Mölders befand sich gerade auf der Krim, als er von dem tragischen Tod hörte. Er nahm die nächste Maschine nach Berlin. Die He 111 stürzte ab, wobei Mölders – Taktiker, Jagdflieger und Führerpersönlichkeit zugleich – den Tod fand. Das Ehrengeleit behielt man gleich in Berlin für die Trauerfeierlichkeiten für Mölders. Göring bestimmte Oberst Adolf Galland als Nachfolger zum General der Jagdflieger.

Nach Galland folgte Gerhard Schöpfel als Kommodore des JG 26 ›Schlageter‹. Als General der Jagdflieger war Galland nicht nur für die Jagdflieger verantwortlich, sondern auch für die Schlachtflieger. Er wählte sich Oberst Lützow zum Inspekteur der Jagdflieger und Oberst Weiß zum Inspekteur der Schlachtflieger. Zu Ehren des gefallenen Jagdfliegers erhielt das JG 51 den Namen ›Mölders‹, das JG 3 zu Ehren des Alten Adlers den Namen ›Udet‹ verliehen. Major Wolf-Dietrich Wilcke übernahm die Führung des JG 3 ›Udet‹.

Gegen Ende 1941 war von einem deutschen Blitzkrieg nicht mehr viel zu spüren. Das Ostheer war erschöpft. Nun schlug die Stunde der Sowjets, die sich zur Offensive rüsteten. Die Heeresgruppe Süd (von Rundstedt) geriet auf der Krim in Schwierigkeiten, weil die Russen die Halbinsel Kertsch und Feodosia eingenommen hatten. Ihre Landung in Eupatoria, Anfang Januar 1942, bedrängte die 11. Armee, die in der Woche darauf zum Gegenangriff antrat, aber nur schwer vorankam, weil die Luftwaffe nicht genügend Luftunterstützung geben konnte. Nach und nach änderte sich das Luftlagebild zugunsten der russischen Luftstreitkräfte.

Etwas weiter nördlich geriet der Stoß auf Moskau, den die Heeresgruppe Mitte (von Bock) versuchte, wegen schlechten Wetters und starken russischen Widerstands ostwärts von Orel ins Stocken. Bei Eis und Schnee durchbrachen vier sowjetische Armeen unter Marschall Timoschenko auf ihrem Weg in die Ukraine einen Frontabschnitt von 100 km Breite zwischen der Heeresgruppe Nord und der Heeresgruppe Mitte. Man hatte es auf die Heeresgruppe Mitte abgesehen. 100000 deutsche Soldaten waren eingekesselt. Für ihre Versorgung wurde im Februar 1942 eine Luftbrücke organisiert. Die 3./JG 3 und 1./JG 51 gaben den Ju 52 bei ihren Transportflügen in die Kessel von Demjansk und Cholm Jagd- und Begleitschutz. Die Deutschen hielten diese Luftversorgung bis zum Mai durch, als es ihnen wieder gelang, über Land die Kessel zu befreien. In der Zwischenzeit wurden sechs Divisionen mit Verpflegung und Munition sowie Waffen versorgt, Verwundete heraus- und Truppenersatz hineingeflogen. Über dem Einsatzgebiet nahm die russische Lufttätigkeit immer stärker zu. Kaum hatte die Jagdwaffe Abschüsse erzielt, hatten die Russen schon wieder Ersatz. Kein Wunder, wenn man sich klarmacht, daß die Sowjetunion 1941 mehr als 7500 Jagdflugzeuge produzierte, die Deutschen hingegen nur 2300! Trotz dieser höchst ungünstigen Lage erzielte die Jagdwaffe beneidenswerte Abschußergebnisse. Im Frühjahr 1942 war die mit Abstand gefährlichste Staffel die 9./JG 52, die im Rahmen der Luftflotte 4 im Bereich der Heeresgruppe Süd im Einsatz stand. Unter der Führung von Staffelkapitän Hermann Graf flogen so erfahrene Jagdflieger wie Ofw. Leopold Steinbatz, Ofw. Alfred Grislawski, Ofw. Heinrich Füllgrabe, Fw. Ernst Süß und einige andere mehr. In der Zeit vom 28. April bis 14. Mai gelangen Graf alleine 47 Luftsiege! Als er am 14. Mai 1942 bei Stalingrad sieben Abschüsse erzielt hatte, war er der siebente deutsche Jagdflieger, der 100 Luftsiege erreichte. Grafs Rottenflieger Steinbatz schoß im Mai 1942 insgesamt 35 russische Flugzeuge ab. Ihm wurde als erstem Flugzeugführerunteroffizier das Eichenlaub zum Ritterkreuz verliehen. 1500 Abschüsse hatte das JG 52 am 8. Mai 1942, am 3. Juni waren es bereits 2000.

Das JG 54 ›Grünherz‹ (Trautloft) hatte am 14. Mai 1942 den 2222. Abschuß, Oblt. Max-Helmuth Ostermann vom selben Verband am 12. Mai seinen 100. Im Monat Mai erzielte Lt. Hans Götz, 2./JG 54, 25 und Oblt. Heinrich Jung, 4./JG 54, 18 Abschüsse. Einige ›Grünherz‹-Jäger versuchten sich mit Nachteinsätzen. Hptm. Joachim Wandel, 5./JG 54, konnte 16 Nachtabschüsse erzielen, und Oblt. Erwin Leykauf gelangen in der Nacht vom 22. auf 23. Juni sechs Nachtabschüsse. Das JG 54 konnte am 7. September 1942 seinen 3000. Abschuß melden.

Hptm. Heinz Bär, Gruppenkommandeur der IV./JG 51 ›Mölders‹, war der neunte Jagdflieger, der die 100 Abschüsse melden konnte. Diese Marke erreichte er am 19. Mai 1942. Am 4. August konnte sich das JG 51 rühmen, 3511 Abschüsse insgesamt erzielt zu haben.

Am 19. Mai hatte das JG 77 schon 2011 Abschüsse, und tags darauf wurde der Kommodore, Maj. Gordon Gollob,

der zehnte Jagdflieger, der die magische Zahl von 100 Abschüssen erreichte.

Das JG 3 ›Udet‹ (Wilcke) meldete am 28. Mai 1942 seinen 2000. Abschuß.

Anfang 1942 stellte die Luftwaffe für den Raum Norwegen und Finnland das Jagdgeschwader 5 ›Eismeer‹ auf, das aus Teilen der I./JG 77 und IV./JG 1 gebildet wurde und unter der Führung von Oberst Gotthardt Handrick stand.

Im Mai/Juni 1942 trat die 11. Armee (Gen. von Manstein) auf der Krim zur Offensive gegen die Halbinsel Kertsch an. Der Erfolg gipfelte in der Einnahme Sewastopols am 3. Juli und Rostows am 23. Juli. Vor Leningrad ließ sich die Erfolgsserie nicht fortsetzen, weil die Russen zur Offensive ansetzten, bevor die Deutschen bereit waren. Im August wurde die 11. Armee von der Heeresgruppe Süd an die Heeresgruppe Nord abgegeben, wo sie mit der 16. Armee von Manstein unterstellt wurde, um einen erneuten Angriff gegen Leningrad zu versuchen. Aber wieder kamen die Russen diesem Angriff mit ihrem Vorstoß am 4. September zuvor. Die Verlegung der 11. Armee an den Nordabschnitt hatte verheerende Folgen für die deutschen Truppen im Südabschnitt, weil es den sowjetischen Truppen am 19. November 1942 gelang, in die ausgedünnten deutschen Linien einzubrechen. Das war das Vorspiel zur Schlacht um Stalingrad.

Im Herbst 1942 war Gen. Wolfram von Richthofen Nachfolger von Gen. Löhr als Chef der Luftflotte 4 im Bereich Heeresgruppe Süd geworden. Feldmarschall von Manstein führte jetzt alle Truppen im Vorfeld von Stalingrad, die sogenannte Heeresgruppe Don. Er hatte die Weisung, sowjetische Offensiven zu unterbinden und verlorenes Gelände wiederzugewinnen. Das war eine fast unmögliche Aufgabe, wenn man die unermeßlichen russischen Truppenreserven und die eingeschlossene 6. Armee des Gen. Paulus bei Stalingrad bedenkt. Im Hinblick auf die guten Erfahrungen mit der Luftversorgung der Heeresgruppe Mitte im Frühjahr, entschloß man sich dazu, auch die 6. Armee aus der Luft zu versorgen. Das erforderte täglich den Einflug von 700 t Nachschubgütern! Wenn schon im Jahre 1942 die Vorstellung von einer Luftbrücke geradezu revolutionär war, so war der Gedanke an die Versorgung einer ganzen Armee mittels Lufttransport eher Wahnvorstellungen zuzuschreiben. Dennoch entschied man sich dafür.

Das äußerst schlechte Novemberwetter legte den Flugbetrieb lahm. Weil die Luftwaffe nicht starten konnte, handelten die Russen, indem sie die 3. rumänische Armee, die die Flankensicherung für die 6. Armee wahrnehmen sollte, angriffen und zerschlugen. So mußte bereits im Dezember 1942 mit der Luftversorgung begonnen werden. Die Versorgungsflüge starteten von den zwei Flugplätzen Morosowskaja und Tazinskaja, weit vor dem Einschließungsring gelegen, und landeten auf den Plätzen Gumrak und Pitomnik im Herzen Stalingrads. Sobald die Russen bemerkt hatten, daß die Versorgungsflüge aufgenommen waren, schmiedeten sie Pläne, die Absprunghäfen einzunehmen.

Am 1. November hatte das JG 51 seinen 4000. Luftsieg gemeldet. Im Laufe des Monats übernahm Oberst Dieter Hrabak als Kommodore das JG 52, das am 10. Dezember 1942 auch den 4000. Abschuß erzielte.

Schritthaltend mit den zermürbenden Kämpfen des Heeres, standen die JG 3 und JG 52 einem übermächtigen Gegner gegenüber, dem sie nichtsdestotrotz einen hohen Tribut abforderten. Täglich starteten Wolf-Dietrich Wilcke und seine Jagdflieger, um dem russischen Vormarsch Einhalt zu gebieten. Sechs Freiwillige der II./JG 3 bildeten in Pitomnik, mitten im Kessel von Stalingrad, eine Platzschutzstaffel, die unter Führung von Hptm. Germeroth stand. Diesem kleinen Verband, der von Anfang Dezember bis Mitte Januar wirklich die Stellung hielt, war es zu verdanken, weil er rastlos russische Truppen angriff und russische Jäger und Jabos abfing, daß Nachschub eingeflogen und über 43 000 Verwundete ausgeflogen werden konnten! Und man bedenke dabei, daß manchmal nur zwei oder drei Me 109 einsatzbereit waren, die vom Morgengrauen bis zum letzten Büchsenlicht der Abenddämmerung im laufenden Einsatz standen! Innerhalb von sechs Wochen haben diese tapferen Freiwilligen der II./JG 3 ›Udet‹ 130 russische Flugzeuge abgeschossen. Besonders zeichnete sich Fw. Ebener aus, der 33 der mit dichter Panzerung versehenen ›Stormowik‹-Schlachtflugzeuge abschießen konnte, womit er insgesamt 51 Abschüsse erzielt hatte. Aber sechs Jagdflieger, die bis an die äußerste Grenze ihrer Leistungsfähigkeit belastet worden waren, konnten die Rote Luftwaffe und die Rote Armee beim besten Willen nicht stoppen.

Am 19. November traten die Sowjets zur Offensive gegen die im Norden von Stalingrad liegenden rumänischen Truppen an und zwangen sie zum Rückzug.

Während der Weihnachtsfeiertage 1942 gingen die Flugplätze Morosowskaja und Tazinskaja verloren. Am 10. Januar 1943 traten die Russen zum Großangriff an und drückten gegen den Einschließungsring auf Pitomnik und Gumrak mit dem Ziel, die 6. Armee abzuschnüren. Als die Russen am 16. Januar den Platzrand von Pitomnik erreichten und Artilleriefeuer bedrohlich näherrückte, verlegten die sechs Me 109 zusammen mit sechs Stukas. Die Platzschutzstaffel Pitomnik erhielt den Befehl, auf den Platz Gumrak auszuweichen, obwohl das Flugfeld nach heftigem Artilleriefeuer kraterübersät und noch nicht wiederhergestellt war. Die erste landende Me 109 überschlug sich in einer Schneewehe, die zweite landete in einem Kraterloch. Kaum hatte man eingesehen, daß das Flugfeld nicht benutzbar war, signalisierte man der noch in der Luft befindlichen Me 109G, nicht zu landen. So konnte Oblt. Lukas angesichts des mit Wracks übersäten Flugfelds im letzten Augenblick noch durchstarten. Ihm gelang als einzigem mit seiner Maschine der Ausflug vom Kessel Stalingrad, in dem die deutschen Truppen eine Woche später die Waffen strecken mußten.

Trotz schwerster Verluste und der fünffachen Überlegenheit der Roten Luftwaffe setzte die Jagdwaffe im Frühjahr 1943 an der Ostfront ihre außerordentlichen Erfolge fort. Am 23. Februar 1943 schoß Fw. Otto Kittel vom JG 54 ein russisches Flugzeug ab, wodurch das Geschwader seinen 4000. Luftsieg hatte. Am 7. März konnten Jagdflieger des JG 54 an einem einzigen Tag 59 Abschüsse melden. Dem JG 51 gelangen am 8. Juni innerhalb von zwanzig Minuten 51 Abschüsse. Bei einem Verfügungsbestand von 4000 Flugzeugen im Frühjahr 1943, griff die Luftwaffe sogar auf erfahrenes Lehrpersonal von Jagdschulen zurück. Für deutsche Jagdflieger waren an der Ostfront 1943 die Überlebenschancen höchst gering. 25% überlebten die vier ersten Fronteinsätze nicht. Schlechte und mittelmäßige Jagdflieger hatten keine Chance, beim täglich mehrfachen Einsatz gegen überlegene Gegner sich durchzusetzen. Gute und vollausgebildete Jagdflieger hingegen mußten sich wie auf einem Schießstand vorkommen, wenn sie den Himmel voller feindlicher Flugzeuge sahen. Die Jagdflieger, deren Talent sich noch nicht entfalten konnte, sind nicht bekannt. Viele fanden ihr Grab in einem ausgebrannten Me 109-Rumpf. Die Experten beherrschten das Tagesgeschehen am Himmel und erreichten bisher unvorstellbare Abschußzahlen. Die Jagdflieger mit den höchsten Abschußzahlen aller Zeiten waren alle an der Ostfront: Erich Hartmann – 352 Luftsiege; Gerhard Barkhorn – 301; Günther Rall – 275; Otto Kittel – 267; Walter Nowotny – 258; Wilhelm Batz – 237; Hermann Graf – 212; Anton Hafner – 204 und viele andere noch, die sich auf den Feind stürzten mit erstaunlichen Erfolgen.

Ganz anders als gegen die westlichen Alliierten, spielte sich der Luftkampf an der Ostfront in verhältnismäßig niedriger Höhe und mit geringeren Geschwindigkeiten ab. Meist unterhalb von 3000 Metern, oft unterhalb von 1500 Metern mit Geschwindigkeiten von 250 bis 450 km/h. Die Deutschen nannten das Kurvenkampf. Gelegentlich fanden Luftkämpfe in Baumwipfelhöhe statt, wobei mancher Jagdflieger durch Baumberührung im Luftkampf fiel.

Während der Winteroffensive 1942/1943 gewannen die Russen nicht nur Stalingrad, Rostow und Kursk zurück, sondern auch den gesamten Raum zwischen dem Asowschen Meer und Kaukasus. Der sich ergebende Frontverlauf – ein deutscher Frontbogen bei Orel nach Osten, ein russischer Frontbogen nach Westen gerichtet – verlockte die Deutschen geradezu, eine Gegenoffensive zu planen. Beide Kriegsparteien waren sich der günstigen Gelegenheit bewußt, die gegnerische Frontausbuchtung mit einer klassischen Zangenbewegung abzuschneiden und einzukesseln. Aus diesem Grunde bereiteten sich beide Seiten auf eine Sommeroffensive vor. Für die Deutschen würde ein Erfolg sehr viel mehr bedeuten als für die Russen, denn damit wäre der Weg von Orel nach Moskau frei. Andererseits wäre es auch ein Beweis dafür, daß die Wehrmacht mit ihrer Blitzkriegsstrategie immer noch unschlagbar sei. Die Vorbereitungen begannen im Mai 1943. Verzögerungen, wie die Bereitstellung der Panzerkräfte General Models, und Verschiebungen des Angriffstermins gaben den Russen genügend Zeit, sich ihrerseits auf die Schlacht vorzubereiten. Sie konnten in aller Ruhe den Beginn der Entscheidungsschlacht der Deutschen an der Ostfront abwarten.

Das Unternehmen »Zitadelle« begann am 5. Juli 1943 mit zwei Stoßkeilen. Der eine von Orel, nördlich von Kursk, der andere von Bjelgorod, südlich von Kursk. Reserven aus Deutschland und Verbände von anderen Frontabschnitten wurden herangeführt, so daß die Luftwaffe schließlich über 1700 Flugzeuge aller Typen verfügte. Es sollte Deutschlands letzte Großoffensive in Rußland sein. Deutsche Panzerverbände standen bereit, um zusammen mit Stuka- und Schlachtfliegergruppen den Angriff gegen die vorbereitete Rote Armee zu beginnen. Acht Jagdgruppen waren als Luftschirm aufgeboten: II./JG 3, III./JG 3, I./JG 51, III./ JG 51, IV./JG 51, I./JG 52, III./JG 52 und die III./JG 54. Demgegenüber standen die Kräfte der 1., 4. und 16. russischen Frontluftarmee. Sie griffen bereits an, bevor ein einziges deutsches Schlachtflugzeug oder Bomber

vom dichtbelegten Flugplatz Charkow, südlich von Bjelgorod, abgehoben hatte. Es schien so, als ob der deutsche Angriff, bevor er überhaupt begann, schon zum Scheitern verurteilt war! Innerhalb von Minuten wurde in Charkow die Startfolge geändert. Die Jäger des JG 3 schoben sich durch die Lücken der mit laufenden Motoren wartenden Bomber, um die anfliegenden russischen Bomberverbände abzufangen. Gleichzeitig hoben die Jagdgruppen des JG 52 vom Flugplatz Mikojanowka ab. Innerhalb kürzester Zeit hatten die Jagdflieger Feindberührung, der Luftkampf begann. Er entwickelte sich zur größten und erbittertsten Luftschlacht aller Zeiten. Vier Jagdgruppen mit etwa 140 Me 109 warfen sich 500 russischen Bombern, Jägern und Schlachtflugzeugen entgegen.

Die Jagdflieger schossen in dieser Luftschlacht 432 russische Flugzeuge ab und hatten selbst nur 26 Verluste an Me 109 G. 77 dieser Luftsiege, davon 62 Bomber, gingen auf das Konto der Piloten der II./JG 3. Während eines Einsatzes an jenem Tag schoß die Gruppe alleine 31 Flugzeuge aus einem russischen Verband mit 46 Flugzeugen heraus. Der beste Schütze der Gruppe war Oblt. Joachim Kirschner, dem neun Abschüsse gelangen. Der Gruppenkommandeur der II./JG 3, Maj. Kurt Brändle, brachte mit dem Abschuß von fünf russischen Flugzeugen nahe Bjelgorod seine Gesamtzahl auf 151 Luftsiege. Bei der Schlacht am Kursker Bogen brachten es noch einige Jagdflieger der II./JG 3 zu mehrfachen Abschüssen: Hptm. Lemke – 4; Oblt. Lukas – 5; Oblt. Bitsch – 6. Die III./JG 3 unter der Führung von Maj. Wolfgang Ewald brachte es auf 38 Abschüsse, wovon drei der Gruppenkommandeur erzielte. Die III./JG 52 schaffte 35 Abschüsse. Einige Piloten erreichten Mehrfachabschüsse: Hptm. Wiese – 12; Oblt. Krupinski – 11; Lt. Korts – 4. Mit bis zu sechs Feindflügen am Tag, näherte sich die Jagdwaffe dem Punkt totaler Erschöpfung.

Während unten auf dem Schlachtfeld die größte Panzerschlacht der Geschichte tobte, setzten sich die Luftkämpfe am Himmel darüber noch eine Woche lang fort. Um diese Zeit herum muß Erich Hartmann, später der Welt bester Jagdflieger, sein Talent zur Spitzenleistung entfaltet haben. Im Morgengrauen hob er mit seiner Me 109 G vom Feldflugplatz Ugrim in der Ukraine, wo die 9./JG 52 lag, ab. Hartmann flog in einem Schwarm in etwa 2000 Meter Höhe, der auf einen Verband mit 20 mit schwerer Panzerung versehenen Il-2 Schlachtflugzeugen traf. Die Schlachtflugzeuge flogen auf Gegenkurs, etwa in 1200 Meter Höhe. Obwohl die Il-2 ›Stormowik‹ gegen MG-Feuer fast unverwundbar war, hatte sie doch eine entscheidende Schwachstelle, nämlich den unter der Flugzeugnase sitzenden Ölkühler. Zunächst flog der Schwarm über die russischen Maschinen hinweg, machte dann einen schnellen Abschwung, um dann von hinten unten hochzuziehen, damit in den Bereich kommend, wo der Heckschütze keine Abwehrmöglichkeit hatte. Bei etwa 100 Meter Schußentfernung legte Hartmann den Finger um den Abzugsschalter der MGs. Als der Gegner im Visier groß genug erschien, gab er einen kurzen Feuerstoß auf den Ölkühler ab. Mit einer langen schwarzen Rauchfahne stürzte die Il-2 zu Boden. Es war Hartmanns 22. Luftsieg. Die ›Stormowik‹ gaben sofort ihren Verbandsflug auf und stieben einzeln oder in Rotten auseinander. Hartmann suchte sich gleich ein zweites Opfer. Der russische Flieger hatte offensichtlich die Nerven verloren und begann eine Steigkurve, woraufhin Hartmann aus 150 Meter mit Vorhalt schoß und den Ölkühler traf. Die ›Stormowik‹ schmierte ab, Hartmann hatte seinen 23. Abschuß erzielt. Da der Kraftstoff zu Ende ging, mußte er nach Ugrim zurückfliegen. Nach einem hastigen Frühstück, Absetzen der Einsatzmeldung und einem kleinen Nickerchen war der Schwarm 45 Minuten nach der Landung wieder in der Luft! Kaum gestartet, entdeckten die vier Jagdflieger einige ›Stormowik‹, die sie sofort annahmen. Jetzt wurden sie von LaGG-3 angegriffen. Im anschließenden Luftkampf schoß Hartmann eine Il-2 und eine LaGG-3 ab, um dann zum Tanken und Aufmunitionieren zu landen. Nach dem Mittagessen schoß der Schwarm noch ein paar LaGG-Jäger ab, wovon drei auf das Konto von Hartmann gingen. Mit seinem Tagesergebnis von sieben Luftsiegen hatte er jetzt insgesamt 28. Während der Einsätze in der Schlacht bei Kursk konnte er in einer Woche 16 Luftsiege verbuchen.

Bei den Luftkämpfen am 7. Juli 1943 erreichte das JG 52, in dem Hartmann flog, seinen 6000. Abschuß. Die Jagdwaffe schoß 193 russische Flugzeuge ab. Das JG 52 war eines der erfolgreichsten Jagdgeschwader, das alleine sechs der fünfzehn besten Jagdflieger der Ostfront in seinen Reihen hatte. Sie konnten 1580 feindliche Flugzeuge abschießen. Trotz 20facher Feindüberlegenheit überlebten fünf der sechs Jagdflieger den Krieg. Nicht alle im JG 52 waren Deutsche. Die 15./JG 52 war eine kroatische Jagdstaffel, die Oberstlt. Fanjo Dzal führte, der selbst 15 Abschüsse hatte.

Am 11. Juli 1943 begannen die Sowjets ihre seit langem befürchtete Gegenoffensive nördlich von Orel. Heer und Luftwaffe müssen ihre eigenen Verbände aus dem Angriff bei Kursk herausziehen, um dem feindlichen Angriff zu begegnen. Russische Panzer drückten durch aufgerissene Frontlücken, und die Luftwaffe war gefordert, ein neues Stalingrad zu verhindern. Vom nahe der Einbruchstelle gelegenen Karatschew versetzten die Bomber, Stukas, Schlachtflieger und Jäger der Luftwaffe, am 19. Juli beginnend, den russischen Kräften vernichtende Schläge. Alle kampfkräftigen Gruppen der Ostfront wurden zur Schwerpunktbildung zusammengezogen. Bis zum 21. Juli war die Einbruchstelle am Boden abgeriegelt, wodurch die Einschließung der 9. und 2. Panzerarmee des General Model verhindert werden konnte. In einem offiziellen Dankschreiben bestätigte Generaloberst Walter Model, daß es alleine den Anstrengungen der Luftwaffe zuzuschreiben war, den Panzereinbruch im Rücken von zwei Armeen zu beseitigen. Damit war bewiesen, daß die Luftwaffe, sofern richtig geführt und angesetzt, eine wirksame und durchaus schlachtentscheidende Waffe sein konnte.

Statt den Erfolg am Kursker Bogen fortzusetzen, wurden viele Luftwaffenverbände in den Mittelmeerraum und nach Italien verlegt, um der alliierten Landung auf Sizilien und auf dem italienischen Festland Einhalt zu gebieten. Die Schlacht bei Kursk wurde abgebrochen. Die Verbände der Luftwaffe wurden wieder über die ganze Front verteilt, und man erwartete von diesen verzettelten Kräften, Unmögliches zu leisten. Trotz zahlreicher Einzelerfolge – wie der Vernichtung ganzer Panzerbrigaden alleine im Angriff aus der Luft – blieben ihr entscheidende Erfolge angesichts der feindlichen Übermacht schließlich versagt. Außer der Landung Alliierter und den Verlusten in Nordafrika mußte die Jagdwaffe sehen, wie sie mit den immer stärker werdenden Bomberangriffen auf das deutschbesetzte Europa fertig werden sollte. Jagdverbände wurden in den Westen verlegt, um das JG ›Richthofen‹ Nr. und das JG 26 ›Schlageter‹ im Kampf gegen die anschwellenden alliierten Bomberströme zu unterstützen.

Das JG 51 ›Mölders‹ erzielte Ende 1943 seinen 6000. Luftsieg.

Wenngleich die Verbände an der Ostfront auch Erfolg an Erfolg fügten, kämpften sie doch im wesentlichen darum, den Rückzug aufzuhalten oder zu verzögern. Zu großen Luftschlachten war die Luftwaffe nicht mehr fähig, weil die Jagdverbände zu weit auseinandergezogen waren und immer mehr zur Unterstützung des Heeres gerufen wurden. Nach den Alpträumen von Stalingrad und Kursk setzte die

Rote Luftflotte zunehmend neuere Jagdflugzeugtypen ein. Sie waren den deutschen Me 109 ebenbürtig, vor allem sogar überlegen in den tieferen Höhen, in die sie die Jagdwaffe zwangen. Viele der alten, erfahrenen Jagdflieger verschwanden aus den Staffeln, und die jungen überlebten nicht lange genug, als daß ihre Namen in den Annalen der Luftwaffe erscheinen konnten.

Am 6. November 1943 nahmen die Russen Kiew ein.

Am 4. Dezember 1943 meldete das JG 52 seinen 8000. Abschuß. Das JG 54 ›Grünherz‹ meldete den 7000. Abschuß am 23. März 1944. Das JG 51 ›Mölders‹ zählte am 1. Mai seinen 8000. Abschuß, während es beim JG 54 bis zum 15. August dauerte, den 8000. Luftsieg zu melden. Schließlich erreichte das JG 52 am 2. September 1944 das fast unglaubliche Ergebnis von 10000 Abschüssen!

In Norwegen und Finnland stationiert, kämpften die vier Gruppen des JG 5 ›Eismeer‹ zusammen mit den Finnen im äußersten Norden an der Eismeerfront. Dieser Verband wurde nach und nach in den Nordabschnitt der Ostfront verlegt und Anfang 1944 dann nach Westen. Selbst die unerschrockenen Finnen, die sich im finnisch-russischen Winterkrieg so tapfer schlugen, waren nicht mehr lange in der Lage, der russischen ›Dampfwalze‹ zu widerstehen. Neun finnische Jagdflieger erzielten mehr als 30 Luftsiege. Zu den erfolgreichsten finnischen Jagdfliegern zählten: Eino Ilmari Juutilainen, 94 Luftsiege; Hasse Wind, 78; Eino Luukkanen, 54; Jatti Letovaara, 44; Puhakka, 43;

Oippa Touminen, 43; Nils Katajainen, 36; Lauri Nissinen, 32; und Joppe Karlunen, 31 Luftsiege. Außer den Finnen gab es zwei deutsche Jagdflieger, die sich an der Eismeerfront besonders auszeichneten: Major Heinrich Ehrler, Kommodore des JG 5 ›Eismeer‹, schoß 209 Luftgegner ab und Major Theodorf Weißenberger, Kommandeur der I./JG 5, 208.

Im Winter 1943/44 kam es immer häufiger vor, daß Plätze der Jagdwaffe mit einem Male von russischen Truppen eingeschlossen wurden, so daß man sie nur im Rahmen einer Luftverlegung verlassen konnte. Die meisten Verbände, die sich in dieser mißlichen Lage befanden, befahlen dem fliegenden Personal, die Maschinen auszufliegen, und das Bodenpersonal seinem Schicksal zu überlassen. Beim JG 54 ›Grünherz‹ war es beispielsweise anders. Aus den Me 109 wurden die Sitze ausgebaut. Die Zuladung, ob Gerät, Kraftstoff oder Munition, wurde auf ein Minimum beschränkt. Ein Mechaniker kroch in den Rumpf, der 1. Wart setzte sich auf den Platz, wo sich vorher der Sitz befand, und wurde in der Tat zum Sitz für den Piloten, der sich auf den Schoß seines Wartes setzte. Auf diese Weise konnten die Plätze des JG 54 während dieser kritischen Bewährungsprobe für die Jagdwaffe an der Ostfront ohne Schwierigkeiten evakuiert werden.

Der überraschende Staatsstreich in Rumänien, am 23. August 1944, der mit einer russischen Offensive einherging, leitete den Rückzug deutscher Truppen ein. Zwangsläufig folgten der Abfall von Bulgarien und Ungarn, weil

Klaus Bretschneider und Konrad Bauer von der Sturmgruppe II./JG 300 zählten zu den erfolgreichsten Nachtjägern, die im Rahmen »Wilde Sau« flogen.

Eine Me 109G vor dem Start zu einem Nachteinsatz »Wilde Sau«.

dem sowjetischen Vormarsch kein Widerstand entgegengesetzt werden konnte. Die I./JG 53 deckte den deutschen Rückzug. Im Herbst 1944 betrug die feindliche Übermacht in der Luft 20:1. Die Luftwaffe hatte kaum noch Flugbenzin und Munition. Zurück, zurück! So hieß es jeden Tag. Rückverlegungen, vor allem in den Westen, um sich den Tausenden von Bombern entgegenzuwerfen, die Deutschlands Städte und Industrie bei Tag und Nacht pausenlos angriffen und zunehmend in Schutt und Asche verwandelten. Die Amerikaner bombardierten bei Tage, die Engländer bei Nacht.

DER KRIEG IM WESTEN

Im Gegensatz zur Luftwaffe hatten die Royal Air Force und die US Army Air Force alle ihre Hoffnungen in einen viermotorigen strategischen Langstreckenbomber gesetzt. Für dessen Entwicklung setzten sie alle erdenkliche Zeit, Ingenieurkunst und, vor allem, Finanzmittel ein. Nach den verheerenden Ergebnissen des Angriffs auf Wilhelmshaven, vom 18. Dezember 1939, der schon beschrieben wurde, konzentrierte sich das RAF Bomber Command ganz auf Nachtangriffe. Während der Nachteinsätze über Deutschland im Jahre 1940/41 stellte die RAF etwas höchst Bedenkliches fest. Nach zwei Nachtangriffen mit jeweils 300 Bombern gegen Ölraffinerien ergaben Luftaufklärungsauswertungen, daß die Raffinerien kaum Schäden aufwiesen. Das RAF Bomber Command ging davon aus, daß bei Nacht die durchschnittlichen Bombenablagefehler etwa 300 Meter betragen würden. Diese Erwartungen waren zu optimistisch. Später rechnete man mit 1000 Meter Bombenablage, was sich auch als falsch erwies. Als man im Herbst 1941 Wirkungsbilder der bei Nacht angreifenden Bomber auswertete, stellte man fest, daß nur 30 % aller Bomben innerhalb von 8 km im Umkreis des Zielpunktes fielen. Im Falle des Angriffs auf das Ruhrgebiet waren es sogar nur 10 % aller Bomben.

Die US Army Air Force begann mit der Verlegung von Flugzeugen, Besatzungen und Nachschub nach England, um sich auf die Luftoffensive gegen das europäische Festland zu rüsten. Im Gegensatz zur RAF hatten die Amerikaner keinerlei Erfahrungen und Vorstellungen von den Gefahren bei Tagesangriffen. Sie wollten aber die Tagesangriffe mit Präzisionsbombenwürfen durchführen und die

Nachtangriffe den Engländern überlassen. Erst Mitte 1942 nahmen die Amerikaner ihre Angriffe auf die Festung Europa auf. Wenngleich das JG 1 (Oberst Erich Mix) in Nordwestdeutschland, das JG ›Richthofen‹ Nr. 2 (Oberst Walther Oesau) in Holland und das JG 26 ›Schlageter‹ (Maj. Gerhard Schöpfel) in Frankreich ständig im Einsatz waren, um die »Nonstop«-Bomberoffensive des RAF Bomber Command abzuwehren, hielten sich diese Angriffe während des Winters 1941/42 doch in bescheidenem Rahmen und waren verhältnismäßig wirkungslos, vergleicht man sie mit den späteren 1000-Bomber-Angriffen.

Im Januar 1942 war die Jagdwaffe gefordert, eine heikle und wichtige Aufgabe für die Kriegsmarine zu übernehmen. Anfang Februar 1942 sollten die Schlachtschiffe *Scharnhorst* und *Gneisenau* (26000 t) und der Kreuzer *Prinz Eugen* (10000 t) sowie sieben Zerstörer von Brest in sicherere Liegeplätze nach Kiel und Wilhelmshaven gebracht werden. Man entschloß sich, die Verlegung durch den Ärmelkanal und nicht auf dem langen Wege um Irland, England und Schottland herum zu wählen, weil der Jagdschutz der Luftwaffe unabdingbar war. Wegen der kurzen Reichweite der Jäger mußte der Weg durch den Kanal genommen werden. Der Chef des Luftwaffengeneralstabs, Gen. Hans Jeschonnek, beauftragte den General der Jagdflieger, Adolf Galland, mit der Durchführung der Operation. Oberst Max Ibel nahm an Bord der *Scharnhorst* Verbindungsaufgaben als Jagdfliegerführer-Bord wahr. Das Unternehmen hieß »Donnerkeil« und war angesetzt für die Nacht 11./12. Februar 1942.

Zur Sicherung des Unternehmens »Donnerkeil« standen Galland 90 Me 109F des JG 26, 60 Me 109F des JG 1, etwa ein Dutzend Me 109 der Jagdfliegerschule Paris sowie zweimotorige Me 110 Nachtjäger, insgesamt 252 Maschinen, zur Verfügung. 25–30 Maschinen standen als Reserve, auf verschiedenen Plätzen entlang des Marschweges der Schiffe verteilt, in Bereitschaft. Die Flugzeugführer nahmen Sitzbereitschaft ein – die Motoren vorgewärmt, der Pilot angeschnallt – um innerhalb kürzester Zeit bei Alarmierung starten zu können.

Unter Beachtung strengster Geheimhaltung und absoluter Funkstille lichtete der Flottenverband am Abend des 11. Februar die Anker. Am nächsten Morgen jedoch sichteten die Jäger der RAF den Verband, als er auf die engste Stelle des Kanals zuhielt. Gegen 13.00 Uhr griffen Fairey ›Swordfish‹-Torpedoflugzeuge unter dem Schutz von ›Spitfire‹ den Flottenverband an. An Bord der *Scharnhorst* leitete

Oberst Ibel seine Jagdkräfte auf die Angreifer. Die Me 109 nahmen sich die ›Spitfire‹ vor, während die Schiffsflak sechs der langsamfliegenden ›Swordfish‹ abschoß. Drei Stunden später konnten die Jagdflieger fünf zweimotorige Jagdbomber Westland ›Whirlwind‹ abdrängen, einen viermotorigen Bomber abschießen und einen weiteren abdrängen. Querab von Cherbourg stießen 15 Schnellboote hinzu, um die Außensicherung des Flottenverbandes zu verstärken. Um 15.25 Uhr wurden zwei ›Whirlwind‹ abgeschossen, weil sie *Gneisenau* anzugreifen versuchten. Die Angriffe hielten den ganzen Tag über an. Es nahmen daran teil: Bristol ›Blenheim‹, Bristol ›Beaufort‹, Vickers ›Wellington‹ und Handley-Page ›Hereford‹ – alles Bombertypen – dazu Jäger vom Typ ›Spitfire‹, Jabos vom Typ ›Whirlwind‹ und ›Swordfish‹-Torpedoflugzeuge. Von den englischerseits angesetzten 250 Flugzeugen der Marine (Fleet Air Arm), des Coastal Command, des Bomber Command und Fighter Command – hier besonders die 15. RAF-Jagdstaffel – kamen nur 39 englische Flugzeuge in die Nähe des Flottenverbandes, um wenigstens einen Angriff zu versuchen!

Alle Schiffe erreichten planmäßig ihren Bestimmungshafen. Das verwunderte, entsetzte und schreckte die RAF auf, denn es war das erste Mal seit 1690, daß es starken feindlichen Kräften gelang, den Ärmelkanal zu durchlaufen. Erstaunlich war es auch, daß Luftwaffe, die mit der Masse ihrer Verbände in Rußland und im Mittelmeerraum gebunden war, gegenüber der Royal Air Force die Luftüberlegenheit behielt. Alleine das bewies, daß die Jagdwaffe, sofern ihr nicht unmöglich zu bewältigende Aufgaben zugewiesen wurden, sondern rein defensive, in der Lage war, die Initiative zu ergreifen und dadurch siegreich zu bestehen.

Bei diesen Einsätzen verlor das JG 26 vier und das JG 2 drei Jagdflieger. Die Jagdwaffe büßte insgesamt 17 Jagdflieger und 17 Maschinen ein, konnte aber mit Sicherheit 49 englische Maschinen abschießen. Über die zusätzlichen 13 Abschüsse gab es keine eindeutigen Bestätigungen.

Feldmarschall Hugo Sperrle, Chef der Luftflotte 3, befahl am 10. März 1942, daß in den Geschwadern ›Richthofen‹ und ›Schlageter‹ Jagdbomber (Jabo)-Staffeln aufgestellt werden sollten, die die Bezeichnungen 10. Jabo/JG 2 und 10. Jabo/JG 26 erhielten. Die Jabo-Einsätze sollten gegen Fabriken, Bahnhöfe, Schiffe, Kasernen und Hafeneinrichtungen gerichtet werden, wobei jede Me 109 entweder eine 500 kg-Bombe, zwei 250 kg- oder vier 100 kg-Bomben tragen sollte. Diese Zerstöreinsätze nach dem Motto, »hin, ran und weg« hatten auch andere Ziele irgendwo im Südosten Englands und zermürbten die Moral der englischen Zivilbevölkerung beträchtlich. Und was noch bedeutender ist, die Jabo-Einsätze brachten das Konzept des RAF Fighter Command durcheinander und belasteten die Einsatzorganisation außerordentlich und unverhältnismäßig, wenn man an die wenigen eingesetzten Jabos denkt. Die Jabos konnte man trotz ermüdender, höchst unökonomischer Patrouillenflüge, die die RAF als Gegenmaßnahme einsetzte, nicht packen. Viele der Jabos hatten überhaupt kein bestimmtes Ziel im Auftrag. In der Tat lautete der Auftrag nur, Gelegenheitsziele anzugreifen oder bewaffnete Aufklärung mit Bomben. Die 10. Staffel des ›Richthofen‹-Geschwaders gab es schon seit November 1941, also schon vor dem Aufstellungsbefehl Sperrles. Bis zum 26. Juni 1942 hatte die 10./JG 2 unter Führung von Hptm. Frank Liesendahl bereits 20 Schiffe mit einer Gesamttonnage von 63000 t versenkt. Im Sommer 1942 wurden die Jabo-Staffeln wieder umgerüstet auf die reine Abfang- und Jagdrolle.

Gleichzeitig mit der Bildung der Jabo-Staffeln im März 1942 entschied das englische Kriegskabinett, daß es unabdingbar wäre, die deutsche Kriegsproduktion einzudämmen, indem bei Nacht Industrieziele anzugreifen wären. Die Weisung folgte schnell bis auf die unterste Führungsebene, sofort mit den Großangriffen zu beginnen. Die Bombardierungen begannen in der Nacht vom 3. auf 4. März, als 235 RAF-Bomber in drei Wellen die Renault-Werke in Billancourt mit 641 Tonnen Bomben eindeckten. Die erste deutsche Stadt, die einen Großangriff des Bomber Command bei Nacht durchleiden mußte, war die Hansestadt Lübeck, wo 191 Bomber in der Nacht vom 28. zum 29. März 1942 mehr als 300 Tonnen Bomben abwarfen. Über 100 Tonnen davon waren Brandbomben, die furchtbare Feuerbrände entfachten. Die Stadt Rostock war das nächste Ziel. In vier aufeinanderfolgenden Nächten, beginnend in der Nacht vom 23. auf 24. April, warfen 468 Bomber 750 Tonnen Bomben, davon 300 Tonnen Brandbomben. Nur 12 Bomber gingen verloren, aber 70% der Stadt war ein Trümmerfeld.

Feldmarschall Milch, der General der Jagdflieger, Galland, und Oberst Lützow waren sich voll im klaren über die Gefahren der zunehmenden Bomberoffensive und erwarteten in Zukunft noch stärkere Bomberwellen. Umsonst war ihr Bemühen, die Jagdflugzeugproduktion und die Ausbildung für Jagdflieger zu steigern. Statt auf seine Fachleute zu hören, verschrieb sich Hitler einem Rachefeldzug, indem er mehr Bomber forderte, aber keine Jäger! Selbst der erste 1000-Bomber-Angriff auf Köln, in der Nacht vom 30. auf 31. Mai 1942, konnte die politische Führung Deutschlands nicht davon überzeugen, daß mehr Jäger gebraucht wurden.

Am 17. August ereignete sich eine Besonderheit, die einen langen Schatten auf die Abwehrlage der Luftwaffe im Westen warf. An jenem Tage bombardierten 18 Boeing B-17E ›Fliegende Festung‹ der 97. Bombergruppe unter Führung von Gen. Ira Eaker in Frankreich Rouen-Sotteville, ohne einen einzigen Bomber zu verlieren. Die 8. US-Luftflotte begann ihre Operationen in vollem Vertrauen, daß die Tagesbombardierungen erfolgreich sein werden, sofern die Bomber ausreichend bewaffnet sind. Die B-17 starrten nur so von 12,7 mm-MGs und flogen in Gefechtsverbänden, die gegenseitige Deckung gaben und maximale Feuerzusammenfassung gewährten.

Anfangs wurden sie von Jagdschutz begleitet, soweit es die Reichweite der Jagdmaschinen zuließ. Die Jagdwaffe hatte schnell gelernt, daß Einzelangriffe gegen schwerbewaffnete B-17 gefährlich wie ein Stich in ein Hornissennest waren und nur der Gefechtsverband etwas gegen diese Bomber ausrichten konnte. Jedoch konnten sich die deutschen Jagdflieger nicht mehr lange den Luxus erlauben, sich alleine auf die Bomber zu konzentrieren. Schon bald begleiteten Langstreckenjäger die alliierten Bomber auf dem Wege bis zum Ziel.

Am 27. Januar 1943 begann eine neue Phase im Luftkrieg über Westeuropa. An jenem Tage flogen 55 ›Fliegende Festungen‹ der 8. US-Luftflotte, mit Jagdschutz durch P-38 ›Lightning‹, einen Angriff auf den Kriegshafen Wilhelmshaven und verloren dabei nur drei Bomber durch das abwehrende JG 1. Es war der erste von noch vielen folgenden Angriffen, die die USAAF gegen deutsche Städte fliegen sollte. Die laufenden amerikanischen Angriffserfolge offenbarten, daß man der Luftverteidigung Deutschlands nicht die angemessene Aufmerksamkeit zuwendete, selbst wenn es an allen Fronten an Jagdverbänden mangelte. Schließlich verlegte man am 27. März die III./JG 54 aus Rußland zurück ins Reichsgebiet. Fünf Tage später bildete man aus der I./JG 1, III./JG 1 und II./JG 27 das neue Jagdgeschwader 11 unter Führung von Major Anton Mader, vormals Kommandeur der II./JG 77. Am 1. April 1943 übernahm Major Hans Philipp von Oberstlt. Mix das JG 1, und das JG 54 verlegte von Rußland nach Oldenburg, um die Kräfte der Reichsverteidigung zu verstärken.

Zusätzlich zu diesen kleineren Umgliederungen wurden verschiedene Erprobungen von Waffen und Gerät unternommen, um Neues zur Abwehr der Bomber zu entwickeln. Eine Idee war eine mit Zeitzünder versehene 250 kg-Bombe, die Me 109 über dem Bomberstrom auslösen sollten, damit sie inmitten der Bomberformation explodieren sollte! Am 22. März gelang Lt. Heinz Knoke von der 5./JG 1 mit dieser Methode, eine B-17 zum Absturz zu bringen. Weitere Versuche beinhalteten den Einsatz großkalibriger Bordkanonen und 21-cm-Raketenwerfer, die unter den Tragflächen aus Werferrohren abgefeuert wurden. Das verursachte natürlich sehr viel mehr Fluggewicht, wodurch das Leistungsvermögen der Me 109 gemindert wurde, so daß die US-Jäger leichtes Spiel mit ihnen hatten.

Nicht umsonst hatte die Boeing B-17 den Beinamen ›Fliegende Festung‹. Wenn alle 12,7 mm-MG schossen, dann sah man erst, welch waffenstarrendes Bombenflugzeug man vor sich hatte. Die Wucht der Abwehrbewaffnung eines B-17-Verbandes reichte mehr als aus, um ein Jagdflugzeug im wahrsten Sinne des Wortes in der Luft zu zerreißen. Georg-Peter Eder und Egon Mayer, zwei Experten der Jagdwaffe, hatten herausgefunden, daß von vorne ein Bomberverband B-17 am wenigsten Abwehrfeuer schießen kann. Hier also lag die Achillesferse der ansonsten fast unbezwingbaren B-17-Bomberverbände. Die Angriffstaktik von Eder und Mayer, den Bomberverband direkt von vorne anzugreifen, erforderte Nerven aus Stahl und blitzartiges Reagieren, denn die Annäherungsgeschwindigkeit betrug fast 970 km/h! Diese Geschwindigkeit gab den Bordschützen kaum Zeit zum Schießen, ferner mußten die Bordschützen, die in Rumpf- und Seitenständen richteten, aufgrund der Bestreichungswinkel ihr Feuer einstellen, um nicht andere Bomber im Verband zu gefährden. Eder und Mayer bewiesen immer wieder, wie erfolgreich ihre Angriffstaktik war, so daß auch andere Jagdflieger diese Methode übernahmen.

Die deutsche Jagdflugzeugproduktion war von Februar mit monatlich 700 auf 1000 Jagdflugzeuge im Monat Juni 1943 angestiegen. Wenngleich diese Zahlen immer noch unzureichend waren, fühlten sich die Alliierten jenseits des Ärmelkanals angesichts dieser Zunahme doch beunruhigt. So entwickelten sie unter der Federführung von General Ira C. Eaker, Chef der 8. US-Luftflotte, einen Plan, der zur totalen Zerschlagung der deutschen Jagdwaffe und ihrer Produktionszentren führen sollte. Nach Ansicht des Generals war dies unabdingbar, weil die Jagdwaffe sonst alle

Bombenangriffe gegen das europäische Festland unterbinden würde. Es sei daran erinnert, daß die deutsche Luftwaffe in der Luftschlacht um England genau dieselben Ziele verfolgte, nur mangelte es ihr seinerzeit an entsprechenden Waffen und Mitteln, um dieses Kriegsziel auch zu erreichen. Die USAAF verfügte über diese Mittel und Waffen, die einer Planerfüllung zugute kamen. Dieser Plan hatte die Bezeichnung »Operation Argument«.

Da die Luftwaffe im Mittelmeerraum und in Rußland einsatzmäßig voll gebunden war, bot sich den Engländern die vortreffliche Gelegenheit, in aller Ruhe eine Flotte von viermotorigen Bombenflugzeugen zu bauen (Short ›Stirling‹, Handley-Page ›Halifax‹ und Avro ›Lancaster‹). Auf der Zielliste mit höchster Priorität standen die Städte Essen, Duisburg, Köln, Düsseldorf, Bremen, Hamburg und Schweinfurt, um nur die wichtigsten zu nennen. In der Tat war das Schicksal deutscher Städte bereits besiegelt, als am 21. Januar 1943 anläßlich der Konferenz von Casablanca in einer Direktive an das RAF-Bomber-Command der Weg frei wurde, jede deutsche Industriestadt mit mehr als 100000 Einwohnern bombardieren zu dürfen.

Am 14. Mai griffen Jagdflieger der III./JG 54 einen Bomberverband mit 300 ›Fliegenden Festungen‹ an der Nordseeküste an, wobei acht Me 109 als Verluste hingenommen werden mußten. Am folgenden Tage waren es sieben Me 109 G, die Opfer alliierter Jäger wurden. Einer der besten Jagdflieger der Gruppe, Lt Friedrich Rupp, 53 Luftsiege, fiel dabei.

Im Juli 1943 trafen Verstärkungen ein, um die Bomberströme zu bekämpfen: JG 3 unter Oberst Wolf-Dietrich Wilcke verlegte vom Südabschnitt der Ostfront; die II./JG 27 unter Hptm. Werner Schröer verlegte von Vibo Valentia in Italien nach Wiesbaden-Erbenheim, und die II./JG 51 unter Hptm. Karl Rammelt verlegte von Sardinien auf einen Platz nahe München. Diese Verbände bewährten sich bereits am 17. August, als 229 ›Fliegende Festungen‹ des 1. US-Bombergeschwaders auf Schweinfurt anflogen, um kriegswichtige Kugellagerwerke anzugreifen. Ungefähr 200 Me 109 warfen sich diesem Großverband entgegen. In erbitterten Luftkämpfen, wobei die Me 109 mit Kanonen, Raketen und Bomben kämpften, wurden 39 Bomber mit fast 400 Besatzungsangehörigen abgeschossen und 100 Bomber so schwer beschädigt, daß sie es mit Müh und Not schafften, ihren Heimathorst zu erreichen. Der Angriff auf Schweinfurt sollte der erste schwere Schlag der USAAF gegen die Jagdkräfte der Luftwaffe werden, er

war eine verheerende Niederlage, weil keine Langstreckenbegleitjäger zur Verfügung standen.

In Ergänzung zu den Rückverlegungen in das Reichsgebiet wurden zwei Jagdgruppen neu aufgestellt: JG 25 unter Major Herbert Ihlefeld und JG 50 unter Major Hermann Graf. Diesen oblag insbesondere die Bekämpfung der in größeren Höhen operierenden zweimotorigen De Havilland ›Mosquito‹-Bomber.

Je mehr die Jagdflieger lernten, wie man am besten die ›Fliegenden Festungen‹ bekämpfen konnte, um so häufiger ging manche Feindberührung zu ihren Gunsten aus. Während eines Angriffs auf einen B-17-Verband konnte Fw. Fest von der 5./JG 11 am 28. Juli mit einer 250 kg-Bombe dank eines Volltreffers drei Bomber zum Absturz bringen. Von den insgesamt 22 abgeschossenen Bombern schoß alleine Hptm. Günther Specht, Kommandeur der II./JG 11, elf Bomber ab. Hptm. Specht hatte im Dezember 1939 beim Luftkampf über der Nordsee ein Auge eingebüßt und kehrte nach der Genesung an die Front zurück, um schließlich einer der herausragenden deutschen Jagdflieger und Kommodore des JG 11 zu werden. Am 26. Juli bombardierten 92 B-17 Hannover und 50 B-17 Hamburg. Über Hannover erzielte die Jagdwaffe 16 und über Hamburg acht Abschüsse.

Das von den Alliierten geplante Unternehmen »Operation Gomorrha« begann Ende Juli 1943, als in den Nächten 25./26. und 28./29. Juli sowie 2./3. August mehr als 800 ›Lancaster‹- und ›Halifax‹-Bomber Hamburg verwüsteten. Weite Teile der Innenstadt fielen in Schutt und Asche und 40000 Einwohner verloren das Leben. Die von der RAF verwendeten Störmittel gegen deutsche Nachtjäger wirkten sich verheerend aus. Die in ungeheuren Mengen abgeworfenen Stanniolstreifen, auch ›Düppelstreifen‹ genannt, störten die Funk- und Funkmeßgeräte der Nachtjäger vollkommen. Von diesen neuen englischen Abwehrmaßnahmen wurde die Luftwaffe total überrascht, so daß ihr Vertrauen in mit Bordradar ausgerüstete Nachtjäger bis ins Mark erschüttert wurde. Verzweifelt wurde nach einer alternativen Lösung für den Einsatz der Nachtjagd gesucht.

Die beste Lösung dieses drückenden Problems schlug Major Hajo Herrmann vor, ein Kampffliegeroffizier, der als Kommandeur der III./KG 30 Erfahrungen und Erfolge bei der Bekämpfung alliierter Geleitzüge gesammelt hatte. Herrmann stellte fest, daß seine Bomber sich als scharfgeschnittene Silhouetten vor dem Hintergrund eines brennenden Zieles abhoben, wenn man den Kampfverband aus einer Überhöhung beobachtete. Er machte den Vorschlag, zusätzlich Leuchtbomben, Scheinwerfer und Flak einzusetzen, um den Zielraum noch mehr aufzuhellen, damit Jagdeinsitzer im Rahmen der freien Jagd gleichsam unter Sichtflugbedingungen die Bomberverbände über dem Ziel angreifen konnten. Diesem Vorschlag wurde unverzüglich zugestimmt, und er wurde bereits Ende Juli in die Tat umgesetzt. Dieses Nachtjagdverfahren erhielt die Bezeichnung ›Wilde Sau‹. Der erste Versuchsverband hieß Kommando Herrmann. Bald wurde unter Major Herrmann das JG 300 ›Wilde Sau‹ aufgestellt, das so erfolgreich operierte, so daß man zwei weitere Geschwader aufstellte, und zwar das JG 301 und JG 302. Die drei Geschwader bildeten die 30. Jagddivision: JG 300 unter Oberstlt. Kurt Kettner, Bonn-Hangelar; JG 301 unter Major Helmut Weinreich, Neubiberg bei München; JG 302 unter Major Manfred Mössinger, Berlin-Döberitz.

Zwei der erfolgreichsten ›Wilde Sau‹-Jagdflieger waren Klaus Bretschneider und Konrad Bauer von der II./JG 300. Die im Nachtjagdverfahren ›Wilde Sau‹ eingesetzten Me 109G-6 verfügten über ein Warn- und Peilgerät mit etwa 50 km Reichweite. Diese Geräte gaben nur die Richtung, aber nicht die Entfernung zu ›Mosquito‹-Begleitjägern oder den jeweiligen Heimatplätzen an.

Aufgrund des Mangels an Jagdflugzeugen war nur jeweils eine Gruppe eines ›Wilde Sau‹-Geschwaders mit eigenen Flugzeugen ausgerüstet, die anderen Gruppen mußten sich Flugplatz und Flugzeuge mit einem Tagjagdverband teilen. Diese doppelte Einsatzbelastung ließ kaum Zeit für eine ordnungsgemäße Flugzeugwartung und -instandsetzung, so daß der Flugzeugklarstand drastisch zurückging. Nach schweren Verlusten in den Wintermonaten 1943/44 wurden die Gruppen nach und nach als Tagjagdgruppen eingesetzt.

Am 1. August 1943 begann die 9. US-Luftflotte von ihren Plätzen in Nordafrika aus mit der Bombardierung von Zielen in von Deutschen besetzten Gebieten. An jenem Tage hatten 178 B-24 ›Liberator‹-Bomber als Ziel die rumänischen Ölfelder von Ploesti. Hptm. Hans Hahn und seine I./JG 4 starteten von Mizil, einem etwa 30 km von Ploesti gelegenen Jagdplatz, um den Feindverband abzufangen. Das kgl. bulgarische Jagdregiment unter Hptm. Toma unterstützte die Me 109G der I./JG 4. Beide Verbände schossen 50 US-Bomber ab. Während die Luftkämpfe noch andauerten, wurde die IV./JG 7 in Kalamaki, Griechenland, über den Bomberverband informiert. Die Gruppe startete

und fing die ›Liberator‹ auf ihrem Rückflug nach Bengasi ab. Oblt. Alfred Burks IV./JG 27 schoß vier weitere B-24 ab. 55 US-Bomber erlitten schwerste Luftkampfschäden.

Am 13. August hatte die 9. US-Luftflotte die Flugzeugwerke Wiener-Neustadt zum Ziel, wo Me 109 gefertigt wurden. Demnach zählten diese Produktionsstätten zu den vorrangigsten Zielen der USAAF. Dem Bomberverband stellten sich keine Jäger entgegen, weil es keine gab. Aus diesem Grunde wurde der Jafü-Ostmark geschaffen, der die Jagdabwehr in Süddeutschland zu führen hatte.

Drei Tage später begann die USAAF erstmals mit den sogenannten Pendeleinsätzen. In England stationierte Boeing B-17 griffen die Messerschmitt-Werke Regensburg an. Statt nach dem Angriff nach England zurückzukehren, flogen die ›Fliegenden Festungen‹ geradewegs mit Südkurs weiter, um in Nordafrika zu landen. Diese neue Taktik brachte das Abwehrkonzept der Luftwaffe erheblich durcheinander. Bevor man darauf reagieren konnte, befanden sich die US-Bomber bereits über dem Mittelmeer im Anflug auf ihre Stützpunkte in Nordafrika.

Nachdem General Galland immer wieder darauf hingewiesen hatte, wurde der deutschen Führung endlich deutlich, daß die Jägerproduktion nunmehr allerhöchste Priorität erhalten müßte, um die Jagdwaffe in die Lage zu versetzen, erfolgreich die riesigen Bomberströme bekämpfen zu können. Gerade in diesem entscheidenden Augenblick beging der Chef des Generalstabes der Luftwaffe, General Hans Jeschonnek, Selbstmord. Er hatte feststellen müssen, daß viele seiner Entscheidungen falsch gewesen waren und es nun zu spät war, Fehler wiedergutzumachen. Wie einst Ernst Udet, hinterließ auch Jeschonnek eine Notiz, die folgendermaßen lautete: »Ich kann nicht mehr mit dem Reichsmarschall zusammenarbeiten.« Göring hatte immer die Verantwortung für Fehlentscheidungen abgelehnt und wies dafür stets seinen Untergebenen die Schuld zu. Er konnte nie den Tatsachen ins Auge blicken. Statt Problemlösungen anzubieten, hatte er nur Beleidigungen und Beschimpfungen übrig. Zum Nachfolger von Jeschonnek wurde General Günther Korten, Chef des Stabes der Luftflotte 1, ernannt. Trotz aller Anstrengungen, die Rüstungsminister Albert Speer betrieb, um die Jägerproduktion zu steigern, war der Jägerausstoß der deutschen Flugzeugindustrie geringer als zuvor! Dieser Produktionsabfall hatte unmittelbar mit dem Bombardierungsplan der USAAF zu tun. Die deutsche Jägerproduktion fiel von 700 Maschinen im Juli auf 500 im September, um schließlich im Dezember

1943 etwa 350 pro Monat zu erreichen. Dennoch schlug sich die Jagdwaffe gut und forderte den Bombern blutigen Tribut ab.

Im Westen waren fünf Fliegerdivisionen für die Luftverteidigung zuständig. Alle Divisionsgefechtsstände befanden sich in großen unterirdischen Bunkern, die über alles verfügten, was zur Führung der Jagdgeschwader erforderlich war. Divisionskommandeure waren alte Weltkriegsflieger: General von Döring, 1. Fliegerdivision Arnheim; General Schwabedissen, 2. Fliegerdivision Stade; General Junck, 3. Fliegerdivision Metz; General Huth, 4. Fliegerdivision Döberitz; Oberst von Bülow, 5. Fliegerdivision Schleißheim.

Die alliierten Bomberverbände flogen gewöhnlich in Höhen um 6000 m. Um in diese Höhen aufzusteigen und einen Luftkampf aufzunehmen, galt es viele Gefahrenmomente überwinden. Sehr häufig herrschten beim Start schlechte Wetterverhältnisse. Ohne angemessene Bordinstrumentierung und ohne Blindflugausbildung tasteten sich die Jagdflieger an die einfliegenden Feindverbände heran. In vereisten Flugzeugkanzeln wurden die Deutschen oft zum Opfer der amerikanischen Begleitjäger.

Am 14. Oktober 1943 flog die USAAF mit 291 waffenstrotzenden ›Fliegenden Festungen‹ einen weiteren Angriff auf Kugellagerwerke in Schweinfurt, und zwar ohne Jagdbegleitschutz. Die Angriffsunternehmung erwies sich für die Amerikaner als ein schlimmer Fehlschlag. 300 deutsche Jäger schossen 60 amerikanische Bomber ab, wobei 600 Besatzungsangehörige den Tod fanden oder in Gefangenschaft gerieten. 138 Bomber wurden schwer beschädigt. Die Rückflugroute des Bomberverbandes war über Hunderte von Kilometern über Deutschland, Luxemburg, Belgien und Frankreich gezeichnet von brennenden ›Fliegenden Festungen‹. Die Jagdwaffe verlor in dem blutigen Gefecht 38 Maschinen. Während der Woche, in der der zweite Angriff auf Schweinfurt stattfand, griff die 8. US-Luftflotte auch Bremen, Danzig, Marienburg und Münster an. Dabei verlor sie 148 Bomber, und 1500 Mann fliegendes Personal kehrten nicht mehr zurück! Alle Anstrengungen der Amerikaner verfolgten den Plan, mittels Tagesangriffen Industrieanlagen zu zerschlagen, die mit der Jägerproduktion beschäftigt waren. Beide kriegführenden Seiten befanden sich in einem Wettlauf: Die Alliierten mit dem Ziel, die Produktionsmittel für die Jagdwaffe zu zerstören, und die Jagdwaffe wollte unter allen Umständen möglichst viele alliierte Bomber abschießen. Die Kräfteverhältnisse standen

zugunsten der Jagdwaffe. Daher gaben die Amerikaner nach dem zweiten Angriff auf Schweinfurt ihre Taktik auf und warteten ab, bis genügend Begleitjäger zur Verfügung standen, die die Jagdwaffe abwehren konnten.

Anfang 1943 trafen die ersten Republic P-47 ›Thunderbolt‹-Jäger in England ein, aber erst im Herbst waren genügend vorhanden. Anfang November flogen ›Thunderbolt‹ Begleitschutz für einen Verband der 8. US-Luftflotte beim Angriff auf Wilhelmshaven. Am 13. November waren es schon einige P-47 mehr, die 600 ›Fliegende Festungen‹ beim Angriff auf Kiel, wo 1600 t Bomben fielen, begleiteten. Ähnlich verlief der Angriff auf Ludwigshafen, der später folgte. Die P-47 war nicht der ideale Typ als Begleitschutz für Bomber, denn sie hatte nur eine begrenzte Reichweite, wodurch sie nicht tief genug ins Reichsgebiet eindringen konnte. An der Grenze mußten die P-47 abdrehen, so daß der Bomberverband auf sich alleine gestellt, dem Schicksal ausgeliefert, seinem Ziel zustreben mußte.

Ende 1943 wuchs der Verfügungsbestand der verschiedenen US-Luftflotten von Tag zu Tag. Die Art ihrer Dislozierung konnte für Deutschland nur ein schlimmes Vorzeichen bedeuten. Die 8. US-Luftflotte in England hatte etwa 1000 einsatzbereite ›Fliegende Festungen‹. Die in Italien in Aufstellung befindliche 15. US-Luftflotte wurde schnell aufgefüllt. Beide Luftflotten wurden unterstützt durch die in Nordafrika liegenden US-Luftflotten 9 und 12.

Nachdem die Langstreckenjäger vom Typ North American P-51 ›Mustang‹ Ende 1943 in England eingetroffen waren, konnte die 8. US-Luftflotte im Januar 1944 ihre Angriffsflüge wieder aufnehmen. Die Verlegung der ›Mustang‹ auf den europäischen Kriegsschauplatz war ein Wendepunkt, weil vor ihr kein Begleitjäger in der Lage war, Bomberverbände bis zum Ziel zu schützen. Da befanden sich die deutschen Jagdflieger in einer viel schlechteren Lage. Sie mußten mit dem Fallschirm aussteigen oder auf dem sich bietenden Platz landen, wenn sie wieder einmal bis zum letzten Tropfen Sprit am Feind geblieben waren und gekämpft hatten. Dadurch gingen viele Flugzeuge verloren, was sich die Jagdwaffe auf Dauer nicht leisten konnte.

In dieser Zeit behielten die Me 109 ihr hell- und dunkelgrünes Tarnmuster bei. Das Bodenpersonal ergänzte dieses Muster mit Hilfe von farbgetränkten Lumpen und Schwämmen, um die Farbgebung dem jeweiligen Gelände und Einsatzgebiet anzupassen. Diese zusätzlich aufgebrachten Farbtupfer konnten mit Wasser oder einem besonderen Lösungsmittel abgewaschen werden, wenn es die Lage er-

Um den alliierten viermotorigen Bombern Herr zu werden, wurden alle möglichen Versuche unternommen, die Me 109G mit Raketen zu bestücken. Als wirkungsvoll erwiesen sich die 21 cm-Raketen (W Gr. 21 ›Dödel‹). Ein Nachteil war es, daß der Flugzeugführer nur zwei Schuß gegen den Bomberstrom hatte. Es wurden auch Versuche mit je vier 5 cm-Rz 65 Raketen unter jeder Tragfläche unternommen.

forderte.

Am 11. Januar 1944 näherten sich 663 Bomber der 8. US-Luftflotte, gestaffelt in drei Wellen, deutschen Industriewerken, die an der Jägerproduktion beteiligt waren. ›Thunderbolt‹ und ›Mustang‹ bildeten den Jagd- und Begleitschutz. Aus Wettergründen mußten die zweite und dritte Welle ihre Bomben auf Ausweichziele werfen und abdrehen. Nur die erste Welle, bestehend aus 238 Bombern und einer Gruppe mit 49 ›Mustang‹, kam erfolgreich bis zum Ziel durch. 200 deutsche Jäger kämpften sich durch die ›Mustang‹-Abwehr hindurch und nahmen die Bomber aufs Korn. Beim ersten Versuch, mit Begleitschutz Ziele der deutschen Flugzeugindustrie anzugreifen, wurden 60 amerikanische Bomber und 5 ›Mustang‹ abgeschossen. 39 deutsche Jäger gingen in den Luftkämpfen verloren. Die erste Luftschlacht im Jahre 1944 zeigte, daß die Jagdwaffe noch nicht geschlagen war und jedem Angreifer immer noch schwer zusetzen konnte. Aber an einen endgültigen Sieg zu denken, mußte bloße Illusion bleiben.

Am 8. Februar 1944 befahl der Chef der amerikanischen Strategischen Luftstreitkräfte, General Carl Spaatz, daß die »Operation Argument« bis zum 1. März 1944 beendet zu sein habe. Damals verfügte die Jagdwaffe nur über 350 einmotorige und 130 zweimotorige Jagdflugzeuge. Die amerikanische Luftwaffe bereitete sich darauf vor, der Jagdwaffe den Todesstoß zu versetzen. Am 19. Februar 1944 eröffnete sie die »Big Week« (›Große Woche‹) mit der plan-

Major Walther Dahl erhielt den Auftrag, einen Gefechtsverband z.b.V. aufzustellen, der besonders alliierte Bomberverbände zu bekämpfen hatte. Dieser Verband bewährte sich, wurde aber nach Beginn der Invasion aufgelöst.

Diese Art ungarischer Me 109G-2 flogen Aladar de Heppes und sein Rottenflieger beim Abschuß einer B-24 *Liberator*, indem Heppes zielte und der Rottenflieger schoß!

Alezredes (Oberstlt.) de Heppes, der einzige Geschwaderkommodore in den kgl. ungarischen Luftstreitkräften, schlägt seinem Chef des Generalstabes und anderen hohen Offizieren vor, wie man die schweren Probleme mit den amerikanischen und russischen Fliegerkräften anpacken könne.

mäßigen Bekämpfung der deutschen Flugzeugwerke. 940 viermotorige Bomber und über 700 Jäger versammelten sich über ihren englischen Stützpunkten und nahmen Zielkurs auf Deutschland. Zu diesem bisher mächtigsten strategischen Unternehmen zählten: 16 Bombergeschwader mit ›Fortress‹ und ›Liberator‹; 17 US-Jagdgruppen mit P-38 ›Lightning‹, P-47 ›Thunderbolt‹ und P-51 ›Mustang‹; dazu 16 RAF-Jagdstaffeln mit ›Spitfire‹ und ›Mustang‹. Erstaunlicherweise gingen nur 21 Bomber verloren, weil der enorme Jagdschutz die Jagdwaffe abwehren konnte.

Die verbissen kämpfende Jagdwaffe war den alliierten Jägern im Verhältnis 7:1 unterlegen. Zwischen Januar und April 1944 verlor die Luftwaffe mehr als 1000 Jagdflieger. Pro Angriff betrugen die Verluste im Durchschnitt 50 Jagdflugzeuge, so daß die Jagdabwehr dringender Verstärkung bedurfte. Da das Oberkommando der Wehrmacht ausdrücklich untersagt hatte, Jagdkräfte von der Ostfront abzuziehen, blieb Galland nur noch die Möglichkeit zu befehlen, daß jede Jagdgruppe in Rußland und Norwegen je eine Staffel für die Reichsverteidigung abzustellen hatte. Offensichtlich war diese Maßnahme vom OKW nicht bemerkt worden. Es sah immer noch nicht ein, daß man mehr Jäger als Bomber brauchte.

Eine Woche lang versetzten die Angriffe den deutschen Flugzeugwerken vernichtende Schläge. Am 25. Februar vereinigten sich zwei Bomberströme, um die Messerschmitt-Werke Augsburg und Regensburg anzugreifen. Der

von Süden angreifende Verband mit 175 Bombern hatte keinen Jagdschutz. Auf diesen Verband wurde die Masse der deutschen Jäger angesetzt. 33 Bomber, also 20 %, wurden abgeschossen. Der größere, von Westen anfliegende Verband hatte Begleitschutz durch ›Mustang‹. Er verlor nur 31 von 740 Bombern. Nach dem Angriff lagen die Messer-

Anfang September 1944 gratuliert Kommodore Dieter Hrabak, JG 52, durch einen Eichenkranz hindurch Hptm. Adolf Borchers zu seinem 118. Luftsieg, der zugleich der 10 000. des Geschwaders war.

schmitt-Werke in Schutt und Asche. Statt eines Wiederaufbaus entschied man sich zunächst für den Neubau eines Werkes. Dann stellte man jedoch fest, daß die Werkzeug- und Produktionsmaschinen fast unbeschädigt die Angriffe überstanden hatten. Und vier Monate später fertigten die Werke die Me 109 wieder mit den ursprünglichen monatlichen Ausstoßzahlen! Die Tagesauswertung bestätigte, daß Bomberverbände ohne Jagdbegleitschutz stets Opfer der angreifenden Jäger werden und daß noch so präzise Bombardierungen nie die Wirkung zeigen, die man sich davon erwartete.

Die zunehmenden Angriffe auf den Südostraum des Reichsgebiets erforderten einen besseren Jagdschutz in diesem Bereich. Am 20. Mai beauftragte der General der Jagdflieger Galland Major Walther Dahl, Kommandeur der III./JG 3, ein neues Jagdgeschwader im Raum Nürnberg/Ansbach aufzustellen. Der Jagdverband z.b.V. bestand aus fünf schon bestehenden Jagdgruppen: III./JG 3 unter Hptm. Langer, Nachfolger von Dahl; I./JG 5 unter Major Carganico; II./JG 27 unter Hptm. Franzisket; II./JG 53 unter Hptm. Meimberg; III./JG 54 unter Hptm. Schröer. Das mit Me 109G ausgerüstete Geschwader war in der verhältnismäßig kurzen Zeit seines Bestehens recht erfolgreich. Kurz nach Beginn der alliierten Invasion wurden alle Gruppen jedoch wieder ihren ursprünglichen Geschwadern eingegliedert. Der Stab JG z.b.V. wurde Stab JG 300.

Bis Ende Mai war die Einsatzstärke der Jagdwaffe drastisch auf 250 einmotorige Jagdmaschinen abgesunken. Inzwischen konnten die amerikanischen Luftstreitkräfte für einen Einsatz alleine bis zu 1000 Langstreckenjäger aufbieten, womit sie die absolute Luftherrschaft über dem europäischen Festland errangen. Dieser Sieg wurde nicht durch die Zerstörung der deutschen Luftfahrtindustrie, sondern den Kampf Jäger-gegen-Jäger in der Luft errungen. Nur weil die immer weniger werdenden deutschen Jäger aufstiegen, um die die Flugzeugwerke angreifenden Bomber zu bekämpfen, konnten die Bomber indirekt ihr Kriegsziel erreichen, indem sie begleitenden Jäger die Jagdwaffe zerschlugen. Der Luftkrieg hatte sich in einen Abnutzungskrieg gewandelt, wo die Jagdwaffe ihre Verluste nicht mehr ersetzen konnte, wohingegen die amerikanische Industrie, ähnlich wie die der Sowjetunion, einer Hydra gleich, für jedes abgeschossene Flugzeug zwei neue aus der Fertigung bereitstellen konnte.

Nachdem die Jagdwaffe der Luftwaffe praktisch in den letzten Zuckungen lag, eine sterbende Jagd im wahrsten Sinne des Wortes war, wechselten die Bombergruppen der 8. und 15. US-Luftflotte die Ziele von Flugzeugwerken, Flugplätzen und Verkehrswegen auf die Kraft- und Betriebsstoff produzierenden Werke. Beginnend im Mai 1944 bekämpften sie die so kriegswichtigen Öl-, Hydrier- und Flugbenzinwerke, deren Produktion durch die pausenlosen Angriffe in erschreckendem Maße absank. Fabrikneue Jagdflugzeuge standen auf den Flugplätzen herum, weil sie nicht betankt werden konnten, oder, wie in vielen Fällen, weil keine ausgebildeten Flugzeugführer vorhanden waren.

DER ALLIIERTE VORMARSCH NACH DEUTSCHLAND

Als am 6. Juni 1944, dem D-Day, die Alliierten in der Normandie anlandeten, standen nur zwei Jagdgeschwader einsatzbereit an der Westfront: JG 2 ›Richthofen‹ unter Oberstlt. Bühligen und JG 26 ›Schlageter‹ unter Oberstlt. Priller. Das waren zusammen etwa 100 Jagdflugzeuge. Gegen diese schwachen Kräfte konnten die USAAF und RAF alleine in Westeuropa mehr als 5400 Jagdflugzeuge aufbieten! Dazu standen noch 3500 alliierte Bomber zur Verfügung. Am 12. Juni 1944 wurden 23 Jagdgruppen an die Invasionsfront verlegt. Dazu zählten unter anderem: III./JG 1; II./JG 2; II./JG 3; III./JG 3, I./JG 5; II./JG 5; II./JG 11; I./JG 27; II./JG 27; II./JG 53 und I./JG 301. Innerhalb weniger Wochen wurden diese Verbände im Raum über Caen und St. Lô von den übermächtigen alliierten Jagdkräften fast aufgerieben. Dennoch konnten sich die spärlichen Überreste immer wieder den amerikanischen und englischen Jagdkräften entgegenwerfen, die über Europa operieren konnten, wie es ihnen paßte. Berühmte Geschwader wurden ein für alle Mal ausradiert. Deren Überlebende bildeten den Kern für neue, unerfahrene Verbände. Große und ruhmreiche Namen verlieh man diesen Geschwadern, in denen knapp zwanzigjährige, unerfahrene Jagdflieger sich um völlig erschöpfte 25jährige »Veteranen« sammelten!

Am 27. Juni 1944 nahmen die Amerikaner Cherbourg ein.

Die vielen erfahrenen Jagdflieger, die die Luftwaffe seit dem Winter 1943 verloren hatte, waren unersetzbar. Ihr

Verlust wog schwer. Darunter befanden sich: Egon Mayer, JG 2, 102 Luftsiege, abgeschossen von einer ›Thunderbolt‹; Wolf-Dietrich Wilcke, JG 3, 162 Luftsiege, abgeschossen durch ›Mustang‹; Kurt Ubben, JG 2, 110 Luftsiege, abgeschossen durch ›Thunderbolt‹; Hans Philipp, JG 1, 206 Luftsiege, abgeschossen durch ›Thunderbolt‹; Walter Oesau, JG 1, 123 Luftsiege, abgeschossen durch ›Lightning‹; Josef Wurmheller, JG 2, 102 Luftsiege, Zusammenstoß in der Luft; Josef Zwernemann, JG 11, 126 Luftsiege, abgeschossen durch ›Mustang‹; Horst Ademeit, JG 54, 166 Luftsiege, gefallen nach Infanteriefeuer; Anton Hafner, JG 51, 204 Luftsiege, Bodenberührung; Albin Wolf, JG 54, 144 Luftsiege, gefallen durch Flaktreffer; Leopold Münster, JG 3, 95 Luftsiege, rammte eine B-17.

In dem Bemühen, mehr Jagdfliegernachwuchs zu bekommen, wurden 1944 zehn neue Fliegerschulen geschaffen. Jedoch wurde der Gesamtrahmen der fliegerischen Schulung auf 150 Flugstunden begrenzt. Das entsprach etwa einem Drittel der fliegerischen Ausbildungsflugzeit, die einem amerikanischen Militärflugzeugführer zugestanden wurde. Aufgrund dieser ungenügenden Ausbildung fielen diese jungen Männer – viele waren kaum dem Knabenalter entwachsen – zu Dutzenden, bevor sie nur einen einzigen Luftsieg erringen konnten. Statistische Erhebungen offenbarten, daß mehr als die Hälfte der jungen Piloten bereits fielen, bevor sie ihren zehnten Feindflug beendeten. Schon eine Zeitlang war die Luftwaffe zahlenmäßig unterlegen. Nach dem Auftauchen der neuen ›Mustang‹ und ›Thunderbolt‹ am Himmel fanden es die Me 109-Piloten immer schwerer, Treffer zu erzielen. Aber jetzt, wo man noch mit schlecht ausgebildeten Piloten zu tun hatte, zumal die Lage schon äußerst brenzlig war, bahnte sich für die Jagdwaffe eine Katastrophe an! Ende 1944 verfügte das Deutsche Reich über 700 Tag- und etwa 700 Nachtjäger, aber es war zu spät. Bittere Realität der Lage war, daß der Moloch des Luftkrieges, der den Kontinent überrollte, nicht mehr aufzuhalten war. Dennoch gab die Jagdwaffe nicht auf und kämpfte weiter.

Bei einer Besprechung zwischen Hugo Sperrle und Hermann Göring, die Ende Juni 1944 stattfand, versprach Göring 800 Jagdflugzeuge, die zur Bomberbekämpfung verfügbar sein sollten. Nach einigem Nachdenken bemerkte Sperrle gegenüber dem Reichsmarschall, daß nicht mehr als 500 Jagdflieger für diese Maschinen vorhanden sind.

Außer Jagdbegleitschutz für Bomberverbände flogen die amerikanischen Langstreckenjäger auch selbständige Einsätze gegen Flugplätze der Luftwaffe. Als häufige Taktik drehten sie in großen Höhen über deutschen Flugplätzen Warteschleifen, um auf zurückkehrende Jagdflugzeuge zu warten, bis sie zur Landung ansetzten. Sodann stürzten sich die ›Mustang‹ auf die in dieser Phase höchstverwundbaren und hilflosen Jäger, um sie abzuschießen. Die deutschen Jagdflieger wurden laufend von gegnerischen Jägern überwacht, so daß sie nicht in der Lage waren, irgendeinen Überraschungscoup zu landen.

An der Ostfront stand es für die Deutschen nicht zum besten, vor allem nicht für die mit Deutschland Verbündeten, an deren Grenzen die Rote Armee schon stand. Zusätzlich zum Abwehrkampf gegen die russischen Luftstreitkräfte mußten die ungarischen, bulgarischen, slowakischen, rumänischen und kroatischen Flieger sich den immer stärker werdenden Angriffen der USAAF ›Liberator‹ und ›Fortress‹ stellen. Mit in Deutschland oder in Ungarn montierten Me 109 warfen sich diese kleinen, viel zu schwachen Luftstreitkräfte voller Verzweiflung den Angreifern entgegen. Der Luftkampf vom 7. Juli 1944, der sich am Himmel über Ungarn abspielte, ist erinnernswert.

60 B-24 ›Liberator‹, mit Begleitschutz von 12 P-38 ›Lightning‹, wurden über Hajmasker von Alezredes (Oberstlt.) Aladar de Heppes und neun Me 109 seines kgl. ungar. Jagdregiments 100 abgefangen. An der Ostfront bekannt als »alter Puma«, wurden de Heppes und sein Rottenflieger, Fohadnagy Iranyi, sehr schnell von ›Lightning‹ in die Zange genommen. Mit sehr geschickten Abwehrmanövern und Einsatz der Bordwaffen konnten sie ihren Verfolgern entkommen. Dann nahmen sich die Ungarn einen Teilverband von ›Liberator‹ vor, der ohne Begleitschutz flog, denn er hatte bereits seine Bombenlast abgeworfen und befand sich auf dem Rückflug zu seinem Stützpunkt in Italien. Die zwei Me 109 kamen aus der Überhöhung, aus der 3-Uhr-Position, zum Angriff herein. Als die B-24 in seinem Zielgerät immer größer wurde, löste Heppes in etwa 200 m Schußentfernung seine Bordwaffen aus. Nach einem kurzen Feuerstoß schwiegen die drei Bordwaffen. Die Magazine waren leer! Treib- und Schmierstoff sowie Munition waren schon knapp. So geschah es häufig, daß das Wartungspersonal bei der Aufmunitionierung der Flugzeuge die Magazine nur teilweise lud, damit jeder wenigstens ein paar Schuß Munition bekam! Sich erinnernd, daß Iranyi nur ein paar Schuß abgegeben hatte, befahl er seinem Rottenflieger, den Bomber aufs Korn zu nehmen. Aber der noch

unerfahrene junge Jagdflieger hatte weit danebengeschossen. Der »alte Puma« gab jedoch nicht auf. In einem eleganten Abschwung suchte er nach einer neuen Chance. Er nahm seinen Rottenflieger ganz eng an seine rechte Tragfläche heran und kurvte wieder auf den Bomberverband ein. Aladars außergewöhnlicher Plan war, die Me 109 seines Rottenfliegers als Waffe zu nutzen, ihn bis ans Ziel zu führen, um dann per Funksprechverkehr noch letzte Schußanweisungen zu geben. Kaum waren die ungarischen Jäger in Reichweite, begannen die die Seitenstände der B-24 besetzenden Bordschützen mit 12,7 mm-MG-Feuer die vordere Me 109 einzudecken. Trotz des gefährlichen Abwehrfeuers hielt Heppes weiter seinen Anflugkurs. Erst als er nahe genug heran war, und sicher sein konnte, Treffer anzubringen, erteilte der »alte Puma« den Feuerbefehl. Nach wenigen Korrekturen fanden die Geschosse aus den Bordkanonen von Iranyis Me 109 ihren Weg ins Ziel. Als die ›Liberator‹ in großen Spiralen nach unten wegging, tauchten ›Lightning‹ auf und zwangen die Ungarn, das Gefecht abzubrechen.

Schließlich war die Luftwaffenführung davon überzeugt, wenn auch zu spät, daß eine Bomberproduktion und der Versuch, mit schwachen Kräften England anzugreifen, nicht der richtige Weg für die Bekämpfung der alliierten Bombenangriffe war. Im August 1944 wurden fast alle Kampfgeschwader der Luftwaffe aufgelöst. Die Flugzeugführer wurden im Schnellverfahren zu Jagdfliegern umgeschult und anschließend in die Jagdgeschwader versetzt. Seinerzeit wurden einige neue Jagdverbände aufgestellt, um den Zufluß dieser Flugzeugführer aufzufangen. Zur I./JG 4 traten drei weitere Gruppen: Die Rammstaffel des Geschwaders wurde die II./JG 4, und die II./JG 5 wurde IV./JG 4. Unter Oberstlt. Kogler wurde neu aufgestellt das JG 6: Die I./ZG 26 wurde I./JG 6; II./ZG 26 wurde II./JG 6 und die I./JG 5 wurde III./JG 6. Schließlich wurde die II./ZG 1 in III./JG 76 umbenannt, aber schon nach einigen Wochen in IV./JG 53. Trotz dieses Zuwachses an Jagdverbänden war die Luftwaffe so erschöpft und abgeflogen, daß sie nicht in der Lage war, seinerzeit die Jagdwaffe in nennenswerten Stärken gegen den Luftfeind einzusetzen.

Am 3. und 4. September 1944 besetzten die Alliierten Brüssel und Antwerpen.

Im Herbst 1944 arbeiteten General Galland und sein Stab sehr intensiv daran, eine Kampfreserve von Jägern zu schaffen. Seine Idee war, mit einem einzigen großen Schlag etwa 2000 Jäger den amerikanischen Bombern entgegenzuwerfen. Denn seit der Schlacht von Leuktra (371 v. Chr.) zwischen Sparta und Theben und den Lehren von Carl von Clausewitz stand fest, daß wesentlicher Gesichtspunkt zum Gewinnen einer Schlacht oder sogar eines Krieges war, beim Zusammentreffen mit dem Gegner stärker als dieser zu sein. Galland, der von Clausewitz bewunderte, plante die Zerstörung von mindestens 400 Bombern bei jedem Großeinsatz. Ferner sollten diese Großeinsätze dazu führen, Selbstvertrauen und Kampfgeist der alliierten Flieger und ihrer Führung zu erschüttern. Im Dezember 1944 hatte die Jagdwaffe ihre Kampfkraft auf 41 Jagdgruppen gesteigert. Kaum hatte Galland seine Planung abgeschlossen, griff das OKW ein und befahl, daß die Jagdkräfte für Heeresunterstützungseinsätze bei der Ardennen-Offensive heranzuziehen wären, die am 16. Dezember eröffnet worden war. Die schlechten Wetterbedingungen verhinderten jedoch einen nachhaltigen Einsatzerfolg. Wiedereinmal wurde die Schlagkraft der Jagdwaffe gegen unwichtige Bodenziele verpulvert. Die deutschen Verluste waren außerordentlich hoch und standen in gar keinem Verhältnis zu den verursachten Schäden auf der Seite gegnerischer Truppen. Und, das war es vor allem, die alliierten Bomber luden ungehindert Tag für Tag ihre tödliche Last über Deutschlands Städten und Industriezentren ab.

Am 1. Januar 1945 bäumte sich die Luftwaffe noch einmal in einer letzten Kraftanstrengung mit einem Großangriff auf. Alle verfügbaren Jäger, etwa 750 an der Zahl, flogen im Morgengrauen im Tiefflug überraschend alliierte Flugplätze in Holland, Belgien und Luxemburg an. Bei dem sogenannten Unternehmen »Bodenplatte« konnte die Jagdwaffe ungefähr 800 englische und amerikanische Flugzeuge, vornehmlich am Boden, zerstören oder allerschwerst beschädigen. Die Luftwaffe verlor dabei etwa 150 Mann fliegendes Personal, viele davon waren sehr erfahrene und somit unersetzliche Truppenführer, ob Staffelkapitäne, Gruppenkommandeure oder Geschwaderkommodores. Oberst Günther Specht, Kommodore des JG 11, fiel nach einem Flaktreffer. In dieser Phase des Krieges konnten die Alliierten die Verluste ohne Schwierigkeiten verkraften. Aber für die Luftwaffe war es ein Todesschlag.

Im Januar 1945 führte Adolf Galland mit Hermann Göring eine hitzige Diskussion darüber, ob die neue Me 262, das moderne Strahlflugzeug, als Jäger oder als Bomber zum Einsatz kommen sollte.

Voller Zorn entließ der Reichsmarschall Galland auf der

Stelle aus seiner Tätigkeit als General der Jagdflieger und ließ ihn den mit Me 262 ausgerüsteten Jagdverband 44 aufstellen, nachdem er ja stets so nachdrücklich die Strahlflugzeuge zur Bekämpfung der großen Bomberverbände gefordert hatte. Kurz darauf wählten die Kommodores der Jagdgeschwader Günther Lützow zu ihrem Sprecher, um Göring ihre Bedenken hinsichtlich schlechter Führung der Luftwaffe und ihre Vorschläge für eine Besserung vorzutragen. Wie üblich platzte dem Reichsmarschall der Kragen. Er entband Lützow und Trautloft ihrer Funktionen als Inspekteure der Jagdflieger, verbannte (ja, Sie haben richtig gelesen!) Lützow nach Italien und versetzte Trautloft als Kommandeur an eine Jagdschule. Gordon M. Gollob, 150 Luftsiege, wurde als Nachfolger von Galland zum General der Jagdflieger ernannt. Göring dachte gar nicht daran, seine Fehler zuzugeben. Weiterhin überhäufte er die Jagdwaffe mit Vorwürfen, um von seinen eigenen Schwächen und seinem Versagen abzulenken. Diese Episode wird häufig die »Meuterei der Jagdflieger« genannt.

Am 9. Februar 1945 standen die Alliierten am Rhein.

Im Frühjahr 1945 mußte die Jagdwaffe, die um ihr Überleben kämpfte, den Verlust sehr erfahrener Jagdflieger beklagen: Otto Kittel, JG 54, 267 Luftsiege, Abschuß durch einen IL-2; Erich Leie, JG 77, 118 Luftsiege, Abschuß durch eine Jak; Rudi Linz, JG 5, 70 Luftsiege, Abschuß durch eine ›Spitfire‹; Wilhelm Mink, JG 1, 72 Luftsiege, Abschuß durch eine ›Spitfire‹; Friedrich Haas, JG 52, 74 Luftsiege, Abschuß durch eine MiG; Franz Schall, JG 52, 137 Luftsiege, Absturz; Gerhard Hoffmann, JG 52, 125 Luftsiege, vermißt; Günther Lützow, JV 44, 108 Luftsiege, vermißt.

Die sowjetischen Luftstreitkräfte verfügten über keine strategischen Bomberverbände. Sie forderten daher die westlichen Alliierten auf, die Stadt Dresden »auszuschalten«, da die Rote Armee drauf und dran war, die Stadt einzunehmen. In der Nacht vom 13./14. Februar 1944 griff die RAF in zwei Wellen mit je 244 und 529 ›Lancaster‹-Bombern die Stadt an und warf dabei 2659 t Spreng- und Brandbomben ab. Am Tage folgten 311 amerikanische ›Fliegende Festungen‹ und warfen 771 t Bomben, gefolgt von einem weiteren Tagesangriff am 15. Februar, wo 210 Bomber nochmals 461 t Bomben in die sterbende und brennende Stadt hineinwarfen. Dresden war absolut wehrlos, denn es gab dort weder Flakbatterien noch Jägerabwehr. Da die Deutschen wußten, daß Dresden kein militärisches Ziel war, hatten sie keinerlei Luftabwehrmaßnahmen

getroffen. Die Stadt war überfüllt mit Flüchtlingen, die sich vor dem russischen Vormarsch in Sicherheit gebracht hatten. Über 300000 Tote waren zu beklagen, weit mehr als England insgesamt an Luftkriegsopfern nach den deutschen Bombenangriffen hatte. Allein an diesem Beispiel läßt sich darstellen, welches Ausmaß die alliierten Bombenangriffe umfaßten. Der Leser mag sich ausmalen, wie verzweifelt und ohnmächtig die Jagdwaffe war, hilflos mit ansehen zu müssen, wie ein Blutbad angerichtet und die Stadt mit Tod und Zerstörung überzogen wurde.

Am 1. April 1945 standen die US-Truppen im Ruhrgebiet, dem Kernland der deutschen Industrie.

Wieder einmal tat sich Oberst Hajo Herrmann hervor mit einem Vorschlag, einen Sonderverband mit vier Jagdgruppen aufzustellen, in dem junge Flugschüler zusammengefaßt wurden. Dieses Geschwader bestand aus jungen Freiwilligen, die gerade den ersten oder zweiten Alleinflug hinter sich hatten. Der Verband wurde unter der Bezeichnung »Rammkommando Elbe« bekannt. Der einzige Einsatz der noch nicht ausgebildeten Freiwilligen fand am 7. April 1945 statt, als 1300 US-Bomber, begleitet von 850 Langstreckenjägern, Dessau angriffen. In über 10000 m Höhe wurde der Verband von 120 Jägern des »Rammkommandos Elbe« abgefangen. Bei den sich entwickelnden Luftkämpfen konnten die Anfänger 50 amerikanische Bomber und sechs Begleitjäger abschießen, beziehungsweise durch Rammen zum Absturz bringen. Nur 15 der jungen Flieger des Rammkommandos schafften es, ihren Heimathorst zu erreichen. Begeisterung und Vaterlandsliebe alleine reichten nicht aus, die Jagdwaffe zu einem gefährlichen und furchterregenden Kriegsinstrument zu machen. Danach war der Einsatz der Jagdwaffe kaum nennenswert.

Am 2. Mai 1945 hatte die Rote Armee Berlin eingenommen.

Es gab keine Front mehr im Osten, Westen und Mittelmeerraum, jetzt war der Himmel über Deutschland ein einziges großes Schlachtfeld. In dem Maße, wie die Alliierten von allen Seiten auf das Reichsgebiet vorrückten, so mußten sich die Jagdflieger nach und nach von ihren Flugplätzen zurückziehen. Die Nachschub- und Versorgungslage war chaotisch, Treibstoff gab es praktisch keinen mehr und der Himmel war voller feindlicher Flugzeuge, die jede Bewegung am Boden kontrollierten und bedrohten. Das Ende war gekommen, es blieb nur noch, die Waffen zu strecken.

Teil II
Die Männer: Jagdflieger

Die Männer, mit denen wir es im folgenden zu tun haben werden, mögen legendäre Taten vollbracht haben, aber in Wirklichkeit waren sie Menschen, die lebten und fühlten wie du und ich. Namen wie Galland, Nowotny und Hartmann gewannen in der Nachkriegszeit besonderen Ruhm. Allein die Erwähnung ihrer Namen – ähnlich wie es nach dem Ersten Weltkrieg mit dem Roten Baron von Richthofen geschah – rief Reaktionen hervor, als ob man es mit Gestalten aus uralten Heldensagen zu tun hätte, die jenseits realer Vorstellungen gelebt und gelitten hatten. Man gebe sich jedoch keinen Illusionen hin: Diese Männer gab es einmal wirklich, und es gibt sie noch heute.

Die deutschen Jagdflieger, die zu Beginn des Krieges noch den süßen Duft der Siegeslorbeeren erleben durften, um später unter das schwere Joch der Niederlage gezwungen zu werden, erwiesen sich, wie man dann sehen sollte, in ihrer Gesamtheit als die erfolgreichsten Jagdflieger der Welt. Die harten und andauernden Luftkämpfe, in die die Jagdwaffe verwickelt war, finden bei keinen anderen Luftstreitkräften ihresgleichen. Auch der Tribut, den die Jagdwaffe ihren Gegnern abforderte, war nicht zu überbieten: Ungefähr 70000 Luftsiege und etwa 25000 am Boden zerstörte Feindflugzeuge! Angesichts dieser Rekordzahlen von Vernichtung ist es nicht verwunderlich, daß Jagdstaffeln oder einzelne Jagdflieger derart viele Abschüsse erreichen konnten, die im Vergleich mit amerikanischen, russischen und englischen Jägern geradezu riesig zu nennen sind. Infolgedessen betrachtete man gleich nach dem Kriege in weiten Kreisen die deutschen Abschußzahlen mit vorsichtigem Vorbehalt. In den letzten Jahren haben Luftfahrthistoriker mit Akribie Erhebungen und Untersuchungen angestellt, die an den Leistungen der Jagdwaffe keinen Zweifel mehr zuließen, so daß auch die ehemaligen Feindmächte schließlich diese Tatsache glauben mußten. Der deutsche Hang zur Genauigkeit und für eine ordentliche Buchführung kann diesen Untersuchungen nur förderlich gewesen sein.

Ein wesentlicher Unterschied zwischen den deutschen und alliierten Berechnungen von Luftsiegen bestand darin, daß es bei den Deutschen keine anteiligen Luftsiege gab. Bei ihnen galt die eiserne Regel: Pro Jagdflieger konnte es nur ganze Abschüsse geben. Bei den Alliierten hingegen konnten sich mehrere Jagdflieger einen Abschuß teilen. Wenn beispielsweise zwei Jagdflieger auf ein gegnerisches Flugzeug schossen, das dann in der Folge abstürzte, bekam jeder Pilot die Hälfte des Abschusses zuerkannt. Um das einmal etwas spitz auszudrücken, es war vorstellbar, daß ein alliierter Jagdflieger mit zehn oder mehr halben Luftsiegen ein »As« genannt werden konnte, obwohl er alleine keinen einzigen Abschuß errang! Das Luftwaffenverfahren zur Anerkennung von Luftsiegen war unparteiisch, stur und weit weniger fehleranfällig als das der Amerikaner oder Engländer.

Abschuß bedeutete in der Luftwaffenterminologie die Vernichtung eines Feindflugzeuges im Luftkampf. Jeder Abschuß mußte von einem Zeugen beobachtet worden sein. Das konnte ein Beobachter des Luftkampfes vom Boden aus sein, der Rottenflieger oder ein am Luftkampf beteiligter Staffelkamerad. Zeugen waren stets erforderlich, es sei denn, der den Abschuß Beanspruchende hatte eine Maschine, die mit einer Schießfilmkamera ausgerüstet war, mit der er den Abschuß des Gegners oder den Fallschirmabsprung des Besiegten dokumentieren konnte, jedoch nur unter der Voraussetzung, daß das Wrack aufgefunden oder der abgeschossene Flugzeugführer oder ein anderes Besatzungsmitglied von deutschen Truppen gefangengenommen wurde. Das hieß mit anderen Worten, wo es keinen Zeugen oder greifbare Beweisstücke gab, konnte auch nie ein Abschuß anerkannt werden.

Gottlob, Oblt.
1./J. G. Nr. 26

z. Zt. Gefechtsstand, den 23. 6. 1941

Gefechtsbericht

Start: 20.11 Uhr
Auftrag: Alarmstart
Landung: 21.04 Uhr

Ich flog als Deckungsrotte der Staffel, als der Staffelkapitän einen Pulk Spitfire angriff Dabei sah ich, daß 3 andere Spitfires sich hinter die Staffel setzen wollten. Auf diese Spitfires setzte ich mit meiner Rotte einen Angriff an. Diesen Angriff erkannten die Spitfires aber sofort und wehrten ihn ab durch sehr enges Kurven. Ich kurvte jetzt überhöhend über den Spitfires und wollte warten bis die Spitfires die Kurve abbrachen und auf See raus flogen. Ich mußte vorher aber nochmal nach unten weg, weil meine Rotte selbst aus Überhöhung angegriffen wurde. Als ich diesen Angriff abgeschüttelt hatte, sah ich eine einzelne Spitfire, die in Richtung Nordwest flog. Die Spitfire war noch über Land in 6 000 m Höhe. Ich flog hinterher und konnte bis auf 20 m ran gehen, da mich der Pilot gar nicht bemerkte.

Ich schoß dann von hinten unten mit allen Waffen. Unter dem Rumpf der Spitfire sah ich eine starke Rauchfahne, außerdem flogen von Rumpf und Flächen Fetzen weg. Die Maschine zog langsam hoch und schmierte über die linke Fläche ab. Dieses Abschmieren wiederholte sich 2—3 mal über die linke und rechte Fläche. Dann stürzte die Spitfire senkrecht nach unten. Um sicher zu gehen setzte ich mich nochmal im Sturzflug dahinter und schoß. Ich mußte meinen Sturzflug aber bald abbrechen, da die Geschwindigkeit zu hoch wurde. Ich kurvte jetzt flacher werdend nach unten weiter und beobachtete die Spitfire, bis sie auf das Wasser aufschlug.

Der Flugzeugführer ist nicht abgesprungen.

Gottlob

Das typische Meldeverfahren der Luftwaffe für die Anerkennung von Abschüssen: Gefechtsbericht, Abschußmeldung, Luftzeugenbericht. Daraus läßt sich ersehen, wie genau Abschußmeldungen eines Jagdfliegers überprüft wurden, bevor der Abschuß anerkannt wurde.

Jeder gemeldete Abschuß mußte vom Oberbefehlshaber der Luftwaffe bestätigt und zuerkannt werden. Der Jagdflieger war grundsätzlich gehalten, beim Luftkampf den genauen Ort sowie den Typ und Anzahl der feindlichen Flugzeuge zu notieren. Natürlich mußte die genaue Abschußzeit festgehalten werden, und das alles, während man bemüht war, gegenüber den anderen Feindmaschinen in einen taktischen Vorteil zu manövrieren! Zusätzlich mußte der Jagdflieger das übrige Luftkampfgeschehen beobachten, um gegebenenfalls als Luftzeuge für den Abschuß eines Staffelkameraden Bericht zu erstatten. Sofort nach der Landung mußten der Gefechtsbericht und die Abschußmeldung abgefaßt und der Staffelführung vorgelegt werden, die entweder die Abschußmeldung befürwortend weiterleitete oder sie ablehnte und zurückwies. Wenn die Abschußmeldung befürwortet wurde, wurde sie dem Geschwader-

Abschrift.
.-.-.-.-.-.-.-.-.

1../J. G. Nr. 26   Einsatzort, den   23. 6. 1941
(Dienststelle)

ABSCHUSSMELDUNG

1. Zeit (Tag, Stunde, Minute) und Gegend des Absturzes :   **23. 6. 1941**
   2050 Uhr, 5 km. nordostwärts Calais
   Höhe **6000 m.**   Meter :

2. Durch wen ist der <u>Abschuss</u> Zerstörung erfolgt :   **Oblt. Gottlob**

3. Flugzeugtyp des abgeschossenen Flugzeuges :   **Spitfire**

4. Staatsangehörigkeit des Gegners :   **England**
   Werk-Nr. bzw. Kennzeichen :   **Kokarde**

5. Art der Vernichtung :

   a.) Flammen mit <u>dunkler</u> Fahne, Flammen mit heller Fahne, **(Rauchwolke)**
   b.) Einzelteile weggeflogen, abmontiert (Art der Teile erläutern), **Von Rumpf u.Fläche**
   auseinandergeplatzt
   c.) zur Landung gezwungen (diesseits oder jenseits der Front,
      glatt bzw. mit Bruch)
   d.) jenseits der Front am Boden im Brand geschossen

6. Art des Aufschlages (nur wenn dieser beobachtet werden konnte)

   a.) diesseits oder jenseits <u>der Front</u>
   b.) senkrecht, flachen Winkel, Aufschlagbrand, Staubwolke **(ins Wasser)**
   c.) nicht beobachtet, warum nicht ?

7. Schicksal der Insassen (tot, mit Fallschirm abgesprungen, nicht beobachtet

8. Gefechtsbericht des Schützen ist in der Anlage beigefügt.

9. Zeugen :

   a.) Luft :
   b.) Erde :

10. Anzahl der Angriffe, die auf das feindliche Flugzeug gemacht wurden : **1 Angriff**

11. Richtung, aus der die einzelnen Angriffe erfolgten : **Von hinten**

12. Entfernung, aus der der Abschuss erfolgte : **20 m.**

13. Takt. Position, aus der der Abschuss angesetzt wurde : **Von hinten unten**

14. Ist einer der feindl. Bordschützen kampfunfähig gemacht worden : -/-

15. Verwandte Munitionsart ; **P.m.k.v., Sm.K.L Spur v.Br.Spr.Gr.,M.Muni Va.m.Muni
Üb.**

16. Munitionsverbrauch ; **300 Schuß M.G. und 110 Schuß Kanone.**

17. Art und Anzahl der Waffen, die bei dem Abschuss gebraucht wurden : **2 M.G. u. 2 Kanone**

18. Typ der eigene Maschine ; **Bf. 109 E 7**

19. Weiteres taktisch oder technisch Bemerkenswertes ; -/-

20. Treffer in der eigenen Maschine; **keine.**

21. Beteiligung weiterer Einheiten (auch Flak) ;

(Unterschrift)

Abschrift

Priller, Oblt.
1./J. G. Nr. 26

z. Zt. Gefechtsstand, den 23. 6. 1941

Luftzeugenbericht zu dem Abschuß von Oblt. Gottlob am 23. 6. 1941 (20.50)

Oblt. Gottlob, der als 2. Rotte in meinem Schwarm flog meldete mir, daß ich von hinten angegriffen würde. Ich zog in einer Linkskurve hoch und sah, wie meine Deckungsrotte gerade mehrere Spitfires überhöhte. Ich setzte mich oben drüber und sah Oblt. Gottlob, der jetzt allein war und auf nächste Entfernung hinter eine Spitfire zu sitzen kam und diese beschoß. Die Maschine zeigte eine starke schwarze Rauchfahne und trudelte ab. Wir gingen hinterher und ich sah die Maschine ungefähr 8 km nordwestlich Calais ins Meer stürzen.

Priller

stab vorgelegt, der eine eigene Stellungnahme verfaßte und den gesamten Vorgang dem RLM vorlegte. Dort wurden alle schriftlichen Unterlagen genauestens überprüft, die offizielle Abschußbestätigung verfaßt und an die Einheit zurückgeschickt. Dieser recht lange und bürokratische Bearbeitungsvorgang dauerte manchmal bis zu einem Jahr! Im Jahre 1944 wurde eine zusätzliche Dienststelle geschaffen: Die Abschußkommission. An sie wurden alle Meldungen über die von den Such- und Bergungskommandos gefundenen Flugzeugwracks geschickt. Die Kommission überprüfte alle Zweifelsfälle, wo sowohl die Flak als auch die Jagdwaffe Abschüsse für sich beanspruchte, und entschied endgültig, wem ein Abschuß zuzusprechen war. Dieses Verfahren stellte sicher, daß nicht mehr Abschüsse als gefundene Wracks anerkannt wurden.

Das deutsche System zur Bestätigung von Luftsiegen hat sich sehr bewährt, zumal sich Fehlbeurteilungen aufgrund menschlicher Fehler und Schwächen weitgehend ausschließen ließen. Trotz all dieser Vorsichtsmaßnahmen hielt das Oberkommando der Luftwaffe die Abschußmeldungen aus den ersten Tagen des Rußlandfeldzuges für absolut unglaubwürdig. In vielen Fällen wurden die Kommodores der Jagdgeschwader der Übertreibung ihrer Abschußmeldungen bezichtigt. Göring nannte die Piloten an der Front sogar Lügner. Das war einer der Beschwerdegründe, die zur »Meuterei der Jagdflieger« anläßlich der Kommodorebesprechung im Januar 1945 in Berlin führte.

Sobald ein deutscher Jagdflieger einen Abschuß errungen hatte, meldete er dies sofort über Sprechfunk mit dem Ruf: »Horrido!« Diese unmißverständliche Meldung alarmierte seine Staffelkameraden, nach einem Aufschlagbrand oder einem brennend abstürzenden Flugzeug Ausschau zu halten, aber auch die Bodenfunkstellen, die häufig zur Bestätigung von Abschüssen wertvolle Hilfe leisteten. Die Ex-

Oberst Hilmer von Bülow hat sich in zwei Weltkriegen als Jagdflieger bewährt. Er führte Luftkämpfe gegen junge Jagdflieger, die seine Söhne hätten sein können.

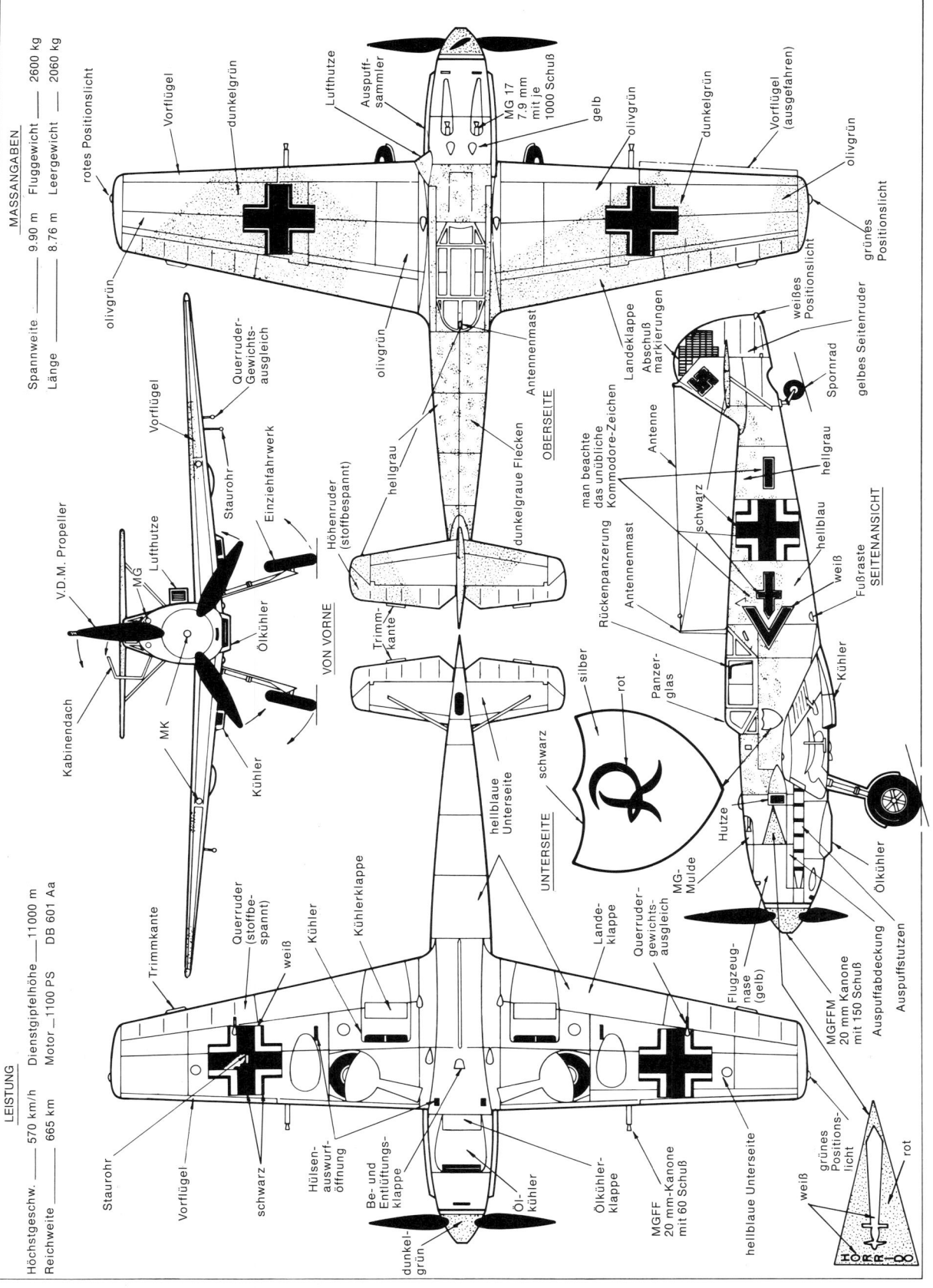

MASSANGABEN

Spannweite ——— 9.90 m Fluggewicht ——— 2600 kg
Länge ——— 8.76 m Leergewicht ——— 2060 kg

rotes Positionslicht
Vorflügel
dunkelgrün
olivgrün
Lufthutze
Auspuff-sammler
MG 17 7.9 mm mit je 1000 Schuß
gelb
olivgrün
dunkelgrün
Vorflügel (ausgefahren)
olivgrün
grünes Positionslicht

OBERSEITE

olivgrün
hellgrau
dunkelgraue Flecken
Antennenmast
Landeklappe
Abschuß markierungen
man beachte das unübliche Kommodore-Zeichen
Antenne
weißes Positionslicht
Spornrad
gelbes Seitenruder
Rückenpanzerung
Antennenmast
schwarz
hellgrau
hellblau
weiß
Fußraste **SEITENANSICHT**
Kühler

Querruder-Gewichts-ausgleich
Vorflügel
Staurohr
Einziehfahrwerk
Höhenruder (stoffbespannt)
Trimm-kante

VON VORNE

V.D.M. Propeller
MG
Lufthutze
Kabinendach
MK
Ölkühler
Kühler

silber
rot
Panzer-glas
schwarz
hellblaue Unterseite

UNTERSEITE

Hutze
MG-Mulde
Flugzeug-nase (gelb)
MGFFM 20 mm Kanone mit 150 Schuß
Auspuffabdeckung
Auspuffstutzen
Ölkühler

LEISTUNG

Höchstgeschw. ——— 570 km/h Dienstgipfelhöhe ——— 11000 m
Reichweite ——— 665 km Motor ——— 1100 PS DB 601 Aa

Trimmkante
Querruder (stoffbespannt)
weiß
Kühler
Kühlerklappe
Kühler
Landeklappe
Querruder-gewichts-ausgleich

Staurohr
Vorflügel
schwarz
Hülsen-auswurf-öffnung
Be- und Entlüftungs-klappe
Ölkühler-klappe
MGFF 20 mm-Kanone mit 60 Schuß
hellblaue Unterseite
dunkel-grün

weiß
grünes Positions-licht
rot

JG 2

HELMUT WICK

Messerschmitt Me 109 E-3

perten der Jagdwaffe, die wir im folgenden noch kennenlernen werden, haben im Laufe ihrer Frontverwendungen viele Male »Horrido« gerufen.

HILMER VON BÜLOW-BOTHKAMP leitete seinen Doppelnamen von seinem Eltern- und Geburtshaus Bothkamp in Schleswig-Holstein ab. Im Ersten Weltkrieg diente er als Leutnant in den kaiserlichen Luftstreitkräften. In der von dem berühmten Oswald Boelcke geführten Jasta 2 errang er als Jagdflieger sechs Luftsiege. Im Mai 1918 wurde Hilmer, den man auch gelegentlich Harry nannte, Kommandeur der Jasta 36, die er bis zum Waffenstillstand führte. Als Göring dazu aufrief, in die Reihen der neuen Luftwaffe zu treten, folgte von Bülow diesem Ruf. Er trat unter Oberst Carl Schuhmacher in das JG 77 und wurde Mitte 1939 Kommandeur der II. Gruppe. Der Alte Adler war dabei, als englische Bomber über der Nordsee deutschen Luftraum angriffen. Im April 1940 folgte von Bülow Oberst von Massow als Kommodore des JG ›Richthofen‹ Nr. 2, das das erste Jagdgeschwader der neuen Luftwaffe war. Er führte sein Geschwader im Frankreichfeldzug und in den ersten Wochen der Luftschlacht um England. Nach 18 Luftsiegen übergab er am 3. September 1940 das Geschwader an Wolfgang Schellmann. Geboren am 19. November 1897, erhielt der 42jährige von Bülow am 22. August 1940 für seine Leistungen im Luftkrieg das Ritterkreuz verliehen. Eine Zeitlang führte er das NJG 101, um dann Kommandeur der 5. Jagddivision zu werden. Bei Kriegsende war er Jafü 4 und führte seine Jagdverbände gegen alliierte Bomberverbände.

WOLFGANG SCHELLMANN folgte von Bülow als Kommodore des JG ›Richthofen‹ Nr. 2. Er errang seine ersten Luftsiege im Spanischen Bürgerkrieg, wo er mit 12 Abschüssen gleich nach Werner Mölders in der Rangfolge stand. In Kassel am 2. März 1911 geboren, nahm er in der I./JG 77 am Polenfeldzug teil. Schellmann wurde dann Kommandeur der II./JG 2, um schließlich am 3. September 1940 Kommodore des Jagdgeschwaders ›Richthofen‹ zu werden. Für seinen zehnten Luftsieg im Zweiten Weltkrieg und hervorragende Führereigenschaften erhielt er am 18. September 1940 das begehrte Ritterkreuz. Im Winter 1940/41 wurde er als Kommodore zum JG 27 versetzt, das er auch während des Balkanfeldzuges führte. Sein Verband zählte zu den ersten, die beim Unternehmen »Barbarossa« den Rußlandfeldzug mit eröffneten. Nach bereits

25 Luftsiegen führte Oberstlt. Schellmann am ersten Tag des Feldzuges, dem 22. Juni 1941, sein Geschwader bei einem Jabo-Einsatz an. Es war sein 150. Feindflug. Als das JG 27 gerade seine »Teufelseier« (2 kg-Splitterbomben; d.Ü.) ablud, wurde es von russischen I-16 ›Rata‹-Jägern angegriffen. Schellmann griff eine ›Rata‹ aus kürzester Entfernung an und schoß sie ab, aber herumfliegende Teile seines 26. Luftsieges beschädigten seine Me 109. Über Grodno war er gezwungen, mit dem Fallschirm auszusteigen. Er wurde gefangengenommen und seither nie wieder gesehen. Man geht davon aus, daß er zwei Tage später von der GPU erschossen worden ist.

HELMUT WICK wurde nach Schellmann Kommodore des JG ›Richthofen‹ Nr. 2. Er entwickelte sich zu einem der großen deutschen Jagdflieger des Zweiten Weltkriegs. In ihm vereinigten sich alle Persönlichkeitsmerkmale, die einen erfolgreichen Jagdflieger ausmachen: Er liebte den Luftkampf über alles; er war ein guter Schütze; er besaß Angriffsgeist, aber auch stets einen kühlen Kopf selbst in schwierigsten Luftkampfsituationen. Er konnte aber auch sehr impulsiv sein.

Am 5. August 1915 in Mannheim als Sohn des Bauingenieurs Carl Wick geboren, wuchs er mit seinen zwei Geschwistern an verschiedenen Orten auf, weil der Beruf des Vaters häufige Umzüge für die Familie erforderlich machte. Seine Jugend verbrachte er in Heidelberg, Hannover, Danzig und Königsberg. Da er in der Nähe eines Flugplatzes wohnte, interessierte er sich sehr für das Fliegen, besonders nachdem ihm sein Vater einen Mitflug in einem Flugzeug spendiert hatte. Obwohl er bereits eine Lehre als Forstgehilfe begonnen hatte, ergriff Helmut Wick sofort die Chance, in die Luftwaffe einzutreten, die 1935 mit ihrem Aufbau begann. Im April 1936 wurde er Fahnenjunker, im Juli 1937 Fähnrich und im November 1938 zum Leutnant befördert. Während der Jagdausbildung war Werner Mölders sein Jagdlehrer. Beide wurden enge Freunde. Sein erster Verband war die II./JG 134, wo er unter Oberstlt. Max Ibel Doppeldecker Arado 68 flog. Dann wurde er zur I./JG 53 versetzt, wo er im Januar 1939 zum ersten Mal Me 109 flog. Im März wurde Mölders sein Staffelkapitän. Im September wechselte Wick zur I./JG 2. Der Polenfeldzug hatte bereits begonnen, aber das JG 2 war zum Schutz der Reichshauptstadt Berlin eingesetzt und hatte in dieser Zeit keine Feindberührung.

Als am 10. Mai 1940 der Frankreichfeldzug begann,

Helmut Wick, Kommodore JG »Richthofen« Nr. 2, war Deutschlands bester Jagdflieger, als er über dem Ärmelkanal abgeschossen wurde und fiel. Hermann Göring (Bild links) gratuliert dem Jagdexperten in Gegenwart von Hans Jeschonnek.

führte von Bülow das JG 2 als Kommodore. Helmut Wick konnte jedoch in den ersten Tagen keine Einsätze fliegen, weil der Motor seiner Me 109 einer recht langwierigen Reparatur bedurfte. Obwohl sein 1. Wart, Uffz. Sauerbrei, Tag und Nacht mit Mechanikern arbeitete, dauerte es bis zum 21. Mai, bis Wick seine Maschine fliegen konnte. Mit fünf anderen gab er einer Henschel 126, die einen Aufklärungsflug durchzuführen hatte, Begleitschutz. Selbst als einige französische ›Morane‹-Jäger nahe herankamen, um die Henschel in Augenschein zu nehmen und zu einem Gefecht herauszufordern, ließ sich Wick nicht von seinem Auftrag abbringen, der Begleitschutz und nicht Freie Jagd lautete. Nach diesem Einsatz landete ein bitter enttäuschter Helmut Wick auf dem Einsatzhafen der I./JG 2.

Am 22. Mai 1940 traf die Staffel, in der Wick flog, auf 24 französische Bomber und Jäger. Die Me 109 griffen die ahnungslosen Franzosen überraschend an und schossen acht ab, wobei auf Wick zwei Abschüsse entfielen. Ende des Monats entdeckte Wick, der sich von der Staffel abgesetzt hatte, zwei englische Torpedoflugzeuge Fairey ›Swordfish‹. Ohne lange zu überlegen, setzte er zum Angriff an, sah dann aber den Heckschützen mit einem weißen Tuch winken. Er nahm das als ein Zeichen der Aufgabe. Als der Engländer seine Maschine zur Landung ansetzte, folgte Wick ihm, aber der Heckschütze begann zu schießen, weil er glaubte, Wick habe das Zeichen zur Aufgabe des Kampfes nicht akzeptiert. Nach dem Ausrollen überschlug sich die ›Swordfish‹ auf dem Acker. Schnell drehte Wick auf das andere Torpedoflugzeug ein und schoß es in Brand. Keiner der beiden Luftsiege wurde bestätigt, weil keine Luftzeugen vorhanden waren und die Maschinen auf alliiertem Gelände aufschlugen. Wie viele der großen Jagdflieger, so war auch Wick ein Spätentwickler. Doch schnell begann sein kometenhafter Aufstieg zum Ruhm. Wick schoß am 5. Juni 1940 vier Bloch 152 ab, tags darauf zwei weitere. Am 9. Juni errang er seinen 12. Luftsieg, eine Bristol ›Blenheim‹, und war damit der erfolgreichste Jagdflieger im Geschwader ›Richthofen‹. Er wurde mit dem Eisernen Kreuz I. Klasse ausgezeichnet und zum Staffelkapitän der 3./JG 2 ernannt.

Als die Luftschlacht um England eröffnet wurde, steigerte sich der Angriffsgeist von Wick, um den Gegner alsbald zu bezwingen. Am 17. Juli 1940 flog er entgegen seines Auftrages zur Insel Wight, um möglichst noch eine ›Blenheim‹ erwischen zu können. Statt dessen traf er auf 14 ›Spitfire‹, die in diesem Raum nie mit einer Me 109 gerechnet hatten. Wick nahm sich die letzte Maschine vor, die

sein 14. Luftsieg wurde. Danach gab er Fersengeld, um sich wieder seinem Verband anzuschließen. Mit zwei Luftsiegen, dem 20. und 21., die er am 27. August erzielte, brachte er die Gesamtabschußzahl des JG 2 auf 250. Am gleichen Tage wurde dem unerschrockenen Jagdflieger das Ritterkreuz verliehen.

Am 9. September 1940 wurde Wick zum Hauptmann befördert und gleichzeitig zum Gruppenkommandeur der I./JG 2 ernannt. Kurz darauf machte Feldmarschall Sperrle bei Wicks Gruppe einen Truppenbesuch, nach dessen Abschluß sich Sperrle ungehalten über den ungepflegten Zustand des Bodenpersonals äußerte. Den impulsiven Wick ließ diese Kritik nicht ruhen. Gegenüber dem Chef der Luftflotte 3 machte er seinem Ärger Luft. Der Hauptmann zählte die vielen Aufgaben und langen Arbeitstage des Bodenpersonals auf, das unermüdlich tätig war, um die Maschinen einsatzbereit zu halten. Die Männer hätten keine Zeit, um einen »verdammten Haarschnitt« machen zu lassen. Sperrle fiel das Monokel aus dem Auge, er war sprachlos vor Erstaunen. Er wußte genau, daß Helmut Wick recht hatte, und daher schwieg er auch.

Mit einer Doublette von zwei ›Spitfire‹ am 2. Oktober und fünf weiteren Abschüssen drei Tage später hatte Wick seine Abschußzahl auf 41 gebracht. Er erhielt das Eichenlaub zum Ritterkreuz verliehen.

Zum Major wurde Wick am 19. Oktober 1940 befördert. Mit 25 Jahren war er der jüngste Major der Luftwaffe. Gleichzeitig ernannte man ihn als Nachfolger von Schellmann zum Kommodore des Geschwaders ›Richthofen‹. Auf dem sogenannten Geschwaderstock des Kommodore kerbte er seine Luftsiege ein, ganz ähnlich wie es amerikanische Cowboys an ihren Pistolengriffen taten. Sein persönliches Zeichen an der Maschine war ein roter Wimpel, geschmückt mit einem breiten Schwert, darüber das Wort Horrido.

Wicks Abschußzahlen nahmen zu. In erster Linie waren seine Luftkampfopfer ›Spitfire‹ und ›Hurricane‹. Am 5. November schoß er drei ab, tags darauf schoß er über Southampton und der Insel Wight innerhalb von 13 Minuten fünf Gegner ab.

Bei einem Einsatz am frühen Morgen des 28. November 1940 errang der junge Kommodore über dem Kanal seinen 55. Luftsieg. Damit stand Wick seinerzeit an der Spitze der Jagdflieger, gefolgt von Mölders mit 54 und Galland mit 52 Luftsiegen.

Am späten Nachmittag desselben Tages hob der Geschwaderstabsschwarm ab, um über dem Kanal freie Jagd zu machen. In diesem Schwarm flogen einige der besten Jagdflieger der Luftschlacht um England: Hptm. Rudolf Pflanz, Geschwader-T/O; Oblt. Erich Leie, Geschwaderadjutant, und Lt. Fiby. Beim Anflug auf die Insel Wight entdeckte der Schwarm einen Verband ›Spitfire‹, der Richtung Bournemouth flog. Die Deutschen griffen sofort an. Es dauerte nicht lange, bis Wick seinen 56. Abschuß hatte. Pflanz und Leie hingegen hatten bei ihren Ansätzen kein Glück. Während des Luftkampfes verlor der Schwarm zu Wick die Fühlung. Bevor Leie, Fiby und Pflanz nach ihm schauen konnten, wurden sie aus der Überhöhung von einem anderen ›Spitfire‹-Verband angegriffen. Nur mit Mühe und Not konnten sie dieser Übermacht entkommen. Da der Sprit zur Neige ging, nahmen Leie und Fiby Kurs auf die Küste des Festlandes. Hptm. Pflanz fand sich nach dem Luftkampf in etwa 3000 m Höhe wieder und sah beim Herumschauen in einigen Kilometer Entfernung zwei Flugzeuge, die der Küste Frankreichs zustrebten. Da er annahm, es wären Fiby und Leie, begann Pflanz eine weite Kurve zu drehen, um nach seinem Schwarmführer Ausschau zu halten, als er plötzlich sah, wie das hintere Flugzeug das Feuer auf den Vordermann eröffnete. Der Hauptmann nahm sofort Kurs auf das Geschehen, und er mußte feststellen, daß der Verfolger eine ›Spitfire‹ und der Verfolgte eine Me 109 war. Der Engländer hatte gut getroffen, die Me 109 E stürzte den drohenden Fluten des Kanals entgegen. Der deutsche Flugzeugführer stieg mit dem Fallschirm aus. Pflanz entdeckte, daß die Markierungen der Maschine die seines Schwarmführers Wick waren. Als die Me 109 im Kanal aufschlug, nahm sich Rudi Pflanz die ›Spitfire‹ vor. Mit einem einzigen Feuerstoß schickte er den Gegner brennend ins Wasser, sehr nahe seines jüngsten Opfers. Pflanz umkurvte den Absturzort mehrere Male, aber er konnte keine Lebenszeichen bemerken. Dann rief er über Funk Hilfe herbei, wobei er ausdrücklich darauf hinwies, daß auch eine ›Spitfire‹ abgeschossen worden ist, wohlwissend, daß auch die Engländer Seenotdienste einsetzen würden. Pflanz kurvte solange über der Absturzstelle, bis sein Kraftstoff fast erschöpft war. Dann nahm er Rückflugkurs über den Kanal. Knapp über dem Festland Frankreichs war sein Sprit zu Ende, und er mußte auf einer Wiese notlanden.

Major Wick wurde nie gefunden. Die letzte Eintragung unter seinem Namen im Geschwader-Kriegstagebuch lautete: »28. 11. 40 – Abschuß einer ›Spitfire‹ über Bournemouth um 17.13 Uhr.« Der englische Jagdflieger, der den jungen Kommodore abgeschossen hatte, war Flight Lieutenant John »Dogs« Dundas, in der Luftschlacht um England ein ausgezeichneter Jagdflieger der 609. RAF-Staffel, für den Wick sein 13. und endgültig letzter Abschuß war.

Bis 16. Februar 1941 führte Hptm. Karl-Heinz Greisert die Geschäfte des Kommodore, bis Wilhelm Balthasar als Nachfolger von Wick zum Kommodore ernannt wurde.

Helmut Wicks Leitspruch entsprach so typisch dem eines echten Jagdfliegers und Patrioten: »Solange ich Gegner abschießen und zum Ruhme des Richthofen-Geschwaders und zum Erfolg meines Vaterlandes beitragen kann, werde ich ein glücklicher Mensch sein. Ich möchte kämpfen und kämpfend sterben, wobei ich soviele Feinde wie möglich mit mir nehmen möchte.«

Helmut Wick starb in der Tat kämpfend.

RUDOLF PFLANZ flog von 1938 bis 1942 nur im JG ›Richthofen‹ Nr. 2. Geboren in Ichenheim, Baden, am 1. Juli 1914, war er T/O unter Wick und flog im Stabsschwarm des Geschwaders ›Richthofen‹ Nr. 2 von Wick bis Oesau. Am 23. Juli 1941 konnte er sechs englische Jäger abschießen. Man sah in ihm einen der erfolgreichsten Jagdflieger über dem Ärmelkanal. Am 31. Juli 1942 befand er sich mit Oesau und dem Stabsschwarm des Geschwaders während eines Einsatzes im Rahmen freier Jagd im Luftkampf mit ›Spitfire‹. Pflanz hatte dabei nicht bemerkt, daß sein Rottenflieger abgeschossen worden war. Bis Pflanz sich dessen bewußt wurde, hatte eine ›Spitfire‹ den Platz seines Rottenfliegers eingenommen und sich immer näher herangeschoben, natürlich mit todbringender Absicht. In dem Glauben, es handele sich um seinen Rottenflieger, setzte Pflanz seinen Angriff solange fort, bis er schließlich von dem Engländer abgeschossen wurde.

WILHELM BALTHASAR folgte Helmut Wick als Kommodore des JG ›Richthofen‹ Nr. 2. Er wurde am 2. Februar 1914 in Fulda geboren und verlor seinen Vater zehn Monate später, der als Hauptmann an der Front in Frankreich fiel. Balthasar verband in außergewöhnlichem Maße Ritterlichkeit und technisches Können im Luftkampf. Stets setzte er sich vehement dafür ein, daß die englischen Piloten, die er im Luftkampf bezwang und die über eigenem Gebiet mit dem Fallschirm oder in ihrer Maschine niedergingen, in das Offizierkasino seines Platzes gebracht wurden, damit er mit ihnen bei Wein und Mahl sprechen konnte, bevor sie in ein Kriegsgefangenenlager kamen. Ein

Wilhelm Balthasar war im Frankreichfeldzug der beste Jagd-flieger. In Spanien gelang es ihm, innerhalb von sechs Minu-ten vier Flugzeuge abzuschießen. Er fand den Tod, als wäh-rend eines Werkstattfluges seine Me 109 auseinanderbrach.

freier Jagd, am 7. Februar, schoß Balthasar innerhalb von sechs Minuten vier Luftgegner ab, womit die Ab-schüsse 116 bis 119 der J 88 erreicht waren.

Nach Deutschland zurückgekehrt, war der Leutnant eine Zeitlang Staffelkapitän im JG 131, um dann im Juni 1938 ins JG ›Richthofen‹ Nr. 2 versetzt zu werden. Im interna-tionalen Luftsport machte sich Balthasar einen Namen, als er mit einer zweimotorigen Siebel Fh 104 im Februar/ März 1939 einen 40000-km-Flug rund um Afrika durch-führte.

Im Dezember erfolgte die Beförderung zum Hauptmann und Versetzung zum JG 27, wo er als Staffelkapitän die 7./JG 27 übernahm.

Während des Frankreichfeldzuges, 1940, stand das JG 27 im Dauereinsatz, wobei sich Balthasar mehrfach auszeich-nete. Seinen erfolgreichsten Tag hatte er am 6. Juni 1940, als er neun französische Flugzeuge abschoß. Am 14. Juni, dem Tag, an dem die deutsche Wehrmacht in Paris einmar-schierte, wurde Balthasar als zweitem Offizier der Luftwaffe das Ritterkreuz verliehen. Nach Beendigung des Feldzuges war Wilhelm Balthasar mit 23 Luftsiegen der erfolgreichste Jagdflieger im Kampfe gegen Frankreich. Die 13 von ihm am Boden zerstörten Flugzeuge zählten natürlich nicht im Hinblick auf die »Abschußzahl«.

Als sich die Jagdwaffe auf die Luftschlacht um England vorbereitete, wurde Balthasar ins JG 3 versetzt. Nach Übernahme der III./JG 3 als Gruppenkommandeur, wuchs sein Verantwortungsbereich. Am 4. September erlitt er eine schwere Verwundung, über die er nie hinwegkam. Der Schock dieser Erfahrung saß tief.

Bis zum 16. Februar 1941 hatte er 29 Luftsiege und wurde zum Kommodore des JG ›Richthofen‹ Nr. 2 er-nannt. Am 5. Mai 1941 gelangen ihm wieder Abschüsse, so daß er am 27. Juni seinen 39. und 40. Abschuß erringen konnte. Am 2. Juli 1941 wurde ihm für seine Leistungen das Eichenlaub zum Ritterkreuz verliehen.

Tags darauf entschloß sich Balthasar, eine der dem Ver-band neu zugewiesenen Me 109F–4, die die ältere Me 109E ablösen sollte, zu erproben. Ihm schien es, daß das neue Modell einige Tücken hatte, beispielsweise schwa-che Flächen und die Neigung zum Querruderflattern. Der Kommodore wollte seine technischen Kenntnisse und flie-gerischen Erfahrungen nutzen und die Maschine intensiv erproben, bevor es möglicherweise Tote geben würde. Während er leichte Kurven und Rollen über Hazebrouck drehte, wurde Balthasar von ›Spitfire‹ angenommen. Das

weiteres Charaktermerkmal war das Bestreben, seine jungen Jagdflieger in das harte, gnadenlose Geschäft des Luftkrie-ges persönlich einzuführen und zu schulen.

Balthasar sammelte wie viele Jagdflieger der ersten Stunde seine Anfangserfahrungen an der Front im Spani-schen Bürgerkrieg, wo er in verschiedenen Staffeln diente. Mit der He 51 flog er Jabo-Einsätze, mit der He 70 Aufklä-rungs- und mit der Me 109B Jagdeinsätze. Bei der 3./J 88 errang er am 20. Januar 1938 seinen ersten Luftsieg gegen eine russische ›Rata‹, was zugleich der 103. Luftsieg für die J 88 war. Während eines großen Einsatzes im Rahmen harte Ausweichmanöver belastete die Maschine derart, daß die Tragflächen brachen. Der Kommodore fand beim Aufschlag am Boden in der Nähe von Aire den Tod. Eine Überprüfung des Wracks ergab keinerlei Beschußschäden. Der tragische Unfall erinnert an eine Parallele im Ersten Weltkrieg, wo der Pour-le-mérite-Flieger Heinrich Gontermann den Tod fand, als er einen Fokker-Dreidecker im Flug erprobte, bevor er das nicht ganz unumstrittene Flugzeug von seinen Männern fliegen lassen wollte.

Balthasar hatte sich immer gewünscht, an der Seite seines Vaters beerdigt zu werden, falls er im Luftkampf fiele. Die Männer des JG 2 fanden das Grab des Vaters auf einem Kriegsgräberfeld des Ersten Weltkriegs und beerdigten Wilhelm Balthasar gleich neben ihm. Seite an Seite liegen sie auf einem Heldenfriedhof nahe Abbeville, sehr weit von ihrem Vaterland entfernt, in dessen Dienst sie beide ihr Leben gaben.

WALTER OESAU übernahm nach dem Tode von Balthasar das JG 2 als Kommodore. Oesau war zunächst Artillerist beim Heer, trat aber bald schon in die Luftwaffe über. Körperlich und seelisch ein harter Bursche, stieg »Gulle«, wie man ihn oft nannte, bald zu einer der markantesten Persönlichkeiten der Jagdwaffe auf. In Farnewinkel, Holstein, am 28. Juni 1913 geboren, errang Oesau seine ersten acht Luftsiege bei der »Legion Condor« in Spanien. Zu Beginn des Zweiten Weltkrieges war »Gulle« Staffelkapitän der 7./JG 51. Seit August 1940 führte er als Kommandeur die III./JG 51. Am 20. August erhielt Oesau das Ritterkreuz, der als fünfter Jagdflieger 20 Abschüsse französischer und englischer Flugzeuge aufzuweisen hatte. Am 2. Februar 1941 hatte er die Abschußzahl auf 40 verdoppelt, damit war er der vierte Jagdflieger, der die Zahl 40 erreichte.

Zur Vorbereitung auf den Rußlandfeldzug wurde Major Oesau im Juni 1941 als Kommandeur zur III./JG 3 ›Udet‹ versetzt. Bis Juli blieb er an der Ostfront, um danach die Führung des JG ›Richthofen‹ Nr. 2 zu übernehmen. An der Ostfront schoß Oesau 44 russische Flugzeuge ab. Für seinen 80. Luftsieg erhielt er am 15. Juli 1941 die Schwerter zum Ritterkreuz verliehen.

Am 26. Oktober 1941 errang der Oberst seinen 100. Luftsieg, womit er als dritter Jagdflieger nach Mölders und Lützow die Hunderter-Marke erreichte. Zwei Jahre lang führte Oesau als Kommodore das JG 2, um dann Jafü Bretagne zu werden. Als die alliierten Bomberangriffe immer

Walter Oesau war der dritte Jagdflieger, der die magische Zahl von 100 Abschüssen erreichte. Nachdem er im Luftkampf mit einer P-38 *Lightning* gefallen war, erhielt das JG 1 seinen Namen.

drückender wurden, brauchte man die Erfahrung eines Oesau als Kommodore dringend. So wurde er im Oktober 1943 zurückgeholt, um das JG 1 im Rahmen der Abwehr der Bomberwellen und Langstreckenjäger zu führen.

Trotz seiner Härte und seines Kampfgeistes begann Oesau doch Zeichen von Erschöpfung aufzuweisen. Kein Wunder, wenn man bedenkt, daß er bereits in Spanien und dann seit 1939 ununterbrochen und unermüdlich im Einsatz stand.

Nach etwa 300 Feindflügen hatte er 123 Abschüsse. Am 11. Mai 1944 führte Oesau sein Geschwader ins Luftgefecht gegen ›Fliegende Festungen‹, die von ›Lightning‹ und ›Mustang‹ begleitet wurden. Über Aachen versuchte der Kommodore die amerikanischen Jäger vom Bomberverband abzulenken, damit seine Männer sich ungestört die viermotorigen Bomber vornehmen konnten. Als Walter Oesau auf die ihm nächsten ›Mustang‹-Schwärme einkurvte, wurde er von einem höher fliegenden ›Lightning‹-Verband überrascht und in eine Falle gelockt. Er hatte keine Chance, auch seine Männer, die ihn heraushauen wollten, nicht. Der Kommodore schlug brennend in der Eifel auf.

In der Anerkennung für Oseaus hervorragende Führereigenschaften und seine herausragenden jagdfliegerischen Leistungen erhielt das JG 1 den Namen ›Oesau‹.

ERICH LEIE flog drei Jahre im Richthofen-Geschwader. Er war Geschwaderadjutant bei Wick, Balthasar und Oesau, zu deren Stabsschwarm er gehörte. Bis Ende Juli 1940 hatte der in Kiel geborene Oblt. Leie in der Luftschlacht um England 21 Luftsiege errungen, wofür ihm Anfang August das Ritterkreuz verliehen wurde. Am 4. Mai 1942 übertrug man ihm die Führung der I./JG 2, um dann im Januar 1943 an der Ostfront Kommandeur der I./JG 51 ›Mölders‹ zu werden. Sein Erfolg als Jagdflieger blieb ihm auch in Ruß-

land treu, so daß er am 11. Juni 1943 seinen 100. Abschuß melden konnte. Am 29. Dezember 1944 wurde Major Leie zum Kommodore des JG 77 ernannt. Wie schon Oesau, so zeigte auch Erich Leie nach pausenloser Frontverwendung Zeichen von Erschöpfung, obwohl er erst 29 Jahre alt war.

Am 7. März 1945 entwickelte sich über Schwarzwasser, Hultschiner Ländchen, zwischen dem JG 77 und russischen Jägern ein größerer Luftkampf. Wie es an der Ostfront üblich war, spielte sich der Luftkampf unterhalb von 1500 m über Grund ab. Als Oberstlt. Leie drauf und dran war, einen weiteren Abschuß zu erzielen, krachte von oben eine abgeschossene Jak-9 auf seine Me 109. Beide Maschinen waren ineinander verhakt und stürzten der Erde zu. Etwa 70 m über Grund konnte der Kommodore aussteigen, aber der Fallschirm öffnete sich nicht mehr. Der Jagdflieger mit 500 Einsätzen und 118 Luftsiegen fand beim Aufschlag am Boden sofort den Tod.

EGON MAYER hatte als einer der erfolgreichsten Jagdflieger die engste Bindung zum Jagdgeschwader ›Richtho-

Erich Leie war Geschwaderadjutant im JG 2 unter Wick, Balthasar und Oesau. Nach 118 Luftsiegen fand er auf tragische Weise nach einem Luftkampf den Tod.

Egon Mayer entwickelte eine sehr erfolgreiche Angriffsmethode, um US-Bomber von vorne anzugreifen. Er war und blieb bis Kriegsende Angehöriger des JG »Richthofen« Nr. 2.

fen‹, denn er verbrachte seine gesamte fliegerische Laufbahn im JG 2. Mayer wurde am 19. August 1917 in Konstanz geboren. Er war begeisterter Segelflieger und schon als Junge eifrig dabei, wenn auf dem Segelflugplatz Ballenberg Flugbetrieb herrschte. Wie bei vielen der erfolgreichen Jagdflieger, war auch Mayer ein Spätentwickler, aber auch ein Mann, der regelmäßig Abschüsse brachte. Er kam im Dezember 1939 zum JG 2. Im Frankreichfeldzug errang er seinen ersten Luftsieg. Es dauerte bis Ende Juli 1941, bevor er seinen 20. Abschuß melden konnte, wofür er das Ritterkreuz erhielt. Während der Luftschlacht um England wurde er viermal abgeschossen und mußte mehrmals notlanden. Nach einem Luftkampf mußte Lt. Mayer im Kanal niedergehen, wo er mehr als eine Stunde auf die Retter des Seenotdienstes warten mußte.

Im Sommer 1942 stiegen seine Abschüsse, als er innerhalb von 21 Tagen 16 englische und amerikanische Flugzeuge abschießen konnte. Am 19. August 1942 errang er seinen 50. Luftsieg. Im November wurde Mayer zum Hauptmann befördert und als Gruppenkommandeur mit der Führung der III./JG 2 betraut. Nach seinem 63. Luftsieg wurde er mit dem Eichenlaub zum Ritterkreuz ausgezeichnet (16. April 1943). Um diese Zeit herum beschäftigte sich Mayer mit Versuchen, wie man die schwerbewaffneten ›Fliegenden Festungen‹ B-17 besser bekämpfen könnte. Zusammen mit Georg-Peter Eder entwickelte er den Angriff von vorne. Dieses taktische Verfahren erwies sich als so erfolgreich, daß er am 6. September 1943 drei US-Bomber innerhalb von 19 Minuten abschießen konnte. Gleichzeitig mit der Beförderung zum Oberstleutnant, am 2. Juli 1943, wurde Mayer als Nachfolger von Walter Oesau zum Kommodore des Geschwaders ›Richthofen‹ ernannt. Mayer nahm sich viel Zeit und Muße, um die Piloten des JG 2 und anderer Verbände in die Feinheiten des Angriffs von vorne einzuweisen. Es gehörte unerhörter Schneid dazu, sich den drohenden, waffenstrotzenden Bomberverbänden immer wieder entgegenzuwerfen, und das forderte dem Kommodore das Äußerste ab.

Ein Jagdflieger muß jederzeit genau wissen, wieviele Flugzeuge sich um ihn herum im Luftraum befinden, aber auch, wer Freund oder Feind ist. Um das zu erreichen, muß er ununterbrochen seinen Kopf nach rechts und links, nach oben und unten kreisen lassen. Tut er das nicht, so wird er sehr schnell von feindlichen Jägern gepackt werden, um dann irgendwie in die Statistik einzugehen. Das dauernde Herumsehen verursachte Blasen und Hautreizungen am Hals, weil die Haut am Kragen der Fliegerkombi scheuerte. Die Flieger des Ersten Weltkriegs wurden stets in ihrer offenen Führerkanzel mit einem Seidenschal dargestellt, der im Luftstrom flatterte. Dieses offensichtliche Requisit war kein romantisches Stück, sondern ein durchaus erforderliches, um zwischen Hals und Kragen ausgleichend und dämpfend zu wirken. In den umschlossenen Kanzeln der Flugzeuge des Zweiten Weltkriegs waren die dunkelfarbigen Schals der Jagdflieger nicht so offenkundig, weil sie eben nicht im Fahrtwind flattern konnten. Egon Mayer trug wie viele seiner Kameraden einen weißen Schal. Aber seiner hob sich besonders heraus, weil er entweder größer war oder weil er ihn auf besondere Art und Weise trug. Die englischen und amerikanischen Piloten hatten das bemerkt. Daher nannten sie ihn den Piloten mit dem weißen Fliegerschal. Sie kannten seinen Namen nicht, aber sie respektierten seine kämpferischen Fähigkeiten.

Am 5. Februar 1944 war Egon Mayer der erste Jagdflieger, der im Westen 100 Luftsiege erzielte. Einen Monat später, am 2. März 1933, führte er seine Jagdflieger gegen einen amerikanischen Bomberverband, B-17 mit schwerem Begleitschutz durch ›Thunderbolt‹. Als Mayer auf die Bomber zum Angriff von vorne ansetzte, griffen ihn mehrere Schwärme ›Thunderbolt‹ an. Der 26jährige wurde nahe Montmedy abgeschossen. Egon Mayer wurde auf dem Friedhof Beaumont le Reger beerdigt. Er hatte in 353 Einsätzen 102 Gegner bezwungen. Als er im Luftkampf fiel, war Mayer der erfolgreichste Jagdflieger im Einsatz gegen die viermotorigen US-Bomber. Ihm fielen 25 der ›Möbelwagen‹ zum Opfer.

GEORG-PETER EDER war Egon Mayers engster Mitarbeiter bei der Entwicklung des Angriffsverfahrens gegen die Bomberverbände, dem Angriff von vorne. In der Zeit von 1941 bis 1945 wurde er 17mal abgeschossen, 12mal verwundet und neunmal gezwungen, mit dem Fallschirm abzuspringen. Trotz all seiner Verwundungen und Narben kehrte er immer wieder zu seinem Verband zurück, voller Kampfgeist und Angriffsschwung, um schließlich 78 Abschüsse zu erzielen!

In Oberdachstetten, Franken, am 8. März 1921 geboren, trat Eder als 17jähriger Fahnenjunker in die Luftwaffe ein. Am 1. April 1939 begann er an der Luftkriegsschule Berlin-Gatow mit seiner fliegerischen Ausbildung. Nach Abschluß der Ausbildung wurde er zur Jagdfliegerschule 1 Werneuchen versetzt, um dann Dienst bei der I./JG 51 am Kanal zu

Zu den ritterlichsten Experten der Jagdwaffe zählte Georg-Peter Eder, der 78 Luftsiege errang, 17mal abgeschossen und zwölfmal verwundet wurde.

leisten. Auch Eder war als Jagdflieger ein Spätentwickler. In der Luftschlacht um England gelang ihm kein einziger Abschuß. Der Verband wurde an die Ostfront verlegt und nahm an der Eröffnung des Rußlandfeldzuges teil. Schon am ersten Tag, dem 22. Juni 1941, konnte Eder zwei Abschüsse erzielen. Kaum hatte er am 24. Juli seinen zehnten Luftsieg errungen, wurde Eder abgeschossen und zum ersten Male schwer verwundet, so daß er drei Monate im Lazarett liegen mußte.

Nach seiner Entlassung kam Eder in die Jagdfliegerschule Zerbst, wo er solange blieb, bis er wieder voll frontverwendungsfähig war. Im Dezember 1942 wurde er in die 7./JG 2 versetzt, die an der Kanalküste lag. Im März 1943 wurde er Staffelkapitän der 12./JG 2. Um diese Zeit herum

muß sich Hptm. Eder mit dem Angriff von vorn gegen US-Bomber beschäftigt haben, eine Angriffstaktik, die sich als so erfolgreich erweisen sollte. Im Februar 1944 wurde er als Staffelkapitän der 6. Staffel ins JG 1 versetzt. Bis Juni hatte er es auf 49 Abschüsse gebracht. Am 22. Februar 1944 war ihm das Ritterkreuz verliehen worden. Im September zum Major befördert, übernahm Eder als Gruppenkommandeur die II./JG 26. Den Krieg beendete er als Jagdflieger im JG 7, das mit Me 262-Strahlflugzeugen ausgerüstet war.

Georg-Peter Eder war für sein ritterliches Verhalten bekannt. Man sagte häufig, er sei der ritterlichste Jagdflieger der Luftwaffe gewesen, weil er während seiner vierjährigen Einsatzzeit nie absichtlich auf den gegnerischen Piloten anhielt, um ihn zu töten. Eder zielte immer auf den Motor oder andere wichtige Flugzeugteile, aber nicht auf die Flugzeugkabine selbst. Nicht nur zielte er nie auf den Piloten, sondern er lehnte es auch ab, einem angeschossenen Gegner den Fangschuß zu geben. Ein derartiger Fall ist von Mike Gladych überliefert, der als Pole Jagdflieger der RAF war. Er und Eder trafen sich nach dem Kriege, um als ehemalige Kriegsgegner Gedanken und Erfahrungen auszutauschen. Anhand ihrer Flugbücher konnten sie feststellen, daß Eder während eines Luftkampfes über Lille Gladychs Flugzeug schwer getroffen hatte. Statt den wehrlosen Gegner vollends abzuschießen, was die meisten Jagdflieger wohl getan hätten, flog Eder neben Gladych her, wackelte mit den Tragflächen, grüßte ihn militärisch und flog davon. Etwas später waren die beiden wieder in einen Luftkampf verwickelt, den Eder zu seinen Gunsten entscheiden konnte. Diesmal wollte Eder sein Opfer zur Landung zwingen, um ihn gefangennehmen zu lassen. Durch Handzeichen gab Eder seine Absicht kund und flog hinter der ›Thunderbolt‹ her. Gladych war clever genug, den ahnungslosen Eder direkt in den Bereich einer deutschen Flakbatterie hineinzulocken, die sofort das Feuer eröffnete, woraufhin Eder schnellstens abdrehen mußte. Dadurch verlor er seinen »Gefangenen« aus den Augen. Gladych machte sich aus dem Staube und flog mit Vollgas nach England zurück.

Von seinen 78 Luftsiegen waren alleine 36 Abschüsse viermotoriger Bomber. Eder vernichtete auch drei ›Sherman‹-Panzer. Weitere 18 gemeldete Abschüsse wurden nicht mehr bestätigt. Während eines Jagdeinsatzes mit der Me 262 rammte Eder einen Begleitjäger ›Lightning‹, so daß einem seiner Staffelkameraden der Abschuß einer ›Fliegenden Festung‹ gelang!

Kurt Bühligen begann zunächst als Angehöriger des Bodenpersonals, um dann später bis zum Kommodore des JG 2, im Range eines Oberstleutnants, aufzusteigen.

KURT BÜHLIGEN wurde am 13. Dezember 1917 in Granschütz/Thüringen geboren. Er hatte den brennenden Wunsch, Flieger zu werden, den er sich jedoch erst später erfüllen konnte. Er trat in die Luftwaffe als Mann des Bodenpersonals ein und wurde schon bald 1. Wart. Seine charakterlichen Merkmale ließen ihn für die Jagdfliegerausbildung geeignet erscheinen, so daß die Luftwaffe seinem Wunsch zur Versetzung zum fliegenden Personal entsprach. 1938/39 durchlief Bühligen die fliegerische Ausbildung und kam im Juli 1940 als Unteroffizier zum JG ›Richthofen‹ Nr. 2. Trotz seiner hervorragenden Leistungen im Luftkrieg zählt Kurt Bühligen zu den weniger bekannten Jagdfliegern. Er stieg vom 1. Wart bis zum Oberstleutnant und Kommodore auf. Alle seine 112 Luftsiege errang er gegen

Amerikaner und Engländer. Aus nicht bekannten Gründen hörte man von diesem beachtlichen Mann während des Krieges kaum etwas. Bühligen gelang in der Luftschlacht um England am 4. September 1940 sein erster Abschuß. Genau ein Jahr später erhielt er nach seinem 21. Luftsieg das Ritterkreuz. Damals war er inzwischen Oberfeldwebel.

Im Dezember 1942 kam Bühligen, wie viele andere Jagdflieger, nach Tunesien, wo es hieß, das bedrängte Afrikakorps zu entlasten und zu unterstützen. Trotz einer überwältigenden zahlenmäßigen Überlegenheit der alliierten Luftstreitkräfte konnte Bühligen in Nordafrika 40 feindliche Flugzeuge abschießen. Nachdem die Amerikaner mit Nachdruck ihre Tagesbombenangriffe aufnahmen, kehrte er im März 1943 an die Kanalfront zurück.

Am 2. März 1944 hatte Bühligen 96 Abschüsse erreicht, wofür ihm das Eichenlaub zum Ritterkreuz verliehen wurde. Inzwischen war er Major und Gruppenkommandeur der II./JG 2. Im Mai wurde er zum Oberstleutnant befördert und zum Kommodore des JG 2 ernannt. Im Juni hatte er seinen 100. Abschuß erzielt. Nach zwölf weiteren Abschüssen versetzte man ihn an die Ostfront. Anfang 1945 führte der Kommodore seinen Verband zur freien Jagd über russischem Feindgebiet. Bühligen hatte an seiner Maschine eine Motorstörung, so daß er notlanden mußte. Er geriet in russische Gefangenschaft, aus der er erst 1950 zurückkehrte.

Nach seiner Gefangennahme dauerte der Krieg nicht mehr lange. Somit ist Kurt Bühligen der letzte Kommodore des JG ›Richthofen‹ Nr. 2 gewesen.

HANS HAHN, der eng mit dem JG 2 verbunden war, flog während der Luftschlacht um England mit Wick, Balthasar und Oesau. Hans Hahn, auch »Assi« genannt, wurde am 14. April 1914 in Gotha geboren und trat 1939 als Oberleutnant zum JG 2. »Assi« war schnell ein erfolgreicher und beständiger Jagdflieger und Schütze, der seine ersten zwei Abschüsse gleich beim ersten Feindeinsatz, am 14. Mai 1940, gegen zwei ›Hurricane‹ des RAF-Fighter Command erzielte. Bis zum 24. September 1940 hatte er 20 Luftsiege erreicht, wofür ihm das Ritterkreuz verliehen wurde. Gleichzeitig wurde er als Staffelkapitän der 4./JG 2 zum Gruppenkommandeur der III./JG 2 ernannt. Am 14. August 1941, nach seinem 41. Abschuß, erhielt »Assi« Hahn das Eichenlaub zum Ritterkreuz und seine Beförderung zum Hauptmann.

Während der Luftschlacht um England befand sich Hahn

seinen 100. Luftsieg. In nur sieben Luftkampfbegegnungen konnte »Assi« Hahn seine 40 Abschüsse russischer Flugzeuge erzielen.

Bei seinem 560. Einsatz, am 21. Februar 1943, als er seine Gruppe über Feindgebiet führte, bekam Hahn an seiner Maschine Motorschaden, so daß er notlanden mußte. Er geriet in Kriegsgefangenschaft und mußte sieben Jahre lang in russischen Lagern zubringen.

Mit den bis Anfang 1943 bestätigten 108 Abschüssen und 36 zusätzlich gemeldeten, also wahrscheinlichen, darf man davon ausgehen, daß die Gesamtabschußzahl von Hans Hahn sicher weiter angestiegen wäre, wenn er bis zum Kriegsschluß weiter an der Front hätte tätig sein können.

FRANK LIESENDAHL zählte nicht zu den sogenannten Experten, dennoch soll sein Name hier erwähnt werden, weil er einer der erfahrensten und führenden Jabo-Flieger war. In Wuppertal-Barmen am 23. Februar 1915 geboren, trat Liesendahl kurz vor Kriegsbeginn in die Luftwaffe ein.

Frank Liesendahl entwickelte die Angriffsverfahren, nach denen Jagdflugzeuge Bomben abwerfen konnten. Seine Techniken haben sich bis in die heutige Zeit als richtig erwiesen, so daß alle Luftstreitkräfte der Welt nach ihnen verfahren.

Hans »Assi« Hahn flog während der Luftschlacht um England zusammen mit Wick, Balthasar und Oesau. Später geriet er in sowjetische Kriegsgefangenschaft, aus der er erst nach sieben Jahren zurückkehrte.

in der Spitzengruppe der Jagdflieger. Sein angenehmes menschliches Wesen, seine Lebensfreude und sein Selbstbewußtsein machten ihn im Kreise seiner Kameraden beliebt und bekannt. Diese Charaktermerkmale versetzten ihn später in russischer Kriegsgefangenschaft in die Lage, mit den schweren und widerwärtigen Zuständen dort fertig zu werden.

Nach 68 Abschüssen von RAF-Flugzeugen, 62 davon waren ›Spitfire‹ und ›Hurricane‹ des Fighter Command, wurde Major »Assi« Hahn an die Ostfront zum JG 54 ›Grünherz‹ versetzt. Am 1. November 1942 meldete er sich bei seinem neuen Verband. Auch hier, wo ganz andere Kampfbedingungen herrschten, nahmen seine Abschußzahlen stetig zu. Seinen erfolgreichsten Tag hatte er am 6. Januar 1943, als er über dem Ladoga-See acht russische Lagg-Jäger abschießen konnte. Zwanzig Tage später errang Hahn

Nach Abschluß seiner fliegerischen Ausbildung wurde er in das JG 53 versetzt, wo er im Jahre 1940 Dienst tat. Im Frühjahr 1941 kam er zum JG ›Richthofen‹ Nr. 2, und zwar in die 6. Staffel. Am 10. November 1941 wurde er Staffelkapitän der 10./JG 2.

Die Entscheidung, die 10./JG 2 als Jagdbomberstaffel einzusetzen, setzte voraus, daß Liesendahl und seine Männer in die Bombenabwurfverfahren für einmotorige Flugzeuge eingewiesen wurden. Leider gab es derartige Lehrgänge nur für Stuka-Flieger. Sie waren nicht geeignet für die hohen Abwurfgeschwindigkeiten bei Jagdflugzeugen. So blieb Oblt. Liesendahl nichts anderes übrig, als selbst derartige Verfahren für die Me 109 zu entwickeln. Nach mehreren Erprobungen, auch unter Feindbedingungen, fand er heraus, daß für Jagdflugzeuge der Stechflug aus dem Tiefflug heraus das beste Bombenwurfverfahren war. Nach dem Auslösen der Bombenlast wurde dann mit der überschüssigen Fahrt steil nach oben weggezogen. Diese Taktik übernahmen alle Luftstreitkräfte der Welt, und sie wird heute noch angewendet.

Unter der Führung von Hauptmann Liesendahl kämpfte die 10./JG 2 gegen die englische Küstenschiffahrt. Bis zum 26. Juni 1942 hatte die Staffel 20 Schiffe mit mehr als 60000 t auf den Grund des Ärmelkanals geschickt. Während die Jagdflieger Gegner abschossen, versenkten Frank Liesendahl und seine Männer mit Versorgungsgütern beladene Schiffe, die englische Häfen ansteuerten.

Am 17. Juli 1942 war die 10./JG 2 wieder einmal unter Führung von Liesendahl im Raum Brixham vor der englischen Küste unterwegs. Irgendwie verlor Liesendahl den Anschluß an die Staffel, nachdem er sich ein Handelsschiff als Ziel auserkoren hatte. Von ihm und seiner Maschine verliert sich seitdem jede Spur. Hptm. Frank Liesendahl wurde posthum am 4. September 1942 für seine außerordentlichen Leistungen als Jabo-Staffelkapitän das Ritterkreuz verliehen.

WERNER JUNCK war einer der Flieger aus dem Ersten Weltkrieg, der Görings Ruf zum Aufbau der Luftwaffe folgte. In Magdeburg am 28. Dezember 1895 geboren, konnte Junck im Ersten Weltkrieg fünf Abschüsse erzielen. Im April 1938 wurde er der erste Kommodore des JG 53 ›Pikas‹. Im Oktober 1939 gab er das Geschwader an Hans Klein ab, der noch im Geschwader des Manfred von Richthofen geflogen war. 1941 führte Junck die Luftwaffen-Mission Irak, wo er über die Lieferung von Jagdflugzeugen

verhandelte, um dafür politische und militärische Vorteile für Deutschland zu erlangen. Nach Beendigung seiner Aufgabe und Rückkehr nach Deutschland war er zunächst Jafü 3, übernahm dann, als die alliierten Bomberangriffe ihren Höhepunkt erreicht hatten, die Führung des II. Jagdkorps. Ihm oblag es, den alliierten Luftflotten soviel wie möglich ihrer Kampfkraft zu nehmen. Für seine Leistungen in dieser schlimmen Phase des Bombenkrieges wurde ihm am 9. Juni 1944 das Ritterkreuz verliehen.

GÜNTHER FREIHERR VON MALTZAHN war Nachfolger von Jürgen v. Cramon-Taubadel (der Hans Klein nachgefolgt war) als Kommodore des JG 53 ›Pikas‹, das er am 10. November 1940 übernahm. Von seinen Kameraden meist »Henri« genannt, war von Maltzahn einer der großen Jagdfliegerpersönlichkeiten, wie etwa Galland, Trautloft und Lützow. Er war charakterfest genug und von äußerster Fürsorge für seine Truppe durchdrungen, um selbst höchsten Führungsstellen klar die Meinung zu sagen.

Am 20. Oktober 1910 in Wodarg/Pommern als Sproß einer Adelsfamilie geboren, trat von Maltzahn Mitte der dreißiger Jahre in die Luftwaffe ein. Im August 1939 war er

An drei Fronten führte Günther von Maltzahn sein JG 53. Er war im Kreise der »Meuterer« der Jäger, die sich der Verbesserung der Jagdwaffe verschrieben hatten.

Kommandeur der II./JG 53. Als Kommodore führte er sein Geschwader im Westen, an der Ostfront, im Mittelmeerraum und in Nordafrika. Im Oktober 1943 wurde er zum Jafü Italien ernannt.

Günther von Maltzahn errang in 500 Einsätzen 68 Luftsiege, 35 davon waren englische und amerikanische Maschinen.

HERBERT ROLLWAGE gelang der Abschuß von 44 alliierten Viermot-Bombern, womit ihm kein anderer Jagdflieger gleichkam. Als Feldwebel kam er Anfang 1941 zur 5./JG 53, flog zunächst Einsätze an der Ostfront, um dann

Herbert Rollwage schoß 44 viermotorige Bomber ab, was zum Personalverlust von mehr als 400 Besatzungsangehörigen führte. Damit stand er an der Spitze aller Jagdflieger auf diesem Gebiet.

im Januar 1942 mit von Maltzahn in den Mittelmeerraum verlegt zu werden. Am 24. September 1916 in Gielde bei Goslar geboren, wurde der 27jährige Portepéeträger 1943 wieder in den Westen versetzt, um im Einsatz gegen die alliierten Bomberverbände zu kämpfen. Am 4. April 1944 hatte Rollwage 53 Luftsiege, wofür er das Ritterkreuz verliehen bekam. Aufgrund seiner Leistungen wurde er zum Leutnant (KO) befördert. Am 21. Januar 1945 erhielt er das Eichenlaub zum Ritterkreuz. Bei Kriegsende hatte Herbert Rollwage 102 Abschüsse. Bis auf elf konnte er alle gegen Flugzeuge der Westalliierten erringen.

RUDOLF EHRENBERGER und FRANZ BARTEN waren beide erfahrene und erfolgreiche Jagdflieger im JG 53, und beide erlitten das Schicksal, hilflos an ihren Fallschirmen hängend, von alliierten Jagdfliegern abgeknallt zu werden!

Ehrenberger, als Österreicher in Erbesthal geboren, kam als Oberfeldwebel zur 6./JG 53, die im Mittelmeerraum kämpfte. Dort blieb er zwei Jahre lang. Dann stand er im Einsatz gegen US-Bomber und Begleitjäger am Himmel über Europa. Als er am 8. März 1944 seinen 49. Luftsieg errungen hatte, erhielt Ehrenbergers Maschine Treffer von einem US-Jäger, so daß er gezwungen war, in der Nähe von Jüterbog mit dem Fallschirm auszusteigen. Während er am Fallschirm der Erde zuschwebte, schoß ein alliierter Jäger auf ihn und tötete ihn. Posthum wurde Rudolf Ehrenberger am 4. April 1944 das Ritterkreuz verliehen.

Der in Saarbrücken geborene Barten kam 1939 als Feldwebel zur IV./JG 51. Im Juni 1943 wurde er zur III./JG 53 versetzt. Später führte Oberleutnant Barten als Staffelkapitän die 9./JG 53. Bis zum August 1944 hatte er 52 Luftsiege errungen. Als Franz Barten am 4. August 1944 seinen 895. Jagdeinsatz flog, um US-Bomber anzugreifen, wurde er von einer Überzahl von Begleitjägern in einen Luftkampf verwickelt. Die erhaltenen Treffer zwangen ihn über Soltau, seine Maschine aufzugeben und mit dem Fallschirm abzuspringen. Beim Herabschweben am Schirm schoß ein alliierter Jäger auf ihn und tötete ihn mit einem Kopfschuß. Posthum wurde Franz Barten zum Hauptmann befördert und am 6. Dezember 1944 mit dem Ritterkreuz ausgezeichnet.

Nachweislich wurden die beiden Experten vom JG 53 »Pikas«, Rudolf Ehrenberger und Franz Barten, am Fallschirm pendelnd, von alliierten Jägern erschossen.

THEODOR OSTERKAMP baute als Kommodore das JG 51 auf, das später den Namen Jagdgeschwader 51 ›Mölders‹ erhielt. In Düren/Rheinland am 15. April 1892 geboren, führte Osterkamp im Ersten Weltkrieg in der Flandernschlacht die Marinejagdstaffel 2.

Im Ersten Weltkrieg hatte er 32 Luftsiege errungen und für seine Leistungen den Pour le mérite verliehen bekommen. Nach dem Kriege schloß sich Osterkamp der Eisernen Division an, die die Bolschewiken bekämpfte, die das Baltikum und den Balkan zu infiltrieren begannen.

Osterkamp beschäftigte sich mit der Luftfahrt und nahm an Flugwettbewerben teil, bis ihn der Ruf Görings erreichte, am Aufbau der neuen Luftwaffe mitzuwirken. Er widersetzte sich dem nicht, trat 1935 in die Luftwaffe ein und führte bis November 1939 die Jagdfliegerschule 1, um danach das JG 51 aufzustellen.

Trotz seines Alters, er war doppelt so alt wie die älteren seiner Jagdflieger, war Osterkamp nie ein Kommodore, der vom Schreibtisch aus führte. Er selbst führte sein Geschwader im Frankreichfeldzug und in der Luftschlacht um England, stets seine Männer zu hohen Leistungen im Luftkrieg anspornend. Dieses und seine väterliche, fürsorgliche Art, mit seinen Männern umzugehen, waren die Gründe, warum ihn alle liebevoll »Onkel Theo« nannten. Nach sechs Luftsiegen über französische und englische Gegner wurde er während der Luftschlacht um England im August 1940 zum Jafü ernannt, um die Jagdwaffe gegen die Kräfte des Fighter Command der RAF zu führen. Im Verlaufe des Krieges wurde wurde Generalleutnant Osterkamp noch Jafü Italien.

Am 22. August 1940 erhielt er als Generalmajor das Ritterkreuz verliehen, während er als Jafü die deutschen Jagdkräfte am Ärmelkanal führte.

WERNER MÖLDERS wurde nach Osterkamp Kommodore des JG 51, das später einmal seinen Namen tragen sollte. In Gelsenkirchen am 18. März 1913 geboren, sollte er zum Vorbild aller jungen deutschen Jagdflieger werden, die von ihrem Idol immer nur voller Begeisterung spra-

chen. Trotz seiner jungen Jahre nannten ihn seine Untergebenen »Vati«. Ihm gelangen als erstem Jagdflieger nach von Richthofen mehr als 80 Abschüsse, und er war der erste, der 100 Luftsiege errang.

Sein Vater war Lehrer und fiel im Ersten Weltkrieg in den Argonnen. Seit seiner Jugend war es Werner Mölders klar, daß er Soldat werden wollte. 1932 kam er zur Kriegsschule Dresden, die er zwei Jahre später als Leutnant abschloß. Ende 1934 bewarb sich Mölders bei der noch geheimen Luftwaffe für den fliegerischen Dienst. Obwohl er schon alle schriftlichen Überprüfungen und medizinische Untersuchungen durchlaufen und bestanden hatte, scheiterte er an dem sogenannten Drehstuhl, in dem die Reaktion auf Trudelbewegungen getestet wurde. Mölders vertrug das nicht. Ihm wurde schlecht, er wurde bleich im Gesicht, begann zu zittern und mußte sich erbrechen. Er

Werner Mölders war der beste Taktiker im Zweiten Weltkrieg. Die zwei Bilder rechts zeigen Flugzeugnase und das Leitwerk seiner Me 109E (wie Emil) zur Zeit der Luftschlacht um England.

fühlte sich in der Tat so elend danach, daß der Fliegerarzt ihn für fliegeruntauglich erklärte und ihm riet, beim Heer zu bleiben, wo er mit beiden Füßen immer auf festem Grunde stünde. Mölders war aber wie versessen aufs Fliegen. Er ließ nicht locker. Er übte und übte, bis er endlich alle Untersuchungen bestand. Das bedeutete jedoch nicht, daß er nicht mehr luftkrank wurde. Immer wieder passierte ihm das, als er bei der Deutschen Verkehrsfliegerschule Braunschweig, die der alte Bombenflieger Alfred Keller führte, Schulungsflüge auf der He 45 und der Junkers W 34 durchführte. Selbst später auf der Kampffliegerschule plagten ihn die Symptome der Luftkrankheit – Schwindelgefühl, Kopfschmerzen, Übelkeit mit Erbrechen –. Nach der Sturzkampfausbildung in Schleißheim wurde er zum Stuka-Geschwader ›Immelmann‹ nach Schwerin versetzt und konnte dort ganz langsam seine körperliche Schwäche überwinden und bezwingen.

Im März 1936 wurden Mölders und fünf weitere Jagdflieger nach Düsseldorf beordert, um während der deutschen Besetzung des Rheinlandes Jagdschutz zu geben. Danach folgte seine Versetzung zur Jagdfliegerschule 1 (Osterkamp). Dort übernahm er die 1. Jagdschulstaffel, in der er viele der zukünftigen Jagdexperten, unter anderen Wick, Oesau und Hahn, ausbildete.

Im Verlaufe der heftigen Kämpfe der »Legion Condor« zugunsten der nationalspanischen Seite wurde ein Nachfolger für Adolf Galland als Staffelkapitän der 3./ J 88 gesucht. Für diese Tätigkeit war Mölders von der Luftwaffenpersonalführung ausersehen worden. Er traf im April 1938 in Spanien ein. Nachdem er einen Monat lang unter den kritischen Augen Gallands seinen Dienst versehen hatte, stimmte man zu, daß Mölders für den Posten geeignet war. Im Juli hatte die Staffel die Me 109 B erhalten. Bereits am 15. des Monats konnte Mölders damit seinen ersten Luftsieg erringen. Er führte seine Männer gegen einige Polikarpow I-16 ›Rata‹-Jäger. Beim ersten Ansatz schoß Werner Mölders weit vorbei. Ärgerlich über sein Versagen, nahm er sich schnell eine andere ›Rata‹ vor und wartete mit dem Feuern solange, bis die feindliche Maschine den Rahmen seiner Windschutzscheibe voll ausfüllte. Diesmal hatte er getroffen, und die I-16 explodierte in Rauch und Flammen. Jetzt wußte er, daß der erste Luftsieg immer der schwierigste war. Mit pochendem Herzen und weichen Gefühlen in der Magengrube war es für den Anfänger fast unmöglich, beim Anflug und der schnellen Annäherung zum Gegner einen klaren Kopf zu behalten. Von nun an widmete

sich Werner Mölders sehr intensiv der Aufgabe, den neu zuversetzten Jagdfliegern in seiner Staffel nicht nur zum ersten Luftsieg zu verhelfen, sondern ihnen auch über den Schock hinwegzuhelfen, den viele Jagdflieger nach ihrem ersten Abschuß erlitten. Dieser ruhige, bescheidene und einfühlsame überzeugte Katholik hatte beides durchlebt – die außerordentliche Anspannung vor dem Abschuß des Gegners und das Schockerlebnis danach –. Daher wußte er, worum es genau ging, wenn er den Anfängern bei der Überwindung ihrer ernsthaften Probleme vertrauensvoll behilflich war.

Schnell hatte Mölders erkannt, daß die Luftkampfverfahren des Jahres 1938 auf die langsam fliegenden Doppeldecker zugeschnitten waren, und völlig veraltet und überholt im Hinblick auf die modernen Jagdeinsitzer. Er entwickelte die ihrer Zeit weit vorauseilenden Jagdtaktiken in Spanien: Die wendige Rotte im taktisch beweglichen Schwarmverband (worauf in den vorhergehenden Kapiteln schon eingegangen worden ist).

Am 31. Oktober 1938 erzielte Mölders seinen 14. Abschuß, zugleich den letzten für ihn in Spanien. Anfang November kehrte er als Jagdflieger mit den meisten Abschüssen in der »Legion Condor« nach Deutschland zurück. In den folgenden Wintermonaten bereiste Mölders Luftwaffenverbände, um sie mit den neuen Luftkampftaktiken vertraut zu machen. Am 15. März 1939 wurde er unter gleichzeitiger Beförderung zum Hauptmann Staffelkapitän der 1./JG 53. Im August kam der ehemalige Schüler von Mölders, Helmut Wick, in die Staffel, und im Oktober wurde Hans Klein, Pour le mérite, Geschwaderkommodore. In den ersten Tagen des Frankreichfeldzuges übernahm Mölders als Gruppenkommandeur die III./JG 53.

Seinen ersten Abschuß im Zweiten Weltkrieg erzielte Mölders am 20. September 1939, als er während des »Sitzkrieges« mit Frankreich eine amerikanische, von Franzosen geflogene Curtiss ›Hawk‹ 75A abschoß. Als erstem Pilot der Jagdwaffe gelang ihm am 28. Mai 1940 sein 20. Abschuß, wofür ihm am folgenden Tage das Ritterkreuz verliehen wurde. Seine Taktik bestand darin, so nahe wie möglich heranzugehen, um aus kürzester Schußentfernung das Feuer zu eröffnen, wobei er lieber Maschinengewehr- als Kanonenfeuer wählte.

Am Morgen des 5. Juni 1940 erzielte Mölders über Compiègne seinen 24. und 25. Luftsieg. Nachmittags führte er 15 Me 109 im Raum Bray-sur-Somme über dem Wald von Chantilly im Rahmen freier Jagd. Die Deutschen trafen auf

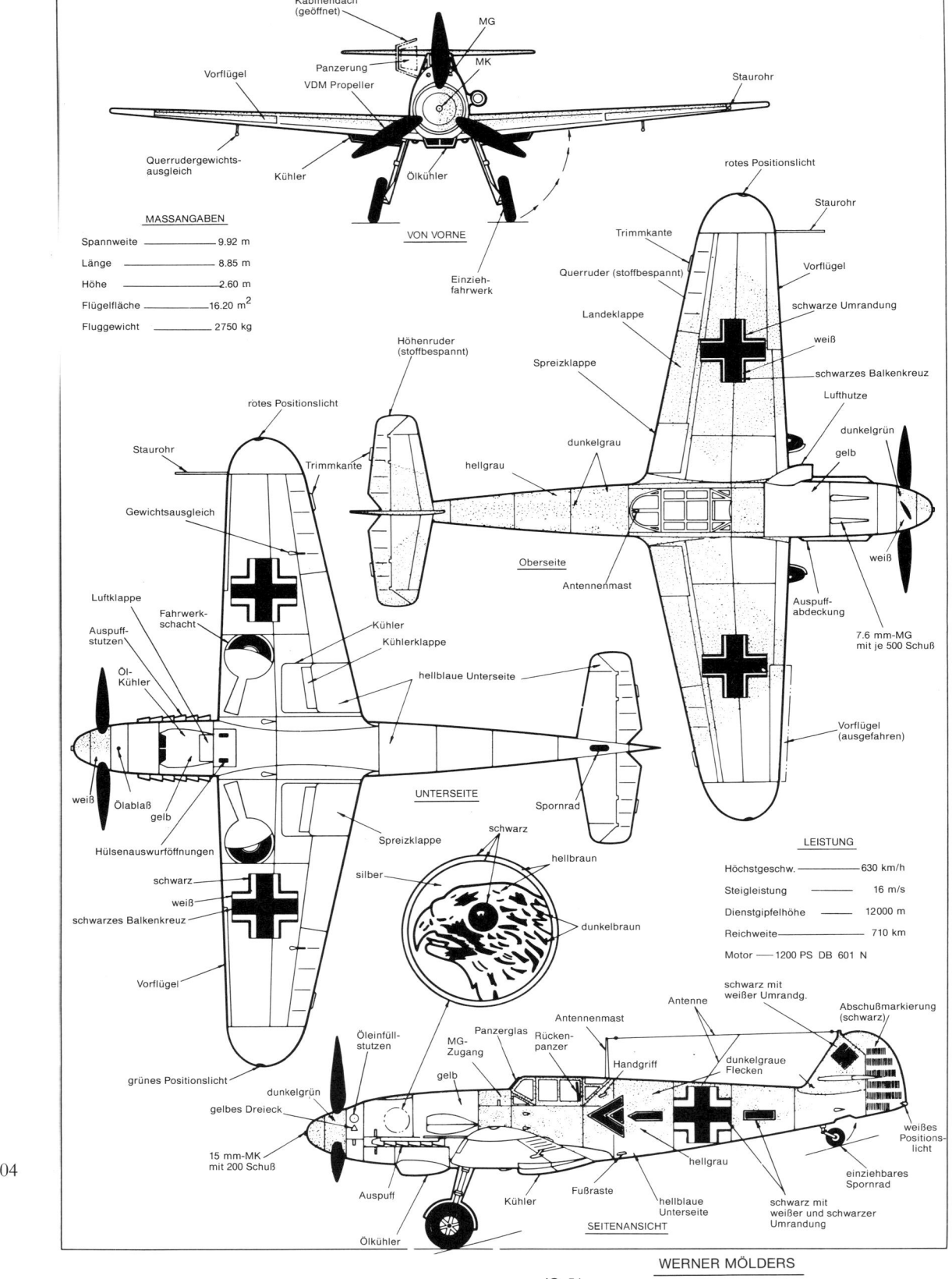

Kabinendach
(geöffnet)

MG

Vorflügel

Panzerung

MK

Staurohr

VDM Propeller

Querrudergewichts-
ausgleich

Kühler

Ölkühler

VON VORNE

Einzieh-
fahrwerk

MASSANGABEN

Spannweite —————— 9.92 m

Länge —————— 8.85 m

Höhe —————— 2.60 m

Flügelfläche —————— 16.20 m^2

Fluggewicht —————— 2750 kg

rotes Positionslicht

Staurohr

Trimmkante

Querruder (stoffbespannt)

Vorflügel

Landeklappe

schwarze Umrandung

weiß

Spreizklappe

schwarzes Balkenkreuz

Höhenruder
(stoffbespannt)

dunkelgrau

Lufthutze

hellgrau

dunkelgrün

rotes Positionslicht

gelb

Staurohr

weiß

Trimmkante

Gewichtsausgleich

Auspuff-
abdeckung

Oberseite

Antennenmast

7.6 mm-MG
mit je 500 Schuß

Luftklappe

Auspuff-
stutzen

Fahrwerk-
schacht

Kühler

Kühlerklappe

Öl-
Kühler

hellblaue Unterseite

weiß

Ölablaß

gelb

Hülsenauswurföffnungen

UNTERSEITE

Spornrad

Vorflügel
(ausgefahren)

schwarz

weiß

schwarzes Balkenkreuz

Spreizklappe

LEISTUNG

Höchstgeschw. ————— 630 km/h

Steigleistung ————— 16 m/s

Dienstgipfelhöhe ————— 12000 m

Reichweite————— 710 km

Motor —— 1200 PS DB 601 N

schwarz

hellbraun

silber

dunkelbraun

Vorflügel

grünes Positionslicht

Öleinfüll-
stutzen

MG-
Zugang

Panzerglas

Rücken-
panzer

Antennenmast

Antenne

schwarz mit
weißer Umrandg.

Abschußmarkierung
(schwarz)

dunkelgrün

gelbes Dreieck

gelb

Handgriff

dunkelgraue
Flecken

15 mm-MK
mit 200 Schuß

Auspuff

Kühler

Fußraste

hellgrau

hellblaue
Unterseite

weißes
Positions-
licht

einziehbares
Spornrad

schwarz mit
weißer und schwarzer
Umrandung

Ölkühler

SEITENANSICHT

104

JG 51

WERNER MÖLDERS

Messerschmitt Me 109 F-2

einige Ketten der Escadrille ›France‹ der Jagdgruppe 2/7, die mit Dewoitine 520 und ›Morane‹ Jagdaufklärung flogen.

Capitaine Hugo führte den französischen Jagdverband. Dem Leutnant René Pomier-Layrargues hatte er befohlen, mit seinem Schwarm in 7000 m Höhendeckung zu fliegen. Durch diese Maßnahme wurde Mölders überrascht, so daß gleich zu Beginn des Kampfes zwei Me 109 abgeschossen wurden. Während Mölders sich darauf konzentrierte, seinem jungen Rottenflieger zu seinem ersten Luftsieg zu verhelfen, stürzte sich Pomier-Layrargues in seiner Dewoitine auf die Maschine von Mölders und zerschoß das Kabinendach und setzte den Motor in Brand. Mölders verließ sofort seine Maschine und kam in der Nähe von Villerseau mit dem Fallschirm nieder, wo er von französischen Truppen gefangengenommen wurde. Zur Vernehmung brachte man den Gruppenkommandeur ins Schloß Blincourt, wo er von Capitaine Drouot und Leutnant Bassous mit Hilfe des Übersetzers Zimmermann vernommen wurde. Lange blieb Mölders jedoch nicht in Kriegsgefangenschaft, denn ein paar Wochen später kapitulierte Frankreich. Als er am 19. Juli 1940 nach Deutschland zurückkehrte, wurde er zum Major befördert.

Acht Tage später ernannte man Werner Mölders als Nachfolger von Osterkamp zum Kommodore des JG 51. Genau an diesem Tage befand er sich vormittags zur freien Jagd über England, als er von dem berühmten englischen Jagdflieger Squadron Leader Adolf ›Sailor‹ Malan überrascht wurde. Seine Me 109 erhielt derart viele Treffer, daß er nur mit Mühe und Not die französische Küste erreichte. Mölders erlitt während des Luftkampfes eine Verwundung am Knie, er mußte bei Wissant, in der Nähe von Calais, notlanden. Mölders kam ins Lazarett, so daß Osterkamp gezwungen war, für weitere vier Wochen die Führung des Geschwaders zu übernehmen.

Kaum genesen und im Verband zurück, schoß Mölders am 29. September 1940 seinen 40. Luftgegner ab, womit er der erste Jagdflieger war, der diese Abschußzahl erreichte. Dafür erhielt er das Eichenlaub zum Ritterkreuz verliehen und war damit der zweite Offizier der Luftwaffe, der diese hohe Auszeichnung bekam. Zugleich wurde er zum Oberstleutnant befördert. »Vati« Mölders war ein ernster und ruhiger Mann, der von außerordentlichem Verantwortungsbewußtsein durchdrungen war. Seine innewohnende Charakterstärke, sein Arbeitseifer, seine Hingabe als begnadeter Truppenführer im administrativen und taktischen Bereich

und seine kämpferischen Eigenschaften zeichneten ihn insbesondere aus. Voller Überzeugung trat er dafür ein, daß im Kriege ein soldatischer und ritterlicher Kodex zu bewahren wäre. So war er eines Tages darüber bestürzt, als er miterleben mußte, daß der Kommandeur der I./JG 51 einen Eisenbahnzug mit Bordwaffen bekämpfte. Nach der Rückkehr vom Feindflug nahm Mölders sich Hauptmann Joppien zur Brust und erteilte ihm eine Standpauke über die Unterschiede zwischen militärischen und zivilen Zielen.

Seinen 60. Luftsieg errang Werner Mölders am 26. Februar 1941. Nach Hermann-Friedrich Joppien stand er damit an zweiter Stelle der Rangfolge. Als er mit seinem Geschwader an die Ostfront verlegte, hatte er 68 Abschüsse. Am ersten Tag des Rußlandfeldzuges schoß er vier russische Flugzeuge ab. Kurz darauf gelangen ihm fünf Abschüsse an einem Tag. Mölders erhielt am 22. Juni 1941 die Schwerter zum Ritterkreuz verliehen. Acht Tage später konnte das JG 51 als erstes Jagdgeschwader 1000 Abschüsse melden. Dem JG 51 gelang es einmal, an einem Tage 96 russische Flugzeuge abzuschießen, von denen Mölders alleine 11 für sich in Anspruch nehmen konnte! Sein Rottenflieger, Erwin Fleig, machte schwere Zeiten durch, um seinen Rottenführer nicht aus den Augen zu verlieren. Am 15. Juli erzielte Mölders als erster Jagdflieger der Luftwaffe seinen 100. und 101. Abschuß. Für seine Leistungen wurden ihm als erstem Soldaten der Wehrmacht die Brillanten zum Ritterkreuz verliehen. Ende Juli war Mölders bei 115 Abschüssen angelangt. Weil Mölders inzwischen für die Luftwaffenführung zu wertvoll war, als daß man riskieren wollte, ihn im Einsatz zu verlieren, erteilte sie ihm Flugverbot. Er wurde zum Oberkommando der Luftwaffe versetzt unter gleichzeitiger Beförderung zum Oberst, womit er der jüngste Oberst der Luftwaffe war.

In der Stabstätigkeit bewährte sich der 28jährige Mölders so hervorragend, daß er im September 1941 zum Inspekteur der Jagdflieger ernannt wurde. In seiner neuen Verwendung fand man Mölders selten an seinem Schreibtisch. Dauernd war er an der Ostfront unterwegs, wo immer man seines Rates bedurfte. Von seinem Dienstwagen aus führte er seine Geschäfte. Mitte November war Mölders als Nahkampfführer auf der Krim mit der Einsatzführung von Stuka- und Jagdgruppen pausenlos beschäftigt. Die Kämpfe gestalteten sich sehr schwierig, so daß sehr bald ernsthafte Versorgungsprobleme auftraten. Es mangelte an Kraftstoff, Munition und Ersatzteilen, eine Lage, unter der die Luftwaffe dauernd zu leiden hatte. Als sich Mölders

Karl-Gottfried Nordmann übernahm nach Mölders die Führung des JG 51. Er erzielte insgesamt 78 Luftsiege und war später an der Ostfront Jafü Ostpreußen.

Hermann-Friedrich Joppien war einer der draufgängerischen Jagdflieger. Mehrfach hielt ihn Mölders zur Mäßigung seines Kampfeifers an.

entschlossen hatte, in dieser Angelegenheit persönlich in Berlin vorzusprechen, erreichte ihn die Nachricht vom Selbstmord Ernst Udets und die Aufforderung, sich zu den Beisetzungsfeierlichkeiten nach Berlin zu begeben. Er verlor keine Zeit, sich auf den Weg zu machen.

Trotz schlechten Wetters startete Mölders an Bord einer He 111 von Cherson nach Lemberg, wo noch Dienstpost an Bord genommen wurde. Nach dem Start in Lemberg geriet die Maschine in schlechtes Wetter. Der Pilot wollte umkehren, doch Mölders bestand darauf weiterzufliegen. Das Wetter wurde zwischen Lemberg und Berlin immer schlechter, zudem herrschten böige Gegenwinde. In der Nähe von Breslau fiel ein Motor aus, der sich auch nicht mehr anlassen ließ. Mölders beauftragte den Piloten, auf dem nächstgelegenen Flugplatz, Schöngarten oder Gandau bei Breslau, zu landen. Beim Anflug zur Landung fiel auch noch der zweite Motor aus, die He 111 bekam Bodenberührung, wobei Mölders, der neben dem Piloten saß, den Tod fand. Er erlitt einen Wirbelsäulenbruch.

Die ganze Nation trauerte um den Verlust eines Jagdfliegers, dessen Charakter und fliegerische Höchstleistungen im Herzen des Volkes einen unauslöschlichen Eindruck hinterlassen hatten. Dem JG 51 wurde der Traditionsname ›Mölders‹ verliehen. Selbst nach dem Kriege blieb Werner Mölders unvergessen. 1969 wurde der Lenkwaffenzerstörer der deutschen Bundesmarine (DDG-29)) zu Ehren des gefallenen Helden auf ›Mölders‹ getauft. (Das Jagdgeschwader 74 der Bundesluftwaffe erhielt am 22. November 1973 den Traditionsnamen »Mölders« verliehen; d. Ü.).

KARL-GOTTFRIED NORDMANN zählte – wie auch Mölders – zu den führenden Persönlichkeiten der Jagdwaffe. Bis sechs Monate nach dem Tode von Mölders führte er als Kommodore das JG 51. Nordmann wurde am 22. November 1915 in Gießen geboren. Bei der I./JG 77 nahm er am Polenfeldzug teil, wurde im Sommer 1940 Staffelkapitän der 12./JG 51, die seinerzeit am Kanal lag, um schließlich im Juli 1941 Gruppenkommandeur der

Nach 78 Luftsiegen mußte Heinrich Krafft vom JG 51 auf russischem Boden notlanden. Er wurde von russischen Truppen erschlagen.

IV./JG 51 zu werden. Für seine Leistungen im Luftkrieg wurde dem Oberleutnant nach seinem 31. Luftsieg am 1. August 1941 das Ritterkreuz verliehen. Am 16. September, nach seinem 59. Abschuß, wurde er mit dem Eichenlaub zum Ritterkreuz ausgezeichnet. Nordmann übernahm am 10. April 1942 als Kommodore die Führung des JG 51, um zwei Jahre später dann Jafü Ostpreußen zu werden.

Mit mehr als 800 Feindflügen schoß Oberst Nordmann 78 Luftgegner ab.

HERMANN-FRIEDRICH JOPPIEN blieb bis zu seinem Tode beim JG 51. Der angriffsfreudige Oberleutnant wurde nach seinem 21. Luftsieg am 16. September 1940 mit dem Ritterkreuz ausgezeichnet. Am 19. Juli 1912 in Bad Hersfeld geboren, zählte Joppien zu den bedeutendsten Jagdflieger der ersten Kriegsjahre. In der Luftschlacht um England erzielte er 25 Abschüsse. Als er am 21. April 1941 seinen 40. Luftsieg errang, stand er an fünfter Stelle in der Abschußrangfolge. Zwei Tage später wurde ihm das Ei-

chenlaub zum Ritterkreuz verliehen. Bei einem Jagdeinsatz im Tiefflug stürzte er am 21. August 1941 in der Nähe von Brjansk aus einer Steilkurve mit Aufschlagbrand ab. Hptm. Joppien hatte 70 Luftgegner bezwungen.

HEINRICH KRAFFT begann seine Laufbahn als Jagdflieger bei der I./JG 51 Anfang 1940. Seinen ersten Luftsieg errang er am 21. Mai 1940. Nach seinem 46. Luftsieg bekam er am 18. März 1942 das Ritterkreuz verliehen, um dann im Mai die I./JG 51 als Kommandeur zu übernehmen. Er wurde am 13. August 1914 in Bilin, Böhmen, geboren. Sein Spitzname war »Gaudi«. Bei einem Einsatz über Bjeloi in Rußland erhielt die Me 109 des Hauptmann Krafft Flaktreffer, so daß er notlanden mußte. Offensichtlich wurden hochdekorierte deutsche Offiziere von russischen Truppen stets sehr brutal behandelt. Kaum hatten die Häscher bei Krafft das Ritterkreuz entdeckt, erschlugen sie den Sieger in 78 Luftkämpfen.

HANS STRELOW, am 26. März 1922 in Berlin geboren, war 19 Jahre alt, als er Anfang 1941 zur II./JG 51 ›Mölders‹ kam. Drei Tage nach Beginn des Rußlandfeldzuges gelang ihm sein erster Abschuß, und bis Ende des Jahres hatte Strelow 28 russische Maschinen abgeschossen. Der

Der 19jährige Hans Strelow wollte lieber sterben, als von russischen Truppen gequält und geschlagen zu werden. Als er sich nach der Notlandung in seiner Me 109 von russischen Truppen umgeben sah, erschoß er sich.

März 1942 war sein großer Monat, als er 26 Flugzeuge abschoß. Am 18. März bekam er das Ritterkreuz verliehen. Dank seiner hervorragenden Pflichterfüllung und Leistung folgte nur sechs Tage später die Verleihung des Eichenlaubs zum Ritterkreuz. Damit war er der jüngste Soldat der Wehrmacht, dem diese hohe Auszeichnung verliehen worden war.

Nachdem er 67 Abschüsse erzielt hatte, traf Strelow auf zweimotorige russische Pe-2 Schlachtflugzeuge während eines Einsatzes über russischem Gebiet. Nach dem Abschuß einer der Maschinen bekam seine Maschine einen Motorschaden, so daß er im Feindesland notlanden mußte. Russische Infanterie drängte wie üblich auf die Notlandestelle zu. Er hatte vom Schicksal anderer Piloten gehört, die gezwungen waren, hinter den Linien zu landen, vor allem wenn es sich um Ordensträger handelte. Zuletzt sah man den 20jährigen Strelow, wie er sich die Pistole an den Kopf hielt. Offensichtlich zog es Hans Strelow vor, den Freitod zu suchen, bevor er der entwürdigenden Behandlung durch Quälen und Schlagen seitens aufgebrachter russischer Truppen, die selbst vor dem Erschießen nicht zurückschreckten, ausgesetzt war.

JOACHIM BRENDEL war mit 189 Luftsiegen einer der erfolgreichsten Jagdflieger des JG 51. Dennoch ist über seine Taten wenig bekannt. In Ulrichshalben bei Weimar am 27. April 1921 geboren, begann Brendel im Juni 1941 seine Laufbahn als Leutnant und Rottenflieger bei der I./JG 51 an der Ostfront. Nach dem vierten Feindflug konnte er am 29. Juni seinen ersten Abschuß erzielen, aber er benötigte 116 weitere Feindflüge, bis er am 31. März 1942 erst seinen nächsten Abschuß errang! Bis zum Dezember schaffte er nur zehn weitere Abschüsse. Er war ein ausgesprochener Spätentwickler, wie es übrigens viele der herausragenden Jagdflieger waren.

Anfang 1943 zeichnete sich bei Brendel eine bemerkenswerte Leistungssteigerung ab, denn er wurde immer besser. Am 24. Februar hatte er 20 Abschüsse; am 5. Mai 30; am 10. Juni 40, und am 9. Juli, es war sein 412. Feindflug, waren es schon 50 Abschüsse. Am 22. November 1943 hatte der Oberleutnant nach seinem 551. Feindflug seine Abschußzahl schon fast verdoppelt. Nach seinem 95. Luftsieg erhielt er damals das Ritterkreuz verliehen. Obwohl die Jagdwaffe immer stärker unter der zahlenmäßigen Überlegenheit der sowjetischen Luftstreitkräfte litt, konnte Brendel weiterhin seine Abschüsse steigern. Am 16. Oktober 1944 hatte Brendel seinen 150. Luftsieg. Für seinen 156. Abschuß erhielt er am 14. Januar 1945 das Eichenlaub zum Ritterkreuz. Er war inzwischen Hauptmann und Gruppenkommandeur der III./JG 51. Am 25. April 1945 errang Joachim Brendel seinen letzten Luftsieg.

ERWIN FLEIG war Rottenflieger von Werner Mölders und verbrachte die gesamte Kriegszeit beim JG 51. Am

Joachim Brendel war mit 189 anerkannten Luftsiegen einer der erfolgreichsten Jagdflieger im JG 51. Von seinen Leistungen wird nur selten gesprochen.

Viele Jagdfliegerexperten verdanken ihre Erfolge den Fähigkeiten ihrer Rottenflieger (»Katschmareks«). Erwin Fleig war im JG 51 Rottenflieger von Werner Mölders.

6. Dezember 1912 in Freiburg im Breisgau geboren, kam er im Juni 1940 zum JG 51 als Feldwebel. Zunächst flog er zahlreiche Jabo-Einsätze über England und in Rußland. Als Kriegsoffizier zum Leutnant befördert, erhielt Fleig nach seinem 26. Luftsieg am 12. August 1941 das Ritterkreuz. Am 29. Mai 1942, sechs Monate nach dem Tode seines Rottenführers (Mölders), wurde Erwin Fleig über Szokoloje in Rußland abgeschossen. Nach dem geglückten Fallschirmabsprung geriet der Sieger in 66 Luftkämpfen in russische Kriegsgefangenschaft, aus der er erst in den 50er Jahren zurückkehrte.

ANTON HAFNER war mit 204 bestätigten Luftsiegen der erfolgreichste Jagdflieger des JG 51. Mit Hafner verbindet sich eine bewegende Geschichte, die die Fährnisse des Zweiten Weltkrieges überdauern sollte. Davon aber später. In Erbach bei Ulm am 2. Juni 1918 geboren, kam Hafner als Unteroffizier im Juni 1941 zur 6./JG 51 an die Ostfront. Bis August 1942 hatte er bereits 60 Luftsiege errungen, wofür ihm am 23. August das Ritterkreuz verliehen wurde. Im November kam Hafner mit der II./JG 51 nach Nordafrika, um gegen die Amerikaner im Frontabschnitt Tunesien zu kämpfen.

Feldwebel Hafner war am 18. Dezember 1942 Teil eines Jagdverbandes, der einen US-Bomberverband abfangen sollte. Nahe Tunis traf die Staffel in etwa 10000 m Höhe auf Begleitjäger vom Typ ›Lightning‹. Unvermittelt setzte sich einer der Amerikaner hinter einen Kameraden von Hafner, der ihm sofort zur Hilfe eilte. Die drei Maschinen kurbelten bis auf etwa 5000 m über Grund hinunter. Hafner konnte der P-38 ein paar gute Treffer in den linken Motor versetzen, der zu brennen begann. Der Amerikaner sprang mit dem Fallschirm ab. Während er am Schirm herunterpendelte, umkreiste ihn Hafner einige Male. Der wehrlose Amerikaner glaubte, der Deutsche wolle ihn am Schirm erschießen, nicht wissend, daß Hafner sich strikt an die ritterlichen Verhaltensregeln der Jagdwaffe hielt. Der Pilot der P-38 kam in sumpfigem Gelände in der Nähe des deutschen Platzes auf und wurde von deutschen Truppen in das Kasino der II. Gruppe gebracht. Hafner stellte sich als sein Bezwinger im Luftkampf vor. Der amerikanische Pilot war der Lt. Norman L. Widen aus Onalaska, Wisconsin. Die beiden verstanden sich im Gespräch beim Essen sehr gut. Widen schenkte Hafner sein silbernes Flugzeugführerabzei-

chen und das Typenschild seiner P-38. Bevor er ins Kriegsgefangenenlager abgeführt wurde, versprachen sich die beiden Männer in die Hand, sich nach dem Kriege wiedersehen zu wollen. Lt. Widen war Hafners 82. Luftsieg. Hafner schickte seinem Bruder Alfons das Flugzeugführerabzeichen und das Flugzeugtypenschild in die Heimat nach Deutschland mit der Auflage, sollte er im Krieg fallen, so sollte sich Alfons nach dem Kriege bemühen, den amerikanischen Piloten ausfindig zu machen, um ihm einen der Orden von Anton, sein Ölgemälde und die ihm geschenkten Dinge – Flugzeugführerabzeichen und Typenschild – zu übergeben.

Nachdem er über Tunesien 20 Luftsiege errungen hatte, kehrte Anton Hafner im Sommer 1943 mit der III./JG 51 an die Ostfront zurück. Seine Abschußzahl stieg schnell und beständig, so daß Hafner im Winter als Kriegsoffizier zum Leutnant ernannt wurde. Nach seinem 134. Abschuß erhielt er am 11. April 1944 das Eichenlaub zum Ritterkreuz. Im Monat darauf wurde er Staffelkapitän der 8./JG 51. Seinen 150. Luftsieg errang er am 28. Juni, und bis zum 17. Juli 1944 hatte er schon 204 Luftgegner bezwungen.

Am 17. Juli 1944, Hafner befand sich auf seinem 795. Feindflug, wurde er von einer russischen Jak-9 in geringer Höhe in einen Luftkampf verwickelt. Nur einen Augenblick paßte er nicht auf, seine Me 109 schmierte ab, verlor an Höhe und bekam Baumberührung. Hafner fand sofort den Tod.

Im Jahre 1960 wandte sich Alfons Hafner mit der Bitte an die US-Air Force, Widen, der damals Major war, aufzufinden, um den Wünschen seines gefallenen Bruders nachzukommen. Major Widen wurde benachrichtigt. Mit seiner Frau und seinen zwei Kindern flog er nach Deutschland, um Alfons Hafner zu treffen und sein höchst ungewöhnliches Erbe anzutreten. Man sagt gemeinhin, der Krieg bringt entweder die besten oder die schlechtesten menschlichen Verhaltensweisen ans Tageslicht. In unserem Falle hat das heiße Kampfgeschehen aus Feinden Freunde gemacht!

Bilder oben:
Anton Hafner war mit 204 Luftsiegen der erfolgreichste Experte im JG 51. Er fiel während eines Luftkampfes durch Baumberührung.

US-Leutnant Norman Widen (links ein Bild aus früheren Tagen) war Hafners 82. Luftkampfopfer. Mit erhobenen Händen zieht er seinen Fallschirm hinter sich her. Danach scherzt er mit seinem Bezwinger und anderen Jagdfliegern des JG 51.

110

Alfons Hafner zeigt einige der Dinge, die sein Bruder Anton Lt. Widen, seinem 82. Luftkampfopfer, vermacht hat. Auch das Gemälde an der Wand gehört dazu.

EDUARD RITTER von SCHLEICH war einer der schillernsten Alten Adler, die noch Einsätze im Zweiten Weltkrieg flogen. Als Sieger in 35 Luftkämpfen des Ersten Weltkriegs, war von Schleich bei Freund und Feind gleichermaßen als der »Schwarze Ritter« bekannt, weil der Rumpf seiner Maschine pechschwarz gestrichen war. Er war einer der vier Führer eines Jagdgeschwaders im Ersten Weltkrieg, der vier Jagdstaffeln befehligte. Nach dem Kriege setzte sich von Schleich sehr stark für die Förderung des Luftfahrtgedankens in Deutschland ein. Angestellt bei der Lufthansa, tat er sich insbesondere als Gründer des Münchner Sportfliegerclubs hervor. Nachdem Hitler an die Macht gekommen war, trat Ritter von Schleich wieder in

die Reihen der neuen Luftwaffe, war aber auch aktiver SS-Offizier. Als tätiger Nationalsozialist wirkte er am Aufbau der Flieger-Hitlerjugend und im Luftsportverband mit, aus deren Reihen viele der bekannten Jagdflieger des Zweiten Weltkriegs hervorgingen.

Bei der »Legion Condor« führte er in Spanien Jagdflieger. Nach seiner Rückkehr nach Deutschland wurde er zum Oberst befördert und mit der Führung der Jagdgruppe 132 betraut, die später in JG 26 ›Schlageter‹ umbenannt wurde, das sich einen Namen am Kanal aufgrund hervorragender Leistungen erwarb. Bis Ende 1939 führte er den Verband, bis ihm Major Gotthard Handrick als Kommodore folgte. Der »Schwarze Ritter« stieg zu höheren Verantwortungsbereichen auf, um schließlich als Generalmajor Kommandierender General der Luftwaffe in Dänemark zu werden. Aufgrund seiner angegriffenen Gesundheit mußte er alsbald seinen Dienst aufgeben. Eduard Ritter von Schleich verstarb im Jahr 1947.

Im Ersten Weltkrieg nannte man Eduard Ritter von Schleich den ›Schwarzen Ritter‹. Er flog noch als Jagdflieger im Spanischen Bürgerkrieg und im Frankreichfeldzug. Hier ein Bild von ihm aus dem Jahre 1937, er trägt den Pour le mérite.

Adolf Galland ist einer der bekanntesten Experten. Links eines der offiziellen Fotos, rechts ein Bild mit seinem 1. Wart vor seiner Me 109E.

ADOLF GALLAND, der von Schleich sehr verehrte, darf man als wirklichen Nachfolger seines Idols in der Führung des JG 26 betrachten, denn Handrick führte den Verband nur sieben Monate, bevor Galland am 22. August 1940 Kommodore wurde. Zusammen mit Helmut Wick und Werner Mölders trug Galland viel mit dazu bei, daß man während der Luftschlacht um England auf die Jagdwaffe aufmerksam wurde. Heute betrachtet man ihn im internationalen Bereich als den inoffiziellen Repräsentanten der deutschen Jagdwaffe, den man überall antrifft, wo sich Jagdflieger aller Nationen zusammenfinden.

Am 19. März 1912 in Westerholt/Westfalen geboren, entstammte Adolf Galland einer alten Hugenottenfamilie, die vor Jahren aus Frankreich nach Deutschland emigrieren mußte. Sein Vater war Rentmeister und Güterdirektor der reichsgräflichen Familie von Westerholt. Dieses ehrenvolle Amt wurde stets vom Vater an einen der Söhne übergeben. Schon früh begeisterte sich Galland für die Fliegerei, mit 19 Jahren war er schon Segelflieger. Nach Ablegung der Reifeprüfung am Gymnasium Buer/Westfalen erfährt Gal-

land in der Deutschen Verkehrsfliegerschule Braunschweig 1932 seine Ausbildung zum Berufsflugzeugführer. Unter der Leitung des Weltkriegsfliegers Alfred Keller war diese Schule natürlich ein geheimer Hort für die zukünftigen Flieger einer möglichen neuen Luftwaffe.

Bei einem Flugunfall verletzte er sich am Auge und brach sich das Nasenbein. Die Augenverletzung schränkte sein Sehvermögen derart ein, daß er die Buchstaben und Zahlen beim Augenarzt nicht mehr richtig lesen konnte. Aber gerade darauf kam es an. Selbst wenn die fliegerärztliche Hauptuntersuchung bestanden war, fanden während der Ausbildung regelmäßige Nachuntersuchungen statt. Gallands Wunsch zu fliegen war so stark, daß er sich die augenärztlichen Prüftafeln einprägte und auswendig lernte, wodurch er alle weiteren Untersuchungen überstand. Noch heute sieht man an seiner Augenbraue die Narbe, die ihn an einen Unfall während der Ausbildung erinnert. Nach Abschluß der Fortgeschrittenenausbildung in Grotaglie/Italien wurde er Jagdlehrer an der noch geheimen Jagdfliegerschule Schleißheim. Als 1935 die Tarnung der Luftwaffe gelüftet wurde, kam Galland ins JG ›Richthofen‹.

Am 1. August 1937 wurde er zum Oberleutnant befördert. Kurz darauf ging er als Freiwilliger zur »Legion Condor« nach Spanien. In Heinkel-Doppeldeckern He 51 flog er als Staffelkapitän der 3./J. 88 etwa 300 Einsätze als Schlachtflieger. Aufgrund des veralteten Fluggeräts und seiner Verwendung konnte Galland keine Abschüsse erzielen. Im Mai 1938 kehrte er nach Deutschland zurück, nachdem er seine Staffel an Mölders übergeben hatte. In Anerkennung für seine Leistungen als Schlachtflieger bekam Galland am 7. Juni 1939 von Francisco Franco das Spanienkreuz in Gold mit Brillanten verliehen.

Nach der Rückkehr aus Spanien findet Galland eine Verwendung im Reichsluftfahrtministerium, um Erfahrungen und Empfehlungen hinsichtlich des Schlachtfliegereinsatzes zu bearbeiten. Obwohl ihm die Bürotätigkeit überhaupt nicht gefiel, schloß er seinen Auftrag ab mit Vorschriften, die für die Schlachtflieger in taktischer Hinsicht für die gesamte Dauer des Krieges Gültigkeit behielten. Nach Aufstellung und Ausbildung von zwei Schlachtgeschwadern, die für die Besetzung des Sudetenlandes 1938 vorgesehen waren, wurde Galland im Frühjahr 1939 Staffelkapitän in der II. (Schlacht)/LG 2. Im Polenfeldzug flog er in dem Doppeldecker Hs 123 täglich bis zu vier Schlachtfliegereinsätze, wobei sich seine taktischen Empfehlungen zum ersten Mal an der Front mit schnell wechselnden Panzergefechten bewähren mußten. Diese Bewährungsprobe wurde bestanden. Am 1. Oktober 1939 wurde Galland zum Hauptmann befördert und mit dem Eisernen Kreuz ausgezeichnet.

Gallands ständiges Drängen, zur Jagdwaffe versetzt zu werden, hatte im April 1940 schließlich Erfolg, und er wurde im JG 27 Geschwaderadjutant von Kommodore Oberst Max Ibel. Diesen Posten hatte er seiner Stabserfahrung im RLM zu verdanken. Zu Beginn des Frankreichfeldzuges stand das JG 27 voll im Einsatz. Aber als Adjutant konnte Galland nur selten an Feindflügen teilnehmen. Enttäuscht darüber, stahl er sich gelegentlich fort, um an einzelnen Einsätzen teilzunehmen. Diese heimlich geflogenen Einsätze kamen Oberst Ibel natürlich zu Ohren, aber er zog es vor, das lieber zu ignorieren, als Galland für seinen Kampfgeist einen Dämpfer zu versetzen.

Seinen ersten von vielen Abschüssen erzielte Adolf Galland am 12. Mai 1940, als er mit Lt. Gustav Rödel westlich von Lüttich acht englische Hawker ›Hurricane‹ angriff. Galland gelangen zwei Abschüsse.

Am Nachmittag war es eine weitere ›Hurricane‹, die er aus einem Fünfer-Verband herausschoß. Im Verlaufe des Feldzuges konnte er noch zwei Curtiss ›Hawk‹, drei Potez 163, eine ›Morane‹ und einige Bristol ›Blenheim‹-Bomber bezwingen.

Nachdem Frankreich kapituliert hatte, erhielt Galland seine Versetzung zum JG 26, wo er die III. Gruppe als Kommandeur übernahm. Als im Sommer 1940 die Luftschlacht um England entbrannte, konnte Galland im neuen Verband seine zwei ersten Abschüsse erzielen. Am 18. Juli zum Major befördert, erhielt er am 1. August für seinen 17. Abschuß das Ritterkreuz verliehen. Am 22. August wurde Galland, als Nachfolger von Gotthard Handrick, Kommodore des JG 26. Er führte dann das Geschwader in den entscheidenden Monaten der Luftschlacht um England. Der junge Kommodore erhielt am 25. September für seinen 40. Luftsieg das Eichenlaub zum Ritterkreuz. Galland stand damals mit seinen Abschüssen in der Spitzengruppe der Luftwaffe. Am 1. November hatte Galland seinen 50. Luftsieg, und er wurde zum Oberstleutnant befördert. Die Beförderung zum Oberst folgte am 8. Dezember 1940.

Adolf Galland rauchte fast ununterbrochen Zigarre. Sogar das Zeichen an seiner Me 109 zeigte eine Mickey-Maus, die in ihren Händen eine Axt und eine Pistole hält, aber auch eine dicke Zigarre raucht! Bis zu 20 Zigarren täglich qualmte der Kommodore. Dem englischen Jagdfliegeras James E. Johnson zufolge soll Galland sogar einen Befehl unterschrieben haben, der ihm die Erlaubnis erteilte, selbst beim Einsatz in seiner Maschine rauchen zu dürfen! Seine Me 109 wahr wohl die einzige, in der ein Zigarrenanzünder installiert war und die einen Zigarrenhalter hatte, worin er die Zigarre einklemmen konnte, wenn er die Sauerstoffmaske aufsetzen mußte!

Den 500. Abschuß konnte das ›Schlageter‹-Geschwader am 1. Mai 1941 melden. Viele Luftwaffenverbände waren am 22. Juni 1941 beim Angriff auf die Sowjetunion beteiligt, aber das JG 26 blieb in Frankreich, um die ununterbrochene englische Bomberoffensive zu bekämpfen. Galland beneidete seinen Freund Werner Mölders, der sein Geschwader gegen Rußland führte. Das JG 26 lag am Pas de Calais (Ärmelkanal) recht günstig, um englische Angriffe gegen deutsche Schiffe, die auf dem Marsch waren oder in Häfen lagen, abzuwehren. Am 22. Juni griffen englische ›Blenheim‹ unter Begleitschutz von ›Spitfire‹ und ›Hurricane‹ deutsche Flugplätze und in Häfen liegende Schiffe an. Kurz nach Mittag fing das JG 26 den englischen Verband ab, der St. Omer angriff. Als einem der ersten gelang Gal-

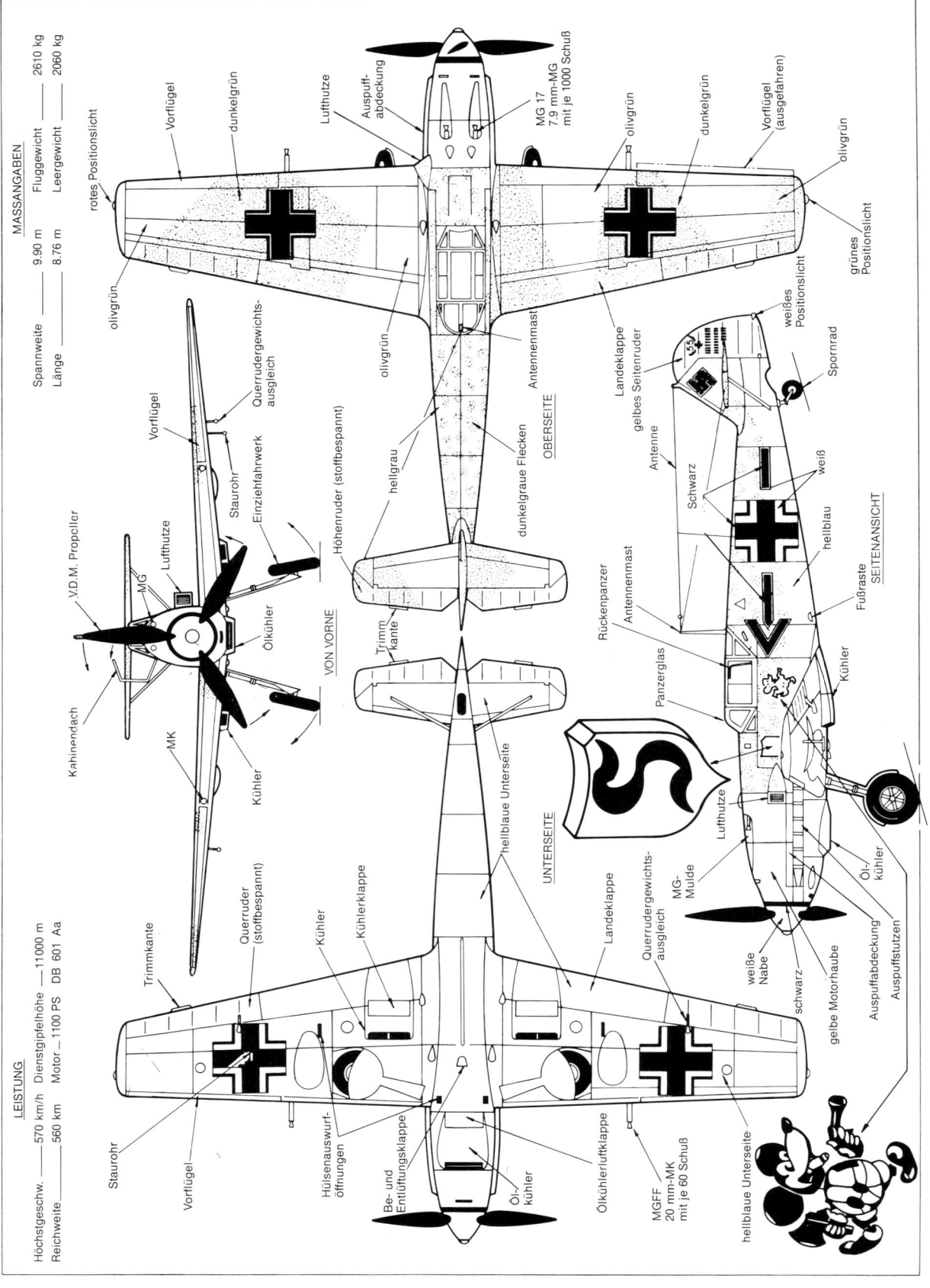

MASSANGABEN

Spannweite ——— 9.90 m   Fluggewicht ——— 2610 kg
Länge ——— 8.76 m   Leergewicht ——— 2060 kg

Vorflügel
dunkelgrün
rotes Positionslicht
olivgrün
Lufthutze
Auspuff-abdeckung
MG 17
7.9 mm-MG
mit je 1000 Schuß
olivgrün
dunkelgrün
Vorflügel (ausgefahren)
olivgrün
grünes Positionslicht
weißes Positionslicht
Spornrad
Antenne
gelbes Seitenruder
Landeklappe
Schwarz
weiß
hellblau
Fußraste
Kühler
Rückenpanzer
Antennenmast
Panzerglas
Lufthutze
Öl-kühler
Auspuffabdeckung
gelbe Motorhaube
schwarz
weiße Nabe
MG-Mulde
Querrudergewichts-ausgleich
Landeklappe
UNTERSEITE
hellblaue Unterseite
Antennenmast
dunkelgraue Flecken
OBERSEITE
hellgrau
olivgrün
olivgrün
Höhenruder (stoffbespannt)
Einziehfahrwerk
Querrudergewichts-ausgleich
Vorflügel
Staurohr
V.D.M. Propeller
Lufthutze
MG
Ölkühler
Kühler
MK
Kabinendach
VON VORNE
Trimm-kante
SEITENANSICHT

LEISTUNG

Höchstgeschw. ——— 570 km/h   Dienstgipfelhöhe ——— 11000 m
Reichweite ——— 560 km   Motor — 1100 PS   DB 601 Aa

Trimmkante
Staurohr
Vorflügel
Querruder (stoffbespannt)
Kühler
Kühlerklappe
Hülsenauswurf-öffnungen
Be- und Entlüftungsklappe
Öl-kühler
Ölkühlerluftklappe
MGFF
20 mm-MK
mit je 60 Schuß
hellblaue Unterseite
Kühler
Querrudergewichts-ausgleich
hellblaue Unterseite

ADOLF GALLAND
Messerschmitt Me 109 E-4

JG 26

Oben: Rumpf- und Seitenleitwerkmarkierungen von Gallands Me 109E. Gut sichtbar das typische Wappen des JG 26 »Schlageter«, die zigarrerauchende Mickey Maus und die 58 Siegmarkierungen.

Links und unten:
Bekannt für seine Vorliebe für Zigarren und seinen Sinn für Humor, sieht man Adolf Galland links bei der Startvorbereitung für einen Jagdeinsatz während der Luftschlacht um England. Man beachte die Zahl der Helfer – fast soviele, wie man im Mittelalter brauchte, um einem Ritter die Rüstung anzulegen. Rechts liegt Galland im Gras, damit ein Offizier den lockeren Absatz des Stiefels festnageln kann.

land ein Abschuß, eine ›Blenheim‹. Es war sein 68. Luftsieg. Vier Minuten später fiel ein weiterer englischer Bomber seinen MG zum Opfer. Galland hatte sich noch nicht ganz abgesetzt, als zwei ›Spitfire‹ hinter ihm saßen, die ihm seinen Kühler zerschossen, woraufhin der Daimler-Benz-Motor sofort überhitzte und innerhalb von Augenblicken aussetzte. Galland mußte eine Bauchlandung machen. Bald holte ihn eine Verbindungsmaschine ab und brachte ihn auf den Feldflugplatz des JG 26 zurück. Nach einem kurzen Imbiß startete der Oberst wieder, um einen südostwärts von Boulogne angreifenden Verband abzufangen. Schnell konnte Galland seinen 70. Luftsieg erringen, eine ›Spitfire‹. Im Eifer des Gefechts und voller Freude über den Abschuß beging Galland einen der schwerwiegendsten Fehler, dessen sich ein Jagdflieger schuldig machen kann: Er folgte der brennenden ›Spitfire‹ nach unten, um den Absturzort nennen zu können. Dabei wurde er von einer ›Spitfire‹ überrascht, die seine Maschine von vorne bis hinten mit Kugeln durchlöcherte. Die Tragflächen waren durchsiebt, die rechte Rumpfseite war aufgerissen, der Pilot an Kopf und Arm verwundet, und der Kraftstofftank und die Kühler leckten. Galland bereitete sich gerade auf eine Bauchlandung vor, als der Kraftstofftank in einem Feuerball explodierte. Jetzt hieß es nur noch, so schnell wie möglich aussteigen! Aber das Kanzeldach klemmte. – Immer wieder warf sich der Oberst mit aller Kraft gegen die Haube, und die Me 109 stürzte der Erde entgegen. Endlich ging das Kabinendach auf, und der Pilot hechtete hinaus. Aber die Fallschirmgurte verhedderten sich am Antennenmast. Galland wurde von seiner brennenden Maschine mit in die Tiefe gezogen. Nach einigen lähmenden Schrecksekunden kam er frei, und der Fallschirm öffnete sich gerade eben noch, während die Maschine auf dem Boden aufschlug. Nachdem auch er am Rande des Waldgebietes von Boulogne niederging, konnte Galland nicht laufen, weil er einen geschwollenen Fuß hatte und völlig erschöpft war. Französische Bauern brachten ihn zunächst in ein Bauernhaus, bis er von deutschen Soldaten abgeholt wurde. An einem Tage zweimal abgeschossen und überlebt – so etwas ereignete sich im Leben vieler Jagdflieger!

Nicht lange nach dieser Episode kam es über dem Ärmelkanal zwischen Deutschen und Engländern zu einem größeren Luftgefecht. Führer der englischen Jagdkräfte des RAF Fighter Command war Group Captain Douglas Bader, ein Mann mit legendärem Namen in der RAF (»the legless wonder«). Als Mitglied des Kunstflugteams der

RAF erlitt Bader vor dem Kriege einen schweren Flugunfall, wobei er beide Beine verlor. Mit fast übermenschlicher Anstrengung und unglaublichem Durchhaltewillen lernte er, mit zwei Prothesen zu fliegen. In der Luftschlacht um England war er der berühmteste englische Jagdflieger. Bader hatte das Pech, daß seine ›Spitfire‹ Opfer eines Jagdfliegers des JG 26 wurde. Als er seine Maschine mit dem Fallschirm verlassen wollte, verklemmte sich eine der Prothesen zwischen Sitz und Rumpfseite. Verzweifelt zog und zerrte Bader daran herum, bis er sie schließlich losschnallte und in der Maschine zurückließ, um aussteigen zu können. Bei der Landung mit dem Fallschirm brach auch die andere Prothese. Galland nahm sich seines berühmten »Gastes« freundlich an und beantragte über das Internationale Rote Kreuz, man möge von England zwei neue Prothesen einfliegen, selbstverständlich mit der Versicherung sicheren Geleits. Entgegen Gallands Vorschlag und Garantieerklärung warf die RAF die Prothesen während eines Angriffs ab. Deutsche Ärzte paßten die Prothesen Bader an, so daß er wieder laufen konnte. Wahrlich ein Zeichen von Ritterlichkeit, und das in einer Zeit härtester Auseinandersetzungen!

Wie schon erwähnt wurde, haben der Freitod von Ernst Udet und der tragische Unfalltod von Werner Mölders Galland unversehens in die Stellung des General der Jagdflieger gebracht, womit er der jüngste Waffengeneral der Wehrmacht war. Gerhard Schöpfel folgte Galland als Kommodore des JG 26. Als zweiter Soldat der Wehrmacht erhielt Galland am 28. Januar 1942 die Brillanten zum Ritterkreuz verliehen.

Im Februar 1942 war Galland an dem erfolgreichen Durchbruch der Schlachtschiffe *Scharnhorst* und *Gneisenau* durch den Ärmelkanal maßgeblich beteiligt. Dieses Unternehmen lief unter der Bezeichnung »Donnerkeil«.

In seiner neuen Verwendung kam es zwischen Galland und Göring laufend zu Reibereien, weil Göring stets die Jagdwaffe als Schuldigen betrachtete, wenn sich seine Entscheidungen als falsch erwiesen hatten. Eine der schwerwiegendsten Fehlentscheidungen, die entgegen Gallands Vorschlägen getroffen wurden, war das Konzept der Luftverteidigung im Vorfeld des Reiches. Galland bestand darauf, die Reichsverteidigung aus der Tiefe des Raumes zu führen, wo die Bomberströme entlang ihres Weges zum Ziel laufend bekämpft werden können, statt sie nur an der Reichsgrenze abzufangen. Im Januar 1945 kam es zur Führungskrise, als ein hysterisch gewordener Göring Galland als General der

Jagdflieger seines Postens enthob und Gordon M. Gollob an seine Stelle berief.

Dann wurde Galland mit Aufstellung und Führung eines Jagdverbandes beauftragt, der mit dem Strahljäger Me 262 ausgerüstet war. In dem später bekannten Jagdverband 44 (JV 44) sammelte sich die Elite deutscher Jagdflieger. Am 24. April 1945 erzielte Galland seinen 104. und letzten Luftsieg, einen amerikanischen Bomber ›Marauder‹.

Nach der Kapitulation Deutschlands kam Galland in ein Kriegsgefangenenlager nach England, wo er von RAF-Offizieren intensiven Befragungen und Verhören unterzogen wurde. Auf dem Flugplatz Tangmere traf er mit dem Group Captain Bader zusammen, der aus deutscher Kriegsgefangenschaft zurückgekehrt war. Es heißt, Galland habe in seinem persönlichen Gepäck 20 Kisten mit Zigarren mitgeführt.

Bis 1947 war Galland Kriegsgefangener. Dann erhielt er von Juan Perón das Angebot, am Aufbau der argentinischen Luftstreitkräfte mitzuwirken. 1955 kehrte er nach Deutschland zurück und baute sich in Bonn eine neue Existenz als Luftfahrtberater auf. Er heiratete seine Sekretärin. Dem Ehepaar wurde 1966 ein Sohn geboren.

Adolf Galland, der fast schon zu einer lebenden Legende geworden ist, ist immer noch aktiv tätig, sein Wissen und Können in den Dienst der Problemlösung von Fragen zu stellen, die die Luftstreitkräfte der freien Welt bewegen.

GERHARD SCHÖPFEL wurde am 19. Dezember 1912 in Erfurt/Thüringen geboren. 1935 trat er von der Infanterie zur Luftwaffe über. Zu Kriegsbeginn führte er als Staffelkapitän die 9./JG 26. Sein erster Luftsieg war der Abschuß einer ›Spitfire‹ über Dünkirchen. Schöpfel übernahm als Kommandeur die III./JG 26, nachdem Galland zum Kommodore des Geschwaders ernannt worden war. Für seinen 20. Luftsieg erhielt der Hauptmann am 9. September 1940 das Ritterkreuz verliehen. Man zählte ihn 1940 zu den erfolgreichsten Jagdfliegern. Etwas mehr als ein Jahr führte er als Kommodore das JG 26, um dann im Januar 1943 Jagdeinsatzführer Süditalien zu werden. Danach wurde Schöpfel Jafü Norwegen und übernahm im Juni 1944 als Kommodore das JG 4. Im November wurde er Jafü Ungarn, und ab April 1945 führte er als Kommodore das JG 6 im Norden der Tschechoslowakei, wo er in russische Kriegsgefangenschaft geriet, aus der er 1949 entlassen wurde.

Schöpfel arbeitete nach der Rückkehr aus der Kriegsge-

fangenschaft zunächst als Chauffeur und in anderen Tätigkeitsbereichen, bis er schließlich eine leitende Stellung bei Air Lloyd auf dem Flughafen Köln/Bonn einnahm.

Als Jagdflieger flog Gerhard Schöpfel 700 Einsätze, wobei er 40 Abschüsse erzielte.

GORDON M. GOLLOB übernahm nach Adolf Galland die Dienststellung des General der Jagdflieger. In Wien am 16. Juni 1912 geboren, war Gollob 1936 Jagdflieger und später Jagdlehrer als Leutnant in den österreichischen Luftstreitkräften. Damals hieß er noch Gordon McGollob. Ein Name, der mit Sicherheit nicht germanischen Ursprungs war. Dieser offensichtlich schottische Name wurde auf Anordnung des OKL in Gordon M. Gollob umgewandelt. Ursprünglich Zerstörerflieger in der I./ZG 76, flog Gollob viele Einsätze im Polenfeldzug, wo er den ersten seiner 150 Luftsiege errang. Im April 1940 nahm er als Staffelkapitän der 3./ZG 76 am Norwegenfeldzug teil. Dann wechselte er zur Jagdwaffe, wo er seit Oktober 1940 am Kanal bei der II./JG 3 flog.

Im Sommer 1941 nahm er am Rußlandfeldzug teil. Am 1. Juli 1941 wurde Gollob Gruppenkommandeur und erhielt am 18. September, nach 42 Luftsiegen, das Ritterkreuz verliehen. Dann nahmen Gollobs Abschußzahlen rapide zu; so schoß er allein am 18. Oktober 1941 insgesamt neun Feindflugzeuge ab. Sechs Wochen später, am 26. Oktober,

Nach seinen Verwendungen als Gruppenkommandeur, Kommodore und Jafü 5, wurde der in Österreich geborene Gordon Gollob Nachfolger von Galland als General der Jagdflieger.

117

bekam er für seinen 85. Luftsieg das Eichenlaub zum Ritterkreuz. Im Dezember wurde er zur Erprobungsstelle der Luftwaffe nach Rechlin versetzt. Im Mai 1942 kehrte er als Kommodore des JG 77 ›Herzas‹ an die Front zurück, wo er als zehnter Jagdflieger die magische Grenze von 100 Abschüssen erreichte. Am 24. Juni 1942 erhielt er die Schwerter zum Ritterkreuz verliehen.

Unter seiner Führung bewährte sich das JG 77 im Südabschnitt der Ostfront außerordentlich. Am 29. August 1942 stand der Kommodore mit 150 Abschüssen an der Spitze aller Jagdflieger, wofür ihm am nächsten Tag als drittem Offizier der Luftwaffe die Brillanten zum Ritterkreuz verliehen wurden.

Vom Oktober 1942 bis April 1944 war er Jafü 5 an der Kanalfront; ferner sei seine Tätigkeit im Einsatzstab für moderne Jagdflugzeuge (Strahl- und Raketenflugzeuge) erwähnt. Im Dezember 1944 führte er den Jäger-Sonderstab während der Ardennen-Offensive, um am 31. Januar 1945 General der Jagdflieger zu werden.

Auf 340 Feindflügen erzielte Gollob 150 Luftsiege. Seine Bedeutung erschöpfte sich nicht alleine als erfolgreicher Jagdflieger. Seine große technische Begabung drückte sich besonders in seiner vielseitigen Verwendung bei der Entwicklung und Erprobung neuer Waffen aus.

JOACHIM MÜNCHEBERG folgte Gollob als Kommodore im JG 77 ›Herzas‹ nach, als dieser die Position des Jafü 5 einnahm. Müncheberg wurde am 31. Dezember 1918 in Friedrichshof/Pommern geboren. Schon seit seiner Jugend hatte Jochen, wie man ihn nannte, viel Freude am Sport. Wo immer sich ihm eine Gelegenheit bot, trieb er Sport. In seiner Jugend hatte er sich einen Namen als Leichtathlet gemacht. Seine Interessen beschränkten sich jedoch nicht alleine auf das Sportliche, sondern auch der Philosophie war er nicht abgeneigt. Sein Wahlspruch lautete: »Gib acht, daß dich das Leben lehre, die Ehren sind noch nicht die Ehre.«

Müncheberg trat am 4. Dezember 1936 in die Luftwaffe ein und kam als Fahnenjunker zur Luftkriegsschule Dresden, wo er ein Jahr später seine fliegerische Ausbildung abschloß. Im September 1938 wurde er als Oberfähnrich zur I./JG 234 nach Köln versetzt. Am 8. November erfolgte seine Beförderung zum Leutnant. Im September 1939 wurde er Gruppenadjutant bei der III./JG 26. Seinen ersten Luftsieg, eine englische ›Blenheim‹, erzielte er am 7. November 1939. Acht weitere Abschüsse gelangen

Joachim Müncheberg kämpfte an allen Fronten in Europa und im Mittelmeerraum. Seine 7./JG 26 führte das typische Nomadenleben wie viele Jagdstaffeln, die von einem Flugplatz zum anderen verlegten, wenn sie gebraucht wurden.

ihm im Westfeldzug über Holland. Am 7. September 1940 hatte er bereits 17 Luftsiege errungen. Inzwischen zum Oberleutnant befördert und Staffelkapitän der 7./JG 26, hatte er bis zum 14. September 20 Abschüsse erreicht, wofür ihm das Ritterkreuz verliehen wurde.

Am 9. Februar 1941 begann für Müncheberg und seine 7. Staffel eine fesselnde Episode im Mittelmeerraum, wie sie wohl keiner anderen Staffel widerfuhr. Die Odyssee begann mit der Verlegung nach Gela/Sizilien. Bei einer Zwischenverlegung vom 6. bis 8. April flog die Staffel von Tarent aus Einsätze gegen Jugoslawien. Zurück auf Sizilien, wurden hauptsächlich über der Inselfestung Malta Jagdeinsätze geflogen. Am 1. Mai schoß Müncheberg drei ›Hurricane‹ ab, womit er 41 Luftsiege erzielt hatte. Sechs Tage später wurde ihm das Eichenlaub zum Ritterkreuz verliehen. Es folgte die Verlegung nach Catania und danach die nach Molaoi auf dem Peloponnes. Im Mai verlegte die Staffel nach Saloniki, um dann mit ihren Me 109 E am 1. Juni nach

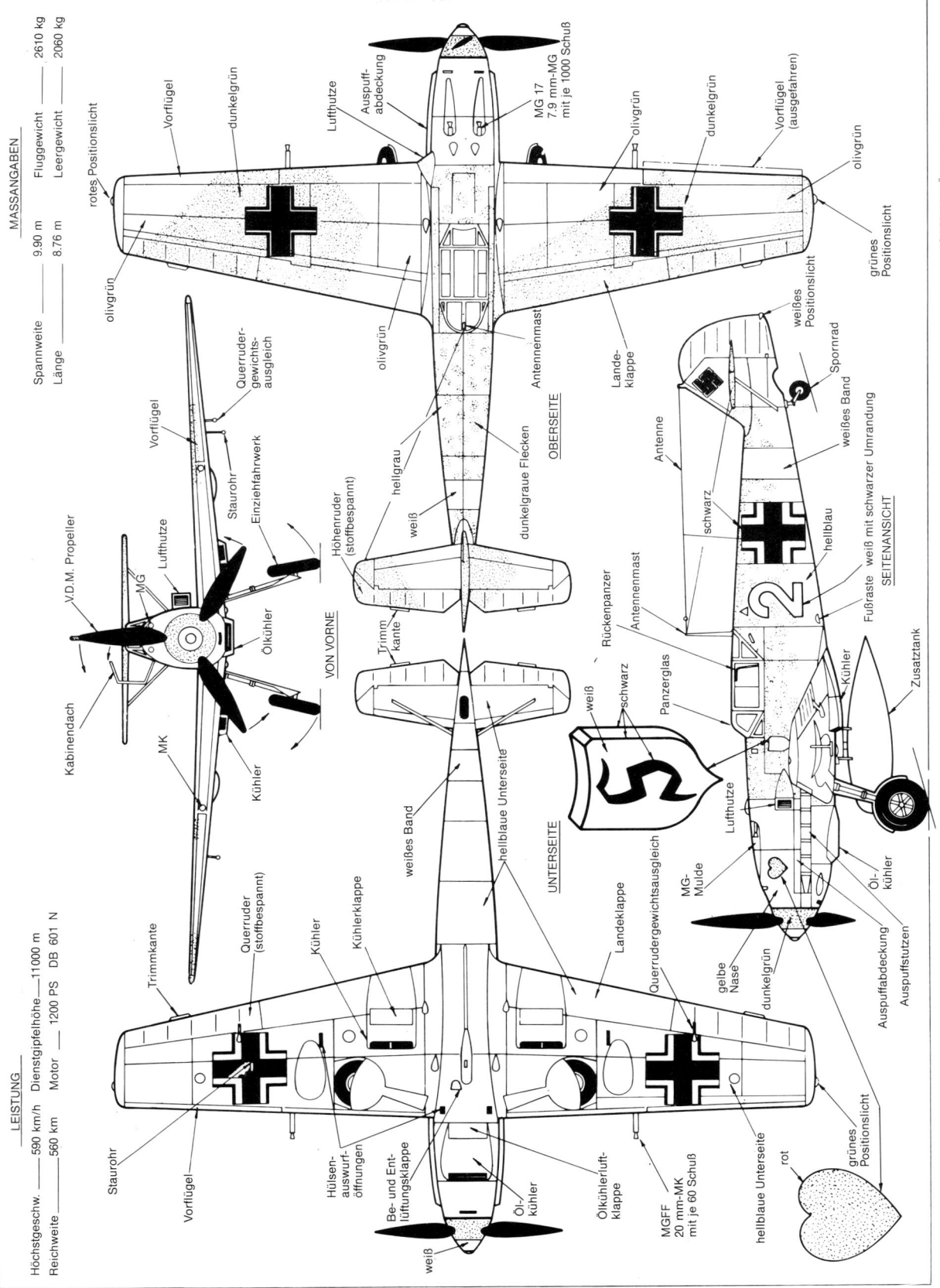

MASSANGABEN

Spannweite ——— 9,90 m   Fluggewicht ——— 2610 kg
Länge ——— 8,76 m   Leergewicht ——— 2060 kg

LEISTUNG

Höchstgeschw. ——— 590 km/h   Dienstgipfelhöhe ——— 11000 m
Reichweite ——— 560 km   Motor ——— 1200 PS   DB 601 N

JOACHIM MÜNCHEBERG
Messerschmitt Me 109 E-7

7./JG 26

Ain el Gazala/Libyen zu verlegen, um gegen den alliierten Vormarsch in Nordafrika zu wirken. Die Staffel war auf Zusammenarbeit mit der I./JG 27 unter Hptm. Eduard Neumann angewiesen. 48 Luftsiege hatte Müncheberg am 29. Juli 1941 erzielt, als ihn drei Tage darauf der Befehl erreichte, mit seinem Verband nach Nordfrankreich zurückzuverlegen. Während der Einsätze im Mittelmeerraum gelangen der 7./JG 26 insgesamt 52 Abschüsse, wovon 25 von Müncheberg erzielt wurden.

Müncheberg wurde am 19. September 1941 zum Hauptmann befördert und gleichzeitig Gruppenkommandeur der II./JG 26. Bis Ende 1941 war seine Abschußzahl auf 62 geklettert, am 2. Juni 1942 hatte er seinen 80. Luftsieg errungen. Für seine herausragenden Leistungen im Luftkrieg in Nordafrika erhielt er die begehrte italienische Goldene Tapferkeitsmedaille verliehen. Am 21. Juli verließ Müncheberg, er hatte inzwischen 83 Luftsiege, das ›Schlageter‹-Geschwader, um an der Ostfront die Einweisung für die Tätigkeit eines Geschwaderkommodores zu erhalten. Nachdem der Kommodore des JG 51 ›Mölders‹, Karl-Gottfried Nordmann, an der Ostfront durch schwere Verwundung ausgefallen war, wurde Jochen Müncheberg vertretungsweise mit der Führung des Geschwaders beauftragt. Am 5. September 1942 hatte er seinen 100. Luftsieg errungen und erhielt vier Tage später, nach dem 103. Abschuß, die Schwerter zum Ritterkreuz verliehen. Während der acht Wochen, die Müncheberg an der Ostfront war, hatte er dort 33 Luftgegner bezwungen.

Müncheberg übernahm am 1. Oktober 1942 von Major Gollob als Kommodore die Führung des JG 77. Der Verband befand sich in der Verlegung vom Südabschnitt der Ostfront nach Nordafrika. Im Dezember zum Major befördert, hatte Müncheberg beim Einsatz gegen amerikanische Verbände über Tunesien am 13. März 1943 seinen 133. Luftsieg errungen. Zehn Tage danach, er hatte inzwischen zwei weitere Abschüsse erzielt, führte der Kommodore auf seinem 500. Feindflug seinen Verband in den Kampf gegen amerikanische Jäger. Das JG 77 war der feindlichen Übermacht weit unterlegen. Schon zu Beginn des Luftkampfes sah sich Müncheberg umzingelt. Durch geschickte Ausweichmanöver hatte er sich seinen Verfolgern schon fast entziehen können, als an seiner Me 109 die Tragflächen abmontierten. Er stürzte mit seiner Maschine zu Tode. Müncheberg fand zunächst in El Aounia ein Soldatengrab, wurde später dann aber auf den großen Soldatenfriedhof Tunis umgebettet, wo mehr als 500 Luftwaffensoldaten ihre letzte Ruhestätte gefunden haben.

Wäre Müncheberg nicht schon so früh im Kriege gefallen, so wäre er wahrscheinlich zu einem der besten Jagdflieger der Luftwaffe aufgestiegen. Mehr als seine kämpferische Einzelleistung ist hervorzuheben, wie er ohne Umschweife stets den Kern eines Problems erkannte. Seine Männer folgten dem jugendlichen und intelligenten Truppenführer, ohne zu zögern. War er selbst äußerst diszipliniert und pflichtbewußt, so hatte er stets Verständnis für die Schwächen und Fehler anderer, denn er verlangte von niemandem etwas, was er selbst nicht vormachen könnte.

JOHANNES STEINHOFF wurde nach Müncheberg Kommodore des JG 77. Steinhoff, der Sieger in 176 Luftkämpfen, wurde am 15. September 1914 in Bottendorf/Sachsen geboren. Er zählte zu den ersten Jagdfliegern, die im Kriege Abschüsse erzielten. So schoß er nahe Wilhelmshaven zwei ›Wellington‹-Bomber ab. Von seinen Freunden »Mäcki« genannt, war Steinhoff Ende 1939 Staffelkapitän der 10./JG 26, um ab Februar 1940 die Führung der 4./JG 52 zu übernehmen. Bis August 1941 hatte er 35 Abschüsse erzielt, so daß dem Oberleutnant am 8. August das Ritterkreuz verliehen wurde. Im Februar 1942 erfolgte die Beförderung zum Hauptmann und Ernennung zum Kommandeur der II./JG 52. Am 31. August 1942 hatte er seinen

Johannes Steinhoff zählte zu den ersten Jagdfliegern, die schon 1939 einen Luftsieg errangen. Er flog als Jagdflieger bis kurz vor Kriegsende, bis er schwere Brandverletzungen bei einem Unfall mit der Me 262 davontrug.

100. Abschuß erzielt, wofür er drei Tage später das Eichenlaub zum Ritterkreuz verliehen bekam. Kurz vor Übernahme des JG 77 erzielte Steinhoff am 2. Februar 1943 seinen 150. Luftsieg. Die Schwerter zum Ritterkreuz erhielt er am 28. Juli 1944, nach seinem 167. Abschuß. Im Dezember 1944 war er dann Kommodore des JG 7, das mit Strahlflugzeugen Me 262 ausgerüstet war.

Im Januar 1945 zog Galland den Oberstleutnant Steinhoff zu sich in den JV 44, um ihn mit bei der Aufstellung einzusetzen. Bei diesem Expertenverband, der mit Strahljägern Me 262 ausgerüstet war, hatte »Mäcki« Steinhoff die Position Einsatzchef und Offz. z.b.V, wo ihm vor allem auch der fliegerische Personalersatz oblag. Nachdem er in dem zweistrahligen Jäger sechs Abschüsse erzielt hatte, startete Steinhoff am 8. April zu seinem 900. Feindflug. Von der nur notdürftig reparierten Piste geriet er während des Starts bei etwa 200 km/h mit einem Fahrwerk in einen schlecht planierten Bombenkrater. Die Maschine lief aus der Richtung, ein Fahrwerk brach ab, die Maschine sprang am Ende der Startbahn hoch und schlug etwa fünfzig Meter weiter auf – in einem Flammenmeer. Mit schwersten Brandverletzungen gelang es Steinhoff, sich aus dem brennenden Inferno zu retten, obwohl in der Hitze die Bordraketen noch gezündet wurden und explodierten.

Johannes Steinhoff bewies beispielhaftes Stand- und Durchhaltevermögen. Sein Gesicht war fürchterlich entstellt, Wangen, Augenlider und Ohren waren verbrannt! Von 1945 bis 1969 konnte er seine Augen nicht schließen. Erst als ein Chirurg der RAF ihm aus dem Gewebe seiner Arme neue Augenlider plastisch formte, war er dazu wieder fähig.

All die Jahre hatte er seine fliegerische Begeisterung beibehalten. General Johannes Steinhoff wurde schließlich Inspekteur der Bundesluftwaffe in den siebziger Jahren, wo er sich insbesondere verdient gemacht hat, Meilensteine bei der Beschaffung moderner Ausrüstung für die Luftstreitkräfte zu setzen.

JOHANNES WIESE, den die russischen Jagdflieger am Mittelabschnitt der Ostfront den ›Löwen vom Kuban‹ nannten, zählte von den hervorragenden deutschen Jagdfliegern zu denjenigen, von denen man in Medien und Büchern selten etwas hört. Er folgte Steinhoff als Kommodore im JG 77 nach. Am 7. Mai 1915 im schlesischen Breslau geboren, trat Wiese 1935 in die Luftwaffe ein, um drei Jahre als Fluglehrer tätig zu sein. Zu Kriegsbeginn diente Wiese

»Der Löwe vom Kuban«, Johannes Wiese, war an der Ostfront der Alptraum russischer Jagdflieger. Nach dem Kriege wurde er von deutschen Landsleuten an die Russen ausgeliefert.

in einer Aufklärungsstaffel und wurde erst Jagdflieger, als er im Sommer 1941 in das JG 52 versetzt wurde. Am 25. Juni 1942 übernahm er als Staffelkapitän die 2./JG 52.

Am 5. Januar 1943 erhielt er als Hauptmann nach 51 Luftsiegen das Ritterkreuz verliehen. Während der Schlacht bei Kursk und Orel flog er täglich zahlreiche Einsätze. Am 5. Juli 1943 schoß er zwölf russische Jäger und Schlachtflugzeuge ab, mußte allerdings selbst fünf Notlandungen machen. Das war in der Tat ein hektisches Kämpfen, was nur jemand durchhielt, der von stählerner Kondition war. Für seinen 125. Luftsieg bekam er am 3. März 1944 das Eichenlaub zum Ritterkreuz.

Über dem Kuban-Brückenkopf hatte Wiese außerordentliche Abschußerfolge, vor allem gegen IL-2 ›Stormowik‹. Sobald russische Jagdflieger wußten, daß er in der Luft war, warnten sie einander über Sprechfunk: »Der Löwe vom Kuban ist in der Luft!«

Er hatte im Dezember 1944 im Westen das JG 77 übernommen. Am Heiligabend flog er mit seinem Rottenflieger über Essen einen Einsatz, als er von einigen ›Spitfire‹ ange-griffen wurde. Sein Rottenflieger wurde gleich abgeschos-sen, und Wiese wehrte sich minutenlang, um schließlich zahlreiche schwere Treffer einstecken zu müssen. Er mußte in 9000 m seine Me 109 mit dem Fallschirm verlassen! Während er der Erde zuschwebte, riß der offensichtlich beschädigte Schirm etwa 80 m über Grund, so daß Wiese zur Erde stürzte, wobei er sich so schwere Verletzungen zuzog, daß er den Winter über im Lazarett verbringen mußte. Oberstlt. Erich Leie folgte Wiese als Kommodore des JG 77.

Bei Kriegsende ergab sich Wiese amerikanischen Trup-pen, die ihn alsbald aus der Kriegsgefangenschaft entließen. Im September 1945 wurde er von deutschen Kommunisten erkannt und bei den russischen Besatzungsstreitkräften de-nunziert. Sie hielten ihn viereinhalb Jahre gefangen. Nach seiner Entlassung ging er alsbald nach Westdeutschland, um sich später zur Bundesluftwaffe zu melden, in der er unter anderem als Gruppenkommandeur in Ahlhorn diente.

HEINZ BÄR zählt zu den beachtlichsten und populärsten Flugzeugführern der deutschen Luftwaffe. ›Pritzl‹ Bär ver-körperte das Image des Jagdfliegers. Während des Krieges fand man ihn stets an den Brennpunkten im Einsatz. Er flog 1000 Einsätze an allen Fronten, wo Deutschland kämpfte, und errang 220 Luftsiege. Bär wurde achtzehnmal abgeschossen, wobei er häufig verwundet wurde. Er been-dete den Krieg als achtbester Jagdflieger, in der Rangfolge mit Abschüssen.

Am 25. März 1913 in Sommerfeld bei Leipzig geboren, schloß er sich schon als Fünfzehnjähriger 1928 einem Segel-fliegerclub an. Er wollte gerne Flugkapitän bei der Luft-hansa werden. Um das zu erreichen, trat er Anfang der dreißiger Jahre in das Ausbildungsprogramm der noch ge-heimen Luftwaffenrüstung. Als sich angesichts des heran-nahenden Krieges über Europa die Wolken verdunkelten, war Heinz Bär Flugzeugführer in der 1./JG 51. Seinen ersten Luftsieg errang er am 25. September 1939 mit dem Ab-schuß einer Curtiss 75 A ›Hawk‹ über Weißenburg/Elsaß. Am 2. Juli 1941 hatte er bereits 27 Luftsiege, wofür ihm das Ritterkreuz verliehen wurde. Am 27. Juli kam Lt. Bär im Rahmen der Verlegung der IV./JG 51 an die Ostfront, um am Rußlandfeldzug teilzunehmen.

Seine Leistungen im Luftkrieg waren derart hervorra-gend, daß ihm am 14. August 1941 nach 60 Luftsiegen das Eichenlaub verliehen wurde. Die Schwerter folgten am

Heinz Bär errang an allen Fronten 220 Luftsiege; mit der Me 262, dem ersten einsatzfähigen Strahljäger der Welt, errang er eine Spitzenposition unter den Me 262-Piloten.

16. Februar 1942 nach dem 60. Abschußerfolg, unter gleichzeitiger Beförderung zum Hauptmann.

Nachdem er zehn Monate im JG 51 an der Ostfront gekämpft hatte, wurde Bär am 1. Mai 1942 zur I./JG 77 versetzt. Während der achtzehn Monate im JG 77 flog er Einsätze über Italien, Sizilien, Nordafrika und Malta. Am 19. Mai 1942 hatte Heinz Bär seinen 100. Abschuß melden können.

Am 28. Dezember 1943 kam er in die II./JG 1 zum Ein-satz in der Reichsverteidigung gegen alliierte Bomberver-bände. Seinen 200. Abschuß konnte er am 28. April 1944 erzielen. Im Juni wurde er zum Major befördert und in den Geschwaderstab des JG 3 versetzt. In den letzten Monaten des Krieges flog Heinz Bär den Düsenjäger Me 262, womit ihm 16 Abschüsse gelangen. 21 Viermotorige konnte er ab-schießen. Zuletzt hatte er den Rang eines Oberstleutnants.

Nach dem Kriege betätigte sich Bär als Berater für Luft-fahrt. Am 30. Jahrestage seines 200. Abschusses führte er in Braunschweig ein Sportflugzeug vor. In 50 m über Grund geriet er ins Steiltrudeln und fand den Tod.

Wolf-Dietrich Huy, JG 77, hatte nicht nur 40 Luftsiege errungen, sondern auch beachtliche Erfolge als Jaboflieger, indem er mit seinen Männern der britischen Flotte im Mittelmeer schwere Schläge versetzte. Seine Einsätze halfen bei der Einnahme von Kreta.

Auch Emil Omert vom JG 77 war anerkannter Experte im Jabo-Einsatz. Er versenkte Schiffe, hatte aber auch 70 bestätigte Luftsiege. Er fiel bei der Abwehr des amerikanischen Bomberangriffs auf die Ölfelder von Ploesti.

WOLF-DIETRICH HUY, geboren am 2. August 1917 in Freiburg/Breisgau, trat zunächst in den Dienst der Kriegsmarine. Am 1. Juli 1939 kam er als Oberleutnant in die III./JG 77. Über Dünkirchen errang er seine ersten zwei Luftsiege. Als besonders erfolgreich erwies er sich bei Jabo-Einsätzen gegen Schiffsziele.

Beim Einsatz über Kreta beschädigte und versenkte er zahlreiche Schiffe, so den britischen Kreuzer *Fiji* und das Schlachtschiff *Warspite*. Für seinen 22. Luftsieg erhielt er am 5. Juli 1941 das Ritterkreuz. Am 29. Oktober 1942 wurde er von ›Spitfire‹ über Nordafrika abgeschossen, konnte aber hinter alliierten Linien notlanden. Im Alter von 25 Jahren geriet er in Kriegsgefangenschaft. In mehr als 500 Einsätzen erzielte er 40 Luftsiege und beachtliche Erfolge als Jabo-Flieger im Rahmen der Schiffsbekämpfung.

EMIL OMERT war ein weiterer sehr erfahrener Flieger des JG 77, der sich im Jabo- und Tiefflugeinsatz bewährt hat. In Ginolfs/Rhön am 1. Januar 1918 geboren, war er zu-

nächst in der II./JG 3 und II./JG 2, bevor er Anfang 1941 zur III./JG 77 kam. Omert zeichnete sich im Balkan- und Rußlandfeldzug aus. Seinen ersten Luftsieg errang er über Jugoslawien. Nach seinem 40. Luftsieg erhielt er am 19. März 1942 das Ritterkreuz verliehen. Zum Hauptmann befördert, übernahm er im März 1944 als Gruppenkommandeur die III./JG 77. Als am 24. April 1944 amerikanische Bomber die rumänischen Ölfelder von Ploesti angriffen, wurde Omerts Me 109 so stark getroffen, daß er mit dem Fallschirm abspringen mußte. Noch während er am Fallschirm hing, wurde er, in den Gurten hängend, erschossen.

In 675 Einsätzen konnte der Hauptmann 70 Luftsiege erringen, bei 125 Jabo-Einsätzen vernichtete er 25 Flugzeuge am Boden sowie ein russisches Torpedoboot.

RUDOLF SCHMIDT und FRANZ SCHULTE gehörten im JG 77 zum Kreise der Spezialisten in der Schiffsbekämpfung, die sich besonders bei Jabo-Einsätzen gegen britische Kriegsschiffe vor Kreta hervortaten. OFw. Schmidt konnte in der Suda-Bucht zwei englische Torpedoboote versenken und einen großen Truppentransporter schwer beschädigen. Fw. Schulte versenkte ein großes Handelsschiff und ein Torpedoboot. Beide hatten an die 50 Abschüsse erzielt – und beide kehrten 1942 in Rußland vom Feindflug nicht zurück, sie sind seither vermißt. Rudolf Schmidt erhielt am 30. August 1941 für 27 Luftsiege das Ritterkreuz verliehen, während Franz Schulte damit am 24. September 1942 posthum ausgezeichnet wurde.

GÜNTHER LÜTZOW war das Vorbild eines aufrechten deutschen Offiziers. Er entstammte einer alten, traditionsreichen Soldatenfamilie, was seinen Charakter formte, sein Pflichtgefühl und seine Aufrichtigkeit förderte. ›Franzl‹, wie ihn seine engen Freunde nannten, wurde am 4. September 1912 in Kiel geboren. Seine Erziehung genoß er in einer Klosterschule. In Deutschland war es in besseren Familien üblich, daß sich die jungen Männer für einen von drei Berufen entschieden: Pfarrer, Jurist oder Soldat. Günther Lützow entschied sich zunächst für den Beruf des Pfarrers, um dann die Soldatenlaufbahn zu wählen.

Lützow trat in die Luftwaffe ein und diente in Spanien bei der »Legion Condor«, wo er fünf Luftsiege erzielte. Nach seiner Rückkehr aus Spanien wurde er Ausbildungsleiter auf der Jagdfliegerschule 1. Zum Hauptmann befördert, übernahm er zu Beginn des Frankreichfeldzuges als Gruppenkommandeur die I./JG 3. Im August 1940 wurde er Geschwaderkommodore, dem am 19. September 1940 für seinen 15. Luftsieg das Ritterkreuz verliehen wurde.

Während der Luftschlacht um England führte er sein Geschwader, in dem einer der Gruppenkommandeure Wilhelm Balthasar hieß. Im Sommer 1941 flog Lützow an der Spitze seines Geschwaders im Rußlandfeldzug. Als Major erhielt er für seinen 42. Luftsieg am 7. Juli 1941 das Eichenlaub und am 11. Oktober – für seinen 92. Luftsieg – die Schwerter verliehen. Zwei Wochen später konnte er als zweiter Jagdflieger den 100. Abschuß melden.

Lützows Frontverwendung wurde am 17. Mai 1942 unterbrochen, als ihn General Galland zum Inspekteur der Jagdflieger berief. Wolf-Dietrich Wilcke, der bisher im Stabe des Geschwaders war, rückte in die Dienststellung des Kommodore nach.

Oberst Lützow engagierte sich sehr in der Kommodorebesprechung, die als »Meuterei der Jagdflieger« bekannt wurde. General Galland, im Januar 1945 seines Postens ent-

Günther Lützow gelang es als zweitem Jagdflieger der Luftwaffe, die Grenze von 100 Abschüssen zu erreichen. Unter Galland war er Inspekteur der Jagdflieger. Er hatte sich bei der sogenannten »Meuterei der Jagdflieger« sehr engagiert.

hoben, stellte den Jagdverband 44 auf. Lützow wurde zum Sprecher der Jagdwaffe bestimmt. Mit seiner Haltung, seinem Mut und seiner ganzen Persönlichkeit war er genau der richtige Mann, der mit klaren und deutlichen Worten Hermann Göring die Nöte und Sorgen der Jagdflieger vortragen konnte. Als der Oberst Göring vorhielt, er habe die Jagdwaffe falsch eingesetzt, mißbraucht und nie Vertrauen zu ihr gehabt, womit er nur all das zusammenfaßte, was die Kommodores bedrückte, bekam Göring einen Wutanfall und drohte Lützow, ihn vor ein Kriegsgericht stellen zu lassen. Statt dessen wurde Lützow als Jafü Italien nach Italien verbannt. Viel wichtiger wäre seinerzeit gewesen, seine Erfahrungen bei der Bekämpfung feindlicher Bomber zu nutzen.

Wolf-Dietrich Wilcke, Sieger in 161 Luftkämpfen, führte das JG 3 während der Kämpfe um Stalingrad.

Ein paar Monate später meldete er sich freiwillig zu Gallands JV 44, wo er im Kreise der anderen Spitzenkönner der Jagdwaffe kameradschaftlich aufgenommen wurde. Lützow erzielte alsbald zwei Luftsiege mit der Me 262. Am 24. April 1945 griff er im Raum Donauwörth einen Verband ›Fliegender Festungen‹ an. Seitdem gilt er als vermißt.

In 300 Feindflügen konnte Günther Lützow 108 anerkannte Luftsiege erzielen.

WOLF-DIETRICH WILCKE war Nachfolger von Lützow als Kommodore des JG 3. Er war von vornehmem und ausgeglichenem Charakter und hatte eine Schwäche für maßgeschneiderte Uniformen. Wilcke entwickelte sich zu einem hervorragenden Truppenführer, der von seinen Untergebenen geradezu verehrt wurde, nicht alleine, weil er ein ausgezeichneter Jagdflieger war, sondern auch für sein beispielhaftes, vorbildliches Verhalten und seine Führungsqualitäten.

Er wurde am 11. März 1913 in Schrimm/Provinz Posen geboren. Im Frühjahr 1935 trat er in die Wehrmacht ein, wo er zunächst in einem Kavallerieregiment diente, um dann im Oktober zur Luftwaffe überzutreten. Auf dem Wege zur fliegerischen Ausbildung in Perleberg teilte Wilcke sein Eisenbahnabteil mit einem Freiwilligen der Luftwaffe. Er bot ihm mit einer fürstlichen Geste eine Zigarette aus seinem silbernen Etui an. In der Kaserne angekommen, stellte er fest, daß er mit demselben Offizier das Quartier teilte. Und wieder bot er ihm auf seine besondere Art eine Zigarette an. Aus dieser Zeit rührt Wilckes Spitzname ›Fürst‹ her, der ihm bis zu seinem Tode erhalten blieb.

Nach Abschluß der Ausbildung meldete sich Wilcke im Frühjahr 1936 zur Jagdwaffe. Statt dessen wurde er zur Beobachterausbildung nach Faßberg versetzt. Schließlich gelang es ihm aber doch, zu den Jägern zu kommen. Als er seine Schießausbildung in Schlichting beendet hatte, kam er zum JG 1 in Döberitz und flog He 51-Doppeldecker.

Im Herbst 1937 ließ sich der modebewußte Wilcke, entgegen der Bekleidungsvorschriften, einen langen, schwarzen Ledermantel schneidern. Den anderen Piloten in Döberitz gefiel dieser Ledermantel derart gut, und es dauerte nicht lange, daß das gesamte Offizierkorps des Geschwaders damit herumlief. Wie ein Lauffeuer verbreitete sich die Idee, bis schließlich der Ledermantel gleichsam zum Markenzeichen der Jagdflieger überhaupt wurde. Selbst Feldmarschall von Blomberg ließ sich einen Ledermantel anfertigen, nachdem er Piloten damit herumlaufen sah.

Anfang 1939 kam Wilcke nach Spanien, wo er nur einige Monate blieb, um im Frühjahr nach Deutschland zurückzukehren. Er kam zu Mölders in die III./JG 53 und übernahm im September als Staffelkapitän die 7./JG 53 am Westwall. Seinen ersten Luftsieg erzielte Wilcke am 7. November 1939, als ihm der Abschuß einer zweimotorigen Potez 63 gelang. Seine erste Niederlage mußte er am 18. Mai 1940 einstecken, als er von seiner Staffel abgedrängt wurde, so daß ihn acht französische Jäger Curtiss 75 A in die Zange nehmen konnten. Wilcke mußte seine Maschine aufgeben. Nach dem Fallschirmabsprung geriet er, wie auch Mölders, in Gefangenschaft, die jedoch nur von kurzer Dauer war, denn im Juni konnte er in die Heimat zurückkehren.

Nachdem Mölders Kommodore JG 51 geworden war, gab er seine III./JG 53 an Hptm. Harro Harder ab. Harder wurde in den ersten Gefechten der Luftschlacht um England jedoch abgeschossen, so daß Wilcke am 13. August 1940 Gruppenkommandeur wurde. Wie es bei vielen der großen Jagdflieger der Fall war, war auch Wilcke ein sogenannter ›Spätzünder‹, dessen Abschußzahl bei Ende der Luftschlacht um England, im Frühsommer 1941, bescheidene 13 Luftsiege betrug. Über England entging er nur knapp dem Tode, als er nachts im Kanal notwassern mußte, weil er Motorprobleme hatte. Im Mondschein wurde er schließlich gerettet.

Im Rußlandfeldzug stiegen Wilckes Abschußerfolge an. Am ersten Tag des Feldzuges, 22. Juni 1941, schoß er fünf russische Flugzeuge ab. Für seinen 25. Luftsieg erhielt er am 6. August das Ritterkreuz verliehen. Im Dezember verlegte die Jagdgruppe nach Sizilien, wo Major Wilcke mit dem Abschuß von vier ›Spitfire‹ über Malta seinen 36. Abschuß melden konnte.

Am 18. Mai 1942 wurde Wilcke Kommodore des JG 3 ›Udet‹, das im Südabschnitt der Ostfront lag. Am 6. September hatte er seinen 100. Luftsieg, wofür er drei Tage später das Eichenlaub zum Ritterkreuz erhielt. Das JG 3 stand im Dezember vom Morgengrauen bis in die Abenddämmerung in pausenlosem Einsatz zum Begleitschutz von Stukas des StG. 2 und He 111 der KG 27 und KG 55, um die im Kessel von Stalingrad eingeschlossenen deutschen Truppen zu retten. Dem Geschwader gelang es, den russischen Jägerschirm zu durchbrechen und innerhalb des Kessels zu landen und zu starten. Einer Staffel oblag der Schutz der kleinen Plätze gegen russische Jäger und Schlachtflugzeuge. Vorstoßende russische Infanterie überrollte die Plätze derart schnell, daß das Bodenpersonal des JG 3 nicht mehr hinterherkam, wenn Besatzungen und Flugzeuge von Platz zu Platz verlegten. Die Platzschutzstaffel bestand zum Schluß nur noch aus drei Me 109, weil es an Ersatzteilen, Reparatur- und Wartungsmöglichkeiten mangelte. Die Staffel setzte die drei Maschinen rund um die Uhr ein. In dieser kritischen und hektischen Phase der Schlacht um Stalingrad wurde mit den drei Maschinen der Abschuß von 130 russischen Flugzeugen erzielt!

Wilcke, inzwischen Oberst, konnte am 17. Dezember 1942 seinen 150. Luftsieg erringen, wofür er sechs Tage darauf die Schwerter zum Ritterkreuz bekam. Am 16. Januar 1943 wurde der Geschwaderstab nach Deutschland verlegt, um gegen die einfliegenden amerikanischen Bomber eingesetzt zu werden, während die Gruppen des Geschwaders an der Ostfront blieben. Das OKL erteilte Oberst Wilcke Startverbot, weil man ihn für zu wertvoll

erachtete, als daß man sein Leben im Einsatz aufs Spiel setzte. Angesichts des Mangels erfahrener Jagdflieger in der Reichsverteidigung und der Tausenden von unschuldigen Bürgern in der Zivilbevölkerung, deren Leben in höchster Gefahr war, bat Wilcke um die Erlaubnis, Abfangeinsätze fliegen zu dürfen. Gelegentlich erhielt er dafür Startfreigabe. Bei einigen dieser Einsätze konnte Wilcke vier B-17 und eine ›Mustang‹ abschießen.

Wilcke konnte am 23. März 1944 seinen 161. Abschuß erzielen. An jenem Tag führte er den Geschwaderstab im Raum Magdeburg/Braunschweig gegen angreifende amerikanische ›Fliegende Festungen‹ und den aus ›Mustang‹ bestehenden Begleitschutz. Im Verlaufe des sich entwickelnden Luftkampfes wurden Wilcke und sein Rottenflieger, Lt. von Kapherr, von den anderen abgedrängt. Beim Angriff auf einen Bomber kamen ›Mustang‹ dazwischen, die die Rotte trennten. Da bemerkte Wilcke, wie sich eine ›Mustang‹ von Kapherr näherte. Ungeachtet der ›Mustang‹, die sich hinter ihm befanden, kam er seinem Rottenflieger zu Hilfe. Er hatte gut gezielt, und die ›Mustang‹ fiel als sein 162. Luftsieg. Für Ausweichmanöver war es zu spät, und die verfolgenden ›Mustang‹ hämmerten mit ihren 12,7 mm-MG auf die Me 109 ein, so daß Oberst Wilcke keine Überlebenschance hatte. In der Nähe von Schöppenstedt schlug er auf. Er war auf der Stelle tot.

Sein Nachfolger wurde Oberstlt. F. K. Müller, der auch zwei Monate später im Luftkampf fiel.

GEORG SCHENTKE und KURT EBENER waren beide im JG 3 in der Platzschutzstaffel Pitomnik, die in so außerordentlichem Maße bei dem Versuch beteiligt war, den Einschließungsring um Stalingrad zu sprengen. Schentke kam als Oberfeldwebel zur 9./JG 3, wo er am 8. Juni 1940 seinen ersten Luftsieg errang. Im September 1941 erhielt er nach seinem 30. Luftsieg das Ritterkreuz verliehen. Nach kurzer Verwendung als Jagdlehrer, kehrte er als Leutnant an die Front zurück. Am 25. Dezember 1942, er hatte inzwischen 87 Luftsiege, mußte er während eines Einsatzes der Platzschutzstaffel Pitomnik über dem Kessel von Stalingrad mit dem Fallschirm abspringen und landete auf russischem Gebiet. Seit diesem Tage gilt der Oblt. Schentke als vermißt.

Kurt Ebener kam als Feldwebel im Dezember 1941 zur II./JG 3. Etwa einen Monat lang flog er im Winter 1942/43 in der Platzschutzstaffel Pitomnik. Ebener gelang es in dieser qualvollen Phase, unter den denkbar schwierigsten Be-

Kurt Ebener war der wahre Held des Kessels von Stalingrad. Als Angehöriger der Platzschutzstaffel des JG 3 erzielte er während der kritischen Phase 33 Luftsiege.

›Spitfire‹ über Metkovic in Kroatien mit dem Fallschirm abspringen mußte. Er geriet in die Hände von Partisanen der 29. kommunistischen Brigade und wurde erschossen, nachdem er insgesamt 188 Abschüsse erzielt hatte.

Hptm. Rohwer flog während der Luftschlacht um England in der I./JG 3. Am 5. Oktober 1942 erhielt er nach seinem 28. Luftsieg das Ritterkreuz verliehen. Im Oktober 1942 führte er die 2./JG 3 als Staffelkapitän an der Ostfront, ein Jahr später war er Gruppenkommandeur der II./JG 3, die in der Reichsverteidigung amerikanische Bomberverbände bekämpfte. Nach einem Abfangeinsatz mußte Rohwer am 29. März 1944 bei Ibbenbüren notlanden. Übereifrige und verbissene P-38 ›Lightning‹-Jagdflieger schossen ihn am Boden zusammen.

Ein ähnliches Schicksal erlitt Ltn. Schwaiger, der zunächst in der 6./JG 3 flog, um dann als Staffelkapitän die 1./JG 3 zu übernehmen. Nachdem er mit dem Abschuß einer ›Mustang‹ am 24. April 1944 seinen 67. Luftsieg errungen hatte, mußte er aufgrund von Treibstoffmangel in der Nähe von Rain am Lech auf einer Wiese notlanden. In diesem Falle waren es ›Mustang‹-Piloten, die den deutschen hilflosen Jagdflieger erbarmungslos zusammenschossen!

MAX IBEL zählte zur alten Garde der Weltkriegsflieger, die am Aufbau der Reichsluftwaffe mitwirkten, war aber auch bei den Männern der ersten Stunde, die zur Ausbildung in Lipezk/Rußland weilten. 1939 stellte Ibel das JG 27

dingungen 33 Luftsiege zu erringen. Am 7. April 1943 erhielt er für seinen 52. Luftsieg das Ritterkreuz verliehen. Nachdem er 57 Abschüsse erzielt hatte, wurde er am 23. August 1944 über der Invasionsfront schwer verwundet und geriet in amerikanische Kriegsgefangenschaft.

JOACHIM KIRSCHNER, DETLEV ROHWER und FRANZ SCHWAIGER waren Jagdflieger des JG 3 ›Udet‹, denen unverdientermaßen ein Schicksal widerfuhr, was allen üblichen militärischen Gepflogenheiten hohnsprach. Hptm. Kirschner kam Ende 1941 zur II./JG 3 ›Udet‹, um alsbald die Führung des 5./JG 3 zu übernehmen. Am 23. Dezember 1942 erhielt er für seinen 51. Abschuß das Ritterkreuz verliehen. Den 150. Luftsieg konnte er am 5. Juli 1943 erringen, als er im Luftkampf neun Gegner bezwingen konnte. Nach seiner Versetzung zur IV./JG 27 kämpfte er in Griechenland und auf dem Balkan, wo er am 17. Dezember 1943 nach einem Luftkampf mit

Max Ibel, ein Alter Adler, baute die Luftwaffe mit auf und spielte beim Durchbruch deutscher Kriegsschiffe durch den Ärmelkanal eine wichtige Rolle.

Wenngleich Eduard Neumann nur 13 Luftsiege errang, so setzte er doch Maßstäbe als Kommodore des JG 27 beim Einsatz in Nordafrika. Ihm wird häufig zugeschrieben, hoffnungsvolle Talente der Jagdfliegerwaffe – so Hans-Joachim Marseille – gefördert und unterstützt zu haben.

EDUARD NEUMANN folgte Schellmann als Kommodore des JG 27 nach und führte das Geschwader im Kampf gegen überlegene Kräfte im Afrikafeldzug. Während des Einsatzes im Spanischen Bürgerkrieg konnte er einen alten Zirkuswagen erwerben, den er als Wohnwagen nutzte. Zunächst war Neumann Gruppenkommandeur der I./JG 27, um schließlich die Geschwaderführung in der Zeit zu haben, als der ›Stern von Afrika‹, Hans-Joachim Marseille, seine kometenhafte Jagdfliegerlaufbahn nahm. Neumann hat viel dazu beigetragen, das Talent des jungen Adlers zu entwickeln. Insgesamt hatte Neumann 13 Luftsiege. Nach dem Rückzug aus Afrika wurde Oberstlt. Edu Neumann Jafü Italien, um später in weiteren Stabsverwendungen zu dienen.

HANS-JOACHIM MARSEILLE wurde in den Medien unter mehreren Bezeichnungen gefeiert: Stern von Afrika, Junger Adler, Gelbe 14, Adler von Afrika oder Wüstenstern. In nur einem Jahr entwickelte er sich zum fähigsten Jagdflieger mit der höchsten Abschußquote gegen die Royal Air Force. Am Himmel über Nordafrikas Wüste machte er seinem Namen Ruhm und Ehre. Im Alter von 18 Jahren trat Marseille in die Luftwaffe ein, und vier Jahre später fand er den Tod. Eine Legende war geboren.

Am 13. Dezember 1919 wurde er in Berlin-Charlottenburg geboren. Sein Vater, Sigfried Marseille, flog schon im

auf, das er im Frankreichfeldzug erfolgreich führte. Am 22. August 1940 erhielt er das Ritterkreuz verliehen. Im Juni 1941 gab er das Geschwader an Bernhardt Woldenga ab, um die Position des Jafü 3, sechs Monate später die des Jafü West einzunehmen. In den letzten zwei Jahren des Krieges führte Generalmajor Ibel die 2. Jagddivision. Zu Kriegsende war er Inspekteur für den Strahlereinsatz.

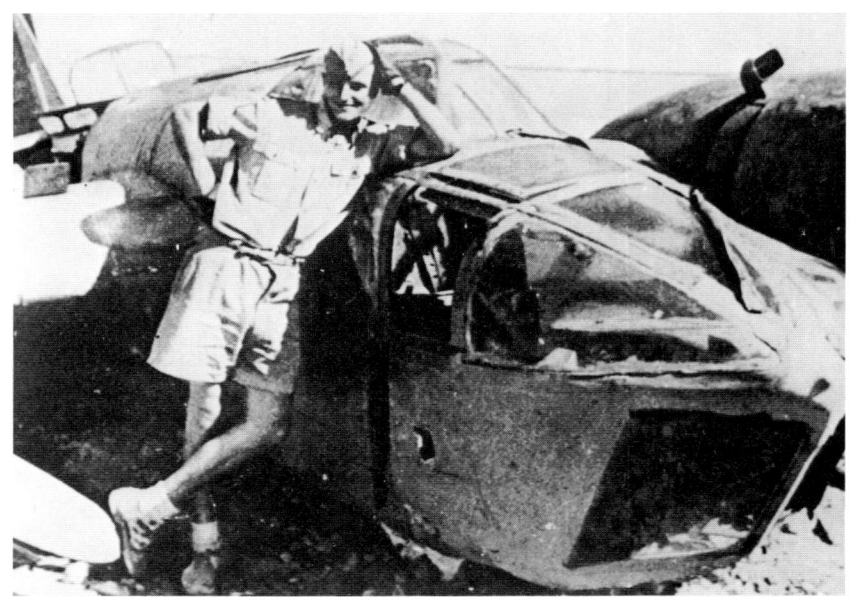

Stolz lehnt sich der »Adler von Afrika« an das Wrack eines Bombers vom Typ Bristol *Blenheim*, den er abgeschossen hat. Auf dem Bild rechts freut er sich, als sein 1. Wart einen weiteren Abschußbalken auf das Seitenleitwerk seiner Me 109 pinselt.

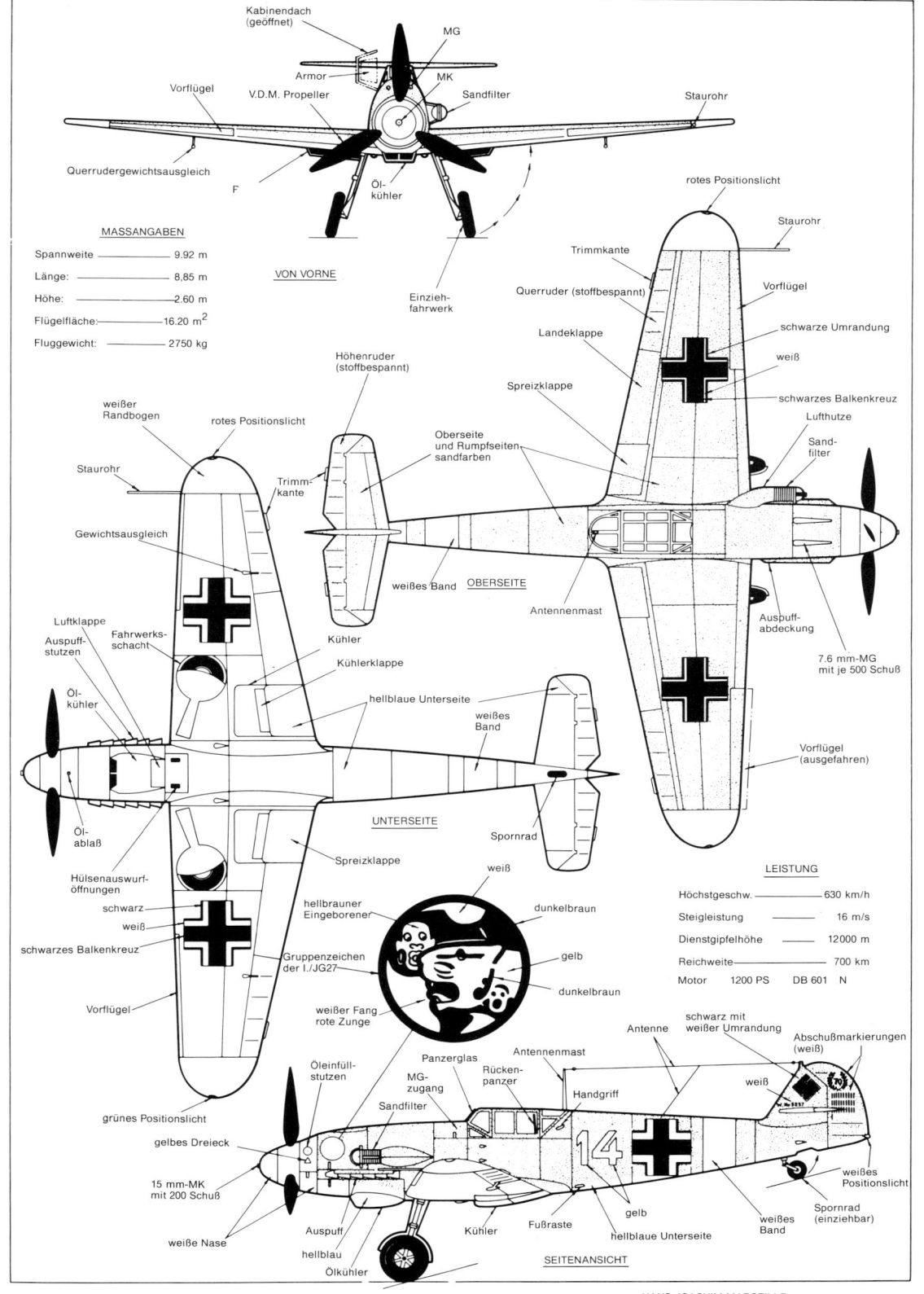

Kabinendach (geöffnet)

MG

Armor

Vorflügel

V.D.M. Propeller

MK

Sandfilter

Staurohr

Querrudergewichtsausgleich

F

Öl-kühler

MASSANGABEN

Spannweite ——— 9.92 m

Länge: ——— 8,85 m

Höhe: ——— 2.60 m

Flügelfläche: ——— 16.20 m^2

Fluggewicht: ——— 2750 kg

VON VORNE

Einzieh-fahrwerk

rotes Positionslicht

Staurohr

Trimmkante

Querruder (stoffbespannt)

Vorflügel

Landeklappe

schwarze Umrandung

weiß

Spreizklappe

schwarzes Balkenkreuz

Lufthutze

Sand-filter

Höhenruder (stoffbespannt)

weißer Randbogen

rotes Positionslicht

Staurohr

Gewichtsausgleich

Trimm-kante

Oberseite und Rumpfseiten sandfarben

Luftklappe

Auspuff-stutzen

Fahrwerks-schacht

Kühler

Kühlerklappe

weißes Band   OBERSEITE

Antennenmast

Auspuff-abdeckung

7.6 mm-MG mit je 500 Schuß

Öl-kühler

hellblaue Unterseite

weißes Band

Öl-ablaß

Spreizklappe

Hülsenauswurf-öffnungen

weiß

schwarz

hellbrauner Eingeborener

dunkelbraun

Spornrad

Vorflügel (ausgefahren)

weiß

schwarzes Balkenkreuz

Gruppenzeichen der I./JG27

gelb

dunkelbraun

weißer Fang rote Zunge

UNTERSEITE

LEISTUNG

Höchstgeschw. ——— 630 km/h

Steigleistung ——— 16 m/s

Dienstgipfelhöhe ——— 12000 m

Reichweite ——— 700 km

Motor   1200 PS   DB 601   N

Vorflügel

grünes Positionslicht

gelbes Dreieck

Öleinfüll-stutzen

Panzerglas

MG-zugang

Sandfilter

Rückenpanzer

Handgriff

Antennenmast

Antenne

schwarz mit weißer Umrandung

Abschußmarkierungen (weiß)

weiß

15 mm-MK mit 200 Schuß

weiße Nase

Auspuff

hellblau

Kühler

Fußraste

gelb

hellblaue Unterseite

weißes Band

weißes Positionslicht

Spornrad (einziehbar)

Ölkühler

14

SEITENANSICHT

129

3./JG 27

HANS-JOACHIM MARSEILLE
Messerschmitt Me 109 F-2 Trop.

Ersten Weltkrieg, wurde in der Luftwaffe Generalmajor und fiel 1943 an der Ostfront. Jochen, wie ihn seine Freunde nannten, begeisterte sich schon von frühester Jugend an für Flugzeuge. Sofort nach Beendigung der Schule trat er in die Luftwaffe ein. Am 7. November 1938 begann Marseille mit der fliegerischen Ausbildung. Obwohl er hervorragende fliegerische Fähigkeiten besaß, konnte er sich nur schwer an die militärische Disziplin gewöhnen. Er war zu lässig, hielt wenig von formalen Dingen, aber viel von individuellem Verhalten. Nicht selten wurde er disziplinarisch für unerlaubten Kunst- und Tiefflug gemaßregelt.

Im August 1940 kam er zum Staffelkapitän Johannes Steinhoff in die 4./JG 52, die während der Luftschlacht um England am Kanal lag. Bei seinem dritten Feindflug konnte Jochen mit dem Abschuß einer ›Spitfire‹ seinen ersten Luftsieg erringen. Während seiner Verwendung beim JG 52 konnte er sieben ›Spitfire‹ abschießen, wurde selbst aber auch viermal abgeschossen! Ihm gelang es jedesmal, seine Maschine auf dem Strand der französischen Küste bei Gris Nez notzulanden. Als Oberfähnrich war er damals Rottenflieger.

Anfang 1941 kam Marseille nach Döberitz zur I./JG 27, die am 22. April nach Nordafrika verlegte, um der hart kämpfenden Regia Aeronautica (ital. Luftwaffe) gegen die britischen Kräfte Unterstützung zu gewähren. Marseille kam zur 3./JG 27, die in Oblt. Gerhard Homuth einen strengen Disziplinarvorgesetzten hatte, der auch Marseille diese Strenge merken ließ. Schon einen Tag nach der Verlegung nach Afrika flog die 3. Staffel drei Einsätze über der Wüste. Beim ersten Einsatz der Staffel errang Marseille mit dem Abschuß einer ›Hurricane‹ den ersten Luftsieg für die Staffel, wurde selbst aber von dem französischen Lt. James Denis so schwer getroffen, daß er notlanden mußte. Obwohl das Bodenpersonal später an seiner Me 109 über dreißig Einschußlöcher zählte, war ihm kein Haar gekrümmt worden!

Fünf Tage später flog er mit seiner Staffel im Raume Tobruk, als er einige sehr tieffliegende Bristol ›Blenheim‹-Bomber entdeckte. Bevor irgendeiner seiner Staffelkameraden den Feind ausgemacht hatte, stürzte sich Marseille hinab und schoß in die Motoren des Gegners. Erst als der Bomber brennend ins Meer schlug, schickte sich Marseille an, wieder auf die Staffel aufzuschließen! Keine Frage, daß der Heißsporn strengstens dafür gemaßregelt wurde, weil er den Gegner nicht gemeldet und ohne Erlaubnis den Staffelverband verlassen hatte. Marseilles Problem lag darin

begründet, daß er ein ausgesprochener Individualist war, dem es schwerfiel, im Verband mit seinen Staffelkameraden aufeinander abgestimmt zu kämpfen. Er war ungestüm und stürzte sich blindlings auf feindliche Verbände, so daß seine Me 109 oft von feindlichen Kugeln durchlöchert war. Sein Gruppenkommandeur war erfahren genug, um die außerordentliche Begabung Marseilles als Jagdflieger zu erkennen. Eduard Neumann nahm sich des ›jungen Löwen‹ an, um ihn zu erziehen, aber nicht zu entmutigen. Er ließ Marseille gewähren, wohlwissend, daß er mit dem Begriff Teamwork nichts anfangen konnte.

Im Mai 1941 wurde Marseille zum Leutnant befördert. Er hatte 13 Luftsiege. Als Offizier durfte er jetzt einen Burschen haben. Er nahm sich Mathias, einen Transvaal-Neger. Sie verstanden sich bestens. Ihr Verhältnis zueinander war eher freundschaftlich, als das zwischen Herr und Diener.

Zum ersten seiner Luftkämpfe mit Mehrfachabschüssen kam es am 22. November 1941, als die 3. Staffel auf 16 Hawker ›Hurricane‹ traf. Obwohl die Engländer den Deutschen zahlenmäßig überlegen waren, flogen sie tiefer und warteten darauf, daß sich die Me 109 aus der Überhöhung heraus auf sie stürzen würden. Vorsichtshalber bildeten die ›Hurricane‹ einen Abwehrkreis, in dem sie sich gegenseitig Feuerschutz geben konnten. Aber es tat sich nichts. Die Deutschen griffen nicht an, und so ging das abwartende ›Spielchen‹ weiter. Mit einem Male löste sich Marseille blitzartig aus dem Verband heraus, zu schnell für seinen Rottenflieger, der ihm nicht folgen konnte! Den Steuerknüppel hart an den Bauch gezogen, stieg Marseille mit geschlossenen Augen direkt in die Sonne weg. Schnell riß er seine Maschine herum, so daß er die Sonne im Rücken hatte, und machte sich daran, den Abwehrkreis zu sprengen. Aus weiter Entfernung schoß er mit seiner Maschinenkanone auf die nächste ›Hurricane‹, die brennend der Wüste zustürzte. Dann trat er ins Seitenruder und schoß die zweite ›Hurricane‹ in Brand. Wieder stieg er der Sonne entgegen. Der gegnerische Abwehrkreis hielt zusammen. Die 3. Staffel zögerte noch mit dem Angriff. Als Marseille zum zweiten Male aus der Sonne kam, löste sich der Abwehrkreis auf, und 14 mit je acht MG bestückte ›Hurricane‹ kurvten auf den tollkühnen Draufgänger ein. Wieder gelang ihm ein Abschuß, als die Staffel endlich zum Angriff ansetzte. Während des sich wild entwickelnden Luftkampfes schoß Marseille zwei weitere englische Jäger ab. Seinen Staffelkameraden gelangen drei Abschüsse, ohne eigene Verluste zu erlei-

130

Mathias aus Transvaal war der Bursche von Marseille; beide wurden dicke Freunde. Mathias legte eine Kette mit 158 Seemuscheln auf den Sarg von Marseille, je eine Muschel für jeden Luftsieg.

den. Die restlichen sechs ›Hurricane‹ gaben Fersengeld, um ihre Horste zu erreichen.

Am 2. Dezember hatte Jochen Marseille 33 Luftsiege errungen, wofür er aus der Hand von Feldmarschall Keßelring das Deutsche Kreuz in Gold erhielt.

Nachdem Marseille seinen Kampfstil gefunden hatte und diesbezüglich ermutigt worden war, stiegen seine Abschußerfolge in atemberaubenden Maße. Zwei Wochen darauf hatte er bereits seinen 48. Luftsieg errungen! Dann befiel ihn eine Fieberinfektion, die ihn für vier Wochen vom Einsatz fernhielt. Nachdem er wieder genesen war, flog er täglich fünf bis sechs Feindflüge. Er war von morgens bis abends fast ununterbrochen in der Luft. Fliegen und Jagen beflügelte ihn. Nur wenn er am Boden war, ermüdete Marseille! In der Luft war er wie ein menschlicher Computer: Hervorragendes Sehvermögen, räumliches Denken und Vorstellungsvermögen und ein unheimliches Auge für tödliche Treffsicherheit. All das, verbunden mit Furchtlosigkeit und Angriffsfreude, machten ihn zu einem Luftkampfgegner, den man kaum bezwingen konnte. Sein Munitionsverbrauch war stets sehr gering. Im Durchschnitt brauchte er pro Abschuß 15 Schuß Munition. Einmal benötigte er für den Abschuß von sechs ›Hurricane‹ nur zehn Schuß Kanonen- und 180 Schuß MG-Munition! Nicht selten hatte Mar-

Keine langen Wege scheuten Hunderte von deutschen und italienischen Soldaten, um auf dem Kriegerfriedhof von Derna dem gefallenen Helden die letzte Ehre zu erweisen. Die Italiener errichteten über seinem Grab eine Steinpyramide und brachten eine Bronzetafel mit der Inschrift an: »Hier ruht unbesiegt Hauptmann Hans-Joachim Marseille«.

seille schon seinen zweiten Abschuß erzielt, bevor der erste überhaupt auf dem Boden aufschlug. – Sein Rottenflieger Rainer Pöttgen hatte es sehr schwer, seinem Führer, der von Opfer zu Opfer jagte, zu folgen. Weil Pöttgen die Abschüsse von Marseille mitschreiben mußte, nannte man ihn in der Staffel die ›Rechenmaschine‹.

Anläßlich seines 50. Luftsiegs erhielt Marseille am 22. Februar 1942 das Ritterkreuz verliehen. Im April wurde er zum Oberleutnant befördert. Edu Neumann übernahm als Kommodore die Führung des JG 27, Homuth wurde Kommandeur der I. Gruppe und Marseille Staffelkapitän der 3. Staffel.

In dieser Zeit starb Jochens Schwester Inge. Dieses tragische Ereignis erschütterte Marseille zutiefst. Er sprach mit niemandem mehr, zog sich zurück und wurde recht mürrisch im Wesen. Er lebte nur noch dem Fliegen und Kämpfen. Er hat seine Schwester sehr geliebt. In seiner Trauer um

diesen Verlust verlor er jeden Bezug zur Wirklichkeit.

Am 3. Juni 1942 schoß er innerhalb von elf Minuten sechs Curtiss ›Kittyhawk‹ der 5. Südafrikanischen Jagdstaffel ab. Drei Tage darauf erhielt er für seinen 75. Luftsieg das Eichenlaub zum Ritterkreuz verliehen. Am 17. Juni hatte er den 100. Abschuß erzielt, als er zehn Luftgegner bezwungen hatte, sechs davon innerhalb von sieben Minuten! Er wurde darauf zum Hauptmann befördert und mit den Schwertern zum Ritterkreuz ausgezeichnet. Hans-Joachim Marseille war inzwischen zum Nationalhelden in Deutschland, vor allem in den Kreisen der weiblichen Jugend, aufgestiegen.

Während eines Heimaturlaubes lernte Marseille im Sommer 1942 Hanneliese Bahar kennen, verliebte sich in sie und verlobte sich mit ihr. Den Hochzeitstermin legten die Brautleute für Weihnachten fest. In Rom wurde er mit der italienischen Tapferkeitsmedaille in Gold ausgezeichnet.

Während des Zweiten Weltkriegs erhielten nur noch zwei Männer diese Auszeichnung: Joachim Müncheberg und der Herzog von Aosta. Sogar Erwin Rommel erhielt diesen Orden nur in Silber!

Offiziell sprachen seine Männer Marseille mit ›Chef‹ an, aber untereinander nannten sie ihn einfach ›Jochen‹. Feldmarschall Rommel wollte ihn nicht mit Marseille ansprechen, weil ihm dieser Name »zu französisch« klang. Statt dessen nannte er ihn ›Seille‹. Marseilles Rufzeichen im Funksprechverkehr lautete ›Elbe eins‹.

Als Marseille nach Nordafrika zurückgekehrt war, war die Luftwaffe dem Gegner sechsfach unterlegen. An seinem ersten Einsatztag konnte er dennoch zehn Luftsiege erringen. Es war der 31. August 1942. Am Vormittag des nächsten Tages flog die 3. Staffel Begleitschutz für einen Stuka-Verband südlich von Imaid. Aus 3000 m griffen zehn ›Kittyhawk‹ gerade in dem Augenblick an, als die Stukas zum Sturz ansetzten. Marseille verlor keine Zeit, um die feindlichen Jäger anzugreifen. Um 08.28 Uhr fiel der erste brennend vom Himmel, getroffen aus nur etwa 30 m Entfernung durch eine kurze MG-Garbe. Zwei Minuten danach folgte der zweite durch Aufschlagbrand in der Wüste. Dann kurvten sechs englische Jäger auf die ›Gelbe 14‹ ein in dem Versuch, ihrem Alptraum endlich den Garaus zu machen. Marseille ließ die sechs Jäger herankommen, um dann schnell eine Kurve zu reißen, so daß er um 08.39 Uhr die letzte Maschine aus dem englischen Verband herausschießen konnte. Knapp zwei Stunden darauf, 10.20 Uhr, führte Marseille eine Kette als Begleitschutz von Stukas, die auf dem Wege nach Alam el Halfa waren. Sein scharfes Auge erfaßte in weiter Ferne einen alliierten Bomberverband, der von ›Kittyhawk‹ begleitet wurde. Drei der ›Kittyhawk‹ kurvten auf ihn ein. Sie wurden alle drei gegen 10.55 Uhr von Marseille abgeschossen! Um 11.02 führte er seine Kette ins Gefecht und schoß zwei weitere ›Kittyhawk‹ ab. Dann richtete er sein Augenmerk auf einen Verband von ›Curtiss‹, aus dem er zwei Maschinen herausschoß! Gegen 17.00 Uhr war die 3. Staffel schon wieder in der Luft, sie flog Begleitschutz für Ju 88 des LG 1, als sie von 15 ›Kittyhawk‹ angenommen wurde. Zwischen 17.47 Uhr und 17.53 Uhr schoß Marseille fünf ›Kittyhawk‹ ab, womit er am 1. September 1942, einem einzigen Tage, 17 Abschüsse erzielt hatte! Am nächsten Tage erhielt er die Brillanten zum Ritterkreuz verliehen.

Einer seiner schwierigsten Luftsiege war auch sein letzter. Am 28. September 1942 traf Marseille hoch über der Wüste auf fünf ›Spitfire‹. Zwei der englischen Jäger schoß er ab, aber zwei andere ›Spitfire‹ stürzten sich von oben herab in das Gefecht. Da sein Kraftstoffvorrat zur Neige ging, versuchte Marseille, die ›Spitfire‹ über eigenes Gebiet zu locken. Nur ein Engländer wagte es zu folgen, und er begann, auf die Me 109 zu schießen. Marseille versuchte alle Tricks, um den Engländer abzuschütteln, aber sein Gegner folgte ihm hartnäckig. Mit gefährlich niedrigem Kraftstoffrest stieg Marseille mit geschlossenen Augen in die Sonne. Aber um dem Deutschen folgen zu können, mußte der ›Spitfire‹-Pilot seine Augen offen halten. Jochen Marseille riß seine Maschine herum, stürzte und kurvte dabei, so daß er hinter den entsetzten ›Spitfire‹-Piloten gelangte. Ein kurzer, gut sitzender Feuerstoß aus Marseilles MGs bedeutete das Ende des angriffsfreudigen Engländers. Mit dem Restkraftstoff schaffte er es nur mit Mühe zu seinem Heimathafen zurück. Langsam begannen sich bei Marseille Anzeichen von Ermüdungserscheinungen aufgrund der Dauerbelastung durch die Feindflüge zu zeigen.

Am 30. September 1942 kletterte Hans-Joachim Marseille in seine Me 109, die am Rumpf die ›Gelbe 14‹ zeigte, um mit seiner Staffel einen britischen Verband im Raum von Kairo anzugreifen. Da man keine Feindberührung hatte, führte Marseille seine 3. Staffel zurück zum Heimathafen. Über El Alamein, es war gegen 11.20 Uhr, bemerkten Staffelkameraden, daß aus Marseilles Motor blauschwarzer Qualm entwich. Über Sprechfunk meldete er, daß er Rauch in der Kanzel habe, kaum Luft bekäme und nichts mehr sehen könne, selbst die Kanzelbelüftung würde nicht helfen. Rainer Pöttgen, sein Rottenflieger, gab Marseille über Funk Richtungsanweisungen. Über deutschen Linien entschied sich Marseille zum Notausstieg. Entsprechend der vorgeschriebenen Verfahren drehte er die Me 109 auf den Rücken und ließ sich aus dem Sitz fallen. Die führerlose Maschine sackte aber leicht ab, bevor Marseille vom Seitenleitwerk freikam. Er wurde dagegengeschleudert. Der Fallschirm öffnete sich nicht mehr. Marseille schlug ein paar Kilometer südlich von Sidi el Aman am 30. September 1942, um 11.26 Uhr, auf und fand sofort den Tod.

Der Sieger über 158 englische Flugzeuge wurde auf dem Kriegerfriedhof von Derna beerdigt. Deutsche und Italiener scheuten keine noch so langen Anreisewege, um ihm die letzte Ehre zu erweisen. Mathias legte als letzten Gruß für seinen Freund eine Halskette mit 158 Muscheln auf seinen Sarg. Die Italiener errichteten über seiner Grabstelle eine Steinpyramide, auf der sie eine bronzene Tafel mit der In-

Gerhard Homuth war Staffelkapitän und Gruppenkommandeur von Marseille.

Werner Schröer, der 61 Luftsiege in Nordafrika erzielte, war nach dem Tode von Marseille erfolgreichster Jagdflieger auf diesem Kriegsschauplatz.

Ludwig Franzisket war einer der engsten Kameraden von Marseille. Ihm lag sehr an ritterlichem Verhalten im Luftkrieg.

schrift anbrachten: Hier ruht unbesiegt Hptm. Marseille.

In knapp mehr als einem Jahr hatte Marseille 388 Feindflüge geflogen. General Galland nannte ihn einmal den »unerreichten Virtuosen unter den Jagdfliegern«.

WERNER SCHRÖER war nach Marseille mit 61 Abschüssen über Nordafrika der erfolgreichste Jagdflieger. Am 12. August 1918 in Mülheim/Ruhr geboren, kam Schröer im August 1940 zur I./JG 27 und nahm an der Luftschlacht um England teil, bis er nach Nordafrika versetzt wurde. Am 1. Juli 1942 übernahm er als Staffelkapitän die Führung der 8./JG 27. Für seinen 49. Luftsieg wurde dem Leutnant am 20. Oktober das Ritterkreuz verliehen. Am 2. August 1943 erhielt Schröer als Hauptmann und Gruppenkommandeur der II./JG 27 für seinen 84. Luftsieg das Eichenlaub zum Ritterkreuz. Dann kam er als Kommandeur der III./JG 54 an die Ostfront, um später, zum Major befördert, im Februar 1945 Kommodore des JG 3 ›Udet‹ zu werden. Zwei Monate darauf wurde er mit den Schwertern zum Ritterkreuz ausgezeichnet. Mit insgesamt 197 Feindflügen gelang Schröer der Abschuß von 114 Feindflugzeugen.

GERHARD HOMUTH war Staffelkapitän und dann Gruppenkommandeur von Marseille. Er war ein strenger

Disziplinarvorgesetzter, dem es gar nicht gefiel, daß Marseille von Eduard Neumann soviele Freiheiten gewährt wurden. Am 20. September 1914 in Kiel geboren, errang Homuth im Frankreichfeldzug und in der Luftschlacht um England 15 Abschüsse, wozu in Nordafrika noch 46 hinzukamen. Zunächst dem Luftattaché Sofia in Bulgarien zugeteilt, kehrte er im Juli 1943 als Kommandeur der I./JG 54 an die Ostfront zurück. Nach einem Feindflug im Raum von Orel kehrte Major Homuth nicht mehr zurück. Seitdem gilt er als vermißt.

LUDWIG FRANZISKET zählte zu den engsten Freunden von Hans-Joachim Marseille; er rettete ihm einmal während eines Luftkampfes über der Wüste das Leben. Am 26. Juni 1917 in Düsseldorf geboren, nahm er als Leutnant in der I./JG 1 am Polenfeldzug teil. Während der Luftschlacht um England kam er in die I./JG 27, wo er seinen Weg vom Staffelkapitän über den Gruppenkommandeur bis zum Kommodore im Dezember 1944 nahm. Major Franzisket war ein Soldat, der noch an Ritterlichkeit glaubte. Diese Haltung und Einstellung mag dazu beigetragen haben, daß er die nur verhältnismäßig bescheidene Zahl von 43 Luftsiegen erzielt hat.

HANNES TRAUTLOFT ist eher als Führer- und Erzieherpersönlichkeit und für sein hohes Maß an Verantwortungs- und Pflichtgefühl für die Jagdwaffe bekannt, als einer der Experten, der er auch war. Er stand im Rampenlicht wie Mölders und Galland. Seine Männer verehrten ihn, das OKL fürchtete ihn und versah ihn mit einem Bannstrahl.

Am 3. März 1912 in Großobringen/Thüringen geboren, trat Trautloft nach Beendigung der Schule und eines Ingenieurstudiums in das Reichsheer ein. 1935 wechselte er zur Luftwaffe. Im Jahr darauf war er unter den ersten sechs Flugzeugführern, die nach Spanien gingen. Nachdem ihm in veralteten Heinkel-Doppeldeckern vier Abschüsse gelungen waren, bekam er die ersten Me 109 zur Fronterprobung. Mit sachlichem Urteil und Beharrlichkeit zeigte Trautloft Wege auf, um diesen Flugzeugtyp für die Serienfertigung reif zu machen. Wieder in Deutschland, zählte Trautloft zur Dreier-Patrouille, die in diesem Wettbewerb 1937 in Zürich beim Internationalen Flugwettbewerb den Alpenrundflug gewann. Seine nächste Verwendung war Staffelkapitän der 2./JG 77, und am 19. September 1939 übernahm er als Hauptmann und Gruppenkommandeur die

Hannes Trautloft war nicht nur hervorragender Truppenführer und vorbildlicher Erzieher seiner Männer, sondern auch ein vortrefflicher Jagdflieger. Er kämpfte im Spanischen Bürgerkrieg, nahm 1937 am internationalen Flugmeeting in Zürich teil und zählte zu den »Meuterern der Jagdflieger«.

135

III./JG 51 unter Osterkamp. Dieses Geschwader nahm am Frankreichfeldzug und der Luftschlacht um England teil. Von Major Mettig übernahm er am 25. August 1940 das neu aufgestellte JG 54. Trautlofts Name wird für immer mit dem JG 54 verbunden bleiben, denn unter seiner Führung machte sich das Geschwader an der Ostfront einen hervorragenden Namen. Sehr schnell entschied sich Trautloft für ein eigenes Geschwaderwappen. Da er aus Thüringen stammte, das wegen seines Waldreichtums das ›Grüne Herz Deutschlands‹ genannt wurde, wählte er als Zeichen ein grünes Herz, eingefaßt von einer dünnen weißen Umrandung. Von nun an hieß das JG 54 ›Grünherz‹.

Aufgrund seiner zusätzlichen Aufgaben als Kommodore wurde Trautloft zum Major befördert.

Das ›Grünherz‹-Geschwader überflog am 22. Juni 1941, morgens um 03.00 Uhr, mit als erstes die russische Grenze beim Unternehmen »Barbarossa«. Schon am Nachmittag des ersten Kampftages waren unzählige Einsätze geflogen worden, wobei der Kommodore einen russischen Bomber abschoß. In den ersten vier Tagen des Feldzuges konnte das JG 54 insgesamt 500 russische Flugzeuge abschießen. Am 27. Juni erhielt Trautloft nach seinem 20. Luftsieg für die hervorragende Führung des JG 54 das Ritterkreuz verliehen. Bis zum 17. September hatte das JG 54 schon 1300 Abschüsse, im April 1942 stand die Marke bei 2000 Luftsiegen! Unter Trautlofts beispielhafter Führung setzte das JG 54 seine atemberaubenden Abschlußerfolge fort und konnte im Februar 1943 den 3500. Abschuß melden. Viele der ›Grünherz‹-Jäger erreichten unglaubliche Erfolge: Otto Kittel – 267 Abschüsse; Walter Nowotny – 258; Hans Philipp – 206; Erich Rudorffer – 222; ganz zu schweigen von den vielen anderen noch. Führen und Ermutigen dieser Männer bedeutete Trautloft die bewegendste Erfahrung. Man wird sich seiner stets als eines Mannes erinnern, der seine eigenen Wünsche den Pflichten für das Geschwader unterordnete. Die Führung des JG 54 ›Grünherz‹ war für Trautloft der Höhepunkt seiner militärischen Laufbahn. Im Juli 1943 berief ihn General Galland zum Jagdfliegerinspizient-Ost. Das war zwar eine höhere Position als die eines Kommodore, aber für Trautloft keineswegs so befriedigend und ausfüllend. Neuer Kommodore des JG 54 wurde Hubertus von Bonin. Zusammen mit Galland und Lützow versuchte Trautloft, sich mit der Bekämpfung der vernichtenden alliierten Bomberangriffe im Westen und der ›russischen Dampfwalze‹ im Osten zu beschäftigen. Da er Anfang 1945 bei der sogenannten »Meuterei der Jagdflieger«

maßgeblich beteiligt war, wurde Trautloft – wie so mancher andere – seines Postens enthoben und mit der Führung der 4. Flieger-Schul-Division beauftragt, die er bis Kriegsende wahrnahm.

Hannes Trautloft beendete den Krieg mit 57 Luftsiegen, davon vier in Spanien. Er wirkte später am Aufbau der Bundesluftwaffe mit, in der er u.a. Kommandierender General in den sechziger Jahren war.

WALTER NOWOTNY war ein junger, impulsiver und individualistisch veranlagter Jagdflieger. Er war von demselben Holz geschnitzt wie Marseille. Der an fünfter Stelle in der Rangfolge von Abschüssen stehende Jagdflieger wurde am 7. Dezember 1920 in Gmünd/Österreich geboren und trat zu Kriegsbeginn in die Luftwaffe ein. Am 1. Dezember 1940 kam er zur Ersatzstaffel des JG 54, die in Wien-Schwechat lag. Nach Abschluß der Jagdausbildung wurde er zur 9./JG 54, ›Teufelsstaffel‹, versetzt.

Nowotny begann im Kriege als Rottenflieger, der nur selten in der Rotte oder im Schwarm seine Position einhielt. Sein brennender Angriffsgeist veranlaßte ihn, schon anzugreifen, bevor der Angriffsbefehl erteilt war. Das brachte ihm manchen warnenden Verweis ein.

Mit 258 Abschüssen stand Walter Nowotny an fünfter Stelle der Abschußrangliste der Jagdflieger. Die meisten seiner Erfolge erzielte er bei der 9./JG 54, der »Teufelsstaffel«.

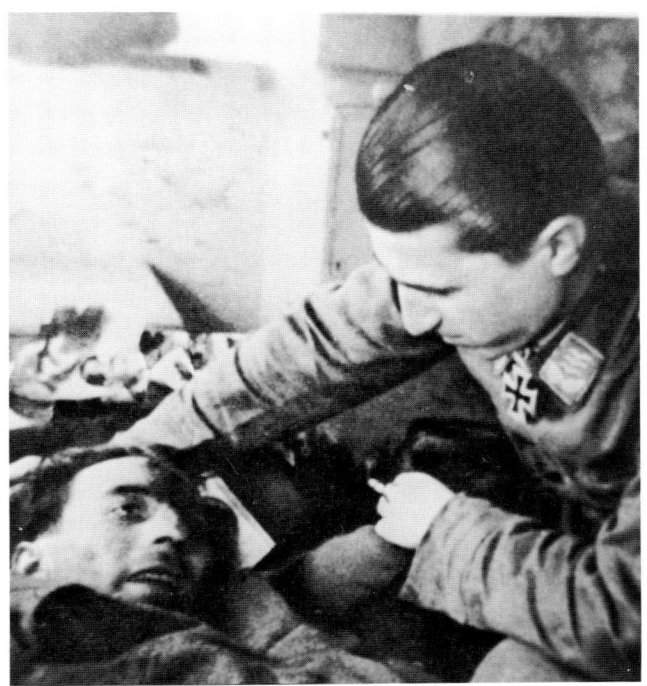

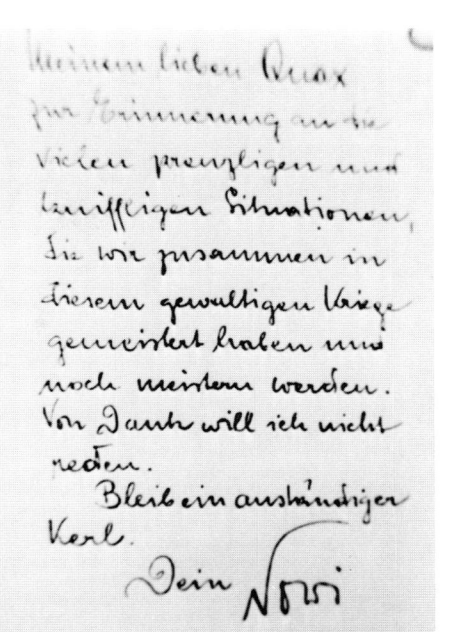

Nowotny kümmert sich rührend um seinen verwundeten Kameraden, engen Freund und Rottenflieger Schnörrer. Rechts ein kurzer Brief an seinen ›Quax‹.

Seine ersten drei Luftsiege errang der junge Leutnant am 19. Juli 1941, als er über der Insel Ösel drei russische Doppeldecker I-15 abschießen konnte. Aufgrund der schweren Flakabwehr erhielt er einen kritischen Motortreffer, so daß er über Feindgebiet an Höhe verlor. Schnell änderte Nowotny seinen Kurs in Richtung Ostsee, um lieber auf dem Wasser notzulanden als in russische Kriegsgefangenschaft zu geraten. Er setzte einen Notruf ab und brachte seine Maschine aufs kalte Wasser der Ostsee. Nachdem er drei Tage und drei Nächte in seinem Schlauchboot aufs Land zu paddelte, erreichte er schließlich die Küste und war total erschöpft. Als man Nowotny ins Lazarett fahren wollte, bestand er darauf, das Auto selbst zu steuern. Der ihn fahrende Unteroffizier protestierte zwar, aber der junge Leutnant kehrte seinen Dienstgrad heraus und fuhr das Fahrzeug selbst. Nach den drei erschöpfenden Tagen war Nowotny so mitgenommen, daß er das Bewußtsein verlor, von der Straße abkam und gegen einen Baum prallte, wobei er eine Gehirnerschütterung erlitt! Dieses Erlebnis war für den jungen, ungestümen Flieger sehr ernüchternd.

Am 4. August 1942 erzielte Nowotny sieben Luftsiege, womit er es auf insgesamt 54 gebracht hatte. Einen Monat

Als ›Nowi‹ im Luftkampf fiel, wurde er mit militärischen Ehren verabschiedet und beigesetzt.

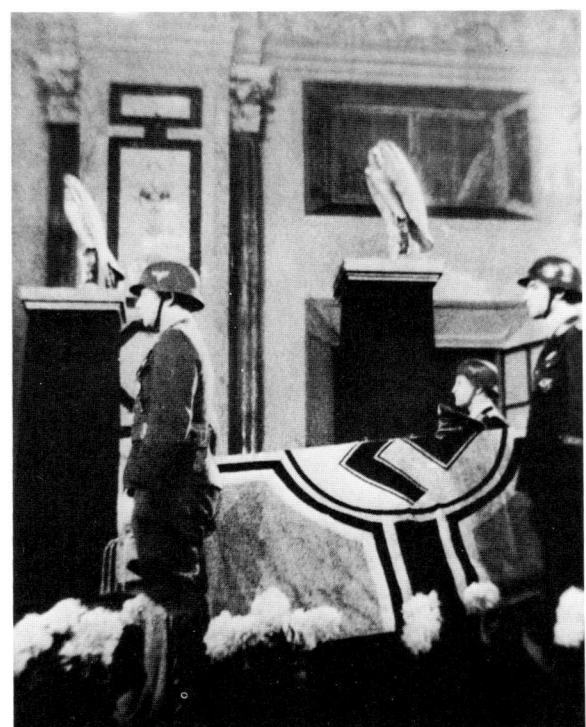

später erhielt er das Ritterkreuz verliehen. Am 25. Oktober übernahm er die Führung der ›Teufelsstaffel‹ und wählte sich seinen guten Freund Karl Schnörrer zum Rottenflieger. Die beiden nannten sich nach ihren Spitznamen ›Nowi‹ und ›Quax‹, die bald auch in der Staffel gang und gäbe waren.

Nowotny wurde am 1. Februar 1943 zum Oberleutnant befördert. Jetzt begann er damit, sich seinen Schwarm zusammenzustellen, der sich zum bekanntesten und erfolgreichsten der Jagdwaffe entwickeln sollte. Seinen 66. Luftsieg hatte er am 7. März 1943 erreicht, den 82. am 20. Mai. Im Juni zog er kometenhaft nach oben, wo ihm 41 Luftsiege gelangen, zehn alleine am 24. Juni. Den 100. Abschuß konnte er am 15. Juni melden. Im August waren es 49 Abschüsse. Den 150. hatte er am 18. August erzielt. Am 24. September hatte er den 200. Abschuß, wofür ihm am folgenden Tage das Eichenlaub zum Ritterkreuz verliehen wurde. Die Schwerter erhielt er am 22. September 1943. In der Zeit vom 5. bis 15. Oktober schoß Nowotny 32 russische Flugzeuge ab. Er hatte damit 250 Abschüsse erreicht und war seinerzeit der Spitzenmann der Jagdwaffe. Hauptmann Nowotny erhielt am 19. Oktober 1943 als achter Soldat der Wehrmacht die Brillanten zum Ritterkreuz. Während dieser Zeit hatte ›Nowi‹ 50 Abschüsse zusätzlich zur Anerkennung eingereicht, die aber nicht bestätigt wurden.

Im Jahre 1943 hatte der Schwarm von Nowotny, also vier Jagdflieger, fast 500 Luftsiege erzielt! Nowotny, Karl Schnörrer, Anton Döbele und Rudolf Rademacher waren ein eingespieltes Team, das mit höchster Präzision operierte und die Russen in Furcht und Schrecken versetzte, wenn es in der Luft war.

Die Dauerbelastung durch Feindflüge machte ›Nowi‹ zusehends zu schaffen, was sich in den immer wiederkehrenden schlimmen Alpträumen niederschlug, die ihn belasteten: Beim Angriff auf ein Riesenflugzeug hindert ihn eine Hand, die ihm zeigt, daß 281 Abschüsse genug sein sollten, denn er müsse jetzt sterben. Seine Kameraden lachten nur über diesen Alptraum, außer Schnörrer, der sehr wohl verstand, was sein Freund zu durchleiden hatte. Kommodore von Bonin, der die Symptome der Kampferschöpfung erkannt hatte, befahl Nowotny im November 1943 einen Heimaturlaub, um ihm wieder Gelegenheit zu geben, sich zu erholen.

Nachdem Nowotny, erholt und gestärkt, an die Front zurückkehrte, wurde er Kommodore des Schulgeschwaders 101, das in Südfrankreich lag. Ihm oblag es, den Nachwuchs gut ausgebildeter Jagdflieger für die Verteidigung des Vaterlandes zu schulen.

Im Juli 1944 wurde Major Nowotny mit der Führung des ›Kommando Nowotny‹ beauftragt, das in Achmer die Erprobung der Me 262 als Jagdflugzeug im Fronteinsatz durchführte. Obwohl er mit dem ›Grünherz‹-Geschwader nichts mehr zu tun hatte, ließ Nowotny sich an seine Maschine ein grünes Herz malen, in Erinnerung an die stolzen Tage beim JG 54 unter Trautloft.

Am 8. November 1944 stieg Nowotny von Achmer zu einem Abfangeinsatz auf. Nachdem er drei B-17 ›Fliegende Festungen‹ abgeschossen hatte, ließ er sich mit ein paar Begleitjägern P-51 ›Mustang‹ in einen Luftkampf ein, wobei es in einem Triebwerk seiner Me 262 zum Flammabriß kam. Da dies seinen Spielraum erheblich beeinträchtigte, tauchte Nowotny in eine Wolke weg und schlich sich zurück nach Achmer, um zu landen. Damals war es bei amerikanischen Jägern üblich, über deutschen Flugplätzen, die über Strahljäger verfügten, zu warten, bis sie vom Einsatz zurückkehrten, um zur Landung anzusetzen, wobei sich die deutschen Jäger in einer höchstverwundbaren, hilflosen Lage befanden. Die Amerikaner griffen dann an und erzielten mit Sicherheit Abschüsse. Als sich Nowotny im Anflug auf Achmer befand, stürzten sich die wartenden ›Mustang‹ auf ihn und schossen ihn ab.

Nowotny hatte 258 offiziell bestätigte Abschüsse. Wenn man die 23 nicht bestätigten Abschüsse hinzuzählt, käme man auf 281 Luftsiege, genau die Zahl, die in seinen sich wiederholenden Alpträumen ein Rolle spielte!

Das ›Kommando Nowotny‹ bildete den Kern des neuen Jagdgeschwaders 7, das, mit Strahljägern ausgerüstet, Johannes Steinhoff als Kommodore übernahm

KARL SCHNÖRRER war Nowotnys Rottenflieger in dessen bester Zeit im Fronteinsatz. Er gehörte zum berühmten Jagdschwarm Nowotny. Es war Schnörrer mit zu verdanken, daß Nowotny 1943 eine so unvergleichliche Reihe von Luftsiegen errang, denn er gab ihm die erforderliche Rückendeckung. In Nürnberg am 3. März 1919 geboren, trat er im Sommer 1941 als Unteroffizier zur 1./JG 54. Den ersten seiner 46 Luftsiege errang er am letzten Tage des Jahres 1941. Seinen Spitznamen ›Quax‹ verdankt er seinem Pech, das er bei Landungen mit der Me 109, die über ein schmales, schwaches Fahrwerk verfügte, hatte. Drei Maschinen hatte ›Quax, der Bruchpilot‹ auf dem Gewissen. So paßte dieser Name ganz gut zu Karl.

Schnörrer wurde am 12. November 1943 schwer ver-

»Quax« nannte man Karl Schnörrer, weil er bei Start oder Landung so manche Me 109 zu Bruch flog. Der Spitzname hatte natürlich auch mit ›Quax, der Bruchpilot‹ zu tun. In der Luft hingegen bewährte er sich vortrefflich.

Der Jagdschwarm Nowotny war der erfolgreichste der Jagdwaffe, wozu außer ›Nowi‹ und ›Quax‹ noch Anton Döbele und Rudolf Rademacher gehörten.

139

wundet. Der Schwarm Nowotny löste sich um diese Zeit ohnehin auf. Nachdem er einige Monate später wieder frontverwendungsfähig war, kam ›Quax‹ zur E-Gruppe Lechfeld, aus der das ›Kommando Nowotny‹ hervorging, um dort die Me 262 zu fliegen. Einige Zeit darauf wurde er Staffelkapitän der 2./JG 7. Am 22. März 1945 erhielt Schnörrer das Ritterkreuz verliehen. Acht Tage später mußte er seine zusammengeschossene Maschine bei einem Abfangeinsatz über Hamburg verlassen. Obwohl er überlebte, waren seine Verwundungen doch so schwerwiegend, daß man ihm ein Bein amputieren mußte.

ANTON DÖBELE und RUDOLF RADEMACHER waren der dritte und vierte Mann im Schwarm Nowotny. Die meisten ihrer insgesamt 220 Abschüsse erzielten sie 1943, als sie in dem berühmten Schwarm flogen. Döbele kam Mitte 1941 als Feldwebel zum JG 54. Nach einem Jahr an der Front hatte er erst vier Abschüsse. Anfang 1943 stieg seine Abschußzahl sehr schnell an, nachdem er in Nowotnys Schwarm war, um schließlich Ende des Jahres 94 Abschüsse zu erreichen. Leutnant Döbele fiel am 11. November 1943 über Smolensk, als er mit einem anderen deutschen Jagdflugzeug zusammenstieß. Nach dem Tode erhielt er am 26. März 1944 das Ritterkreuz verliehen.

Rudolf Rademacher kam Ende 1941 als Unteroffizier zum JG 54. Seinen ersten Luftsieg errang er am 9. Januar 1942. Im Jahr darauf kam er im März 1943 zum Schwarm Nowotny. Wie Nowotny, Schnörrer und Döbele konnte er 1943 mit erstaunlicher Regelmäßigkeit Abschüsse erzielen. Beim Abfangeinsatz gegen amerikanische ›Fliegende Festungen‹ wurde er am 9. September 1944 sehr schwer verwundet. Nach der Genesung kehrte er im Januar 1945 zum Fronteinsatz zurück. Er diente in der 11./JG 7, wo er etwa einen Monat lang Me 262-Strahlflugzeuge flog und acht Luftsiege erzielte. Rademacher überlebte den Krieg mit 126 Luftsiegen. Seine Freude am Fliegen konnte er besonders beim Segelflug auskosten. Er fand am 13. Juni 1953 über seiner Heimatstadt Lüneburg in einem Segelflugzeug den Fliegertod.

ERICH RUDORFFER war ein meisterhafter Schütze, der wie kein anderer Jagdflieger Mehrfachabschüsse während eines Feindfluges erzielen konnte. Er flog Einsätze im tiefsten Winter von schneebedeckten Häfen in Finnland und von sonnengleißenden Wüstenpisten in Nordafrika. 222 anerkannte Luftsiege erzielte er auf den verschiedenen Kriegs-

Erich Rudorffer war einer der gefährlichsten Schützen der Jagdwaffe. Eine seiner besonderen Fähigkeiten war es, während eines Jagdeinsatzes innerhalb kurzer Zeit gleich mehrfach Abschüsse zu erzielen. Niemand konnte es ihm gleichtun. Die Russen nannten ihn den »Jäger von Libau«. Rechts das Seitenleitwerk seiner Me 109 mit den Abschußbalken aus den ersten Jahren beim JG 2.

schauplätzen. Am 1. November 1917 in Zwochau/Sachsen geboren, entwickelte sich Rudorffer zu den sichersten und tödlichsten Schützen der Jagdwaffe. Verbunden mit außerordentlichen fliegerischen Fähigkeiten und schneller Lagebeurteilung im hitzigsten Luftkampfgeschehen, war er ein nur schwer zu bezwingender Luftkampfgegner.

Im Januar 1940 begann seine Laufbahn, als er als Oberfeldwebel in Frankfurt/Main zur I./JG 2 ›Richthofen‹ stieß. Seinen ersten Luftsieg errang er am 14. Mai 1940 nahe Sedan, als er eine französische Curtiss 75 A abschießen konnte. Nachdem Frankreich die Waffen gestreckt hatte, hatte er neun Abschüsse. Seine Abschüsse ließen auf sich warten. Am 2. Oktober 1940 wurde er zum Leutnant befördert. Nach seinem 19. Luftsieg erhielt er am 1. Mai 1941 das Ritterkreuz verliehen. Im Juni wurde er zunächst Adjutant der I./JG 2, um dann Staffelkapitän der 6./JG 2 zu werden. Erst am 6. August 1941 konnte er seinen 25. Abschuß melden, denn Rudorffer war ein Spätentwickler, wie es auch viele der großen Könner in der Jagdwaffe gewesen waren.

Im November 1942 kam Rudorffer nach Nordafrika, wo er Kommandeur der II./JG 2 wurde. Seine ersten Mehrfachabschüsse erzielte er im Februar 1943, als er am 9. innerhalb von 32 Minuten acht englische Flugzeuge abschoß und am 15. sieben innerhalb von zwanzig Minuten. Nachdem er in Tunesien 26 Luftsiege errungen hatte, wurde Rudorffer im April 1943 an die Westfront zum Einsatz am Kanal zurückversetzt.

Nach dem Abschuß von 74 Feindflugzeugen während seiner Zeit beim JG 2 ›Richthofen‹ am Kanal wurde Rudorffer im Juni 1943 an der Ostfront Gruppenkommandeur der II./JG 54 ›Grünherz‹, die im Raum vor Leningrad lag. Am 24. August schoß er beim ersten Tageseinsatz in vier Minuten fünf russische Flugzeuge ab, beim zweiten Einsatz schaffte er in sieben Minuten drei weitere Abschüsse. Am 11. Oktober erzielte Rudorffer in sieben Minuten sieben Abschüsse. Seine tollste Waffentat gelang ihm am 6. November mit dem Abschuß von 13 Flugzeugen innerhalb von 17 Minuten!

Im Winter 1943/44 kämpfte Rudorffer an der finnischen Front. Der Major wurde mit dem finnischen Freiheitskreuz und dem Ehrenabzeichen der finnischen Luftwaffe ausgezeichnet. Für seinen 113. Abschuß erhielt er am 11. April 1944 das Eichenlaub zum Ritterkreuz verliehen. Unter russischen Jagdfliegern war Rudorffer bekannt als der ›Jäger von Libau‹. Kein Wunder, wenn man einmal den 28. Okto-

ber 1944 betrachtet. Rudorffer bereitete sich gerade auf die Landung in Libau vor, nachdem der Früheinsatz beendet war. Plötzlich entdeckte er einen russischen Großverband mit sechzig ›Stormowik‹, der sich im Anflug auf den Platz befand. Rudorffer schob den Gashebel bis zum Anschlag vor, fuhr das Fahrwerk ein und zog hinauf, um die schwer gepanzerten Schlachtflugzeuge anzugreifen. Zwischen 11.46 und 11.56 Uhr räumte er derartig auf, daß die Angreifer kopflos, wie in Panik den Rückzug antraten. Er konnte in zehn Minuten neun Flugzeuge abschießen. Am Nachmittag desselben Tages schoß Rudorffer in zwei Minuten zwei Russen ab, so daß er an diesem Tage elf Luftsiege errungen hatte.

Für seinen 210. Abschuß erhielt Major Rudorffer am 26. Januar 1945 die Schwerter zum Ritterkreuz verliehen. Kurz darauf wurde er von der Ostfront wegbefohlen, um im Rahmen der Reichsverteidigung zu wirken. Im Februar übernahm er die Führung der mit Me 262 ausgerüsteten II./JG 7. Mit dem deutschen Düsenjäger konnte er 12 Abschüsse erzielen.

Erich Rudorffer machte während seiner atemberaubenden Laufbahn nie Urlaub. Sechzehnmal wurde er abgeschossen, neunmal mußte er mit dem Fallschirm abspringen. Mehr als 1000 Feindflüge hat er geflogen. Er stand an siebter Stelle in der Reihenfolge erfolgreicher Jagdflieger.

Nach dem Kriege war er unter anderem im Luftfahrtbundesamt tätig.

OTTO KITTEL war mit 267 bestätigten Abschüssen der erfolgreichste Jagdflieger im JG 54 ›Grünherz‹. Der wenig bekannte, an vierter Stelle stehende Jagdflieger wurde am 21. Februar 1917 in Kronsdorf/Sudetenland geboren und kam Ende 1941 als Oberfeldwebel zur 2./JG 54. Er brauchte sehr lange, um den richtigen Blick fürs Schießen zu bekommen, und so dauerte es bis Mai 1942, bevor er 15 Abschüsse hatte, seinen 39. Abschuß konnte er im Februar 1943 erzielen.

Wie bei Nowotny und anderen stiegen auch bei Kittel die Abschußerfolge 1943 rapide an. Seinerzeit mußte die deutsche Wehrmacht immer wieder Rückschläge einstecken. Für seinen 123. Luftsieg erhielt er am 29. Oktober 1943 das Ritterkreuz. Inzwischen zum Leutnant befördert, bekam er für seinen 152. Abschuß das Eichenlaub zum Ritterkreuz am 14. April 1944 verliehen, und die Schwerter am 25. November 1944 für den 230. Luftsieg. Er wurde zum Oberleutnant befördert.

141

Otto Kittel hatte im
JG 54 die meisten
Abschüsse zu ver-
zeichnen. Mit 267
Abschüssen stand
er an vierter Stelle
der Experten der
Luftwaffe.

Hans Philipp war ein hervorragender Jagdflieger, dem es als
zweitem gelang, 200 Abschüsse zu erreichen. Hier ein Bild
von ihm mit Hannes Trautloft in Rußland.

Als er sich auf seinem 583. Feindflug befand, um einen tieffliegenden Verband von ›Stormowik‹ anzugreifen, stürzte Otto Kittel zu Tode. Einige behaupten, er sei ein Opfer russischer Flak geworden, während andere wiederum sagen, Otto Kittel wäre durch das Bord-MG des Bordschützen einer ›Stormowik‹ gefallen.

HANS PHILIPP war ein sehr begabter Jagdflieger, der insgesamt 206 Luftsiege errang. Er zog den Kampf Jäger gegen Jäger der Bomberbekämpfung vor, weil er wie ein Fechter Freude an Parade und Stoß hatte. Als vierter Jagdflieger erreichte er 100 und als zweiter 200 Luftsiege. Hans wurde als Sohn eines Arztes am 17. März 1917 in Meißen/ Sachsen geboren. Im Polenfeldzug erhielt er seine Feuertaufe und konnte bei der Jagdgruppe 76 seinen ersten Luftsieg erringen. Ende 1940 kam Philipp als Staffelkapitän zur 4./JG 54 ›Grünherz‹, wo er am Kanal im Einsatz stand. Er erhielt als Oberleutnant am 22. Oktober 1940 für seinen 20. Luftsieg das Ritterkreuz verliehen.

Im Rußlandfeldzug diente er unter Trautloft und bekam für seinen 62. Abschuß am 24. August 1941 das Eichenlaub zum Ritterkreuz. ›Fips‹, wie er oft genannt wurde, übernahm im Februar 1942 als Gruppenkommandeur die I./JG 54, in der Walter Nowotny und andere Jagdexperten seinerzeit ihre Erfolge erlebten. Im März reihte er sich in die Männer mit 100 Abschüssen ein.

Am 1. April 1943 kam Philipp an die Westfront, um bei der Bekämpfung alliierter Bomberverbände mitzuwirken. Zum Oberstleutnant befördert und Kommodore des JG 1, war er etwa ein halbes Jahr im Einsatz, als er am 10. Oktober seinen Verband zu einem Abfangeinsatz im Raum Nordhorn anführte. Schnell wurde er von begleitenden ›Thunderbolt‹ in die Zange genommen, während er sich auf den Angriff eines Bombers konzentrierte. Bevor er eine Abwehrbewegung ausführen konnte, ganz wie ein Fechter im Duell, wurde er abgeschossen.

EMIL LANG konnte in drei Wochen 72 Abschüsse erzielen. Einen einsamen Rekord erzielte er mit 18 Abschüssen an einem einzigen Tag! ›Bully‹ Lang wurde am 14 Januar 1909 in Thalheim/Oberbayern geboren. In seiner Jugend war er ein bekannter Leichtathlet. Zunächst wurde er Pilot bei der Lufthansa. Bei Kriegsbeginn trat er zur Luftwaffe über. 1942 kam er zur Jagdwaffe und wurde zur in Rußland liegenden 9./JG 54 versetzt.

Lang benötigte als erfahrener Flugzeugführer keine lange

Emil Lang konnte einmal an einem Tag 18 Luftgegner bezwingen, in drei Wochen 72. Er wurde abgeschossen, als während eines Luftkampfes das Fahrwerk herausklappte, wodurch er Fahrt und Manövrierfähigkeit einbüßte.

Herbert Ihlefeld wirkte am Aufbau der Luftwaffe mit. Er zählt zu den besonderen Führerpersönlichkeiten der Jagdwaffe.

Eingewöhnungszeit. Im November 1943 hatte er 119 Luftsiege, wofür er mit dem Ritterkreuz ausgezeichnet wurde. Im April 1944 erhielt er für seinen 144. Luftsieg das Eichenlaub zum Ritterkreuz. Obwohl für seine Tätigkeit als Jagdflieger schon als ein wenig zu alt betrachtet, bewies ›Bully‹ Lang Mut und Draufgängertum im Einsatz an der Ostfront.

Am 29. Juni 1944 wurde Hptm. Lang als Gruppenkommandeur der II./JG 26 ›Schlageter‹ an die Westfront versetzt. Nach 173 Abschüssen, davon 25 im Westen, war Lang im Raum St. Trond in einen Luftkampf mit amerikanischen ›Thunderbolt‹ verwickelt, als er einen Treffer in das Hydrauliksystem seiner Maschine erhielt, woraufhin das Fahrwerk herausfiel. Dadurch verlor er in solchem Maße an Geschwindigkeit und Wendigkeit, daß er für die verfolgenden Jäger eine leichte Beute war und schnell abgeschossen wurde.

HERBERT IHLEFELD zählt zu den älteren Jagdfliegern, die am Aufbau der Jagdwaffe mitwirkten. In Pinnow/Pommern am 1. Juni 1914 geboren, nahm er schon als Oberfeldwebel am Spanischen Bürgerkrieg teil, wo er sieben Abschüsse erzielte. 1938 kam er zur I./JG 77, deren Kommandeur er im August 1940 wurde. Oblt. Ihlefeld erhielt am 13. September 1940 für seinen 21. Luftsieg das Ritterkreuz verliehen. Am Ende der Luftschlacht um England hatte er 25 Abschüsse. Am 22. April 1942 war er der fünfte Jagdflieger, der 100 Abschüsse erreicht hatte. Im Monat darauf wurde er Kommodore des JG 52, bis er dann ab November 1942 Kommodore verschiedener Jagdgeschwader wurde: JG 103, JG 25, JG 11 und JG 1. Als eine der führenden Persönlichkeiten der deutschen Jagdwaffe hatte Oberst Ihlefeld 130 Luftsiege errungen, davon 15 viermotorige Bomber.

Dietrich Hrabak formte wesentlich das JG 52, er schweißte diesen Jagdverband zum Spitzenverband der Luftwaffe zusammen.

DIETRICH HRABAK war Nachfolger Ihlefelds als Kommodore des JG 52. Auch er hat als Alt-Kommodore einen hervorragenden Namen in der Jagdwaffe. In Groß-Deuben bei Leipzig am 19. Dezember 1914 als Sohn eines Architekten geboren, hatte er schon von frühester Jugend an außerordentliches Interesse an allen Dingen, die mit der Fliegerei zu tun hatten. Nach dem Abitur ging er 1934 zur Kriegsmarine, trat dann aber nach der fliegerischen Ausbildung zur Luftwaffe über. Wie viele der berühmten Jagdflieger, war Hrabak nicht der geborene Pilot, denn während der Ausbildung flog er einige Maschinen zu Bruch.

Im Februar 1938 kam er zur Wiener Jagdgruppe, die den Kern des aufzustellenden JG 54 bildete. Ein Jahr später war er Gruppenkommandeur im Polenfeldzug, wo er der erste deutsche Jagdflieger war, der abgeschossen wurde! Bei seinem ersten Einsatz am 1. September 1939 konnte er aber seine Maschine bauchlanden. Während des Polenfeldzuges wurde die Wiener Jagdgruppe in Jagdgruppe 76 umbenannt und nahm am Frankreichfeldzug teil. Hier gelang Hrabak am 13. Mai 1940 sein erster Abschuß – eine Potez 63. Im Sommer 1940 war die Aufstellung des JG 54

abgeschlossen. Unter Trautloft kämpfte er in der Luftschlacht um England und erhielt am 21. Oktober für seinen 16. Luftsieg das Ritterkreuz verliehen. Im JG 54 nahm Hptm. Hrabak am Balkanfeldzug und bis zum 1. November 1942 am Rußlandfeldzug teil. Dann wurde er Kommodore des JG 52, das im Südabschnitt der Ostfront lag.

Oberst Hrabak war im JG 52 eine einfühlsame Führerpersönlichkeit, der es gelang, das Geschwader zu einem der erfolgreichsten Jagdgeschwader zu formen, in dem die besten Jagdflieger dienten. Sein menschliches Interesse an seinen Männern trug dazu bei, viele der Jagdflieger seines Geschwaders auf den richtigen Weg zu einer erfolgreichen Laufbahn zu bringen. Er vertrat zwei Grundsätze, die bei jungen Jagdfliegern stets Eindruck machten: »Fliegt mit dem Kopf und nicht mit den Muskeln«, und »wenn ihr mit einem Luftsieg vom Feindflug zurückkehrt, aber ohne euren Rottenflieger, dann habt ihr euren Luftkampf verloren.«

Am 25. November 1943 bekam er für seinen 118. Luftsieg das Eichenlaub zum Ritterkreuz verliehen. Am 1. Oktober 1944 übernahm er die Führung des JG 54 ›Grünherz‹.

Dieter Hrabak hat in 820 Feindflügen 125 Abschüsse erzielt. Nach dem Kriege arbeitete er zunächst in einer Maschinenfabrik als Verkaufsleiter, später dann im Amt Blank beim Aufbau der Bundeswehr. Als einer der ersten deutschen Flugzeugführer kam er 1955 in die USA zur Aus- und Weiterbildung auf Düsenflugzeugen. Als Generalmajor der Bundesluftwaffe trat er in den Ruhestand.

HERMANN GRAF folgte Hrabak als Kommodore des JG 52 nach. Er zählte zu den neun Luftwaffenoffizieren, die die Brillanten zum Ritterkreuz erhielten. Graf wurde als jüngster Sohn eines Schmiedes am 24. Oktober 1912 in Engen/Baden geboren. Aufgrund der harten und ärmlichen Lebensbedingungen konnte er keine Oberschule besuchen, was wesentliche Voraussetzung für eine Berufsoffizierlaufbahn gewesen wäre. Trotz dieser anfänglichen Nachteile gelang es ihm, sich von unten durch alle Dienstgrade bis zum Kommodore eines höchst erfolgreichen Jagdgeschwaders emporzuarbeiten und zu einem der bekanntesten Jagdflieger des Krieges zu werden.

Nach einer Lehre als Schmied, der Tätigkeit als Fabrikarbeiter und Büroangestellter widmete er sich ab 1933 sehr intensiv dem Segelflug. 1936 betrieb er schon Motorflug. In der Öffentlichkeit wurde Hermann zunächst als Fuß-

HEFT 21 / BERLIN, 13. OKTOBER 1942

Der Adler

PREIS 20 Pf.
frei Haus 22 Pfennig

HERAUSGEGEBEN UNTER
MITWIRKUNG DES REICHS-
LUFTFAHRTMINISTERIUMS

Major Hermann Graf
Träger des Eichenlaubs mit Schwertern und Brillanten
zum Ritterkreuz des Eisernen Kreuzes

Der Fünfte mit Brillanten

Hermann Graf packte die russischen Jagdflieger mit ihrer eigenen Taktik, dem Luftkampf in niedriger Höhe. In vielen deutschen Zeitungen wurde sein Bild veröffentlicht, so auch in der Luftwaffenzeitschrift »Der Adler«.

ballspieler bekannt. Auch während seiner Dienstzeit erinnerte man sich an seine diesbezüglichen sportlichen Fähigkeiten. Bei Kriegsbeginn wurde Graf als Angehöriger der Luftwaffenreserve einberufen und dank seiner fliegerischen Eignung als Lehrer an eine Jagdfliegerschule versetzt.

Im Juli 1941 kam er als Feldwebel zur 9./JG 52 und begann eine der atemberaubendsten Laufbahnen, von denen man je hörte. Nachdem er am 3. August seinen ersten Luftsieg errungen hatte, lernte Graf sehr schnell, die russischen Piloten mit ihren eigenen Waffen zu schlagen. Er beherrschte insbesondere die Jagd in niedrigen Höhen, die nur wenige Jagdflieger meistern konnten. Grafs Abschußerfolge stiegen rapide an, so daß er bereits zum Jahresende zum Leutnant befördert wurde. Innerhalb von acht

Monaten war Graf mit den vier höchsten Orden ausgezeichnet worden!

Am 24. Januar 1942 war Leutnant Graf für seinen 42. Luftsieg mit dem Ritterkreuz ausgezeichnet worden; am 17. Mai für den 104. Abschuß mit dem Eichenlaub; zwei Tage später mit den Schwertern zum Ritterkreuz, und am 9. September 1942 erhielt er als fünfter Soldat der Wehrmacht für seinen 172. Luftsieg die Brillanten zum Ritterkreuz verliehen!

Während seines kometenhaften Aufstiegs zum Ruhm konnte er am 2. und 14. Mai jeweils sieben Abschüsse melden, und innerhalb von siebzehn Tagen, endend am 14. Mai, hatte er 47 Luftsiege erzielt. Während der harten Luftkämpfe über Stalingrad und auf der Krim flog Graf täglich bis zu fünf Feindflüge. Man nannte ihn den ›König der Heckenspringer‹ und den ›Helden von Stalingrad‹. Oberleutnant Graf setzte seine unglaublichen Abschußerfolge 1942 im September fort, als er in drei Wochen 52 Abschüsse erzielte. Fünf Tage später hatte er als erster Jagdflieger die Marke von 200 Abschüssen erreicht. Er war inzwischen zum Hauptmann befördert worden und Staffelkapitän.

Anfang 1943 wurde Graf am Arm verwundet. Nach der Entlassung aus dem Lazarett wurde er zu Vorträgen nach Deutschland geschickt. Aus Propagandagründen erschien er häufig bei Fußballspielen. Wahrhaft über Nacht fand er sich in der Rolle eines Nationalhelden wieder. In Zeitungen und Illustrierten war sein Bild auf der ersten Seite. Propagandaminister Goebbels nannte Hermann Graf das typische Beispiel für nationalsozialistische Männlichkeit. Goebbels quetschte den allerletzten Tropfen für seine Propagandazwecke aus dem treuherzigen, arglosen Graf.

Nachdem er im Frühjahr wieder voll genesen war, wurde Graf zum Major befördert und mit der Führung der Jagdergänzungsgruppe Ost und des JG 50 beauftragt, um die alliierten Bomberverbände zu bekämpfen. Obwohl er in dieser Zeit sehr wenige Feindflüge flog, konnte Graf am 6. September zwei B-17F ›Fliegende Festungen‹ abschießen. Zwei Monate später wurde er Kommodore des JG 11, das in der Reichsverteidigung eingesetzt war. Am 3. März 1944 gelang Graf der Abschuß von zwei B-17, und dann rammte er einen der Begleitjäger ›Mustang‹! Nach einem Jahr gelegentlicher Feindflüge, wobei ihm der Abschuß von zehn US-Bombern gelang, kehrte Graf im Oktober 1944 als Nachfolger von Hrabak als Kommodore des JG 52 an die Ostfront zurück.

Bei Deutschlands Zusammenbruch waren alle Plätze des JG 52 von russischen Truppen eingeschlossen. Graf war jedoch gewillt, seinen Verband nur den Amerikanern zu übergeben. Der Oberst befahl, alle Flugzeuge und Bodengeräte zu sprengen und zu verbrennen. Das gesamte Geschwader – Bodenpersonal und fliegendes Personal – zog sich im Landmarsch durch Böhmen nach Bayern zurück. Das ›Sturmregiment Graf‹, wie man es nannte, war kaum bewaffnet, nährte sich aus dem Lande und hatte immer wieder mit der Abwehr tschechoslowakischer Partisanennester zu kämpfen, bis es schließlich amerikanische Linien erreichte. Zehn Tage wurden die Deutschen von den Amerikanern gut behandelt, um dann an die Russen ausgeliefert zu werden!

146

Nachdem die Russen Graf als den berühmten deutschen Fliegerhelden identifiziert hatten, wurde er übel behandelt und lange Zeit in Einzelhaft gehalten. Um sein Selbstbewußtsein nicht zu verlieren und sich innerlich stark zu halten, las Graf regelmäßig den Text seines letzten Befehls, den er im Absatz eines Stiefels versteckt hielt. Die physischen und psychischen Torturen kommunistischer Kräfte hinterließen auch bei Graf schmerzhafte Spuren.

1950 wurde Hermann Graf aus der Kriegsgefangenschaft entlassen, von vielen seiner einstigen Weggenossen im Stich gelassen und verdammt, aber noch viel mehr zeigten Verständnis für seine Lage, in der er litt. Sie erwiesen sich als versöhnliche und nachsichtige Kameraden.

GERHARD BARKHORN ist mit 301 Abschüssen der zweiterfolgreichste Jagdflieger der Welt, der vier Jahre im JG 52 war. Am 20. März 1919 in Königsberg/Ostpreußen geboren, trat er 1938 in die Luftwaffe ein. Während der Luftschlacht um England flog er im JG 2, wo er nicht nur keinerlei Abschüsse erzielte, sondern auch noch innerhalb

Mit 301 Luftsiegen stand Gerhard Barkhorn an zweiter Stelle in der Abschußliste aller Jagdflieger der Welt. Wie bei vielen Jagdfliegern, wurde er mehrfach abgeschossen. Er zog einem Fallschirmabsprung meist eine Bruchlandung vor.

von ein paar Tagen zweimal abgeschossen wurde. Einmal erhielt er durch eine ›Spitfire‹ Treffer in den Ölkühler seiner Maschine. Als er mit Müh und Not seine Me 109 über die Klippen von Dover und über den Kanal bringen wollte, wurde er nochmals angegriffen, was seiner Maschine den Rest gab. Barkhorn zog es vor, mit dem Fallschirm abzuspringen. Zum Glück beobachtete ein Staffelkamerad den Aufschlag im Wasser, so daß er ein deutsches Marineboot zu seiner Rettung einweisen konnte. Gerade noch rechtzeitig konnte Barkhorn aus dem Wasser gefischt werden, denn ein britisches Seenotboot lief schon auf ihn zu! Nach diesem glimpflich verlaufenen Zwischenfall stieg Barkhorn nie wieder mit dem Fallschirm aus, sondern blieb in angeschossenen Maschinen, um sie notzulanden. Achtmal hat er dies während seiner Zeit an der Front tun müssen.

Im August 1940 kam Barkhorn zur II./JG 52. Erst bei seinem 120. Feindflug, am 2. Juli 1941, gelang ihm sein erster Abschuß. Er war wirklich ein Spätentwickler! Am 23. August 1942 erhielt der Oberleutnant für seinen 59. Luftsieg das Ritterkreuz verliehen, fünf Monate später konnte er seinen 100. Abschuß erzielen. Am 11. Januar 1943 erhielt er für seinen 120. Luftsieg das Eichenlaub zum Ritterkreuz, und am 30. November hatte er als fünfter Jagdflieger den 200. Abschuß erzielt. Als dritter Jagdflieger konnte Hptm. Barkhorn am 13. Februar 1944 den 250. Abschuß melden, wofür er am 2. März mit den Schwertern zum Ritterkreuz ausgezeichnet wurde.

Gruppenkommandeur Gerhard Barkhorn war jetzt der erfolgreichste Jagdflieger der Luftwaffe, knapp gefolgt von Erich Hartmann. Es war im Sommer 1944, als sich Barkhorn auf dem Rückflug vom sechsten Feindflug des Tages befand. Er sichtete einen Großverband russischer Bomber und kurvte zum Angriff ein. Die Erschöpfung hatte ihn unaufmerksam werden lassen, so daß er eine jagdfliegerische Grundregel außer acht ließ: Immer nach hinten sichern. Von hinten und oben näherte sich eine ›Airacobra‹, die mit Bordkanonen und MGs die Me 109 durchlöcherte. Mit Verwundungen im rechten Bein und Arm mußte Barkhorn vier Monate im Lazarett verbringen. Während dieser Zeit holte Hartmann mit Abschüssen auf und übernahm die Spitzenführung, die er bis zum Kriegsende auch hielt. Es wurde darüber spekuliert, ob nicht eventuell der russische Spitzenkönner Alexander Pokryschkin in der ›Airacobra‹ saß und Barkhorn einer seiner 59 Abschüsse war.

Als Barkhorn im Herbst 1944 aus dem Lazarett zur Front

zurückkehrte, war sein Verband inzwischen nach Ungarn verlegt worden. Im Januar 1945 wurde er Kommodore des JG 6 ›Horst Wessel‹. Zum Schluß des Krieges flog er in Gallands JV 44.

Barkhorn hatte insgesamt 1104 Feindflüge und mehr als 2000 Flugstunden in der Me 109.

In der Bundesluftwaffe flog er als Kommodore wieder Düsenjäger. Als Generalmajor in den Ruhestand gegangen, erlag er später den Folgen eines tragischen Verkehrsunfalles.

HEINZ EWALD war Barkhorns Rottenflieger, der beim JG 52 an der Ostfront 84 Luftsiege errang. Der in Danzig geborene Lt. Ewald erhielt am 20. April 1945 für seinen 82. Luftsieg das Ritterkreuz verliehen. In der Rotte mußte man sich aufeinander verlassen können und hervorragend zusammenwirken, um Erfolge zu erringen. Barkhorn und Ewald erfüllten diese Voraussetzungen in beispielhafter Weise.

Heinz Ewald war der Rottenflieger von Barkhorn. Er war ein guter ›Katschmarek‹, der seinen Rottenführer abzuschirmen verstand. Ihm selbst gelangen 85 Luftsiege.

Helmut Lipfert wurde 15mal abgeschossen, aber nie verwundet. Auf 700 Feindflügen erzielte er 203 Abschüsse.

HELMUT LIPFERT steht an dreizehnter Stelle der erfolgreichsten Jagdflieger. Obwohl er dreizehnmal durch russische Flak und zweimal durch Jäger abgeschossen wurde, wurde er dabei nie verwundet. Am 6. August 1916 in Lippelsdorf/Thüringen geboren, kam er am 16. Dezember 1942 zur II./JG 52, wo er schon im ersten Monat einen russischen Jäger abschießen konnte. Für seinen 90. Abschuß bekam Lt. Lipfert am 5. April 1944 das Ritterkreuz verliehen, sechs Tage später konnte er seinen 100. Abschuß erringen. Der im Sommer 1944 zum Hauptmann und Gruppenkommandeur beförderte Lipfert erzielte am 8. April 1945 seinen 200. Luftsieg. Insgesamt erreichte er bei 700 Feindflügen 203 Abschüsse, davon zwei viermotorige US-Bomber in Rumänien. Das Eichenlaub erhielt er am 17. April 1945. Nach dem Kriege war Helmut Lipfert Lehrer, der sich, anerkannt und geschätzt, mehr dem neuen Lebensabschnitt widmete, als daß er über alte Zeiten allzu viele Worte verlor.

WALTER KRUPINSKI, in der Jagdwaffe unter dem Namen ›Graf Punski‹ bekannt, war ein draufgängerischer

Walter Krupinski erzielte auf 1100 Feindflügen 197 Abschüsse. »Graf Punski« hat nie seinen Rottenflieger verloren. Viele Anfänger führte er in die Kunst des Luftkampfes ein.

Flieger, der gerne gelegentlich eine Lippe riskierte. Er hat nie einen Rottenflieger verloren und hatte die Fähigkeit, Anfängern behilflich zu sein, ihr fliegerisches Potential voll zu entwickeln. Dazu zählte auch Erich Hartmann. Am 11. November 1920 in Domnau/Ostpreußen geboren, kam er im Januar 1942 zum JG 52, wo er mit Ablauf des Jahres schon 66 Luftsiege erringen konnte. Das Ritterkreuz wurde ihm im Oktober 1942 verliehen. Im Frühjahr 1943 wurde er zum Hauptmann befördert und übernahm als Staffelkapitän die 7./JG 52. Am 5. Juli schoß er an einem Tage 11 Luftgegner ab (80.bis 90. Luftsieg). Nach hartem Einsatz an der Ostfront wurde er im Frühjahr 1944 zur I./JG 5 in die Reichsverteidigung zur Abwehr alliierter Bomberverbände versetzt. Er wurde Kommandeur der II./JG 11 und dann der III./JG 26 ›Schlageter‹. Im März 1945 kam er zu Gallands JV 44 und flog bis Kriegsende den Strahljäger Me 262. Auf insgesamt 1100 Feindflügen erzielte Major Krupinski 197 bestätigte Abschüsse.

ERICH HARTMANN, der Welt erfolgreichster Jagdflieger, schoß insgesamt so viele Flugzeuge ab, daß man damit hätte 15 alliierte Staffeln ausrüsten können! Die russischen Jagdflieger fürchteten und haßten ihn zugleich. Sie nannten ihn den ›schwarzen Teufel der Ukraine‹. In 1425 Feindflügen über dem Kaukasus, Südrußland, Rumänien, Ungarn und der Tschechoslowakei war Hartmann mehr als 800mal in Luftkämpfe verwickelt worden, wobei er dreizehnmal selber Bruchlandungen machte oder ›aussteigen‹ mußte. Zwölfmal zog Hartmann die Notlandung vor, nur einmal stieg er mit dem Fallschirm über Rumänien aus. Die von ihm erzielten 352 Luftsiege werden in der Luftkriegsgeschichte wahrscheinlich nicht mehr überboten werden können.

Zu Kriegsbeginn war Hartmann 17 Jahre alt. Er wurde in Weissach/Württemberg am 19. April 1922 geboren. Sein Vater war Arzt, seine Mutter eine hervorragende Sportlerin. Der Begeisterung seiner Mutter für den Flugsport verdankte es Hartmann, daß sie ihm schon das Segelfliegen beibrachte, als er vierzehn Jahre alt war. Mit sechzehn steuerte er schon ein Motorflugzeug. Nach dem Abitur, Ende 1940, trat er in das Heer ein, um ein halbes Jahr später zur Luftwaffe überzuwechseln. Als begabter Flugschüler flog er sich nach einem Monat frei, mußte aber auch während der fliegerischen Ausbildung drei Bruchlandungen hinnehmen. Im Oktober 1942 kam er zur 7./JG 52 nach Soldatskaja im Kaukasus. Zunächst flog er als Rottenflieger von Fw. Edmund Roßmann. Vor lauter Übereifer lief bei Hartmanns erstem Feindflug alles schief. Er machte alle nur erdenklichen Fehler: Lösung vom Rottenführer ohne Erlaubnis, Verlust der Orientierung (›Verfranzen‹), Durchqueren der Schußrichtung des Rottenführers, Fliegen bis zum letzten Tropfen Sprit und Zerstörung der Maschine nach einer Bruchlandung, ohne ein einziges Feindflugzeug nur angekratzt zu haben. Dieses undisziplinierte Verhalten gefährdete den Jagdschwarm außerordentlich, so daß Kommodore Hrabak ihn danach ganz erheblich ›zur Brust‹ nahm!

Dann wurde Hartmann Rottenflieger bei Walter Krupinski. ›Graf Punski‹ nahm den Anfänger unter seine Fittiche und ließ ihm gewisse Freiheiten. Er brachte dem Neuling bei, so nahe an den Gegner heranzufliegen und das Feuer erst zu eröffnen, wenn man sicher sein durfte, auch wirklich zu treffen. Diese Lehren und Hartmanns Treffsicherheit versetzten ihn in die Lage, seine Abschüsse mit sehr geringem Munitionsverbrauch zu erzielen. Manchmal genügte ihm ein Kanonentreffer, um einen Gegner abzuschießen! Es war Krupinski, der Hartmann ›Bubi‹ nannte.

Mit siegesbewußtem Lächeln steigt »Bubi« Hartmann aus seiner Me 109 aus. Rechts am Seitenleitwerk seiner Me 109, mit den Abschußmarkierungen von 121 Luftsiegen. Mit 352 Abschüssen steht Hartmann an der Spitze aller Jagdflieger.

149

Dieser Spitzname begleitete Hartmann sein Leben lang.

Seinen ersten Luftsieg errang er am 5. November 1942. Mittags startete er mit seinem Schwarm, um im Raum östlich von Digora 18 schwergepanzerte Schlachtflugzeuge vom Typ ›Stormowik‹ abzufangen, die durch 10 Lagg-3 Jagdbegleitschutz erhielten. Hartmann nahm sich die nächste ›Stormowik‹ vor und ging so nahe heran, wie man ihn gelehrt hatte. Aus 100 m Entfernung eröffnete er das Feuer, aber die Granaten seiner Bordkanone prallten an der Panzerung ab. Schnell nahm er Höhenwechsel vor, um unter den Gegner zu kommen und auf den Ölkühler des Russen zu zielen, bevor die Begleitjäger ihn annahmen. Er schoß jetzt aus etwa 70 m Entfernung. Diese Taktik zeigte Wirkung, denn die ›Stormowik‹ begann zu qualmen und explodierte, so daß Flugzeugtrümmer die verfolgende Me 109 trafen. Während Hartmann seinem Opfer nachschaute und den Aufschlagbrand beobachtete, begann seine Maschine zu qualmen, er hörte eine dumpfe Explosion und sah Flammen am Motor züngeln. Er hatte keine andere Wahl, als in unmittelbarer Nähe des Wracks seines ersten Abschusses eine Bauchlandung zu machen. Das war das erste von drei Malen, daß Hartmann aufgrund von Flugzeugteilen, die sein Luftkampfgegner verlor, gezwungen war notzulanden.

Zwar hatte Hartmann schon im ersten Monat an der Front den ersten Abschuß errungen, dennoch benötigte er eine lange Anlaufzeit. Im April 1943 hatte er nach mehr als 100 Feindflügen nur sieben Abschüsse! Ende April begann er erst richtig Abschußerfolge zu erzielen. Am 30. April gelang ihm mit dem Abschuß von zwei Lagg-3 sein 10. und 11. Luftsieg. Es war am 7. Juli während der Offensive bei Kursk, als Hartmann in den erbitterten Luftkämpfen sieben Abschüsse erzielen konnte.

Am 13. August flog Hartmann mit seiner Staffel Begleitschutz für Ulrich Rudels Stukageschwader ›Immelmann‹. Etwa 40 russische La-5 und 9 Jak-9 griffen weit hinter der Front den Verband an. Hartmann schoß aus 100 m Entfernung eine Jak-9 in Brand. Kurz darauf erhielt seine Maschine Flaktreffer. Er mußte am Donez notlanden. Kaum kam die Maschine zum Stillstand, konnte Hartmann beobachten, wie russische Infanterie auf ihn zulief. Er täuschte Bewußtlosigkeit und einen Bauchschuß vor. Die List verfing und rettete ihn möglicherweise davor, von russischen Soldaten erschlagen zu werden. Vier Stunden später lag er auf der Pritsche eines Lastwagens, zwei bewaffnete Posten standen über ihm, als er das unmißverständliche Heulen stürzender Stukas in unmittelbarer Nähe vernahm. Der Fahrer geriet in Panik und steuerte den Wagen in einen Graben. Dann brachte er sich wie seine Wachposten in Sicherheit; sie liefen um ihr Leben. Sekunden später sprang Hartmann vom Wagen und rannte in die entgegengesetzte Richtung! Es dauerte Stunden, bis Hartmann eigene Linien

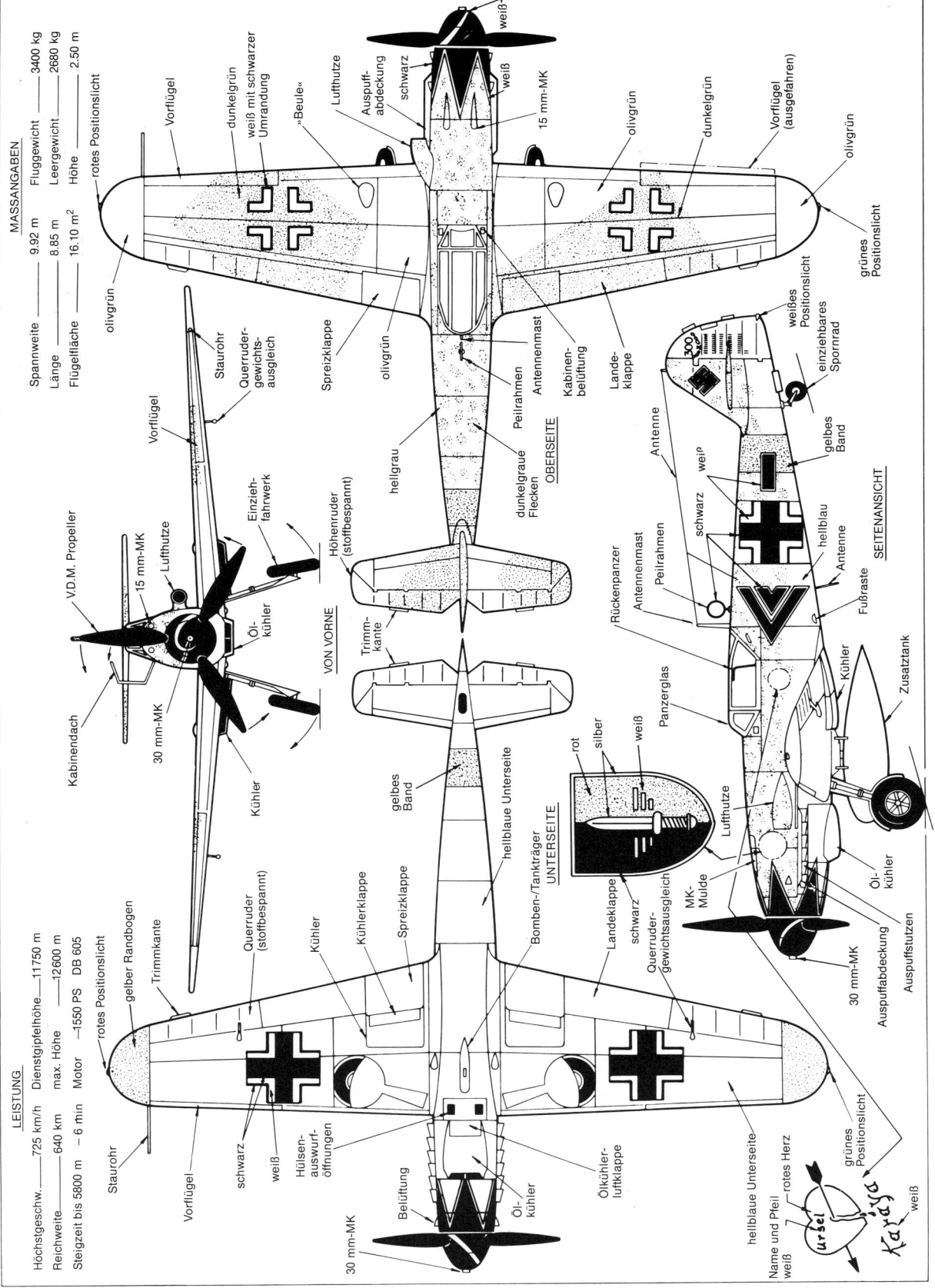

MASSANGABEN

Spannweite	9.92 m	Fluggewicht — 3400 kg
Länge	8.85 m	Leergewicht — 2680 kg
Flügelfläche	16.10 m²	Höhe — 2.50 m

ERICH HARTMANN

Messerschmitt Me 109 G-14

I./JG 52

OBERSEITE

VON VORNE

UNTERSEITE

SEITENANSICHT

LEISTUNG

Höchstgeschw. — 725 km/h   Dienstgipfelhöhe — 11750 m
Reichweite — 640 km   max. Höhe — 12600 m
Steigzeit bis 5800 m — 6 min   Motor — 1550 PS   DB 605

— Vorflügel
— dunkelgrün
— weiß mit schwarzer Umrandung
— "Beule"
— Lufthutze
— Auspuffabdeckung
— schwarz
— weiß
— 15 mm-MK
— olivgrün
— dunkelgrün
— Vorflügel (ausgefahren)
— olivgrün
— grünes Positionslicht
— rotes Positionslicht
— olivgrün

Staurohr
Querrudergewichtsausgleich
Vorflügel
Spreizklappe
Einziehfahrwerk
Höhenruder (stoffbespannt)
Trimmkante
olivgrün
hellgrau
dunkelgraue Flecken
Peilrahmen
Antennenmast
Kabinenbelüftung
Landeklappe

V.D.M. Propeller
15 mm-MK
Lufthutze
Öl-kühler
30 mm-MK
Kabinendach
Kühler
gelbes Band
hellblaue Unterseite
Bomben-/Tankträger

weißes Positionslicht
einziehbares Spornrad
gelbes Band
Antenne
weiß
schwarz
hellblau
Antenne
Fußraste
Kühler
Zusatztank
Öl-kühler
Antennenmast
Peilrahmen
Rückenpanzer
Panzerglas
rot
silber
weiß
Landeklappe
schwarz
Querrudergewichtsausgleich
Lufthutze
MK-Mulde
30 mm-MK
Auspuffabdeckung
Auspuffstutzen

Staurohr
gelber Randbogen
rotes Positionslicht
Trimmkante
Querruder (stoffbespannt)
Kühler
Kühlerklappe
Spreizklappe
Vorflügel
schwarz
weiß
Hülsenauswurföffnungen
Belüftung
Öl-kühler
Ölkühlerluftklappe
hellblaue Unterseite
grünes Positionslicht
rotes Herz
Name und Pfeil
weiß
weiß
30 mm-MK

ursel
Karaya

erreicht hatte. Fast wäre er von deutschen Truppen erschossen worden, weil sie ihn für einen einsickernden russischen Soldaten hielten. Fw. Heinrich Mertens, Hartmanns 1. Wart, hatte sich in echter Kameradschaft mit einem Gewehr auf den Weg gemacht und ist durch die Linien gegangen, um seinen Flugzeugführer zu retten!

Am 10. September 1943 erhielt Hartmann einen kurzen Heimaturlaub, um seine Braut Ursula zu heiraten. Ein paar Tage später war er wieder an der Front. Er wies seinen Wart an, den Vornamen seiner Frau auf die Rumpfseite seiner Maschine zu malen.

Am 18. September 1943 hatte Hartmann seinen 300. Feindflug, damit 95 Luftsiege erzielt. Für seinen 148. Luftsieg bekam er am 29. Oktober das Ritterkreuz verliehen. Inzwischen Staffelkapitän der 7./JG 52, erhielt er für seinen 200. Luftsieg am 2. März 1944 das Eichenlaub zum Ritterkreuz. Nachdem er zu seinem Luftkampfstil gefunden hatte, befand sich Hartmann im Sommer auf dem Höhepunkt seiner Erfolge. Kaum hatte er am 4. Juli 1944 für seinen 239. Abschuß die Schwerter zum Ritterkreuz erhalten, gelang ihm bei 16 Feindflügen der Abschuß von 59 Gegnern. Innerhalb von vier Wochen konnte er 78 russische Flugzeuge abschießen. Am 23. August gelangen ihm acht Abschüsse, am nächsten Tag sogar elf, womit er insgesamt 301 Luftsiege erzielt hatte! Oblt. Hartmann erhielt dafür am 25. August die Brillanten zum Ritterkreuz verliehen. Bis dahin hatte die 7./JG 52 schon 1200 russische Flugzeuge abgeschossen, ein Ergebnis, an das keine Staffel der Jagdwaffe heranreichte.

Im Oktober 1944 übernahm Hartmann die Führung der 4./JG 52, um dann ab 1. Februar 1945 als Gruppenkommandeur die Führung der I./JG 52 anzutreten. Seine Abschußerfolge stiegen weiter an, obwohl die meisten russischen Jagdflieger Reißaus nahmen, sobald sie Hartmanns Me 109 mit der schwarzen Flugzeugnase im Anflug sahen. Seine Angriffstaktik bestand daraus, blitzartig anzufliegen, so nahe wie möglich heranzugehen, bevor er das Feuer eröffnete, zu schießen und sofort das Gefecht abzubrechen, um das hervorragende Steigvermögen der Me 109 als neuen Vorteil zu nutzen. Dann wiederholte sich der Vor-

Hartmann, den die Russen den »Schwarzen Teufel« nannten, verbrachte nach Kriegsende zehn Jahre in russischer Kriegsgefangenschaft. Links ein Bild zu Kriegsende, rechts nach Rückkehr aus der Kriegsgefangenschaft.

gang, indem er die gute Sturzfähigkeit seiner Maschine ausnutzte. Im Gegensatz zu Marseille konnte Hartmann nur sehr selten Mehrfachabschüsse bei einem Abfangansatz erzielen. Er schaute stets nach Wolken am Himmel, hinter denen er zwischen verschiedenen Angriffen Deckung suchen konnte. Seine Angriffstaktik ließ sich eher mit der Manfred von Richthofens vergleichen, dem besten Jagdflieger des Ersten Weltkriegs.

Während seines Einsatzes an der Ostfront traf Hartmann über Rumänien auf amerikanische Flugzeuge und schoß sieben P-51 ›Mustang‹ ab. Zu einer der amerikanischen Staffeln zählte die 334. US-Jagdstaffel. Vermutlich war auch das amerikanische Jagdfliegeras Lt. Ralph K. Hoffer (16,5 Luftsiege) eines der Opfer von Hartmann.

In den Morgenstunden des 8. Mai 1945 führte Hptm. Hartmann in der Tschechoslowakei einen Schwarm, um russische Truppenspitzen aufzuklären. Über Brünn sah er einen russischen Jagdflieger Kunstflug machen, wahrscheinlich aus voller Freude über den bevorstehenden Sieg der Russen. Hartmann fackelte nicht lange, stieß blitzartig zu, so daß der glücklose Kunstflieger sein 352. abgeschossener Gegner war.

Als Angehöriger des ›Sturmregiments Graf‹ wurde Hartmann von den Amerikanern an die Russen ausgeliefert. Nachdem die Russen gemerkt hatten, daß sie den ›Schwarzen Teufel‹ als Kriegsgefangenen bei sich hatten, wurde er von seinen Kameraden getrennt und besonders brutal mißhandelt, wozu tagelange Dunkel- und Einzelhaft gehörte. Obwohl die Russen alle Mittel und Wege sowie Überredungskünste versuchten, Hartmann zum Kommunismus zu bekehren, gelang ihnen das nicht. Dafür hielt man ihn über zehn Jahre lang in Gefangenschaft, weit länger als alle anderen Kriegsgefangenen. Während Hartmann wider Recht und Gesetz in Rußland zurückgehalten wurde, starb Hartmanns dreieinhalbjähriger Sohn, den er nie hat sehen dürfen. Erst als Bundeskanzler Adenauer 1955 nach Moskau reiste und die Freilassung der letzten deutschen Kriegsgefangenen erwirkte, konnte auch ein abgehärmter und abgemagerter ›Bubi‹ Hartman aus den Fängen seiner Gefängniswärter in die Heimat entlassen werden. Körperlich zwar sehr geschwächt, aber im Geiste ungebrochen.

Schnell erholte sich Hartmann wieder, trat 1956 in die Bundesluftwaffe ein und wurde Kommodore des JG 71 ›Richthofen‹. Nach höheren Stabsverwendungen trat er als Oberst in den Ruhestand. Eine Zeitlang danach war er ein gefragter Fluglehrer.

GÜNTHER RALL ist mit 275 bestätigten Abschüssen der dritterfolgreichste Jagdflieger. Wie Barkhorn und Hartmann war er eng mit dem JG 52 verbunden. Am 10. März 1918 in Gaggenau/Baden geboren, trat er 1936, nach dem Abitur, als Offizieranwärter in das Infanterieregiment 13 ein und wechselte nach Beendigung der Kriegsschulausbildung in Dresden 1938 zur Luftwaffe über. 1939 kam er zur 8./JG 52.

Oblt. Rall erzielte seinen ersten Abschuß im Frankreichfeldzug und wurde im Juli 1940 Staffelkapitän. Nach seinem 36. Luftsieg, am 28. November 1941, wurde er so schwer verwundet, daß er sechs Monate lang fast bewegungsunfähig ans Bett gefesselt war. Im August 1942 kehrte Rall zur 8./JG 52 zurück und erhielt am 3. September für seinen 65. Luftsieg das Ritterkreuz. Am 26. Oktober folgte das Eichenlaub zum Ritterkreuz für den 100. Abschuß.

Im April 1943 war Rall zum Hauptmann befördert worden, und er übernahm als Gruppenkommandeur die Führung der III./JG 52. Die Schwerter zum Ritterkreuz erhielt Rall am 12. September 1943 verliehen, nachdem ihm als drittem Flugzeugführer 200 Abschüsse gelungen waren. Mit seinen 40 Luftsiegen im Oktober konnte Rall als zweiter Jagdflieger schon am 28. November den 250. Abschuß melden.

Günther Rall, an dritter Stelle der Rangliste der besten Jagdflieger stehend, schoß auf 621 Feindflügen 275 Luftgegner ab. In der Bundesluftwaffe war er u.a. Inspekteur der Luftwaffe.

153

Auch Rall erging es nicht anders wie so vielen der Experten. Im Frühjahr 1944 wurde er in den Westen zurückbeordert, um in der Reichsverteidigung alliierte Bomberverbände zu bekämpfen. Bis März 1945 war er Gruppenkommandeur der II./JG 11, um nach seiner Beförderung zum Major Kommodore des JG 300 zu werden. Fünfmal wurde Rall im Verlaufe seiner 621 Feindflüge abgeschossen.

1956 trat Günther Rall als Major in die Bundesluftwaffe ein. Er war an der Beschaffung und insbesondere an der Einführung des Waffensystems F-104G ›Starfighter‹ beteiligt, das lange in vielen NATO-Ländern im Einsatz stand. Im September 1966 wurde Rall zum Brigadegeneral befördert, dann wurde er Kommandeur der 3. Luftwaffendivision. Im April 1969 zunächst Chef des Stabes der 4. Alliierten Luftflotte, im Oktober 1970 Kommandierender General Luftflotte im Rang eines Generalleutnants, um schließlich im Januar 1971 Inspekteur der Luftwaffe zu werden.

HANS-JOACHIM BIRKNER war Rottenflieger bei Rall und Hartmann. Seine Leistung in dieser Aufgabe verdient gewürdigt zu werden. In Schönwalde/Ostpreußen am 22. Oktober 1922 geboren, kam er Mitte 1943 als Feldwebel zum JG 52. Am 1. Oktober 1943 errang er seinen ersten von 117 Luftsiegen. In weniger als einem Jahr erhielt er am 27. Juli 1943 für seinen 98. Abschuß das Ritterkreuz verlie-

hen. Birkner wurde als Tapferkeitsoffizier zum Leutnant befördert und konnte am 14. Oktober seinen 100. Luftsieg erringen. Mitte 1944 wurde er Staffelkapitän der 9./JG 51. Beim Start zum Feindflug stürzte er am 14. Dezember 1944 aufgrund eines Motorschadens in Krakau tödlich ab. In nur 284 Feindflügen konnte dieser begabte Jagdflieger 117 Luftsiege erzielen.

WILHELM BATZ ist außerhalb militärischer Fliegerkreise wenig bekannt, obwohl er mit seinen Abschüssen an siebter Stelle aller Jagdflieger steht. Willi Batz konnte auf nur 445 Feindflügen 237 Abschüsse erzielen. Am 21. Mai 1916 in Bamberg geboren, trat Batz 1934 in die Luftwaffe ein. Da er seine Einstellungsprüfungen so hervorragend bestand, wurde er als Fluglehrer verwendet. Aufgrund seiner laufenden Eingaben, in eine Frontverwendung versetzt zu werden, kam er nach 5000 Flugstunden als Fluglehrer endlich im Dezember 1942 als Adjutant zur II./JG 52.

Am 11. März 1943 erzielte er seinen ersten Luftsieg und wurde am 1. Mai Staffelkapitän der 5./JG 52. Das Ritterkreuz erhielt er am 26. März 1944 für seinen 75. Abschuß, aber schon zwei Tage später hatte er seinen 100. Luftsieg

Wilhelm Batz steht mit 237 Luftsiegen an vierter Stelle der Rangliste der Jagdflieger. Glückliche Umstände verhinderten seine Auslieferung an die Russen.

Hans-Joachim Birkner war Rottenflieger von Hartmann und Rall. Er war ein begnadeter Rottenflieger, der seine Aufgabe voller Pflichtbewußtsein erfüllte. Auf 284 Feindflügen erzielte er 117 Abschüsse.

154

errungen. Im Sommer 1944 schoß Oblt. Batz täglich zwischen 3 und 4 Luftgegner ab, am 30. Mai gelangen ihm an einem Tag sogar 15 Abschüsse. Zum Hauptmann befördert, folgte Batz im Juni Rall als Gruppenkommandeur der III./JG 52 nach. Am 20. Juli wurde er für seinen 175. Abschuß mit dem Eichenlaub zum Ritterkreuz ausgezeichnet. Am 17. August 1944 konnte er als neunter Jagdflieger den 200. Luftsieg erringen.

Auch Batz mußte manche Notlandung machen, sechs an der Zahl. Dreimal wurde er verwundet. Am schlimmsten traf es ihn, als eine ›Stormowik‹ ihn direkt von vorne mit MG-Feuer eindeckte. Aus dem zerschossenem Instrumentenbrett flogen ihm feinste Glassplitter in die Augen, da er seine Fliegerbrille nicht aufgesetzt hatte.

Seiner am 1. Februar 1945 erfolgten Versetzung als Kommandeur der III./JG 52 in der Tschechoslowakei zur II./JG 52 nach Ungarn hatte Major Batz viel zu verdanken. Bei Kriegsende konnte er seine Gruppe unbehelligt von Ungarn über Österreich nach Deutschland zurückverlegen, womit ihm das Schicksal des ›Sturmregiment Graf‹ erspart geblieben ist.

Wie viele seiner Jagdfliegerkameraden trat Batz nach dem Kriege in die Bundesluftwaffe ein.

HAJO HERRMANN erdachte und organisierte das Nachtjagdverfahren ›Wilde Sau‹. Am 1. August 1913 in Kiel geboren, begann er seine fliegerische Laufbahn zunächst als Kampfflieger beim KG 4. Oblt. Herrmann zeichnete sich besonders in der Schiffsbekämpfung englischer Flottenverbände aus, wofür ihm am 13. Oktober 1940 das Ritterkreuz verliehen wurde. Anfang 1941 wurde er Staffelkapitän im KG 30. Dank seiner Qualitäten wurde er in den Führungsstab der Luftwaffe gerufen. Hier entwickelte er aufgrund seiner Erfahrungen als Kampfflieger die Idee von der ›Wilden Sau‹. Mitte 1943 stellte er das JG 300 auf. Dann führte er die 30. und die 1. Jagddivision. Am 8. August 1943 erhielt er für seine Leistungen in der Reichsverteidigung das Eichenlaub zum Ritterkreuz verliehen. Im Dezember 1943 war er Inspekteur der Luftverteidigung und erhielt die Schwerter zum Ritterkreuz am 23. Januar 1944. Ende 1944 führte Oberst Herrmann die 9. Fliegerdivision. Er stellte das Rammkommando ›Elbe‹ auf in dem verzweifelten Versuch, den alliierten Bomberströmen Einhalt zu gebieten.

Trotz der Tatsache, daß er im Kriege nur gegen Westalliierte kämpfte, wurde Oberst Herrmann von den Russen kriegsgefangen. Mehr als zehn Jahre verbrachte er in sowje-

Hajo Herrmann, ehemaliger Kampfflieger, entwickelte das Nachtjagdverfahren »Wilde Sau« – mit einmotorigen Jägern.

tischen Lagern.

Als Kampfflieger versenkte Hajo Herrmann 12 Kriegsschiffe mit über 70000 t Gesamttonnage; er hatte insgesamt 320 Feindflüge als Kampfflieger, während er als Jagdflieger nochmals 50 Feindflüge flog, wobei er acht viermotorige US-Bomber abschießen konnte.

Neben all diesen Leistungen trug Herrmann vor allem durch immer neue und ausgefallene Ideen dazu bei, alle Anstrengungen zu unternehmen, die alliierte Bomberoffensive zu stoppen.

FRIEDRICH-KARL MÜLLER war der erfolgreichste Nachtjäger, der mit einmotorigen Jagdflugzeugen im Nachtjagdverfahren ›Wilde Sau‹ flog. Am 4. Dezember 1911 in Sulzbach/Saar geboren, war Müller vor dem Kriege Flugkapitän bei der Lufthansa. Aus diesem Grunde flog er seit Kriegsbeginn als Transport- und später Kampfflieger. Mitte 1943 holte sich Hajo Herrmann ihn als Blindfluglehrer in sein Nachtjagdversuchskommando. Am 4. Juli konnte Müller in der einmotorigen Nachtjagd ›Wilde Sau‹ seinen ersten Abschuß erzielen, und in der Nacht des 24. August gelangen ihm über Berlin drei Abschüsse von Bombern.

Friedrich-Karl Müller war mit 23 Abschüssen erfolgreichster Nachtjäger bei der »Wilden Sau«.

Im JG 300 wurde ›Nasen-Müller‹, wie sein Spitzname lautete, Technischer Offizier. Im Februar 1944 wurde er als Staffelkapitän in die 1./NJG 10 versetzt. Am 7. Juli erhielt er für seinen 22. Nachtabschuß das Ritterkreuz. Im November übernahm er als Gruppenkommandeur die I./NJG 11.

Major Müller flog 52 Nachtjagdeinsätze und erzielte dabei 30 Abschüsse, 23 davon alleine im Nachtjagdverfahren ›Wilde Sau‹.

KLAUS BRETSCHNEIDER und KONRAD BAUER zeichneten sich in der Sturmgruppe II./JG 300 besonders durch ihre Abschüsse bei der Nachtjagd im Rahmen ›Wilde Sau‹ aus.

Bretschneider erzielte insgesamt 31 Abschüsse, wovon ihm 14 bei 20 Feindflügen im Rahmen ›Wilde Sau‹ gelangen. Am 7. Oktober 1944 schoß der Lt. Bretschneider drei

viermotorige Bomber ab, den letzten rammte er sogar, um ganz sicher zu gehen. Am 18. November 1944 erhielt er das Ritterkreuz verliehen. Einen Monat später, an Heiligabend, wurde er über Kassel von ›Mustang‹ tödlich abgeschossen. Bauer flog 1942 und 1943 im JG 51 ›Mölders‹, wo ihm am 15. Dezember 1943 innerhalb von fünf Minuten der Abschuß von sechs Luftkampfgegnern gelang! Im März 1944 wurde er zum JG 3 ›Udet‹ versetzt, um gegen alliierte Bomberverbände zu kämpfen. Im Juni kam er zur II./JG 300, wo er außerordentliche Abschußerfolge erzielte. Nach 34 Luftsiegen bekam er am 31. Oktober 1944 das Ritterkreuz verliehen. Siebenmal abgeschossen und verwundet, beendete Bauer den Krieg als Staffelkapitän der 5./JG 300. Oblt. Konrad Bauer hat auf 416 Feindflügen 68 Luftsiege errungen, 32 davon waren viermotorige Bomber.

EINO LUUKKANEN ist Finnlands drittbester Jagdflieger, der die meisten seiner 54 Luftsiege in der Me 109 erringen konnte. Am 4. Juni 1909 auf der Landenge von Karelien geboren, trat er in die kleine finnische Luftwaffe ein. Im August 1932 flog er sich auf einer französischen Caudron C-60 frei, drei Jahre später flog er in der Jagdstaffel 26/H Le Lv 26 den englischen Jäger Bristol ›Bulldog‹. 1939 war Luukkanen Schwarmführer in der H Le Lv 24, die mit holländischen Fokker DXXI-Jagdflugzeugen ausgerüstet war.

Seit 1938 versuchte Rußland, Finnland in sein Imperium zu bekommen, aber die freiheitsliebenden Finnen leisteten Widerstand. Als die Russen im Oktober 1939 Estland, Lettland und Litauen besetzt hatten, war es Finnland klar, daß es wohl als nächstes drankäme. Finnland mobilisierte seine schwachen Verteidigungskräfte. Nach einem Grenzzwischenfall griff der russische Riese an. Der finnisch-russische Winterkrieg von 1939/1940 war ausgebrochen.

Eino Luukkanen führte am 30. November 1939 den ersten Angriffsschwarm. Am nächsten Tag konnte er seinen ersten Luftsieg erringen. Zwar hatten die tapferen Finnen den Russen erheblich zugesetzt, mußten aber dennoch am 13. März 1940 die Waffen strecken. Zu Rußland kam ein Achtel der finnischen Bevölkerung und ein Zehntel der Landfläche dieses kleinen Staates.

Nachdem Deutschland am 22. Juni 1941 den Rußlandfeldzug eröffnet hatte, griffen die Sowjets Finnland und Ungarn drei Tage später an. Die Finnen nannten dies die Fortsetzung des Winterkrieges. Da es einen gemeinsamen

Eino Luukkanen ist mit 54 Abschüssen Finnlands drittbester Jagdflieger. Hier ein Bild von ihm in einer Me 109G; das Seitenleitwerk zeigt das Staffelwappen.

Luukkanen (rechts) im Gespräch mit finnischen Stabsoffizieren über die enormen Probleme mit der Übermacht russischer Luftstreitkräfte.

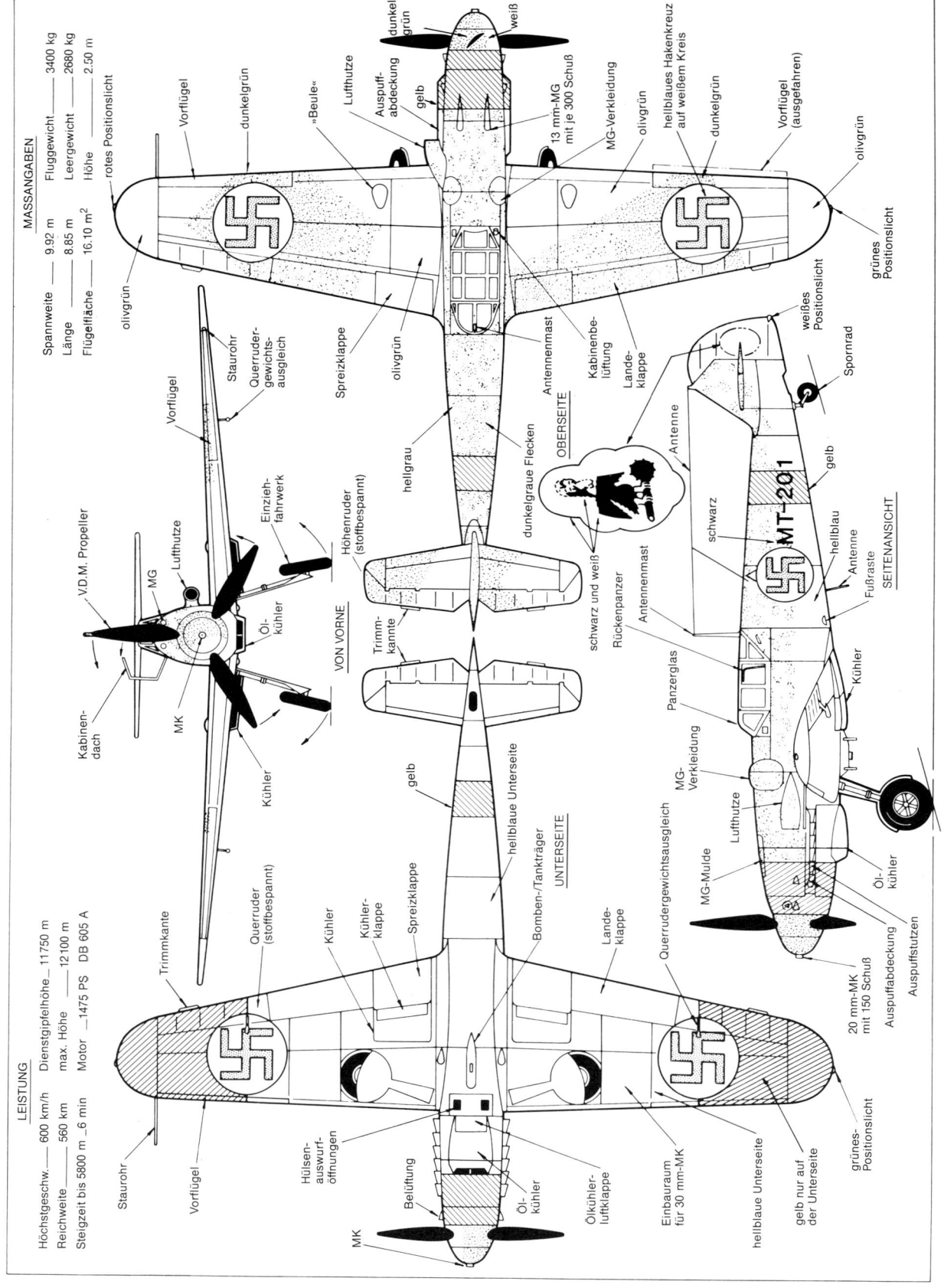

MASSANGABEN

Spannweite ____ 9.92 m
Länge ____ 8.85 m
Flügelfläche ____ 16.10 m²

Fluggewicht ____ 3400 kg
Leergewicht ____ 2680 kg
Höhe ____ 2.50 m

OBERSEITE

dunkelgrün
weiß
rotes Positionslicht
olivgrün
Vorflügel
dunkelgrün
"Beule"
Lufthutze
Auspuff-abdeckung
gelb
13 mm-MG mit je 300 Schuß
MG-Verkleidung
olivgrün
hellblaues Hakenkreuz auf weißem Kreis
dunkelgrün
Vorflügel (ausgefahren)
olivgrün
grünes Positionslicht
Antennenmast
Kabinenbe-lüftung
Landeklappe
olivgrün
Spreizklappe
hellgrau
dunkelgraue Flecken

VON VORNE

Stauröhr
Querrudergewichts-ausgleich
Vorflügel
Einziehfahrwerk
Höhenruder (stoffbespannt)
Trimmkante
V.D.M. Propeller
Lufthutze
MG
MK
Öl-kühler
Kühler
Kabinendach

schwarz und weiß
Rückenpanzer
Antennenmast
Panzerglas
Antenne

weißes Positionslicht
Spornrad
gelb
schwarz
MT-201
hellblau
Antenne
Fußraste
SEITENANSICHT
MG-Verkleidung
Lufthutze
MG-Mulde
Öl-kühler
20 mm-MK mit 150 Schuß
Auspuffabdeckung
Auspuffstutzen
Kühler

UNTERSEITE

gelb
hellblaue Unterseite
Bomben-/Tankträger
Landeklappe
Querrudergewichtsausgleich
grünes-Positionslicht
hellblaue Unterseite
gelb nur auf der Unterseite
Trimmkante
Querruder (stoffbespannt)
Kühler
Kühler-klappe
Spreizklappe
Stauröhr
Vorflügel
Hülsen-auswurf-öffnungen
Belüftung
Öl-kühler
Ölkühler-luftklappe
Einbauraum für 30 mm-MK
MK

LEISTUNG

Höchstgeschw.____ 600 km/h
Reichweite ____ 560 km
Steigzeit bis 5800 m _6 min

Dienstgipfelhöhe ____ 11750 m
max. Höhe ____ 12100 m
Motor ____ 1475 PS DB 605 A

EINO LUUKKANEN
Messerschmitt Me 109 G-2

H LeLv 34

Feind, nämlich Rußland, gab, kam es zu einer engen Waffenbrüderschaft mit Deutschland. Im Jahr darauf verlegte die I./JG 54 ›Grünherz‹ nach Finnland auf den Platz Mensuvaara, nördlich des Ladogasees. Im Frühjahr 1943 bekamen die Finnen in Deutschland gefertigte Me 109, die die veralteten amerikanischen Brewster ›Buffaloe‹ ersetzten, weil sie den russischen Maschinen unterlegen waren.

Am 27. März 1944 übernahm Luukkanen, als jüngster Staffelkapitän der finnischen Luftwaffe, die in Utti liegende H Le Lv 34. Er führte auch die 16 Me 109G-2, die von Wiener Neustadt nach Malmi überführt wurden. Die Finnen waren mit ihren Me 109 sehr zufrieden und nannten sie ›Mersu‹.

Seinen ersten Luftsieg mit der Me 109 errang Luukkanen am 19. Mai 1943. Weitere Abschüsse erzielte er am 21., 22. und 24. Mai. Bei einem großen Luftgefecht, am 21. Mai, konnte die 34. finnische Jagdstaffel gegen überlegene russische Kräfte zehn Abschüsse erringen, sie selbst verlor nur zwei Me 109. Am 11. September hatte die Staffel ihren 100. Abschuß erreicht. Zum Schutz der Hauptstadt Helsinki lag Luukkanen mit seiner Staffel in Malmi, als er am 17. Mai 1944 mit sechs ›Mersu‹ zu einem Abfangeinsatz startete. In 2000 m Höhe trafen die Finnen auf 27 Pe-2-Bomber und 15 Begleitjäger. Bevor die russischen Jäger eingreifen konnten, waren bereits sieben Bomber abgeschossen worden. Die restlichen 20 warfen ihre Bomben im Notwurf in einen See und gaben Fersengeld. Bei diesem Luftkampf verloren die Russen noch drei Jäger, die Finnen aber nur einen. Luukkanen konnte einen Bomber abschießen. Am 4. Juni 1944 traten die Russen zur Großoffensive nach Karelien an. Drei Tage später verlegten die drei Schwärme von Luukkanens Staffel nach Immola, um näher am Kampfgeschehen zu sein.

Am 14. Juni 1944 führte Luukkanen zwölf ›Mersu‹ auf einem Feindflug, um zwei Fesselballone (›Makkara‹) zu vernichten, die von den Russen zur Feuerleitung und Beobachtung eingesetzt wurden. Zwanzig in den USA gebaute Bell ›Airacobra‹ schützten die Ballone, wovon Luukkanen gleich einen abschoß. Als noch mehr Jäger herannahten, nahm sich Luukkanen den am nächsten fliegenden vor, eine La-5. Nach Treffern setzte der Russe in einer leichten Sinkkurve seinen Flug fort. Eino verfolgte ihn weiter und schoß. Er konnte beobachten, wie seine Einschläge Teile aus dem russischen Jäger rissen. Er wunderte sich, warum das keine Wirkung hatte. Als er näher heranflog, sah er, daß der Pilot im Flugzeug zusammengesackt dasaß. Jetzt wußte

er, daß schon nach den ersten Treffern ein toter Pilot am Steuerknüppel saß! Die H Le Lv 34 konnte an jenem Tag 11 russische Flugzeuge abschießen, hatte selbst aber nur einen Verlust.

In Immola, wo auch einige deutsche Verbände lagen, die an der Verteidigung Kareliens mitwirkten, war es durch die Belegung so eng geworden, daß die Finnen nach Lappeenranta auswichen. Doch dieser Platz war für den Einsatz der Me 109 zu klein, so daß man auf den staubigen Platz Taipalsaari verlegte. Die erbitterten Luftkämpfe dauerten an. Die Finnen konnten den Russen zwar schwere Verluste zufügen, hatten aber keine Möglichkeiten, ihre – wenn auch geringen – Verluste zu ergänzen. Luukkanens Staffel war im Flugzeugklarstand auf zehn einsatzbereite ›Mersu‹ abgesunken.

Alle zehn Maschinen starteten am 19. Juni 1944, um auf dem Rückzug befindliche finnische Truppen zu sichern. In der Ferne konnte ein Artilleriebeobachtungsballon gesichert werden. Luukkanen entschloß sich, diesen Ballon trotz schwerer Flakabwehr anzugreifen. Nachdem er den Ballon in Brand geschossen hatte, bekam er einen Flaktreffer in den Motor, wodurch die Motorhaube aufriß und der Motor an Leistung verlor. Vorsichtshalber stieg er auf etwa 800 m Höhe, als der Motor stehenblieb. Luukkanen befand sich etwa 15 km jenseits der eigenen Linien über russischem Gebiet. Er kurvte sofort dem eigenen Gebiet zu und wunderte sich, wie gut sich die ›Mersu‹ im Gleitflug verhielt. Bald befand er sich über dem ausgedehnten Waldgebiet von Summa. Er hatte keine andere Wahl und mußte dort zur Notlandung ansetzen. Mit 350 km/h schnitt er in die Spitzen der Tannen, sank tiefer in das Baumwerk, die Tragflächen brachen ab, der Rumpf rutschte durch die Äste und näherte sich immer schneller dem Boden. Das Leitwerk und der hintere Rumpf brachen ab, Motor- und Kanzelteil mit dem Piloten fielen weiter, bis zur Bodenberührung in einer Staubwolke endend. Luukkanen stieg unverletzt aus, gab sich finnischen Truppen zu erkennen und wurde in einem Geländewagen zurück nach Taipalsaari gebracht.

Trotz großer zahlenmäßiger Überlegenheit der Sowjets hatte er schon am 20. Mai 1944 seinen 40. Luftsieg erringen können. Zwischen Mitte Juni und Mitte Juli hatte seine Staffel im Einsatz 1040 Flugstunden geflogen, 25000 Schuß 13-mm-Munition und 11000 Schuß 20-mm-Munition verbraucht. In dieser Zeit hatte er 30000 Flugkilometer zurückgelegt. In den Sommermonaten wurden viele deutsche Staffeln aus Finnland abgezogen, weil sie an anderen Frontabschnitten dringend gebraucht wurden. Luukkanen er-

Im Kampf gegen die Sowjetunion haben sich finnische Jagdflieger mit der Me 109 (›Mersu‹) erfolgreich geschlagen. Vier der besten Jagdflieger Finnlands sind: An der Spitze, mit 94 Luftsiegen, Eino Ilmari Juutilainen; Haase Wind, 78; Joppe Karhunen, 31. Aippa Tuominen, hier auf der Tragfläche seiner Me 109G (wie »Gustav«).

zielte am 5. August seinen 54. und letzten Luftsieg durch Abschuß einer Jak-9. Drei Wochen später machte er seinen letzten Feindflug.

Auf starken russischen Druck hin mußte Finnland die Waffenbrüderschaft mit Deutschland am 2. September 1944 einstellen. Zwei Tage darauf wurde mit Rußland der Waffenstillstand vereinbart.

ALADAR de HEPPES kannte man am Mittelabschnitt der Ostfront nur unter dem Namen ›der alte Puma‹. Obwohl fast doppelt so alt wie seine jüngsten Jagdflieger, konnte er es mit den besten unter ihnen durchaus aufnehmen und sie im Einsatz führen. Heppes war die treibende Kraft im ungarischen Jagdfliegerkorps, das er soweit brachte, sich von

ursprünglich einem Abschuß je 20 Feindflügen auf eins zu vier zu verbessern!

In Arad 1904 geboren, war Aladar der zweitgeborene Sohn eines hohen Richters, der schon zu Beginn des Ersten Weltkriegs gefallen war. Nach der Volksschule kam er auf die k. u. k. Militärunterrealschule nach Nagykanizsa und später auf die Militäroberschule in Budapest. Nachdem er die Ausbildung an der Königlich Ungarischen Militärakademie abgeschlossen hatte, trat Heppes in die ungarischen geheimen Luftstreitkräfte ein. Im Vertrag von Trianon hatte man 1920 den Ungarn verboten, Luftstreitkräfte zu besitzen. 1928 machte er seinen ersten Alleinflug. Nach ein paar Jahren als Aufklärungsflieger wechselte er 1935 als Einsatzoffizier zur 1/3 ungarischen Jagdstaffel. 1939 er-

An der russischen Front war Aladar de Heppes bekannt als der ›alte Puma‹. Links eines der offiziellen Bilder, rechts ein Schnappschuß von ihm, der ihn lachend zeigt, weil er mit knapper Not einem Schrapnellangriff entging, der ihm seine Uniform zerfetzte.

folgte seine Beförderung zum Hauptmann unter gleichzeitiger Versetzung als Adjutant zur I/II ungarischen Jagdgruppe.

Als sich Ungarn im Juni 1941 plötzlich im Krieg mit der Sowjetunion befand, besaß die Königlich Ungarische Luftwaffe 350 total veraltete Flugzeuge. Drei Monate später war Heppes Kommandeur der I/II Jagdgruppe, die wegen der italienischen Doppeldecker Fiat CR-42 nur für Schlachtfliegereinsätze in Frage kam. Anfang 1943 begann die Zulieferung von Me 109G für die ungarischen Jagdstaffeln. Im April war die 5/I Jagdgruppe mit den neuen deutschen Maschinen einsatzbereit. Heppes ließ darauf ein von ihm entworfenes Gruppenzeichen anbringen: Einen angriffslustigen Puma, in hellem Rot gehalten. Bei Feindflügen war sein Rufzeichen ›Oreg Puma‹ (alter Puma), und der Schlachtruf der Gruppe war ›Hajra Pumak‹ (vorwärts Pumas). Die vier Staffeln der 5/I Jagdgruppe kämpften etwa 1000 km nördlich der ungarischen Grenze im Raume Charkow.

Am 30. Mai 1943 führte Heppes acht Me 109 im Rahmen eines Begleitschutzauftrages für einen aus He 111 und Ju 88 bestehenden Bomberverband, der den Verschiebebahnhof Waluiki, etwa 120 km jenseits der eigenen Linien gelegen, angreifen sollte. Der Angriff erfolgte ohne Feindberührung, aber auf dem Rückflug entdeckte der ›alte Puma‹ einige russische Jäger, die von Kupjansk aus starteten. Er befahl seinen Leuten, die Bomber zu sichern, jedoch mit seinem Rottenflieger flog er zum Angriff auf die Jak-Jäger. Als die Rotte die feindlichen Jäger erreicht hatte, waren bereits 20 der russischen Jäger in der Luft. Es stand also 20:2, wollte man die Chancen abschätzen. Schon nach der ersten Feindberührung wurde die Rotte getrennt, und die Russen widmeten alle ihre Aufmerksamkeit dem ›alten Puma‹. Unter derartigen Bedingungen wäre der Durchschnittspilot so schnell wie möglich Richtung Heimathafen abgeflogen, nicht aber ein Aladar de Heppes. Sein Auftrag hieß, die Bomber zu schützen. Solange er die russischen Jäger band, hatte der Bomberverband eine gute Chance, ungeschoren davonzukommen. Voller Zuversicht auf die Überlegenheit seiner Maschine und seine Fähigkeiten, flog Heppes mit seiner schnellen, wendigen Maschine immer wieder durch den feindlichen Jägerverband, brachte ihn völlig durcheinander und verhinderte damit, daß man die Aufmerksamkeit alleine auf ihn richtete. Nach einigen Anflügen konnte der ›alte Puma‹ aus großem Vorhalt heraus einen Jäger abschießen, der brennend auf seinem eigenen

Platz aufschlug. Inzwischen befand sich der deutsche Bomberverband schon über eigenem Gebiet in Ungarn, so daß Heppes das Gefecht abbrechen konnte. Während er auf Westkurs einkurvte, schnitten ihm ein paar russische Jak den Weg ab. Schnell griff der ›alte Puma‹ den ihm nächsten Jäger an und schoß ihn mit einem kurzen Feuerstoß seiner MG ab. Da der tote Pilot über dem Steuerknüppel zusammensackte, taumelte die steuerlose Maschine in den Flugweg seiner Kameraden, die ausweichen mußten. Diese Chance nutzte Heppes, um sich schnellstens abzusetzen!

Weitere Abschüsse erzielte der ›alte Puma‹ am 6. Juli mit dem Luftsieg über eine ›Stormowik‹ bei Woltschansk und am 3. August, als er über Bjelgorod eine Jak-1 abschießen konnte. Nach diesem Luftsieg mußte Heppes in Frontnähe notlanden, weil ihm der Kraftstoff ausgegangen war. Es dauerte fast zehn Stunden, bevor ihm ein deutscher Fieseler ›Storch‹ genügend Kraftstoff gebracht hatte, um den Rückflug zum Heimathafen antreten zu können. Als er dort eintraf, hörte er, man habe ihn schon für tot erklärt und dies in der Wochenmeldung bereits an die vorgesetzten Dienststellen weitergemeldet. Demnach befehligte ein offiziell für tot erklärter Offizier sieben Tage lang die ›Pumas‹.

Die ›Pumas‹ mußten im Spätsommer und Herbst 1943 in dem Maße zurückverlegen, wie die russische Dampfwalze nach Westen vorrückte, nachdem sie Charkow, Smolensk und Kiew oder andere wichtige Schlüsselstellungen zurückgewonnen hatte. In dieser Zeit konnten die ›Pumas‹ mehr als 70 russische Flugzeuge abschießen, hatten selbst aber nur sechs Gefallene und drei Vermißte zu beklagen (zwei der gefallenen Ungarn waren das Opfer eines Zusammenstoßes in der Luft).

Hauptaufgabe der Königlich Ungarischen Luftwaffe war nunmehr die Verteidigung der ungarischen Heimat. Heppes wurde Kommandeur der Fliegerschule in Tapolca, denn dringend wurden gut ausgebildete Jagdflieger gebraucht. Ihm oblag auch die Ausarbeitung einer Vorschrift für die taktische Einsatzausbildung. Im März 1944 erhielt er den Auftrag, einen Heimatjagdverband aufzustellen. Die 101. ungarische Jagdgruppe in Veszprem hatte drei Jagdstaffeln mit ungefähr 40 Me 109G-6, dazu Transport- und Verbindungsflugzeuge. Der Personalumfang betrug etwa 500 Mann. In dieser Zeit traf Heppes mit Walter Nowotny zusammen, um über die Fortgeschrittenenausbildung und über Jagdtaktik Gedankenaustausch zu pflegen. Als Ungarn unter den schweren Schlägen sowjetischer Angriffe zu wanken begann, mußten sich die Magyaren mit einem

Messerschmitt Me 109 G-6

MASSANGABEN

Spannweite	9.92 m
Länge	8.94 m
Flügelfläche	16.02 m²
Fluggewicht	3400 kg
Leergewicht	2680 kg
Höhe	2.60 m

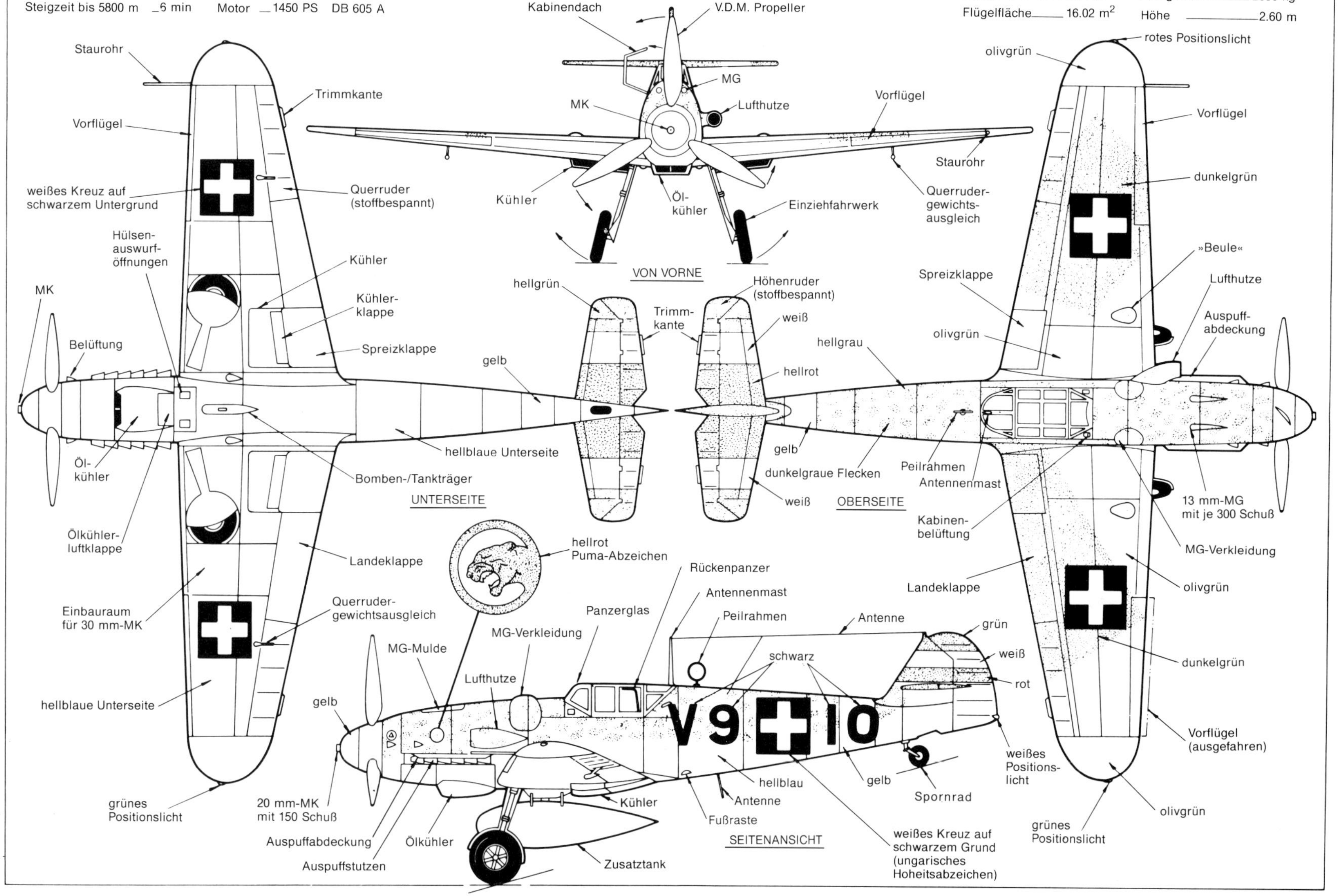

LEISTUNG

Höchstgesch.	630 km/h
Reichweite	650 km
Steigzeit bis 5800 m	6 min
Dienstgipfelhöhe	11750 m
max. Höhe	12500 m
Motor	1450 PS DB 605 A

rotes Positionslicht
olivgrün
Vorflügel
dunkelgrün
"Beule"
Lufthutze
Auspuffabdeckung
13 mm-MG mit je 300 Schuß
MG-Verkleidung
olivgrün
dunkelgrün
Vorflügel (ausgefahren)
olivgrün
grünes Positionslicht

Staurohr
Querrudergewichtsausgleich
Spreizklappe
olivgrün
Peilrahmen
Antennenmast
Kabinenbelüftung
Landeklappe

OBERSEITE

Vorflügel
Einziehfahrwerk
Höhenruder (stoffbespannt)
weiß
hellrot
gelb
dunkelgraue Flecken
weiß
hellgrau

V.D.M. Propeller
Lufthutze
MG
Öl-kühler
MK
Kühler
Kabinendach

VON VORNE

Trimmkante
hellgrün
gelb

grün
weiß
rot
weißes Positionslicht
weißes Kreuz auf schwarzem Grund (ungarisches Hoheitsabzeichen)
Antenne
schwarz
Spornrad
gelb
hellblau
Antenne
Fußraste

SEITENANSICHT

V9+10

Rückenpanzer
Antennenmast
Peilrahmen
Panzerglas
MG-Verkleidung
Lufthutze
MG-Mulde
hellrot Puma-Abzeichen
Kühler
Ölkühler
Zusatztank
gelb
20 mm-MK mit 150 Schuß
Auspuffabdeckung
Auspuffstutzen

Trimmkante
Querruder (stoffbespannt)
Kühler
Kühlerklappe
Spreizklappe
Bomben-/Tankträger
hellblaue Unterseite
UNTERSEITE
Landeklappe
Querrudergewichtsausgleich

Staurohr
Vorflügel
weißes Kreuz auf schwarzem Untergrund
Hülsenauswurföffnungen
Belüftung
Öl-kühler
Ölkühler-luftklappe
Einbauraum für 30 mm-MK
hellblaue Unterseite
MK
grünes Positionslicht

5/I F.G.

ALADAR DE HEPPES

163

neuen Schicksal abfinden: Die Amerikaner eröffneten am 3. April 1944 mit Angriffen auf Budapest und andere Ziele in Ungarn eine neue Phase des Luftkriegs in diesem Raum.

Anfangs griffen die ›Pumas‹ die ›Liberator‹ der 15. US-Luftflotte nicht an, denn sie hofften, daß die Amerikaner und nicht die Russen Ungarn besetzen würden, und man wollte sich die Amerikaner nicht vergrämen. Erst als der Flugplatz Veszprem von ›Mustang‹ angegriffen worden war, entschloß sich der ›alte Puma‹ zum Gegenschlag.

Für Heppes und seine Männer war der Kampf gegen amerikanische Verbände eine lähmende Erfahrung. Sie waren daran gewöhnt, gegen Russen zu kämpfen, die in verhältnismäßig kleinen Verbänden angriffen. Die amerikanischen Verbände »verdunkelten den Himmel«, so sagte der ›alte Puma‹, mit 500 Bombern und einer beträchtlichen Anzahl von Begleitjägern. Mit nur 40 Me 109 war es einfach unmöglich, eine derartige Armada zu bekämpfen. Dennoch warf sich Heppes mit seinen Männern immer wieder in die Bresche des tödlichen Kampfes David gegen Goliath. Am 26. Mai 1944 erzielte der ›alte Puma‹ seinen ersten Abschuß gegen Amerikaner. Zwei ›Liberator‹ schoß er über Nyzyacsad und Mosonszolnok ab. Vier Tage danach stürzte er sich in einen B-24-Verband, wobei er ins Kreuzfeuer der Bordschützen der ›Liberator‹ geriet und Treffer in die Kanzel bekam. Die 12,7 mm-Geschosse gingen ganz knapp am ›alten Puma‹ vorbei, aber sie rissen ihm das Kanzeldach ab. Die starke Luftströmung riß ihm die nicht befestigte Fliegerhaube vom Kopf und raubte ihm das Sehvermögen. Nach Luft schnappend, brach Heppes den Luftkampf ab, duckte sich tief in den Führerraum und schlich sich zum eigenen Platz zurück. Als er nach der Landung seine Maschine untersuchte, fand Heppes ein Geschoß, das das Kabinendach weggerissen hatte und im Rumpf geblieben war. Er hat diese Kugel heute noch als Erinnerung an diesen Luftkampf, wo er dem Tode so nahe war.

Einige Tage später wurde er zum Major (Ornagy) befördert. Am 16. Juni führte er 28 ›Pumas‹ gegen einen Verband mit 500 ›Fortress‹ und ›Liberator‹, die von ›Mustang‹, ›Thunderbolt‹ und ›Lightning‹ Begleitschutz erhielten. Nach dem Luftgefecht lagen die Wracks von 22 amerikanischen Maschinen auf ungarischem Boden, obwohl die Jagdflieger der 101. ungarischen Jagdgruppe nur den Abschuß von 10 ›Liberator‹, 4 ›Lightning‹, 1 ›Mustang‹ und 1 ›Thunderbolt‹ gemeldet hatten. 13 Me 109 waren Totalschaden, vier ungarische Jagdflieger waren gefallen, neun konnten sich mit dem Fallschirm retten.

Das mit Deutschland verbündete Rumänien kapitulierte im August 1944 gegenüber den Sowjets. Russische Truppen strömten in das Nachbarland Ungarns. Heppes wurde nun die gesamte Luftverteidigung Ungarns anvertraut. Er wurde zum Oberstleutnant (Alezredes) befördert, erhielt aber aus Dankbarkeit für seine vaterländischen Verdienste das Gehalt eines Obersten. Die 101. Jagdgruppe war inzwischen auf Geschwaderstärke gebracht worden und nannte sich jetzt 101. Königlich Ungarisches Luftverteidigungsjagdgeschwader. Es bestand aus der 101/I. Jagdgruppe mit 40 Me 109 in Veszprem und der 101/II. Jagdgruppe mit 20 Me 109 in Kenyeri. Die sechs Staffeln hatten eine Stärke von 1000 Mann. Im Oktober drangen die Russen nach Ungarn ein und standen bald so weit im Westen, daß Veszprem gefährdet war. Die sich zurückziehende 102. Jagdgruppe wurde als 101/III in den Verband von Heppes eingegliedert.

Im Frühjahr 1945 waren die ›Pumas‹ gezwungen, sich in den Raum Raffelding bei Linz nach Österreich zurückzuziehen. Sie flogen kaum noch Einsätze, denn es fehlte an Kraftstoff und Ersatzteilen. Am 4. Mai wurde der Platz von ›Mustang‹ zusammengeschossen und beinahe alle Me 109 waren zerstört, dennoch setzten die ›Pumas‹ ihren Kampf fort, selbst wenn die feindliche Übermacht immer stärker wurde. Ein paar Tage darauf war der Krieg vorüber, und Aladar de Heppes konnte sich mit seinem disziplinierten Verband den Amerikanern ergeben.

Trotz überwältigender Übermacht konnte der ›alte Puma‹ seine Truppe im letzten Kriegsjahr zu beachtlichen Erfolgen im Kampf gegen Russen und Amerikaner führen. Das Ergebnis dieses Zeitraumes kann sich sehen lassen: 110 abgeschossene ›Liberator‹ und ›Fortress‹, 36 ›Lightning‹, ›Mustang‹ und ›Thunderbolt‹ und 218 verschiedene russische Maschinen. Bei 364 abgeschossenen alliierten Flugzeugen hatten die ›Pumas‹ 39 gefallene und 20 verwundete Kameraden zu beklagen. Die verfügbaren Unterlagen ergaben den Verlust von weniger als 100 ungarischen Flugzeugen.

Insgesamt errangen die ›Pumas‹ im Kriege 454 Luftsiege, bei einem Personalverlust von 68 Mann. Heppes erzielte zehn Luftsiege.

Als in Ungarn die Kommunisten die Herrschaft an sich rissen, kam es zu beträchtlichen Unruhen. Viele Kriegshelden, wie beispielsweise Lajos Toth (24 Luftsiege), wurden erschossen. Das bedeutete für viele andere, schnellstmöglich der Heimat den Rücken zu kehren. Sie ließen sich in Kanada, Spanien, Österreich, den USA und in Argentinien nieder. Aladar dem Heppes ging nach Amerika, ist inzwischen längst amerikanischer Staatsbürger und betreibt an der Nordostküste ein Design-Büro. Alle freien Ungarn werden sich stets der außerordentlichen Begabung, Tapferkeit und selbstlosen Hingabe für sein Vaterland erinnern, die Aladar de Heppes, der ›alte Puma‹, bewiesen hat.

GYORGY DEBRODY war einer der besten ungarischen Jagdflieger unter dem ›alten Puma‹. Mit 26 Luftsiegen steht er an zweiter Stelle der Rangfolge ungarischer Jagdflieger. Debrody schloß 1942 die Ausbildung an der Königlich Ungarischen Militärakademie ab und wurde sofort in die 5/I. ungarische Jagdgruppe von Heppes versetzt. Als Anfang 1943 die ersten Me 109 nach Ungarn geliefert wurden, war Debrody zur II./JG 51 ›Mölders‹ kommandiert, um eine Ausbildung in moderner Jagdfliegertaktik zu erhalten.

Bei der Jagdstaffel 5/1 errang er am 5. Juli 1943 während der Offensive bei Kursk durch den Abschuß einer La-5 seinen ersten Luftsieg. In der ersten Augustwoche hatte Debrody sechs Abschüsse. Am Jahresende war er mit 16 Luftsiegen einer der besten ungarischen Jagdflieger. Er wurde dann zur Jagdstaffel 5/2 nach Uman versetzt.

Ende Februar 1944 befand sich Debrody mit seinem Schwarm auf einem Begleitschutzeinsatz für einen Ju 52-Transportverband, der einem eingeschlossenen deutschen Bataillon Nachschub zuführen sollte. Nach Abwurf der Versorgungsgüter tauchten am Horizont einige russische Jak-1 auf, die schnell auf den Transportverband zuhielten. Debrody befahl einer Rotte, den Schutz der Ju 52 zu übernehmen, damit er mit seinem Rottenflieger Miklos Kenyeres die Jak-Jäger angreifen konnte. Während sich Debrody auf den Abschuß konzentrierte, konnte ihn ein russischer Jäger erwischen, er traf den Daimler-Benz-Motor, der sofort stehenblieb. Gyorgy löste sich im Sturzflug aus dem Gefecht und machte auf einer Wiese eine Bruchlandung. Seine Me 109 setzte er in Brand und war gerade dabei, in einem nahegelegenen Wald Deckung zu suchen, als er noch mitbekam, daß Kenyeres die Jak, die ihn abgeschossen hatte, nun selbst abgeschossen hat. Er winkte seinem Rottenflieger wie zum Abschied zu. Doch zu seiner Überraschung fuhr Kenyeres das Fahrwerk und die Landeklappen seiner Maschine aus. Er setzte zur Landung an! Trupps russischer Soldaten tauchten in der Ferne auf, Debrody hörte Infanteriefeuer. Kenyeres setzte seine Me 109G etwa 100 m von seinem Rottenführer auf und rollte ihm entgegen. Beide entledigten sich ihrer Fallschirme und dicken

Gyorgy Debrody (links), ungarischer Jagdflieger mit 26 Abschüssen, und Leslie Molnar, 25 Luftsiege, im Gespräch. Debrody schoß unter anderem B-17 *Fortress*, P-38 *Lightning* und P-51 *Mustang* ab.

Fliegerjacken, denn die Kanzel der Me 109 war nicht für zwei Mann Besatzung ausgelegt. Die beiden quetschten sich in den engen Führerraum, Kenyeres saß auf Debrodys Schoß. Debrody bediente die Seitenruderpedale und Kenyeres bediente den Steuerknüppel. Dank hervorragender Koordination schafften es beide zurück bis zum Heimatplatz!

Nach seinem 17. und 18. Luftsieg kehrte Debrody zur 101. ungarischen Jagdgruppe unter dem ›alten Puma‹ zurück. Seinen ersten Abschuß gegen Amerikaner erzielte er am 14. Juni 1944 mit dem Abschuß einer P-38 Lockheed ›Lightning‹. Zwei Tage später gelang ihm nochmals ein Luftsieg gegen eine P-38. Im Juli gelang ihm der Abschuß von zwei ›Fortress‹ und einer ›Mustang‹. Nach dem Luftsieg über eine B-24 ›Liberator‹ erlitt Debrody am 16. November so schwere Verwundungen durch einen Kanonensplitter im Magen, daß er durch den Blutverlust nur mit Mühe und Not in der Nähe einer eigenen Artilleriestellung notlanden konnte. Nach der Einlieferung in ein Budapester Lazarett gab man nicht mehr sehr viel für sein Leben. Trotzdem erholte er sich in verhältnismäßig kurzer Zeit. Als er wieder zu seinen ›Pumas‹ an die Front zurückkehrte, wurde er zum Hauptmann (Szazados) befördert. Im Geschwader übernahm er die Führung der Jagdgruppe 101/1. Aufgrund seiner Verwundungen und seiner Führungstätigkeit flog Debrody keine Feindflüge mehr.

Auf 240 Feindflügen hatte Debrody 20 russische und 6 amerikanische Flugzeuge abgeschossen. Auch Gyorgy Debrody – genauso wie der ›alte Puma‹ – floh vor dem kommunistischen Regime und ließ sich in Kanada nieder. Später zog er an die amerikanische Ostküste, wo er für eine der großen amerikanischen Fluggesellschaften arbeitete.

Alle die Namen und Lebensläufe, die wir bis hierher kennengelernt haben, haben viele Gemeinsamkeiten. Sie waren tapfere und ritterliche Gegner, pflichtbewußte Offiziere und Jagdflieger, die heldenhaft und mutig für ihr Vaterland flogen und kämpften, aber auch begabte Schützen, Flieger und Truppenführer waren. Über allem jedoch flogen sie ein und dasselbe Waffensystem über dem Himmel von Europa, des Mittelmeers und Nordafrikas: Das Jagdflugzeug Messerschmitt Me 109, das länger im Einsatz Verwendung fand als jedes andere Jagdflugzeug in der Geschichte des Luftkriegs.

Teil III

Die Waffe: Die klassische Me-Hundert-Neun

Die Messerschmitt Me 109 hat jeder der erfolgreichen Jagdflieger der Luftwaffe geflogen, und sie ist wohl das erfolgreichste Jagdflugzeug, das jemals gebaut wurde. Mit keinem anderen Flugzeugtyp wurden derart viele Luftsiege errungen. Seit Beginn des Zweiten Weltkriegs war auch dem einfachen Mann auf der Straße der Name Messerschmitt ein geläufiger Begriff. Die Me 109 war das erste Jagdflugzeug des Zweiten Weltkriegs, das in Produktion ging, in die Truppe eingeführt wurde, als erstes in den Fronteinsatz gelangte und bis zuletzt an der Front Verwendung fand! Es sind etwa 35000 Me 109 gebaut worden, mehr als von jedem anderen Jagdflugzeug der Welt je gebaut wurde. Auch kein anderer Jagdflugzeugtyp stand bei so vielen Ländern im Einsatz.

Das Konstruktionsprinzip hieß Einfachheit in jeder Beziehung. Man sagt, die Keule sei die beste Waffe, denn sie besteht aus den wenigsten Einzelteilen. Die Me 109 war das einfachste, kleinste und stromlinienförmigste Jagdflugzeug, das man 1934 entwerfen konnte, und sie erwies sich als eines der anpassungsfähigsten Flugzeuge in der Geschichte der Militärluftfahrt. In den zehn Jahren von 1935 bis 1945 steigerte sich die Motorleistung von 610 auf 2000 PS; die Höchstgeschwindigkeit von 470 auf 775 km/h; das Gesamtgewicht von 2200 auf 3400 kg; die Bewaffnung verbesserte sich von drei MG im Gewehrkaliber auf zwei 15 mm-MG und eine 3 cm-Bordkanone; das Steigvermögen von 13,7 m/s auf knapp 25 m/s und die Dienstgipfelhöhe von 9000 m auf 12600 m. Aufgrund stärkerer Motoren und zusätzlicher Ausrüstung trug die Gewichtszunahme dazu bei, daß sich die Flugzeit der Me 109 von 90 Minuten auf 50 Minuten verringerte. Natürlich hatte dieses kompakte Flugzeug hinsichtlich von Verbesserungen und Maßnahmen zur Kampfwertsteigerung seine Grenzen, denn der enge Rumpf und die klein ausgelegte Flugzeugzelle konnte nicht alle Verbesserungen, die die Technik in zehn Jahren entwickelt hatte, aufnehmen. Ewig modern und jung konnte dieses Flugzeug nicht gehalten werden, es war aber dennoch außerordentlich anpassungsfähig für fortschrittliche Ausrüstungsaufnahme, ohne grundsätzliche Konstruktionsänderungen vornehmen zu müssen. Aus diesem Grunde blieb die Me 109 auch das Standardflugzeug der Luftwaffe für die Gesamtdauer des Zweiten Weltkriegs.

Wenn man sie so stehen sah, umgab sie ein Hauch von Kraft und Vitalität: Schlank und gierig nach Beute lechzend, fast wie ein Raubvogel oder ein Hai. Man sah ihr an, daß sie eine wirksame, hart zuschlagende und unbarmherzige Waffe war, denn sie war einfach gehalten und ohne alle ›Kinkerlitzchen‹. Sie war ganz Waffe, hatte aber dennoch etwas nicht Faßbares und Schönes an sich.

Das Bemerkenswerteste am Entwurf der Me 109 ist die Tatsache, daß ihr Konstrukteur Willy Messerschmitt vorher noch nie ein Militärflugzeug konzipiert hatte. Sein erster Versuch als Konstrukteur eines Jagdflugzeuges entpuppte sich zugleich als eines der klassischen Kriegsflugzeuge aller Zeiten! Unter diesem begabten Flugzeugkonstrukteur entstand der erste in Produktion gegangene Strahljäger und der Welt erster Raketenjäger.

Willy Messerschmitt wurde am 26. Juni 1898 in Frankfurt/Main als Sohn eines Weinhändlers geboren. Schon in frühester Jugend interessierte er sich für Flugzeuge. Im Alter von elf Jahren baute er bereits Modellflugzeuge. 1910 zog die Familie nach Bamberg um, und hier lernte Messerschmitt den Segelflugzeugbauer Friedrich Harth kennen. Der junge Messerschmitt half Harth beim Entwurf und Bau von Segelflugzeugen. Als Harth 1914 einberufen wurde, baute Messerschmitt sogar eigenverantwortlich ein Segel-

Die schnittige Me 108B »Taifun«, ein Reiseflugzeug, ließ schon viele Konstruktionsmerkmale für die Jagdmaschine Me 109 erkennen.

Eine Vorkriegsaufnahme von Willy Messerschmitt, dem Schöpfer der Me 109, dem berühmtesten und erfolgreichsten Jagdflugzeug aller Zeiten.

Diese Me 109V-4, vierter Prototyp, wurde erstmals mit einem MG ausgerüstet, das durch die Propellernabe schoß. Interessant, daß das Flugzeug nicht militärische, sondern zivile Zulassungskennzeichen trug.

Ernst Udet läßt sich von Willy Messerschmitt während der Erprobungsphase der Me 109 technische Einzelheiten vortragen.

flugzeug. In den Nachkriegsjahren machten sich die Harth-Messerschmitt Konstruktionen in Segelfliegerkreisen einen Namen, weil damit Höhen- und Dauerflugrekorde aufgestellt wurden. An der TH München studierte Willy Messerschmitt Ingenieurwissenschaften. Noch während des Studiums trennte er sich von Harth und gründete seine eigene Firma: Messerschmitt-Flugzeugbau in Bamberg. 1923 schloß er das Studium als Diplomingenieur ab. Als einzigem Studenten wurde ihm im Rahmen seiner Dissertationsarbeit erlaubt, ein Segelflugzeug zu bauen.

Der Messerschmitt-Flugzeugbau konzentrierte sich zunächst auf den Bau von Leichtflugzeugen mit Motoren geringer Leistung, bis dann der Auftrag zum Bau eines kleinen wirtschaftlichen Verkehrsflugzeuges einging. Der Erfolg mit dem Verkehrsflugzeug M 18 gab Messerschmitt die Möglichkeit, seine Firma in eine GmbH umzuwandeln. Er suchte bei der Bayerischen Staatsregierung um entsprechende Förderungen nach, es waren jedoch keinerlei Finanzmittel verfügbar. Statt dessen schlug man Messerschmitt vor, sich mit den finanziell dahinsiechenden Bayerischen Flugzeug-Werken zusammenzutun, und zwar unter ungewöhnlichen Bedingungen: Die BFW durften nur Konstruktionen von Messerschmitt bauen, während er selbst in erster Linie seine Konstruktionen für die BFW zu entwerfen hatte. 1931 gingen die BFW in Konkurs, und Messerschmitt übernahm die Firma.

Zwei Jahre später stiegen die BFW wie Phoenix aus der Asche auf und wurden in BFW GmbH umbenannt. Willy

Die Leistungen der Messerschmitt-Maschinen beherrschten das Internationale Flugmeeting in Zürich. Die Me 109B-2, hier zwei Maschinen des JG 2, gewannen den Alpenrundflug im Verbandsflug und den internationalen Alpenrundflug. Die Me 109V-13, hier auf dem Abstellplatz in Zürich, gewann den Steig- und Sturzflugwettbewerb und stellte später einen Geschwindigkeitsweltrekord für Landflugzeuge auf.

169

Messerschmitt wurde Technischer Direktor der Bayerischen Flugzeug AG. Das Nazi-Regime machte Messerschmitt Vorwürfe, weil er einen Auftrag zur Lieferung von M 36, einem Verkehrsflugzeug, aus Rumänien angenommen hatte, wo Deutschland doch dringend auf die Mitarbeit aller Flugzeughersteller angewiesen war. Als Messerschmitt darauf hinwies, er brauche diese Aufträge, um nicht in Konkurs zu gehen, erhielt er vom RLM (Reichsluftfahrtministe-

rium) die Einladung, sich an der Ausschreibung eines Entwurfswettbewerbs für ein einmotoriges Jagdflugzeug zu beteiligen. Da Messerschmitt mit dem Entwurf und Bau von Militärflugzeugen über keinerlei Erfahrung verfügte und so bekannte Firmen wie Heinkel, Arado und Focke-Wulf sich auch an der Ausschreibung beteiligen wollten, rechnete man Messerschmitt keinerlei Chancen aus.

Ein Glück war es für Willy Messerschmitt, daß er gerade

Die Me 109C hatte unter dem Motor einen kombinierten Kühlstoff-/ Ölkühler, während bei der D-Variante die Kühlstoffkühler unter den Tragflächen lagen. Die Me 109C hatte einen 640 PS-Jumo und 4 oder 5 MG. Die D-Variante (unteres Bild) wurde von einem 960 PS-DB 600 A angetrieben und mit drei MG ausgerüstet. Aus diesen Maschinen wurde die Me 109E entwickelt.

170

dabei war, die Me 108 ›Taifun‹ zu entwickeln, ein schnittiger, viersitziger Kabinen-Tiefdecker. Das Flugzeug war seiner Zeit voraus und war außer seiner Ganzmetallbauweise mit Einziehfahrwerk, Vorflügeln und Landeklappen ausgestattet. Auf diesen Konstruktionserfahrungen baute Messerschmitt sein Konzept für die Beteiligung an der Ausschreibung für das neue Jagdflugzeug auf. Unter Mithilfe des erfahrenen Walter Rethel begann die Arbeit mit dem Ziel, eine Flugzeugzelle für den stärksten verfügbaren Motor zu schaffen.

Während der Entwicklungsphase ergaben sich ein paar grundlegende Konstruktionsmerkmale: Eignung für eine wirtschaftliche Massenfertigung; geschmiedete Motorträger, die einen schnellen Motorwechsel erlaubten; einfachste Bauweise, so daß auch ungelernte Arbeiter eingesetzt werden konnten; einholmiger Flügelaufbau und Messerschmittsche Schalenbauweise; Anbringung des Fahrwerks an der Rumpfstruktur, damit die Tragflächen so leicht wie möglich gehalten werden konnten (das bedeutete ein Fahrwerk mit geringer Spurweite, was später zu Unfällen bei Start und Landung führte); beschußsicherer Kraftstofftank hinter dem Rücken des Piloten; robustes, seitwärts klappbares Kabinendach statt eines nach hinten schiebbaren, was den Bau vereinfachte, Schutz bei Überschlägen und weniger Anlaß zum Klemmen aufgrund von Zellenverformungen gab; automatisch ausfahrende Vorflügel (Typ Handley-Page), die bei etwa 150 km/h ausfuhren und die Langsamflugeigenschaften verbesserten; hoher Anstellwinkel am Boden als Sicherheitsmaßnahme für zu starkes Bremsen beim Rollen; Sitzanordnung des Piloten derart, daß die Beine ziemlich flach zu liegen kamen, wodurch sich bei scharfen Kurvenflügen eine bessere Widerstandsfähigkeit gegen hohe Beschleunigungskräfte ergab.

Im Frühjahr 1935 machte der Prototyp Me 109 V1 den Jungfernflug. Da der vorgesehene Junkers-Motor Jumo 210 noch nicht einsatzreif war, hatte man einen Rolls-Royce-Motor »Kestrel V« mit 695 PS eingebaut. Das Fluggewicht lag bei etwa 1900 kg und die Höchstgeschwindigkeit bei 470 km/h. Im folgenden Monat stellten die vier an der Ausschreibung beteiligten Firmen ihre Flugzeuge in Travemünde vor. Die Prototypen von Arado und Focke-Wulf schieden sofort aus. Das Arado-Muster hatte kein einziehbares Fahrwerk und Focke-Wulf stellte einen altertümlich wirkenden abgestrebten Hochdecker vor. Obwohl man geneigt war, die Heinkel He 112 auszuwählen, nahm man davon Abstand, weil die aufwendige Bauweise Produktionsprobleme erwarten ließ. Das RLM gab jeweils zehn Muster bei Heinkel und Messerschmitt in Auftrag. Nach weiterer Erprobung erhielt Heinkel einen beschränkten Fertigungsauftrag, während Messerschmitts Modell als für die Massenfertigung geeigneter Standardjäger der Luftwaffe den Zuschlag erhielt!

Willy Messerschmitt pflegte eine Freundschaft mit dem luftfahrtbegeisterten Rudolf Heß, dem Stellvertreter des »Führers«. Heß hatte 1934 in einer Messerschmitt M 34 den Zugspitzflug gewonnen, so daß er von Messerschmitt und seinen Konstruktionen sehr beeindruckt war. Bei Berlin führte Heß die Me 108 B ›Taifun‹ in einem Kunstflugprogramm vor. Das brachte Messerschmitt vom RLM einen Auftrag über die Lieferung von 35 Me 108 B ein, die als Schul- und Verbindungsflugzeuge der Luftwaffe Verwendung fanden.

Im Januar 1936 flog das zweite Versuchsmuster Me 109 V2, ausgerüstet mit einem Junkers 610 PS-Motor Jumo 210 A. Ein halbes Jahr später war die Me 109 V3 fertig. So fortschrittlich die Flugzeuge nach ihrer Form und Auslegung auch waren, in der Bewaffnung waren sie veraltet, ausgerüstet mit zwei über der Motorhaube eingebauten MG kleinen Kalibers. Nachdem das RLM erfahren hatte, daß die RAF ihre neuen Typen ›Hurricane‹ und ›Spitfire‹ mit vier bis sechs MG ausrüsten würden, wurde die technische Anforderung auf mindestens drei MG erweitert. Die Me 109 V4 hatte ein MG zusätzlich, das im Motorraum eingebaut war und durch die Propellernabe schoß. Während der Erprobung versuchte man auch den Einsatz einer 2 cm-Kanone anstelle des MG zu verwenden. Aufgrund der starken Vibrationen stellte man diese Erprobung ein. Im Dezember 1937 wurde die Me 109 V4 nach Spanien gebracht und an Hannes Trautloft zur Truppenerprobung übergeben. Auch die V5 und V6 gingen nach Spanien. Die achte Prototypmaschine Me 109 V8 hatte nun vier MG, zwei auf der Motorhaube, die durch den Propellerkreis schossen, und zwei in den Tragflächen. Die Me 109 V9 hatte in den Tragflächen schon zwei MG FF, 2 cm-Bordkanonen. Die zweiblättrige Luftschraube war aus Holz gefertigt (Schwarz-Propeller). Die Motorenleistung konnte etwas gesteigert werden, so daß an die Massenfertigung herangegangen werden konnte.

Die BFW-Augsburg konnten die ersten Serienmodelle Me 109 B-1 bis zum Frühjahr 1937 an die Luftwaffe ausliefern. Das JG ›Richthofen‹ Nr. 2, in Döberitz bei Berlin gelegen, erhielt als erstes Geschwader die Me 109.

Mit einem Junkers 680 PS-Motor Jumo 210 D ausgerüstet, hatte die Me 109 B-1 ein Fluggewicht von 2200 kg und erreichte in 2700 m Höhe eine Höchstgeschwindigkeit von 460 km/h. Die Reichweite betrug 460 km und die Dienstgipfelhöhe 9000 m. Der zweiblättrige Holzpropeller wurde beibehalten, nur die Bewaffnung bestand wie bei der V4 jetzt wieder aus drei MG 17 (7,92 mm). Die Me 109 B-2 war insofern eine Verbesserung, als sie mit der zweiblättrigen Ganzmetall-VDM-Verstellluftschraube ausgerüstet war (Lizenz von Hamilton-Standard).

Die Weltöffentlichkeit staunte, als die Me 109 im Sommer 1937 beim Internationalen Flugmeeting in Zürich vorgestellt wurde. Nachdem einige Leistungsdaten bekannt geworden waren, zogen einige Wettbewerber, so auch England, ihre Teilnahmemeldung zurück. Deutschland konnte unter Beweis stellen, daß es das beste Jagdflugzeug besaß, das bereits in Serienfertigung stand. Folgende Wettbewerbe wurden gewonnen.

1. Geschwindigkeitskonkurrenz über eine Rundstrecke. Dipl. Ing. Franke gewann am Steuer einer Me 109 B-2 mit einer Durchschnittsgeschwindigkeit von 410 km/h.

2. Alpenrundflug für Militärflugzeuge der Kategorie C (Dreierpatrouille Staffelwettbewerb). Die Staffel Restemeier (Hptm. Restemeier, Lt. Schleiff und Lt. Trautloft) flog die Strecke von 370 km in 58 Minuten und 53 Sekunden.

3. Alpenrundflug für Militärflugzeuge der Kategorie A (Einzelwettbewerb). Major Hans Seidemann flog die Strecke von 370 km in 56 Minuten und 47 Sekunden, wobei noch eine Zwischenlandung zu machen war.

4. Die Steig- und Sturzflugkonkurrenz gewann Dipl. Ing. Franke in der Me 109 V13, die mit einem Daimler-Benz 600-Motor bestückt war. Die Steigzeit von 300 m auf 3000 m Höhe und die Sturzflugzeit auf die Ausgangshöhe betrug insgesamt 2 Minuten und 5 Sekunden.

Als ob ihm die hervorragenden Ergebnisse von Zürich nicht reichten, bereitete sich Willy Messerschmitt intensiv darauf vor, den Geschwindigkeits-Weltrekord für Landflugzeuge zu erringen! Mit der Me 109 V13, die schon in Zürich erfolgreich war, hatte er ein Flugzeug, in das eine Sonderfertigung des DB 601 eingebaut wurde. Dieser Motor leistete für ein paar Minuten 1650 PS. Am 11. November 1937 flog Dr. Ing. Hermann Wurster in einem geschlossenen 100-km-Kurs den neuen Weltrekord von 611 km/h!

1938 zweifelte niemand mehr daran, daß Willy Messerschmitt einer der fähigsten deutschen Flugzeugkonstrukteure war. Mit Erlaubnis der Reichsregierung wurden die Bayerischen-Flugzeug-Werke in Messerschmitt AG umbenannt. Messerschmitt wurde Generaldirektor und Vorsitzender des Aufsichtsrates. Die gesamte deutsche Flugzeugindustrie befand sich im Zuge einer Umorganisation. Zahlreiche Firmen wurden mit der Produktion der Me 109 beauftragt, um genügend hohe Fertigungszahlen zu erreichen. Wie man noch sehen sollte, hatte man sich ziemlich verschätzt, was das Ausstoßvermögen dieser Werke betraf. Zu den Produktionsstätten gehörten: Arado in Brandenburg, Warnemünde und Anklam; Erla-Maschinenwerke in Leipzig; AGO in Oschersleben; Fieseler in Kassel und die Wiener-Neustädter Flugzeugwerke in Wiener Neustadt. Werke der Messerschmitt AG befanden sich in Augsburg-Haunstetten, Regensburg-Prüfening und Regensburg-Obertraubling. Von den 1540 Me 109, die 1939 an die Luftwaffe abgeliefert wurden, stammten nur 150 aus Werken der Messerschmitt AG!

Die Me 109 C und D unterschieden sich von den Vorgängermustern hauptsächlich in der Bewaffnung und in der Motorleistung. Aber erst mit der Me 109 E, genannt ›Emil‹, gelang eine zukunftsweisende Konstruktion, die sich im Zweiten Weltkrieg ganz besonders bewährte.

Ende 1938 entwickelt, wurde die Me 109 E erstmals im Polenfeldzug eingesetzt. Die ›Emil‹ war die erste Me 109, die nach der Entscheidung des RLM, sich auf einen einzigen Standard-Jäger zu verlassen, in die Großserie ging. Damit wurden die JG 1, JG 2, JG 3, JG 26, JG 51, JG 52, JG 53 ausgerüstet. Ungefähr 15 Maschinen gingen im Frühjahr 1939 nach Spanien. Diese Variante hatte einen 12 Zylinder hängenden V-Motor DB 601 A, wassergekühlt, mit 1100 PS, der eine dreiblättrige VDM-Metallverstellluftschraube trieb. Dieses leistungsstarke Triebwerk hatte Kraftstoffeinspritzung und einen verbesserten Lader. Am meisten wurde die Variante Me 109 E-3 gebaut, die im Herbst 1939 bei der Truppe eingeführt wurde. Ihr Fluggewicht betrug 2500 kg, die Höchstgeschwindigkeit 570 km/h in 5000 m Höhe. Sie hatte eine Reichweite von 560 km und eine Dienstgipfelhöhe von 11000 m. Die Bewaffnung bestand aus zwei MG 17 (7,92 mm) in den Tragflächen, zwei MG in der Motorhaube und eine 2 cm-Kanone, durch die Propellernabe schießend. Die Motorkanone, die immer noch Vibrationen verursachte, wurde selten genutzt. Der in einem beschußsicheren Tank mitgeführte Kraftstoff (380 l) erwies sich während der Luftschlacht um England als unzureichend. Ein weiteres Problem machten die in den Tragflächen liegenden MG, die häufig nach Abgabe weniger Schuß Munition versagten. Untersuchungen ergaben, daß Feuchtigkeit in den Lagern in großer Höhe gefror, wodurch die beweglichen Teile blockiert wurden. Aus diesem Grunde mußte eine Heizung für die Flächen-MG entwickelt werden.

1940 wurden mehr als 1860 Me 109 E-3 ausgeliefert. Zahlreiche wurden auch exportiert: Jugoslawien erhielt 73 geliefert, die Slowakei 16, Bulgarien 19, die Schweiz 80, Ungarn 40 und – erstaunlicherweise – Rußland 5. Zwei Maschinen wurden nach Japan verkauft, wo die Kawasaki-Flugzeugwerke eine Lizenzfertigung vorhatten, die sie dann später aber nicht realisierten. Grund für die Lieferungen an Freund und Feind war einzig und allein Deutschlands starkes Bedürfnis, an Devisen heranzukommen.

Während die Me 109 E-3 über England im Einsatz kämpfte, arbeitete man in Augsburg bereits an einer anderen Variante, der Me 109 E-4, die schon bald an die Truppe ausgeliefert werden konnte. Sie unterschied sich gegenüber der E-3 durch verbesserten Panzerschutz, bessere Sichtverhältnisse für den Piloten und bessere Bewaffnung. Die Motor-Kanone wurde entfernt, die Flächen-MG durch MG FF, 2 cm-Kanonen mit je 60 Schuß Munition, ersetzt. Die über dem Motor befindlichen Rumpf-MG mit je 1000 Schuß wurden beibehalten. Das Triebwerk war ein etwas stärkerer DB 601 Aa, der 1150 PS bei 2400 Umdrehungen pro Minute leistete. Das Flugzeug wog etwa 135 kg weniger, und verbunden mit der höheren Motorleistung, stieg die Höchstgeschwindigkeit der E-4 auf 575 km/h in 3750 m Höhe an. Reichweite und Dienstgipfelhöhe entspra-

Die Me 109E (»Emil«) setzte deutliche Zeichen in der Entwicklungsreihe zukünftiger Me 109. Viele Maschinen wurden in die Schweiz und nach Jugoslawien exportiert. Da das Fahrwerk am Rumpf angeschlagen war, ergab sich zwangsläufig eine enge Spurweite.

173

Ein Blick in die Fertigungshallen der Messerschmitt-Werke bei Augsburg, wo die Me 109E-3 gebaut wurde. Man sieht den Einbau einer Tragfläche, eines MG und von Bordinstrumenten.

chen den Werten der E-3.

Die Messerschmitt-Konstruktion zeichnete die Ganzmetallbauweise aus, nur die Querruder, Höhen- und Seitenruder waren stoffbespannt. Der Rumpf bestand aus zwei Schalen, links und rechts, die längsseitig verbunden waren. Die mit Flachnieten ausgeführte Schalenbauweise in Metall fing die Biege- und Kraftmomente auf. Die Tragflächen waren nach dem Prinzip des Messerschmittschen freitragenden Metall-Einholmflügels konstruiert. Die Tragflächen wurden an einem Beschlag des vorderen Rumpfteils angebracht, so daß der Einholmflügel mit der Torsionsnase die Luftkräfte über diese verdrehfeste Röhre ableiten konnte. Die gesamte Flügehinterkante wurde für die Anbringung der Querruder und Landeklappen genutzt. Das Einbeinfahrwerk wurde mittels Hydraulikzylindern ein- und ausgefahren; für die Notbetätigung stand eine Handkurbel zur Verfügung. Da das Hydrauliksystem keine Sperrverriegelung hatte, kam es bei Treffern in das System dazu, daß das Fahrwerk herausfiel, wodurch sich während eines Luftkampfes höchst kritische Situationen ergaben, weil die Geschwindigkeit abfiel und die Steuerbarkeit beeinträchtigt wurde. Im Fahrwerkschacht hatten Warte Zugangsmöglichkeit zum Innern der Tragfläche, wenn sie die Reißverschlüsse der ledernen Innenverkleidung öffneten. Das Höhenleitwerk saß am Seitenleitwerk und war durch Verstrebungen abgestützt.

Viele Me 109 E-4 wurden von der Truppe mit Hilfe von sogenannten Rüstsätzen für den Jabo-Einsatz um- und ausgerüstet.

Varianten der E-5 und E-6 wurden zu Aufklärern umgerüstet, indem die Tragflächenbewaffnung ausgebaut und hinter dem Führersitz eine Luftbildkamera eingebaut wurde. Die E-7 unterschied sich gegenüber der E-4 hauptsächlich dadurch, daß sie mit einem abwerfbaren 300-Liter-Zusatztank versehen war. Sie wurde im Balkanfeldzug, in Griechenland und Nordafrika eingesetzt. In Nordafrika kam die Me 109 E-7/U-2 zum Einsatz, die eine Panzerung unter dem Motor und dem Kühler hatte, weil sie in erster Linie für Schlachtfliegereinsätze genutzt wurde.

Im allgemeinen war die Me 109 E-Variante allen Jägern ihrer Zeit oberhalb von 6000 m Höhe überlegen, sogar der vielgerühmten ›Spitfire‹. Obwohl die ›Spitfire‹ hinsichtlich Wendigkeit und kurzfristigem Steigvermögen knapp überlegen war, war die ›Emil‹ dem englischen Jäger bei längeren Steigflügen und in der Sturzgeschwindigkeit überlegen. Selten erwähnt bleibt der Vorteil der E-Variante, denn der

Motor war mit Einspritzpumpen ausgerüstet. Im Steig- oder Horizontalflug konnte der Flugzeugführer den Steuerknüppel abrupt nach vorne drücken, ohne daß dies die Motorleistung beeinflußte. Mit üblichem Vergaser ausgestattete Motoren, wie zum Beispiel der Rolls-Royce ›Merlin‹-Motor der ›Spitfire‹, ließen bei einem gleichartigen Manöver meistens in der Motorleistung kurzfristig nach, was schon ausreichte, ob man Sieger oder Besiegter in einem Luftkampf wurde. Von der Me 109 E-Variante wurden etwa 23 % der gesamten Me 109-Serien gebaut, das waren ungefähr 7600 Stück. Die Erfolge mit der Me 109 E spornten die Konstrukteure bei Messerschmitt an, eine bessere Version zu entwickeln, in die der leistungsfähigere, neue DB 601 E mit 1350 PS Startleistung eingebaut werden sollte. Diese Variante erhielt die Bezeichnung Me 109 F, oder ›Franz‹, wie sie in der Jagdwaffe genannt wurde.

Im Frühjahr 1940 wurde eine Me 109 E mit dem neuen Motor bestückt, ein größerer, der Motorhaube angepaßter stufenloser Propellerspinner eingebaut und die Motorhaube stromlinienförmig gestaltet. Die Ladeluft-Ansaughutze wurde verbessert, um weniger Luftwiderstand zu erzeugen. All das ergab aerodynamische Vorteile und verbesserte das gesamte Erscheinungsbild der Maschine. Die Kühler unter den Tragflächen erhielten geringere Querschnitte, was zur Minderung des Luftwiderstands beitrug, wie auch bei einigen Ausführungen das teilweise einziehbare Spornrad. Der Erstflug fand am 10. Juli 1940 statt. Wenngleich die Ergebnisse zufriedenstellend waren, gingen die Konstrukteure daran, den Tragflügel umzugestalten und mit vergrößerten Randkappen an den Flügelenden zu versehen, so daß der Tragflächenabschluß im Gegensatz zur E-Variante nun rund war. Damit wurden die nächsten Erprobungsmuster versehen; zugleich verzichtete man auf die Leitwerksstreben. Zu hitzigen Diskussion führte die Frage der Bewaffnung. Werner Mölders trat für eine leichte MG-Bewaffnung ein, womit das Fluggewicht geringer und die Maschine wendiger wurde, während Adolf Galland nichts von einer leichten Bewaffnung hielt, weil sie gegen gleichwertige Feindflugzeuge wirkungslos blieb. Er forderte die Ausrüstung der neuen Maschine mit Bordkanonen. Man einigte sich auf ein Motor-MG 151 mit dem Kaliber 15 mm, das durch die Propellernabe schoß, und zwei über dem Motor angebrachte MG 17 mit 7,9 mm, die motorsynchronisiert durch den Propellerkreis schossen. Es war ein Kompromiß, und dazu kein besonders guter, wenn man den damaligen Entwicklungsstand der Technik betrachtet. Walter Oesau

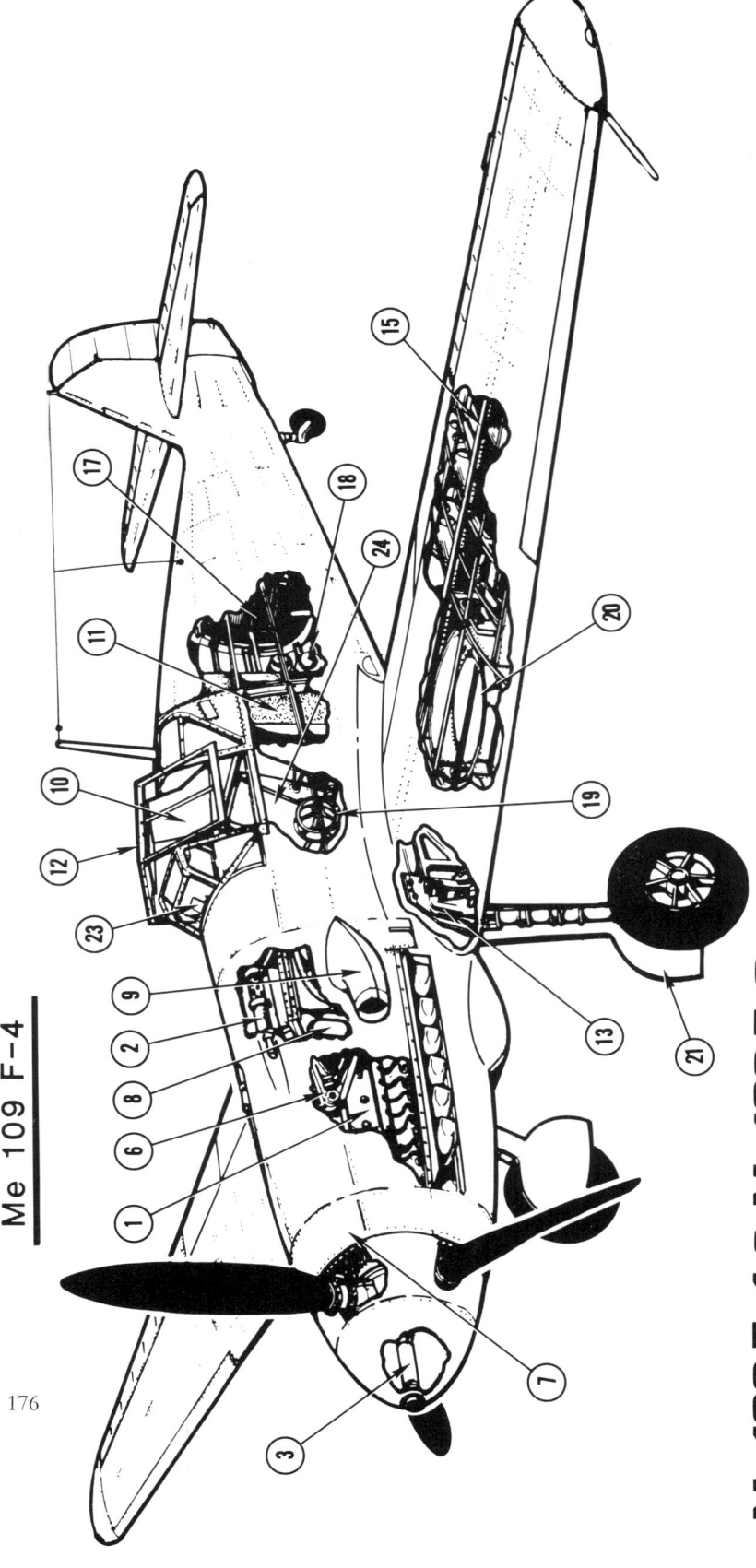

176

Me 109 F-4

Me 109 F-4 & Me 109 E-3:

(1) 12-Zylinder-Motor Daimler-Benz (in hängender V-Anordnung); (2) 7,9 mm-MG; (3) 15 mm-Bordkanone; (4) 2 cm-Bordkanone; (5) 7,9 mm-MG; (6) Motorträger; (7) Öltank; (8) MG-Magazin; (9) Höhenlader-Ansaughutze; (10) Rückenpanzerung; (11) beschußsicherer Tank; (12) Kabinen-dach; (13) Fahrwerksbeschlag; (14) Einziehmechanismus mit Schneckenradantrieb; (15) Hauptholm; (16) Tragflächenbeschlag; (17) Funkgeräte-satz; (18) Sauerstoffflaschen; (19) Handrad für Notbetätigung des Fahrwerks; (20) Fahrwerkschacht; (21) Fahrwerkverkleidung; (22) Gewichts-ausgleich für Querruder; (23) Reflexvisier; (24) Führersitz.

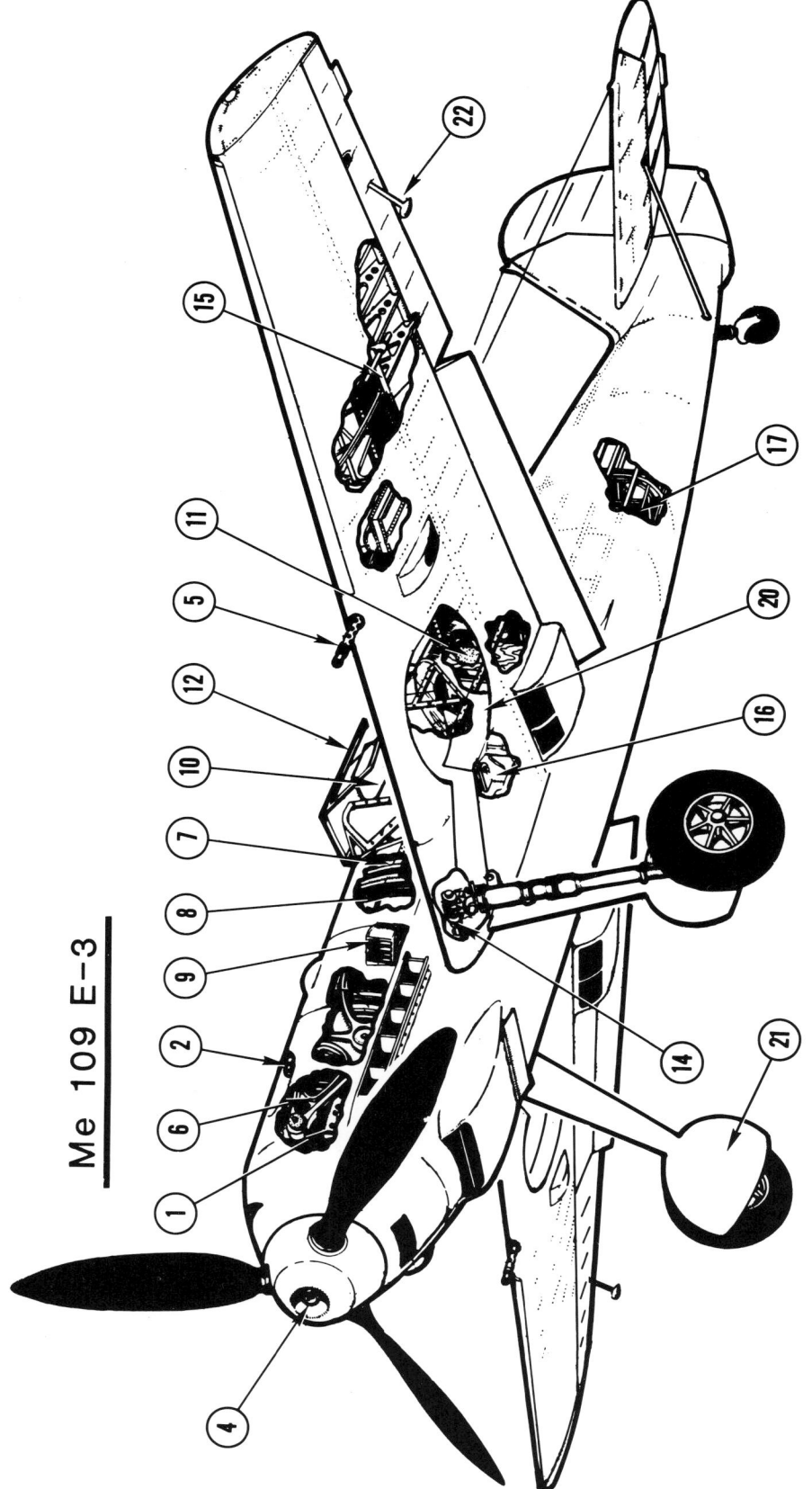

Me 109 E-3

177

hielt überhaupt nichts von dieser Bewaffnung, während andere Experten sie für ausreichend hielten. In der Tat nutzten viele Jagdflieger lieber die schnellfeuernde Bordkanone MG 151, aber selten nur die über dem Motor liegenden zwei Rumpf-MG.

Anfang 1941 wurden die ersten Me 109 F-1 an die Jagdwaffe ausgeliefert. Einige Wochen nach Einführung bei der Truppe kam es zu unerklärlichen Unfällen, weil der Flugzeugschwanz abbrach. Untersuchungen ergaben, daß es bei bestimmten Motordrehzahlen zu Resonanzschwingungen kam, die zum Bruch der Bolzen zwischen Heck- und Rumpfteil führten, woraufhin die Nieten der Flugzeugbeplankung platzten. Das nicht mehr abgestrebte Leitwerk wurde umkonstruiert und somit die Fehlerquelle behoben. Auch kam es zu Tragflächenbrüchen, wie es beim letzten Flug von Balthasar der Fall war. In diesem Falle wurde die Beplankung der Rumpfunterseite verstärkt, um Verwerfungen des Blechs bei hohen Belastungen im Fluge auszuschalten.

Die Me 109 F gab es in sechs Varianten, F-1 bis F-6. Die F-3 des Jahres 1942 wurde von einem DB 601 E angetrieben, der der Maschine in 6000 m Höhe eine Höchstgeschwindigkeit von 635 km/h verlieh. Die Dienstgipfelhöhe betrug 12 100 m und die Reichweite 650 km. Die Marschgeschwindigkeit von 500 km/h wurde in 5000 m Höhe gehalten. Das Rüstgewicht betrug 2000 kg, das Fluggewicht 2750 kg. An Munition führte das Flugzeug 200 Schuß Kanonenmunition und je 500 Schuß MG-Munition mit. Die ›Franz‹ war unter den Experten sehr beliebt, worunter insbesondere Hans-Joachim Marseille zu nennen ist. An allen Fronten erzielten die Jagdflieger mit der Me 109 F außerordentliche Erfolge. Sie flogen dieses vollkommen ausgereifte Jagdflugzeug mit Begeisterung.

Die Me 109 F war ein schönes Flugzeug, der gelungenste Konstruktionsentwurf in der Entwicklung der Me 109 und auch der letzte reinrassige Jäger in dieser Serie. Auf diesen schönen und wendigsten aller Messerschmittjäger entfielen 2300 Stück, oder nur 7 %, der Gesamtproduktion aller Me 109-Typen. Das lag vor allem daran, weil immer wieder Diskussionen über die Bewaffnung und das Leistungsvermögen entbrannten. Die Forderung nach besserer, schwerer Bewaffnung wurde durch einen Rüstsatz für 15 mm-Bordkanonen MG 151 befriedigt, der in Flügelgondeln untergebracht wurde. Das ergab natürlich eine Verbesserung gegenüber der Wirkung gegen Bomber, schränkte aber andererseits den Spielraum hinsichtlich Geschwindigkeit und

Wendigkeit ein, die im Einsatz Jäger gegen Jäger so dringend erforderlich waren. Von nun an wurden alle weiteren Varianten vollgepackt mit stärkeren und besseren Bewaffnungen, die man brauchte, um gegen die gut bewaffneten ›Fortress‹ und ›Liberator‹ bestehen zu können.

Ende 1942 war die Me 109 F kaum noch am Himmel über Europa und Nordafrika im Einsatz. Als Ersatz dafür kam die Me 109 G (wie ›Gustav‹), die insbesondere für die Bomberbekämpfung ausgelegt worden war. Entwickelt entsprechend der Forderungen nach mehr Bewaffnung, Panzerung und Leistung, war die Me 109 G nicht mehr das Jagdflugzeug par excellence. Mit der Verstärkung der Bewaffnung änderte sich das stromlinienförmige Gesicht der Me 109, wie man es noch von der Me 109 F kannte. Ausbeulungen und Ausbuchtungen am Rumpf trugen nicht gerade zu mehr Wendigkeit bei. Aber der Luftwaffe blieb nichts anderes übrig, als mit neuen Varianten der Me 109 fortzufahren, denn der Entwurf eines völlig neuen Jagdflugzeuges hätte über ein Jahr Entwicklungszeit bedeutet. Ferner erfüllte die Focke-Wulf Fw 190 nicht die erhofften Erwartungen, besonders im Höheneinsatzspektrum, so daß damit erhebliche Erprobungen und Weiterentwicklungen vorgenommen werden mußten. Von der ›Gustav‹ wurden am meisten aller Me 109-Varianten gefertigt, fast 70 % der Gesamtproduktion, entsprechend etwa 23 000 Maschinen.

Die Entwicklung der Me 109 G fand im Winter 1941/42 statt. Die ersten Muster unterschieden sich zur Me 109 F nur durch eine stärkere Motorleistung. Durch stärkere Höhenlader, höhere Verdichtung, Nutzung von 96-Oktan-Kraftstoff und Kraftstoffadditiven konnte der DB 605 A auf eine Leistung von 1475 PS gebracht werden. Dank der Zusatzkraftstoffanlage GM-1, durch die Stickoxydul (Sauerstoffträger; d. Ü.) eingespritzt wurde, konnte die Motorleistung in großer Höhe wesentlich gesteigert werden. Der Einbau einer Druckkabine oder die Umstellungsmöglichkeit auf einen druckdichten Führerraum machten Verstärkungen des Führerraums und der Kanzelverkleidung erforderlich. Die ersten Me 109 G wurden im Mai 1942 an die 11./JG 2 ausgeliefert, die als Höhenjäger-Verband gegen amerikanische Bomberverbände eingesetzt wurde.

Am meisten kam die Me 109 G-6 zum Einsatz. Sie war am besten bewaffnet: Eine 2 cm-Bordkanone MG 151 mit 150 Schuß Munition, durch die Propellernabe schießend; zwei 13 mm-MG 131 mit je 300 Schuß Munition, über der Motorhaube liegend und durch den Propellerkreis schießend; je ein MG 151, eine 2 cm-Kanone mit je 120

Die Me 109F war die schönste und wendigste aller Me 109-Varianten – unten eine Maschine vom JG 27, darüber eine vom JG 26. Die schnittige Formgebung ist auf beiden Bildern ersichtlich.

Schuß, in Flügelgondeln untergebracht. Einige G-6 Varianten hatten eine 3 cm-MK 108 als Motorkanone, und die Me 109G-6/U4 hatte diese Kanone in Flügelgondeln anstelle der 2 cm-Kanonen. Die größerkalibrigen MG paßten nicht mehr unter die Motorhaube, so daß eine Ausbeulung erforderlich war, um das MG und die Munitionszuführung unterzubringen. Diese Ausbeulungen und Ausbuchtungen waren typisch für die ›Gustav‹. Sie trugen dem Flugzeug bei der Truppe den Spitznamen ›Beule‹ ein. Die schwere Bewaffnung erwies sich gegen Bomber als sehr wirkungsvoll. Jedoch das zusätzliche Gewicht und der höhere Luftwiderstand schränkten das Leistungsvermögen der

Me 109 G im Luftkampf gegen Jäger doch sehr ein. Obwohl die Kanonen in den Flügelgondeln zur Standardausrüstung der Me 109 G-6 gehörten, wurden sie bei der Truppe meist ausgebaut. Man hatte festgestellt, daß Kanonenrohr und Gondelverkleidung etwa 32 km/h Geschwindigkeit kosteten und die je 68 kg Gewicht unter den Tragflächen die Wendigkeit erheblich reduzierten. Ferner trugen die Gondelverkleidungen dazu bei, daß die G-6 oberhalb der Marschfluggeschwindigkeit zu unruhigem Flugverhalten neigte. Man ersetzte gelegentlich die Gondelbewaffnung durch Raketenwerferrohre. Die WGr. 21 (cm; d. Ü.), auch abfällig ›Dödel‹ genannt, wurden gegen Bomber oder Erdziele eingesetzt. Besonders die JG 3, 11 und 26 setzten diese Werfergranaten ein.

Ein abwerfbarer Zusatzkraftstoffbehälter mit 300 l Fassungsvermögen konnte für Langstreckeneinsätze unter dem Rumpf mitgeführt werden.

Die Jabo-Variante Me 109 G-6/R1 war mit einem Bombenträger für 250 und 500 kg-Bomben ausgerüstet.

Um kriegswichtige Rohstoffe einzusparen, ging man daran, das Heckleitwerk in Holzkonstruktion auszuführen, das erstaunlicherweise schwerer ausfiel als die Duralbauweise, so daß aus Schwerpunktsgründen in der Flugzeugnase ein Ausgleichsgewicht angebracht werden mußte! Das ohnehin schon schwache Schmalspurfahrwerk hatte mit dem Fluggewicht von etwa 3400 kg rechte Mühen, und es kam häufig zu Landeunfällen mit der ›Gustav‹. Nach der Truppeneinführung traten unerklärliche Ölkühlerbrände auf. Es sei daran erinnert, daß auch Hans-Joachim Marseille im September 1942 aufgrund eines Ölkühlerbrandes seine Maschine verlassen mußte und dabei den Tod fand. Kurz nach dessen Tod meldeten das JG 1 und andere Verbände zahlreiche Ölkühlerbrände.

Der 12-Zylinder-Motor und in hängender V-Form an-

Willy Messerschmitt legte besonderen Wert auf einfache Wartungsverfahren, aber auch auf die Fertigung beschleunigende Verfahren. Bei der Me 109 E bestand die Motorverkleidung aus drei abnehmbaren Abdeckblechen, während die F- und G-Varianten schon drei klappbare Abdeckbleche hatten. Auf dem Bild unten rechts sind die Motoraufhängung und der Höhenlader zu erkennen.

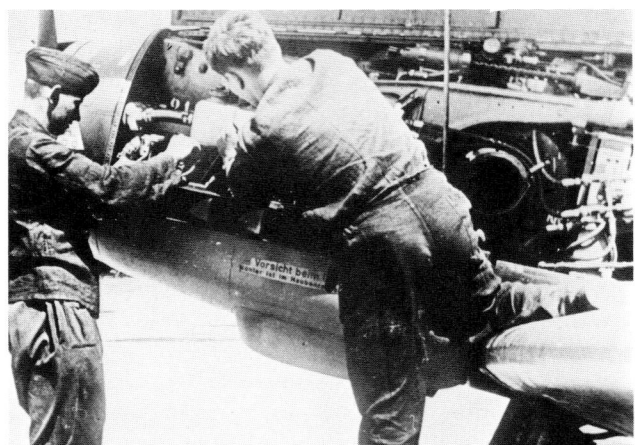

Die hier abgebildete Me 109G-6 gehörte zur III./JG 3 »Udet«. Man beachte die Verkleidung der Maschinenkanone unter der Tragfläche und das aufgemalte Auge auf der »Beule« am vorderen Rumpf über der Lufthutze des Höhenladers. Die Kanzel der Me 109G war sehr übersichtlich gestaltet.

geordnete, wassergekühlte DB 604 A-1 leistete 1475 PS und gab der Me 109G-6 in 7000 m Höhe eine Höchstgeschwindigkeit von 620 km/h, in Seehöhe von 540 km/h. In 5800 m Höhe betrug die Reichweite 720 km bei einer Fluggeschwindigkeit von 530 km/h, beziehungsweise 1000 km bei 420 km/h. Die Steigzeit der G-6 auf 5800 m Höhe betrug sechs Minuten. Die Dienstgipfelhöhe war 12 100 m.

Einige der Me 109G-6 hatten anstelle der GM-1-Einspritzung das MW 50, das ein Wasser-Methanol-Gemisch zur Leistungssteigerung nutzte. Damit konnte die Motorleistung kurzfristig auf 1800 PS gebracht werden, sofern 100 Oktan-Kraftstoff getankt war. Bei dieser Leistung hatten die Zündkerzen eine Lebensdauer von nur 15–20 Stunden! Im Jahre 1942 konnte der Motor DB 605 bis zur Inspektion 100 Stunden laufen. Als sich im Kriege die Lage in den Betrieben verschlechterte, wurde die Betriebszeit bis zur Grundüberholung auf 200 Stunden verlängert. Und schließlich betrugen die Betriebszeiten der Motoren 300 bis 350 Stunden bis zur Grundüberholung. Das führte zu vielen Unfällen, weil die Zuverlässigkeit der Motoren nachließ. Um diesen Problemen zu begegnen, wurde 1945 be-

fohlen, den Motor nach jeweils 20 Betriebsstunden zu wechseln. Manchmal mußte schon nach 5 Betriebsstunden der Motor gewechselt werden! Die Wurzel des Übels lag in mangelnder Pflege und Wartung begründet, aber auch in der Tatsache, daß der Motor aus seinem Grundkonzept heraus einfach überzüchtet worden war. Es darf hierbei nicht unerwähnt bleiben, daß sich natürlich die Fertigungskriterien und die Qualität der Materialien verschlechtert hatten und der allzu häufige Einsatz der Notleistung (MW 50) die Probleme mit dem Motor noch verschärften.

Als letztes Muster in der Produktionsserie von Messerschmitt wurde im Herbst 1944 die Me 109K herausgebracht. Der DB 605D-Motor leistete 1800 PS, mit MW-50-Einspritzung sogar 2000 PS kurzfristig. Damit erreichte die Me 109K-4 erstaunliche 725 km/h! Die aerodynamischen Verhältnisse und die Sicht des Piloten wurden durch die sogenannte Vollsichthaube (›Galland-Haube‹) erheblich verbessert. Die K-Variante hatte ein voll einziehbares Spornrad und ein höheres, schlankeres Seitenleitwerk.

Die Bewaffnung der Me 109K-4 bestand aus zwei MG 151 (15 mm) auf der Motorhaube und einer 3 cm-

Die Me 109G-16 (oben) war Entwicklungsstufe zur Me 109K-4, die Ende 1944 nur noch an wenige Jagdstaffeln ausgeliefert wurde. Beide Varianten unterschieden sich leistungsmäßig kaum voneinander.

Bordkanone MK 108, die durch die Propellernabe schoß. Diese in Rumpfmitte angeordnete Bewaffnung erwies sich sowohl gegen Bomber als auch gegen Jäger als sehr wirkungsvoll. Die Höchstgeschwindigkeit in 6000 m Höhe betrug 725 km/h, in Seehöhe 605 km/h. In drei Minuten stieg die K-4 auf 5000 m und in sechs Minuten auf 10000 m Höhe. Die Dienstgipfelhöhe betrug 12000 m Höhe, die Reichweite 700 km und die Flugzeit 50 Minuten, bei einem Fluggewicht von etwa 3400 kg.

Wenn die Me 109K-4 von einem erfahrenen Piloten geflogen wurde, war sie sogar gegenüber der berüchtigten ›Mustang‹ ein ebenbürtiger Gegner. Der größte Nachteil lag in der geringen Flugzeit, die Piloten zwang, Luftkämpfe abzubrechen, um zum Nachtanken zwischenzulanden.

Gegen Bomber war die K-4 eine sehr gute Waffe, hingegen weniger gut im Luftkampf gegen amerikanische Begleitjäger. Nachdem erst zwei bis drei Jagdgeschwader mit der Me 109K ausgerüstet worden waren, war der Krieg zu Ende.

Die meisten Jagdflieger zogen die Me 109 allen anderen Typen vor, selbst als diese Maschine bis an die Grenze ihrer Weiterentwicklung gelangt war. Alle sind sich darin einig, daß die Me 109F – die ›Franz‹ – mit Abstand die beste Variante war, wenngleich die ›Gustav‹ besser bewaffnet und die K-Variante schneller war. Barkhorn, der gegen Ende des Krieges einen mit Fw 190D ausgerüsteten Verband führte, zog es vor, seinen Verband mit seiner Me 109G ins Gefecht zu führen! Zu den löblichsten Eigenschaften der

Der 1. Wart hilft hier seinem Flugzeugführer beim Rollen, indem er Handzeichen gibt. Beim Rollen war die Sicht nach vorn durch den bulligen Motor eingeschränkt.

Me 109 zählte zweifellos ihr gutes Flugverhalten in allen Höhen- und Geschwindigkeitsbereichen. Sie war ein sehr stabiles Flugzeug und daher auch eine hervorragende Waffenplattform.

Wie flog sich nun die Me 109? Gerhard Barkhorn und andere Jagdflieger, die den Krieg überlebten und die Me 109 G-6 geflogen haben, wurden befragt und stimmten der nachfolgenden Beschreibung zu:

Der erste Eindruck, wenn man sich dem Flugzeug am Boden nähert, ist, als ob man es mit einer sehr kleinen Maschine zu tun hat. Sie steht mit einem hohen Anstellwinkel auf der Piste, die Nase so steil in den Himmel gerichtet wie eine Rakete, die abschußbereit ist. In den Führerraum muß man von links einsteigen, weil rechts das Kabinendach angeschlagen ist. Wenn man von hinten die linke Tragfläche betritt, muß man vorsichtig bis in Höhe der Windschutzscheibe vorgehen, die dort angebrachten Handgriffe erfassen und das rechte Bein in die Kanzel bringen. Bringt man

dann seinen Körper über den Sitz, muß man sich vorsichtig unter dem Kabinendach mit der Panzerplatte wegducken. Läßt man sich dann in den Sitz gleiten, stellt man fest, daß der Führerraum alles andere als geräumig ist, aber durchaus bequem und den Einsatzbedingungen gemäß.

Die Beine liegen fast horizontal, wenn sie an die Ruderpedale reichen, in denen die Füße guten Halt haben. Die Frontscheibe scheint recht klein und der sie einfassende kräftige Metallrahmen stört etwas. Genau vor der Frontscheibe erstreckt sich die lange Motorhaube, die den direkten Blick nach vorne und unten unmöglich macht, genauso stören die Sicht die zwei Ausbeulungen seitlich der Haube. Das Instrumentenbrett bietet nichts Außergewöhnliches. Die ersten Muster hatten keinen Funkkompaß, künstlichen Horizont und keine MW-50-Anlage. Eine Ladedruckanzeige hatte die Me 109 nicht. Bedienschalter für die Propellerverstellung und die Mw-50-Anlage befinden sich am Instrumentenbrett, während der Gashebel und der Gemisch-

Auf diesem Bild mit einer ungarischen Me 109G sieht man deutlich die Panzerung im Kabinendach, ferner ist die Anlasserhandkurbel, am Vorderrumpf angesetzt, zu sehen.

183

»Die Flugzeugnase nicht an den Boden herandrükken und weich aufsetzen, denn das Fahrwerk hält bekannterweise nicht viel aus«. Diese Bilder vermitteln unmißverständlich, was passierte, wenn Me 109-Piloten sich nicht an diesen Ratschlag hielten oder ihn vergessen hatten.

regler links an der Seite gut erreichbar angeordnet sind.

Sobald man fertig ist, schließt der 1. Wart das Kabinendach und verriegelt es, was für den Piloten etwas schwierig ist. Sodann werden Zündung und die Magnete eingeschaltet, die Propellerverstellung auf große Steigung und das Gemisch auf »reich« gestellt. Dem 1. Wart wird ein Zeichen gegeben, zur Seite zu treten, und dann wird der Anlasser betätigt. Der Daimler-Benz-Motor springt ohne Schwierigkeiten an (in der bittersten Kälte des russischen Winters wurde der Motor an der Ostfront vorgeheizt und mit dem Kaltstartverfahren gestartet). Nach ein oder zwei Umdrehungen beginnt der Propeller zu drehen, schwarzer Auspuffqualm spuckt aus den kurzen Auspuffstutzen. Falls die Batterie zu schwach für das Durchdrehen des Anlassers wäre, müßte der 1. Wart an der rechten Seite des Motors die Handkurbel des Schwungkraftanlassers drehen. Sobald die

Schwungmasse entsprechende Touren hat, kann ein neuer Startversuch gemacht werden.

Der Gashebel darf nur langsam bewegt werden, denn der Motor hat eine Menge Pferdestärken. Anders als bei amerikanischen Flugzeugen, wird in der Me 109 der Gashebel zum Beschleunigen nach hinten gezogen und zum Gaswegnehmen nach vorne geschoben. Beim Rollen am Boden muß man vorsichtig mit den Bremsen umgehen, schnelles Rollen ist nicht gefährlich. Wegen der engen Spurweite des Fahrwerks darf man keine abrupten Richtungsänderungen vornehmen, da sonst die Maschine zum ›Ringelpietz‹ neigt. Beim Rollen zur 600-m-Gras-Startbahn überträgt sich jede Bodenwelle über das steife Fahrwerk auf den Piloten, was tatsächlich gelegentlich zu Zähneklappern führt. Nach einer kurzen Überprüfung der Instrumente werden die Landeklappen auf Startstellung gebracht und das Höhenruder für den Start getrimmt. Dafür gibt es auf der linken Seite des Führersitzes Handräder. Beim Start stehen die Klappen auf 20°-Stellung. Wenn man zum Start Gas gibt, ist die Beschleunigung ehrfurchtgebietend, man wird in den Sitz gepreßt. Bewußt und gefühlvoll muß man rechtes Seitenruder geben, um die ›Gustav‹ beim Startlauf in der Richtung zu halten. Leichter Druck am Steuerknüppel läßt das Spornrad vom Boden abheben, wodurch die Motorhaube in die Horizontale kommt und man endlich nach vorne sehen kann! Bis etwa 185 km/h muß man die Maschine am Boden halten, sie wird dann fast von alleine abheben. Beim Einfahren des Fahrwerks und der Startklappen ist bereits das Steigvermögen beeindruckend. Ganz leicht läßt sich die Maschine steuern, und der Motor spricht unverzüglich auf jede Änderung am Leistungshebel an. Mit 250 km/h am Stau steigt die Maschine mit etwa 15 m/s.

In 6000 m Höhe geht man in den Horizontalflug über und überprüft kurz das Flugverhalten, vor allem das Abreißen der Strömung. Man reduziert die Motorleistung und nimmt den Steuerknüppel zurück, bis etwa 210 km/h erreicht sind, dann fahren die automatischen Vorflügel aus, und der Steuerknüppel schlägt seitwärts aus. Bei 185 km/h am Stau beginnt die Maschine zu schütteln, wobei die linke Fläche nach links abkippen will, was mit Gegenruder und Querruder ausgeglichen werden kann. Die Vorflügel verhindern ein totales Abreißen der Strömung vorerst. Aber bei 185 km/h wird das Schütteln so stark, daß man es nicht mehr aussteuern kann. Dann heißt es nur noch Gas geben. Trotz außerordentlich guter Stabilität um die Längsachse und einer äußerst geringen Neigung zum Trudeln, sollte man im Geschwindigkeitsgrenzbereich dieser niedrigen Fahrt nicht zu schnell Gas geben. Hält man sich nicht daran, so wird die linke Fläche trotz Seitenruder- und Querruderausschlag abkippen und die Maschine in eine Rolle nach links ziehen. Die ›Gustav‹ verhält sich nicht so eiskalt wie eine Maschine, sondern sie ist ein Flugzeug, das gleichsam spürt, was man mit ihm vorhat. Nimmt man im Marschflug die Flugzeugnase etwas nach unten, so erreicht man in weniger als zehn Sekunden 700 km/h am Stau! Gerissene Rollen, plötzliche Sturzflüge oder steile Steigflüge bedeuten der kräftigen Me 109 keine Probleme, denn sie hält alles aus, was ihr Flugzeugführer aushalten kann! Die Steuerung erscheint etwas härter zu sein als in anderen Jagdflugzeugen, aber die Maschine spricht sauber auf Steuerdrücke an, und man hat ein gutes und sicheres Gefühl bei der Bedienung der Seitenruderpedale und des Steuerknüppels. Beim

Ausfliegen der Geschwindigkeit stellen wir fest, daß der Kraftstoffverbrauch weit höher liegt, als es die Flughandbücher angeben. Vor allem beim Einsatz der Notleistung des MW-50 steigt der Verbrauch von der normalen Marschflugleistung von 320 l/h auf 650 l/h. Bei einem derartigen Verbrauch reichten die 400 Liter Kraftstoffvorrat nicht allzu lange. Das Flugzeug hat keine Tücken und läßt sich angenehm fliegen, nur bei der Landung muß man äußerst vorsichtig sein (etwa 5 % der gesamten Me 109-Produktion ging bei Landeunfällen zu Bruch).

Beim Anflug zur Landung auf einer Graspiste kann man bei 290 km/h das Fahrwerk und die Landeklappen voll ausfahren (40°-Stellung). Danach muß entsprechend nachgetrimmt werden. Der Anflug erfolgt mit 250 km/h, der Endanflug mit 225 km/h. Wenn die Fahrt bis auf 190 km/h abgefallen ist, muß die Nase hochgenommen und Gas gegeben werden. Sobald man sich etwa 160 km/h nähert, muß man höllisch aufpassen, da in diesem Geschwindigkeitsbereich die linke Fläche recht schwer wird, um anzuzeigen, daß man in Schwierigkeiten geraten kann. Wenn die Fahrt zu schnell nachläßt, kann man nicht einfach kurz Gas geben, denn ein plötzlicher Leistungsschub würde die linke Fläche

Nach seiner Entnazifizierung entwickelte Willy Messerschmitt das Kleinmobil F.M.R. »Tiger«, auch als Messerschmitt-Kabinenroller bekannt. Der in einem Stahlrohrrahmen befestigte 500 ccm-Motor beschleunigte das kleine Fahrzeug auf 125 km/h.

1945 wurde in Spanien die Me 109G unter der Bezeichnung Hispano Aviacion HA 1109 nachgebaut.

Nach dem Kriege baute die Tschechoslowakei die Me 109 unter der Bezeichnung Avia C 210 mit einem 1340 PS-Jumo 211 F weiter. Besonders auffällig ist der dreiblättrige mächtige Propeller. Im Mai 1948 wurden 25 Maschinen an Israel verkauft. Die Israelis kämpften damit gegen ägyptische *Spitfire!*

Finnland wurden beim Friedensvertrag nur 60 Jagdflugzeuge zugestanden. Die Finnen wählten ihre zuverlässigen »Mersu« – Me 109G, die bis 1955 im Dienst finnischer Luftstreitkräfte standen.

186

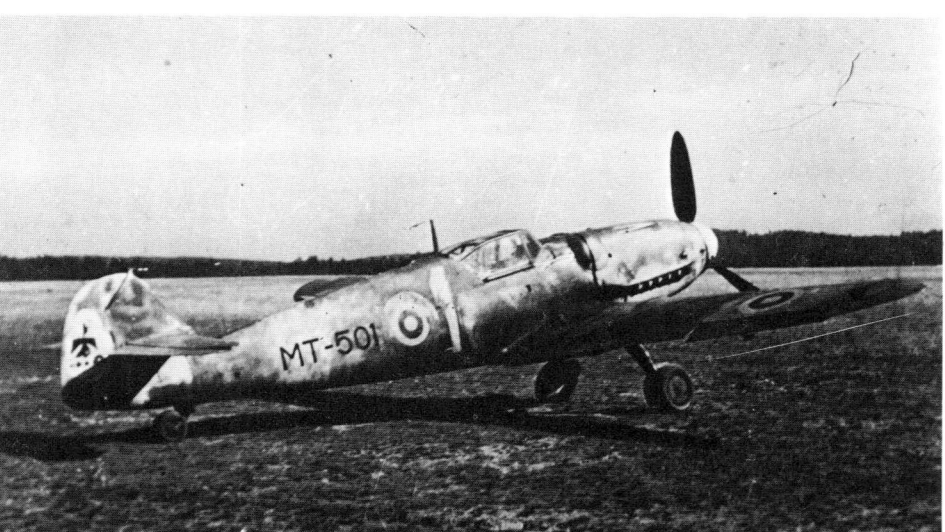

noch weiter abkippen lassen. Mit Schleppgas anfliegend, wird sich die Maschine bei 135 km/h sauber aufsetzen lassen. Nach der Dreipunktlandung auf dem Boden rollend, ist man nach vorne wieder gleichsam blind. Man rollt zum Abstellplatz zurück und schaltet die Zündung aus. Nun ein kurzes Warten auf den 1. Wart, der das Kabinendach öffnet und aus dem Fallschirm und den Gurten hilft. Wenn man den Führersitz verläßt, auf den Boden springt und davongeht, kommt einem alles so nebensächlich und irdisch vor im Vergleich zum Fliegen in einem so hervorragenden Flugzeug!

1945 wurde Willy Messerschmitt von den Alliierten festgesetzt, weil er im Dritten Reich an verantwortlicher Stelle tätig war. Er kam in ein Internierungslager, und drei Jahre später wurde er vor einem Entnazifizierungsausschuß in Augsburg der Kriegsverbrechen bezichtigt. Professor Willy Messerschmitt wurde aber für unschuldig befunden und als zurückhaltender Nutznießer des Regimes freigesprochen. Nachdem die Flugzeugproduktion von den Alliierten verboten worden war, ging Messerschmitt daran, sein Augsburger Werk aufzuräumen und Nähmaschinen, Fertighäuser und -bauteile sowie Kleinwagen, beispielsweise den Kabinenroller, zu bauen.

Dem Ruf, 1952 nach Spanien zu kommen, um an der Lösung eines Konstruktionsproblems im Flugzeugbau mitzuwirken, konnte Messerschmitt natürlich nicht widerstehen, zumal er ein passionierter Flugzeugbauer war. Dort entwickelte er mit den Spaniern Schulflugzeuge, aber auch einen Überschalljäger für Ägypten.

Nachdem Deutschland wieder Flugzeuge bauen durfte, kehrte Willy Messerschmitt 1963 nach Deutschland zurück und begründete die Messerschmitt AG, um sich zunächst dem Bau von Verkehrsflugzeugen zu widmen. 1968 fusionierte Messerschmitt mit Bölkow, um auf dem europäischen Markt konkurrenzfähig zu werden. Im Jahr darauf schloß sich die Hamburger Flugzeugbau GmbH an, so daß die Messerschmitt-Bölkow-Blohm GmbH zum größten deutschen Luft- und Raumfahrtunternehmen gewachsen war. Die Firma produziert Kampfflugzeuge, Transport- und Verkehrsflugzeuge, arbeitete als Subunternehmer, fertigt Hubschrauber, Satelliten, Straßen- und Schienenfahrzeuge, Verkehrssysteme und Tiefseeausrüstung.

Willy Messerschmitt war auch als Berater für die Hispano Aviacion tätig und lebte in Estepona bei Malaga/Spanien. Am 15. September 1978 starb Willy Messerschmitt nach einer schweren Operation im Alter von 80 Jahren in München. Seine Witwe Lilly ist eine geborene von Michel-Raulino.

Varianten der Me 109 wurden noch lange nach dem Kriege in der Tschechoslowakei und in Spanien gebaut. Die Jagdwaffe hatte schon lange aufgehört zu existieren, dennoch gab es noch Me 109 im Einsatz bei Luftstreitkräften: Rumänien, Ungarn, Finnland, Spanien, Israel, Tschechoslowakei, Schweiz.

Nach dem Sieg im Spanischen Bürgerkrieg hatten Francos Luftstreitkräfte 60 Me 109 im Bestand behalten. 1942 wurden zehn Flugzeugzellen der Me 109F von Deutschland erworben, um in Spanien eine Lizenzfertigung aufzunehmen, die von Hispano Aviacion SA durchgeführt wurde. Statt des Daimler-Benz-Motors erhielt der Prototyp den 1300 PS starken Hispano HS-12−Z−89, womit am 2. März 1945 der Erstflug stattfand. Bei der Erprobung mußten Änderungen am Höhenleitwerkträger vorgenommen und der Hamilton-Propeller gegen einen Escher-Wyss-Propeller ausgetauscht werden. Das erste Serienmuster wurde im Januar 1946 unter der Bezeichnung Hispano HA-1109−J1L an die spanischen Luftstreitkräfte ausgeliefert. Die Maschine befriedigte jedoch nicht, so daß man unmittelbar mit dem Bau einer besseren Maschine begann, die im Mai 1951 unter der Bezeichnung HA-1109−K1L die Erprobung aufnahm. In den Konstruktionsmaßen entsprach sie der Me 109G und leistete 650 km/h Höchstgeschwindigkeit bei einem Fluggewicht von 3500 kg. Die Reichweite betrug 600 km. Sie war mit zwei Hispano 2 cm-Bordkanonen ausgerüstet.

Im Sommer 1953 wurden Versuche mit dem Einbau eines Rolls-Royce ›Merlin‹ mit 1400 PS unternommen. Da diese Erprobungen erfolgreich verliefen, entschloß man sich zu einer Serienfertigung mit diesem englischen Motor. Das Flugzeug erhielt die Bezeichnung HA-1112−M1L und war ausgerüstet mit einem vierblättrigen Propeller, zwei Hispano 2 cm-Bordkanonen in den Tragflächen und Oerlikon-Raketenwerfern unter den Flächen. Bei einem Fluggewicht von knapp 3200 kg betrug die Höchstgeschwindigkeit 665 km/h und die Reichweite 750 km. Die Maschinen standen bis in die 70er Jahre im Dienst und wurden häufig in Kriegsfilmen zur Darstellung von Me 109 der ehemaligen Jagdwaffe verwendet.

1944 erhielten die Avia-Flugzeugwerke bei Prag vom RLM den Auftrag, die Fertigung der Me 109G-14 einzuleiten. Die Auslieferung begann im Frühjahr 1945, als der Krieg kurz vor dem Ende stand. Mit den verfügbaren Fertigungsanlagen begannen die Avia-Werke in Cakovice die Produktion für die tschechoslowakischen Luftstreitkräfte. Die Werksbezeichnung lautete C 10, die militärische Bezeichnung S-99. Die Fertigung mußte eingestellt werden, als die 22 Daimler-Benz-Motoren ausgegangen waren. Es blieb nur die Alternative, die Maschinen auf das Junkers Triebwerk Jumo 211F mit 1350 PS umzurüsten. Dieser Motor hatte einen breiten, großen Propeller, dessen Drehmoment die Maschine beim Start heftig ›schwänzeln‹ ließ. Dieses Baumuster erhielt die Avia-Bezeichnung C.210 und bei den Luftstreitkräften S-199. Bei einem Fluggewicht von 3500 kg erreichte sie eine Höchstgeschwindigkeit von 550 km/h und eine Reichweite von 400 km. Vor dem kommunistischen Umsturz wurden nur einige wenige S-199 an die tschechoslowakischen Luftstreitkräfte ausgeliefert, die sich alsbald russischen Leitlinien unterordnen mußten und Düsenjäger vom Typ MiG-15 erhielten.

Als am 14. Mai 1948 der erste israelisch-arabische Konflikt ausbrach, war Israel dringend auf der Suche nach Jagdflugzeugen. Mit der Tschechoslowakei wurde man handelseinig, 25 Avia-C.210 zum Stückpreis von 150000 US-$ zu erwerben. Am 20. Mai wurden die Maschinen übergeben, und im Juni war der Verband einsatzbereit. Die ägyptischen Luftstreitkräfte hatten einige ›Spitfire‹ im Bestand, und hier trafen die beiden alten Gegner im Luftkampf aufeinander. Hier wiederholte sich das Rollenspiel, das vor 18 Jahren begonnen hatte. Die Nachfolgemuster der Me 109 wurden von den israelischen Luftstreitkräften bis 1949 geflogen.

Finnland waren nach den Bedingungen des Friedensvertrages nur 60 Jagdflugzeuge zugestanden worden. Dort wählte man die Me 109G und verschrottete alle anderen Muster. Bis 1955 wurde die Me 109G bei den finnischen Luftstreitkräften geflogen.

Ungarn und Rumänien flogen die Me 109G bis Mitte der 50er Jahre, als sie von russischen Düsenflugzeugen abgelöst wurden.

Trotz der Tatsache, daß von der Me 109 mehr Maschinen produziert wurden als von jedem anderen Jagdflugzeug der Luftfahrtgeschichte, gibt es heute nur noch 13 in Deutschland gebaute Flugzeuge. Keine ist mehr flugfähig, vielleicht davon ausgenommen die Me 109G-2 in Wattisham/England, der aber das britische Luftfahrtministerium die Flugerlaubnis versagt. Die 13 letzten Muster der Me 109 sind über den ganzen Globus verteilt. Für wen sich irgendwo und irgendwann einmal die Gelegenheit ergibt, lohnt es sich ganz bestimmt, sich eines der letzten Exponate des berühmtesten Jagdflugzeuges aller Zeiten anzusehen. Folgende Ausstellungsorte sind zur Zeit bekannt:

Me 109G	National Air and Space Museum Smithsonian Institution Washington, D.C. U.S.A.
Me 109G	John W. Caler (Privatbesitz) 7506 Clybourn Sun Valley, California U.S.A.
Me 109G-10/U4 Werke Nr. G11943	Air Museum Claremont, California U.S.A.
Me 109E-4 Werke Nr. 4101	Royal Air Force Museum Henlow bei Royston
Kennung + 12	Central Fighter Establishment – Duxford, England
Me 109E-3 Werke Nr. 1190	P.G. Foote (Privatbesitz) Bournemouth, England
Me 109G-2 Werke Nr. 10639	Royal Air Force Wattisham, England
Me 109E-1 Werke Nr. 750 Kennung AJ + YH	Deutsches Museum München
Me 109G-6 Werke Nr. 165227 Kennung MT 452	Finnische Luftstreitkräfte Rissala, Finnland
Me 109G-6 Kennung MT 507	Finnische Luftstreitkräfte Rissala, Finnland
Me 109G-6 Werke Nr. 163824	Sidney Marshall (Privatbesitz) Bakstown Airport Sydney, Australia

Me 109 G	Militär-Museum	Me 109 F	South African
	Belgrad, Jugoslawien		War Museum
			Johannesburg,
Me 109 E-3	Verkehrshaus der Schweiz		Südafrika
Werke Nr. 2422	Luzern		

Teil IV
Zusammenfassung

ABRISS ÜBER DIE
ROLLE DER JAGDWAFFE

Das Schicksal der Jagdwaffe, die zahlenmäßig weit unterlegen dem Gegner bis zum Schluß dennoch erhebliche Verluste beibringen konnte, ist in der Kriegsgeschichte höchstens mit dem Schicksal von Leonidas und seinen 300 Spartanern bei den Thermopylen vergleichbar, der Zehntausende von Persern aufhielt, bis er mit seinen Mannen schließlich einer überwältigenden Übermacht weichen mußte und vernichtet wurde. Die Soldaten der Jagdwaffe waren zwar machtlos, die politische Lage, die ihr Land in den Ruin führte, zu verändern, sie waren aber willens, die militärische Tragödie, die über ihr Vaterland hereinbrach, abzuwehren oder zumindestens abzuschwächen. Die Jagdflieger kämpften fünfeinhalb Jahre lang an drei Fronten gegen enorme Feindkräfte. In diesem Kampf erlebten sie den absoluten Höhepunkt, aber auch den Tiefpunkt in ihrem militärischen Leben.

Nachdem sich England und Frankreich mit Deutschland im Kriegszustand befanden, übten beide kriegführenden Parteien äußerste Zurückhaltung im Luftkriegsgeschehen. Weder englische noch deutsche Luftstreitkräfte bombardierten Feindesland. Deutschland, das vorerst keine Front im Westen hatte, hoffte, England zu Friedensverhandlungen bewegen zu können. Auf der anderen Seite hielten die Engländer ihre RAF noch nicht für gerüstet genug, um eine Luftoffensive beginnen zu können. So beschränkten sich beide Seiten darauf, mehr oder weniger erfolgreich die Schiffahrt zu bekämpfen. Am 18. Dezember 1939 kam es über der Deutschen Bucht zum ersten größeren Luftgefecht, als englische Bomber ohne Jagdbegleitschutz von Me 109 eine herbe Niederlage einstecken mußten. Die Engländer haben aus dieser schweren Lektion gelernt: Nur mit Jagdschutz werden Bomberverbände ihren Auftrag erfüllen können, und ohne Jagdschutz wird der Gegner in der Luft immer Sieger bleiben. Das Oberkommando der Luftwaffe hat aus der Erfahrung keine Lehren gezogen und sah keine Veranlassung, die Jägerproduktion zu steigern.

Der Blitzsieg über Frankreich war mit der Jagdwaffe zu verdanken, die nicht nur Stukas und Kampfgeschwadern Begleitschutz gab, sondern auch französische und englische Flugplätze der Expeditionsstreitkräfte bekämpfte. Ohne die Luftwaffe hätten die Panzerverbände nicht vorstoßen können. Sie räumte ihnen den Weg frei durch Zerschlagung feindlicher Depots und Nachschubzentren, Panzer und Verkehrs- und Verbindungswege, aber auch durch die Sicherung der langen, offenen Flanken. Obwohl die Jagdwaffe die Armeé de l'Air verhältnismäßig leicht schlagen konnte, brauchte sie dringend eine Ruhepause und Zeit für Umgruppierungen. Für den Angriff auf England mußte eine entsprechende Bodenorganisation geschaffen werden.

Die im Frankreichfeldzug erlittenen Verluste waren noch nicht ausgeglichen, da erhielt die Jagdwaffe Befehl, nur wenige Wochen nach dem Fall Frankreichs den Kampf gegen das englische Fighter Command aufzunehmen. In der Luftwaffenführung wurde um diese Zeit immer noch darum gerungen, ob man nun dem Jäger oder dem Sturzbomber den Vorzug geben sollte. Die meisten hatten sich auf die Seite der Befürworter des sturzfähigen Bombers geschlagen, dabei vergessend, wie schwach und unfähig diese Waffe ohne Jagdbegleitschutz sein würde. Nur die Verbandsführer im Felde hatten erkannt, daß die Jagdwaffe mehr Flugzeuge und gut ausgebildetes fliegendes Personal benötigte, wollte man den Luftkrieg erfolgreich zu Ende führen.

Zu Beginn der Luftschlacht um England verfügte die Jagdwaffe über etwa 800 einsatzbereite Flugzeuge erster Linie, was ungefähr der Stärke der RAF entsprach. Für die doppelte Aufgabe, englische Jäger im Luftkampf zu stellen und gleichzeitig Begleitschutz für Kampfflieger- und Stuka-

Diese Polikarpow I-15 *Chato* trägt bereits die nach dem Spanischen Bürgerkrieg üblichen Flugzeugmarkierungen. Auf diese Maschinen trafen die Me 109 zuerst im Luftkampf.

Die Experten sind sich darüber einig, daß die Polikarpow I-16 *Rata* oder *Moska* am schwierigsten von allen russischen Maschinen abzuschießen war, weil sie so langsam fliegen und äußerst eng kurven konnte.

verbände zu fliegen, reichte die Stärke der Jagdwaffe überhaupt nicht aus. Für die geringe Reichweite der Me 109 lag London an der äußersten Wirkungsgrenze. Da Deutschland keine viermotorigen, schweren Bomber besaß, konnten die nördlich von London liegenden Flugzeugwerke und Plätze der 12. Group des RAF Fighter Command bei Tage nicht angegriffen werden. Dadurch konnte die englische Jagdwaffe ihre Kräfte einteilen und immer wieder auffüllen, während die deutsche Jagdwaffe kaum nachkam, ihre Verluste auszugleichen.

Die freie Jagd war genau die richtige Taktik in dem Bemühen, die Kräfte des Fighter Command aus der Reserve heraus in das Luftgefecht zu locken. Das waren für die deutschen, angriffsfreudigen Jagdflieger die beliebtesten Einsätze. Auf anderen Kriegsschauplätzen bewährte sich die Taktik der freien Jagd hingegen nicht, weil sie die Kräfte unnötig verzettelte und abnutzte.

Die Flugzeuge und ihre Leistungen beeinflußten natürlich die Einsatzverfahren der kriegführenden Parteien. Die Engländer zogen mit ihren ›Hurricane‹ und ›Spitfire‹ den Kurvenkampf (›Kurbelei‹) vor, weil die Maschinen den Vorteil einer geringen Flächenbelastung, eines engen Kurvenradius und einer besseren Wendigkeit hatten. Die Me 109-Piloten mußten blitzartig angreifen und sich aus dem Luftkampf lösen können, um die Vorteile ihrer Maschine hinsichtlich Steigvermögen, Sturzflugverhalten und

Die Morane-Saulnier M.S. 406 bildete das Rückgrat der französischen Luftwaffe im Zweiten Weltkrieg, reichte im Frankreichfeldzug aber leistungsmäßig nicht an die Me 109E heran.

Die amerikanische Curtiss *Hawk* 75 A leistete der französischen Armée de l'Air gute Dienste. Mit ihr erzielten die Franzosen im Zweiten Weltkrieg ihre ersten Luftsiege.

Geschwindigkeit nutzen zu können.

Bereits im Juli 1940 hatte sich Deutschland dazu entschlossen, die Sowjetunion anzugreifen. Die Vorbereitungen auf dieses Großunternehmen banden alle Kräfte, so daß die Luftschlacht um England, die gerade erst begonnen hatte, und noch ein Jahr lang halbherzig ausgefochten wurde, weniger Priorität erhielt! Zusätzlich zu den Schwie-

rigkeiten, die die Jagdwaffe im Kampf gegen das Fighter Command bewältigen mußte, beraubte man sie noch des erforderlichen Personal- und Materialersatzes. Man hatte inzwischen viel Einsatzerfahrung sammeln können, aber Göring verschloß sich allen dringenden Bitten seiner kampfverdrossenen Verbandsführer, doch mehr Jagdflugzeuge produzieren und mehr fliegendes Personal ausbilden

Das englische Jagdfliegeras der Luftschlacht um England, Robert Stanford Tuck, beim Start mit seinen *Hurricane*, um einen Angriff der Luftwaffe abzuwehren. Während der Luftschlacht schossen die *Hurricane*-Verbände mehr Flugzeuge der Luftwaffe ab als die gesamte Flak- und übrige Abwehr.

Zwischen der *Spitfire* und der Me 109 gab es keine wesentlichen Leistungsunterschiede. Oft entschied das Glück über einen Sieg in der Luft.

zu lassen. Dauernd wurden die Zielschwerpunkte gewechselt, wodurch der Kräfteansatz verzettelt wurde, statt ihn auf ein Schwerpunktziel hin zu konzentrieren. Was die Deutschen nicht wußten, das RAF Fighter Command war mehrmals nahe dran, sich geschlagen geben zu müssen. Weil es an Ausrüstung und Gerät mangelte und die Luftwaffenführung versagte, konnte die Jagdwaffe nie richtig nachsetzen, um die Entscheidung zu erzwingen. Auf dem Höhepunkt der Luftschlacht um England mußten viele Kräfte der Jagdwaffe abgezogen werden, um auf dem Balkan und in Griechenland einzugreifen, wo die Regia Aeronautica in höchster Bedrängnis war. Me 109 leisteten im Jabo-Einsatz Außerordentliches bei der Niederringung Jugoslawiens und der Vertreibung englischer Truppen aus Griechenland

und von Kreta. Hier kam es zur ersten Luft-Seeschlacht in der Geschichte, die mit einem überragenden Sieg der Luftwaffe endete, weil die englische Mittelmeerflotte gezwungen wurde, sich aus dem Seeraum zurückzuziehen. Obwohl die Luftschlacht um England noch tobte, verlegten erste Jagdverbände bereits nach Nordafrika. Nachdem im Frühjahr 1941 die Luftschlacht um England beendet war, verlegten die Masse der Jagdverbände nach dem Osten. Kaum hatte die Jagdwaffe ein wenig Ruhe zur Auffrischung und Umgliederung gefunden, mußte sie gegen das riesige Sowjetrußland kämpfen! Gleichzeitig verlegten einige Verbände nach Nordafrika, um Rommels Truppen auf ihrem Vorstoß nach Kairo zu helfen.

Die *Stormowik* (Il-2) war ein schwer gepanzertes russisches Schlachtflugzeug, das nur schwierig abzuschießen war.

193

Die amerikanische Curtiss P-40 *Kittyhawk* wurde von der RAF, den Commonwealth Streitkräften und dem US-Army Air Corps gegen die Me 109 über der Wüste Nordafrikas eingesetzt. Aufnahme einer amerikanischen P-40 auf dem Flugfeld La Senia. Auf dem kleinen Bild eine *Kittyhawk* der 112. (RAF) Staffel, rechts der namhafte englische Jagdflieger Clive »Killer« Caldwell, der sich in Nordafrika auszeichnete.

Aufgrund ihrer schlechten Leistungen in niedrigen Höhen erachteten die westlichen Alliierten die schlanke, schnittige Bell *Airacobra* als untauglich für den Einsatz. Die Russen hielten das Flugzeug für gut, und es bewährte sich an der Ostfront.

194

Die Jak-3 war der Me 109G bis in Höhen von 6000 m überlegen. Nach Ansicht deutscher Jagdflieger bereitete ihnen dieser russische Jäger am meisten Schwierigkeiten.

Die Lawotschkin La-7 konnte im Tiefflug derart eng kurven, daß verfolgende Me 109 abschmierten oder Bodenberührung bekamen.

Die amerikanische Lockheed P-38 *Lightning* war eine der ungewöhnlichsten Jagdeinsitzerkonstruktionen des Zweiten Weltkriegs. Die zwei Motoren dämpften die Wendigkeit gegenüber der Me 109.

Die Dewoitine D 520 war Frankreichs bestes Jagdflugzeug im Zweiten Weltkrieg. Aufgrund geringer Bestände konnten diese Jagdmaschinen nicht viel gegen die Luftwaffe ausrichten.

Die *Thunderbolt* war eine der wenigen Jagdmaschinen, die schneller als die Me 109 waren. Sie war das schwerste einmotorige Jagdflugzeug des Zweiten Weltkriegs.

Über 6500 m Höhe war die *Mustang* schneller und wendiger als die Me 109; unter 4500 m ging sie dieses Vorteils verlustig.

Die Luftwaffenverbände für Afrika wurden vor allem vom Balkan, aus Griechenland und Sizilien abgezogen. Der Luftkrieg über Nordafrika entwickelte sich zu einem Kampf Jäger gegen Jäger, weil die Jagdwaffe meist freie Jagd betrieb. Das war ein Fehler. Sie hätte genauso wie die Luftstreitkräfte des Commonwealth Fahrzeuge, Flugplätze und Truppenansammlungen angreifen sollen. Üblicherweise trafen die Schwärme der Jagdwaffe auf 30 bis 50 Flugzeuge der RAF, SAAF oder freifranzösischer Fliegerverbände, so daß sie mit ihrer Blitzattacke nur wenige abschießen konnten. Da die Alliierten zumeist im Tiefflug operierten, nutzten die deutschen Jagdflieger das Überraschungsmoment, aus der Überhöhung heraus anzugreifen, die hohe Sturzflug- und Steigfluggeschwindigkeit der Me 109 einsetzend. Nach einem Überraschungsangriff pflegten die alliierten Jagdverbände wild durcheinanderzufliegen, um dann in den Abwehrkreis zu gehen und sich Richtung Heimatplatz zu bewegen. Dann hing alles nur noch vom verfügbaren Kraftstoffvorrat und dem Angriffsgeist der Angreifer ab. Sehr häufig löste sich ein alliierter Flieger voller Panik aus dem Abwehrkreis, der dadurch seiner schützenden Zusammenhalt verlor, wodurch dann Verluste unvermeidbar waren.

Im Durchschnitt war der Ausbildungsstand der Jagdflieger, die in Nordafrika flogen, sehr gut, und vor allem auch die Kampfmoral. Zwei Schlachtrufe machten immer wieder die Runde: »Der Geist macht's«, und »Den Letzten beißen die Hunde«.

Im Rußlandfeldzug zwang die Jagdwaffe 1941 die sowjetischen Luftstreitkräfte in die Knie und bereitete so den Weg für die vorstoßenden Panzerkräfte. Da aber Verluste an Mensch und Material nicht in entsprechendem Maße ersetzt wurden, wurde die Jagdwaffe im Verlaufe des Feldzuges immer schwächer, während sich der Gegner immer mehr erholte und kräftemäßig stärker wurde!

Die ursprüngliche militärische Absicht, Rußland innerhalb von sechs Wochen besiegen zu wollen, schlug fehl. Wie es schon in der Luftschlacht um England der Fall gewesen war, kämpfte die Luftwaffe nicht im strategischen Sinne, so daß die Vernichtung der russischen Luftstreitkräfte alleine auf den Schultern der Jagdwaffe lastete. Wieder mußte die Jagdwaffe strategische und taktische Aufgaben erfüllen, und die Kampffliegerverbände unterstützten das Heer im Sinne einer verlängerten Artillerie! Das Oberkommando der Luftwaffe ließ die Jahre 1941 und 1942 verstreichen, ohne auch nur den geringsten Versuch zur Stärkung der

198

Die jüngeren und weniger erfahrenen Jagdflieger mochten die Focke-Wulf Fw 190 sehr gerne. Leider ließ das Leistungsvermögen oberhalb von 6500 m nach.

Nachdem er seinem Vaterland in zwei furchtbaren Weltkriegen gedient hatte, ging Theodor Osterkamp in einen aktiven Ruhestand. Hier ein Bild von ihm, das im Jahre 1967 an seinem 75. Geburtstag aufgenommen wurde.

Jagdwaffe zu unternehmen.

Trotz der hohen Stückzahlen, auf die die russischen Fliegerkräfte bis 1943 angewachsen waren, änderte sich bei der Jagdwaffe zahlenmäßig gar nichts. Dennoch gelang es ihr mit einem Flugzeugmuster, das längst seine übliche Lebensdauer erschöpft hatte, den Sowjets unerhörte Verluste zuzufügen. Durch alle diese taktischen Siege konnte die Jagdwaffe jedoch nicht verhindern, daß die Sowjets laufend ihre Flugzeugproduktionskapazitäten ausweiteten. Das bedeutete nichts anderes als eine Niederlage für die Jagdwaffe mit ihren 600 Flugzeugen, denen es an allen Enden an Ersatzteilen, Kraftstoff und Munition mangelte. Die Russen setzten derart große Verbände ein, daß der Angriff eines kümmerlichen Jagdschwarms die Russen gar nicht aus der Ruhe brachte, selbst wenn deutsche Jagdflieger durch den Her-

ausschuß einiger Flugzeuge Luftsiege errangen. Die Russen hatten so viele Flugzeuge und Piloten, daß es auf die paar Verluste überhaupt nicht ankam! Viel mehr als im Westen oder im Mittelmeerraum schmerzten diese Erfahrungen die Jagdwaffe an der Ostfront.

Während sich die Luftwaffe in der Bekämpfung des russischen Riesen festfuhr und abnutzte, bereiteten sich England und die Vereinigten Staaten fieberhaft auf die Bomberoffensive gegen Deutschland vor. 1943 begann die Bombardierung des Reichs. Wieder hatte das OKL falsche Vorstellungen entwickelt und sich darauf verlassen, mit einigen wenigen Jagdverbänden den Bombern Einhalt gebieten zu können. Man hatte sich keine Vorstellung davon machen können, daß alleine die Zahl der Bomber eines Tages den Himmel über Deutschland verdunkeln sollte. Hätte die Luftwaffenführung sofort und entschieden gehandelt, so wäre die Jagdwaffe in der Lage gewesen, die Bomberoffensive zu stoppen.

Der Sieg der Alliierten beruhte alleine auf der übermächtigen zahlenmäßigen Überlegenheit und der strategischen Bomberoffensive gegen die Treibstoffproduktion und die Verkehrswege. Im Schatten des Niederganges konnte sich die Jagdwaffe nur noch der Jahre erinnern, als sie darunter leiden mußte, nicht anerkannt und richtig bewertet worden zu sein, selbst wenn sie schon 1940 eine entscheidende Rolle im Kriege gespielt hatte. Es war völlig unerheblich, wie viele Feindflugzeuge sie abschoß, sie konnte nicht mehr gewinnen! Die Zahl der Experten, die mehr als 100 Luftsiege errang, ist zu groß, um sie alle auflisten zu können. Aber seit 1944 hatten die Alliierten Dutzende von Jagdfliegern, die jeden einzelnen dieser Experten hätte bekämpfen können! Nehmen wir einmal an, jeder der alliierten Jagdflieger hätte nur zwei oder drei Abschüsse erzielt, dann hätte die Jagdwaffe aufgehört zu existieren.

An allen Fronten wurde der Krieg nur mit zahlenmäßiger Überlegenheit gewonnen. Die Alliierten gewannen den Krieg mit ihrer alle Rahmen sprengenden Flugzeugproduktion und der unermeßlichen Zahl an ausgebildeten Piloten. Die kriegsgeschichtlich nachweisbaren Fakten beweisen das.

DAS GEHEIMNIS DES SIEGES: PRODUKTIONSZAHLEN UND AUSBILDUNG

Als die Nazis die Macht im Januar 1933 übernommen hatten, verfügten die sowjetischen Luftstreitkräfte über 1500 Flugzeuge, die nach den Produktionsplänen um jährlich 2000 Stück vermehrt werden sollten. Zu Beginn des Rußlandfeldzuges hatten die Sowjets 17000 Flugzeuge erster Linie, davon waren 5000 Jagdflugzeuge. Bis zum Herbst 1944 hatten fast 100000 Flugzeuge russische Flugzeugwerke verlassen! Hinzu kamen die Lieferungen aus Amerika mit 8800 und England mit etwa 6000 Flugzeugen, wovon insgesamt 4900 Jagdflugzeuge waren. Der Vergleich der deutschen und russischen Produktionszahlen über einen Dreijahreszeitraum ergibt folgende Übersicht:

1941 – Deutschland 12401/Rußland 15735
1942 – Deutschland 15409/Rußland 25436
1943 – Deutschland 24807/Rußland 35000

Daraus ist ersichtlich, daß sich der Produktionsvorsprung der Russen im Laufe des Krieges stetig vergrößerte.

Da sich dieses Buch den Jagdfliegern widmet, soll vor allem die Jagdflugzeugproduktion dargestellt werden. Die USA produzierten 101460 Jagdeinsitzer, wovon etwa ein Drittel im Pazifik zum Einsatz kam, so daß 67460 Flugzeuge gegen die Jagdwaffe kämpften. England baute 39310 Jagdeinsitzer, wovon etwa ein Fünftel im Pazifik kämpfte und die Masse von 31450 in Europa und Nordafrika gegen die Jagdwaffe zum Einsatz kam. Rußland fertigte 34000 Jagdeinsitzer und erhielt dazu noch 4900 von den USA und von England. Alle 38900 Jagdflugzeuge standen im Kampf gegen die Jagdwaffe. Deutschland produzierte insgesamt 50570 Jagdeinsitzer, davon 30570 Me 109 und 20000 Fw 190. Die deutschen Jagdflugzeuge waren auf ein Dutzend Länder in zwei Kontinenten verstreut. Hier eine zusammenfassende Übersicht:

Rußland	38900
USA	67460 (Europa)
England	31450 (Europa)
Alliierte insgesamt	137810
Deutschland	50570

Schätzungen gehen davon aus, daß die Rote Luftwaffe während des Krieges 140000 Flugzeuge ununterbrochen im Einsatz hatte.

Im Jahre 1941 fertigten russische Flugzeugwerke ungefähr 7500 Jagdflugzeuge, während es Deutschland nur auf 3744 brachte. Im Frühling 1942 hatte sich dieser Produktionswettlauf eindeutig zuungunsten der Jagdwaffe entwickelt, und diesen Nachteil konnte sie nie wieder wettmachen. Überraschend dürfte dieses Ergebnis für die Luftwaffe nicht gewesen sein, denn im Frühjahr 1941 konnte sie sich vor Ort aus erster Hand ein Bild von den russischen Produktionsmöglichkeiten machen. General Heinrich Aschenbrenner von der Deutschen Botschaft in Moskau ermöglichte es, daß eine Gruppe bekannter deutscher Ingenieure russische Flugzeugwerke besuchen durfte. Damals waren schon Planungen im Gange zum Überfall der Sowjetunion. So war dies eine hervorragende Gelegenheit zur Abschätzung der russischen Produktionskapazitäten im Flugzeugbau. Und wie man sehen konnte, waren diese enorm. Am Rande des Besuches fiel die warnende Bemerkung, daß Rußland jede Nation zerschlagen werde, die es wagte, die Sowjetunion anzugreifen! Man schlug die Warnungen und gewonnenen Eindrücke über die russischen Produktionsmöglichkeiten in den Wind und setzte die Planungen für das Unternehmen »Barbarossa« unvermindert fort.

Hinsichtlich der Luftkriegführung waren die Westalliierten und die Russen nicht nur auf dem Gebiet der Jägerproduktion der Luftwaffe weit überlegen, sondern auch im Bereich der fliegerischen Ausbildung. 1933 befahl Josef Stalin, ein Ausbildungsprogramm zu entwickeln, das sicherstellen sollte, daß jederzeit 100000 Flugzeugführer zur Verfügung zu stehen haben! Man machte sich sofort daran, diese Absicht in die Tat umzusetzen. Mit Beginn des Rußlandfeldzuges war das Ziel erreicht. Und dieser Personalumfang gut ausgebildeten fliegenden Personals wurde für die gesamte Dauer des Krieges gehalten. Die Ausbildung begann in staatseigenen Fliegerclubs, wo die Jugend mit Segel- und Motorflug vertraut gemacht wurde. Nach Abschluß der Ausbildungsabschnitte und Erwerb des Flugzeugführerscheins folgte der Eintritt in die sowjetischen Luftstreitkräfte, in denen nochmals fünf Jahre Ausbildung folgten! Die Sowjetunion war so in der Lage, schnell ausgebildete Piloten an die Truppe abzugeben, so daß man mit dem Produktionsausstoß der Flugzeugwerke Schritt halten konnte.

1938 hatte Hitler der Luftwaffe befohlen, die Flugzeugproduktion und Ausbildung des fliegenden Personals zu erweitern, aber das OKL kam dieser Forderung nicht nach. Deutschland hatte sich auf eine friedensmäßig ausgebildete Auswahl einiger weniger Elitesoldaten verlassen. Zu Kriegsbeginn gab es nur eine einzige Jagdfliegerschule! 1941 wurden für die Jagdwaffe nur 300 Flugzeugführer ausgebildet, 1942 änderte sich diese Zahl nur unwesentlich. Insgesamt wurden in Deutschland 28000 Jagdflieger ausgebildet. Als aufgrund der dringenden Anforderungen seitens der Truppe die Ausbildung schließlich beschleunigt wurde, hatten sich Ausbildungsqualität und fliegerische Fähigkeiten verschlechtert. Viele junge Jagdflieger wurden an die Front, angeblich voll ausgebildet, abgegeben, ohne daß sie eine ordentliche Schießausbildung erhalten hatten!

Franklin D. Roosevelt orderte Anfang 1942 die Ausbildung von 100000 Flugzeugführern. 1945 hatten die amerikanischen Heeresluftstreitkräfte fast 160000 ausgebildete Flugzeugführer!

Die Sowjets hatten sich fest dem Ziel verschrieben, die Luftüberlegenheit mit einem großen Flugzeugbauprogramm und einer entsprechenden umfangreichen Ausbildung von fliegendem Personal zu erringen. Diese Konsequenz im Handeln rettete die Sowjetunion. Das Unternehmen »Barbarossa« hätte einen Durchschnittsfeind in die Knie zwingen können, aber die bestens vorbereiteten Russen konnten den Angriff abwehren und mit Massen an Menschen und Material zum Gegenstoß antreten, um die Eindringlinge schließlich zu überwinden.

DIE GEGNER: DIE WICHTIGSTEN JAGDFLUGZEUGE DER ALLIIERTEN

Die Gegner der Jagdflieger und ihrer Me 109 werden hier in chronologischer Reihenfolge vorgestellt:

Polikarpow I-15 ›Chato‹

Sie war das erste Flugzeug, das in Luftkämpfe mit der Jagdwaffe und Me 109 verwickelt war. Mehr als 500 Jagdflugzeuge I-15 wurden 1936 nach Spanien geschafft, um den

republikanischen Streitkräften im Bürgerkrieg Verstärkung zu gewähren. Hierbei trafen die beiden Jäger aufeinander.

Nach den russischen taktischen Grundsätzen der 30er Jahre mußten Eindecker- und Doppeldecker-Jagdverbände in enger Abstimmung miteinander gleichzeitig das Luftgefecht führen. Die schnelleren Jagdeindecker mußten die Eindringlinge zunächst abfangen und solange im Luftkampf binden, bis die langsameren, aber wendigeren Doppeldecker ins Kampfgeschehen eingreifen konnten. Die wendigen Doppeldecker sollten den Gegner in Kurvenkämpfe zwingen und abschießen. Als diese Taktik in Spanien erprobt wurde, erwies sie sich als kümmerlicher Fehlschlag, besonders im Hinblick auf die deutsche Taktik mit den Gefechtsschwärmen.

1932 begann man mit der Entwicklung der I-15, die von 1934 ab in die russischen Jagdverbände eingeführt wurde. Am 21. November 1935 wurde damit ein neuer Höhen-Weltrekord erreicht. V.K. Kokinaki konnte mit einer besonders leichten Version der I-15 bis auf 14500 m Höhe steigen. Die Zelle bestand aus einem stoffbespannten Holz- und Metallgitterrahmen. Äußerst wendig, erreichte die I-15 eine Höchstgeschwindigkeit von 360 km/h mit einem 715 PS-Motor, dem Nachbau des amerikanischen luftgekühlten 9-Zylinder-Sternmotors Wright ›Cyclone‹. Sie hatte ein Abfluggewicht von 1370 kg und eine Reichweite von 725 km. Die Bewaffnung bestand aus zwei über dem Motor angeordneten 7,6 mm-MG.

Den Leistungsdaten nach war die ›Chato‹ der Me 109 B weit unterlegen, dennoch war sie mit ihren Langsamflugeigenschaften und ihrer hervorragenden Wendigkeit für die schnelle Me 109 ein schwieriges Luftziel.

Polikarpow I-16 ›Moska‹/›Rata‹

Sie war der erste Jagdeinsitzer und -tiefdecker mit Einziehfahrwerk in der Geschichte des Luftkriegs. Die I-16 wurde gleichzeitig mit der I-15 entwickelt. Sie übernahm die Rolle des schnellfliegenden Tiefdeckers in dem russischen taktischen Konzept des Zusammenwirkens von Doppeldeckern und Eindeckern.

Die I-16 Typ 10 des Jahres 1937 hatte einen luftgekühlten 750 PS-Sternmotor M-25V, womit die Maschine bei einem Abfluggewicht von 1715 kg eine Höchstgeschwindigkeit von 450 km/h erreichte. Die Dienstgipfelhöhe betrug 8000 m und die Reichweite 775 km. Die Zelle war außerordentlich stabil ausgelegt, wodurch sie gegen Be-

schuß sehr widerstandsfähig war. Da die I-16 eine Start-
strecke von 230 m und eine Landestrecke von 300 m benötigte, mußten alle russischen Flugplätze verlängert und
ausgebaut werden. Wenngleich die I-16 über eine hervorragende Wendigkeit und ein ausgezeichnetes Steigvermögen
verfügte, so verhielt sie sich bei länger andauernden Kur-
ven- und Steigflügen doch sehr unstabil und unruhig.

Am Himmel über Spanien traf die I-16 zum ersten Male
auf die Me 109. Hier erhielt dieser gedrungene Jäger seine
Spitznamen. Die Republikaner nannten ihn ›Moska‹
(Fliege), die Nationalisten hingegen ›Rata‹ (Ratte). Im allgemeinen Leistungsspektrum war die I-16 Typ 10 der
Me 109 B überlegen, nur bei längerdauernden Sturz- und
Steigflügen und Vollkreisen war die Me 109 deutlich überlegen. Im Rußlandfeldzug trug die I-16 die Hauptlast des
Luftkrieges und blieb bis Anfang 1943 in den Frontflieger-
verbänden. Obwohl sie dem Papier nach deutschen Jagdflugzeugen unterlegen war, sagen viele Jagdfliegerexperten,
so auch Gerhard Barkhorn, daß die I-16 das am schwierigsten abzuschießende russische Flugzeug war. Ihre guten
Langsamflugeigenschaften und der sehr enge Kurvenradius
bei Ausweichmanövern machten sie zu einem überlegenen
Luftgegner.

Morane-Saulnier M.S. 406

Sie war Frankreichs Standardjäger im September 1939, der
allgemein als Frankreichs berühmtestes Jagdflugzeug des
Krieges bezeichnet wird. Als erstes Jagdflugzeug der
Armeé de l'Air erreichte diese Maschine mehr als 400 km/h.
Bis zum 20. Juni 1940 waren 1080 Maschinen dieses Typs
ausgeliefert worden.

Entworfen im Jahre 1934, machte der Prototyp im Sommer des nächsten Jahres seinen Jungfernflug. Im März 1938
erteilte die Armeé de l'Air den Bauauftrag für 1000 Jagdflugzeuge. Die Konstruktion wies einige Merkmale auf, die
sich nicht leicht für eine Großserienproduktion anpassen
ließen. Der Ganzmetall-Gitterrumpf wurde im vorderen
Bereich mit sogenanntem Plymax beplankt, einem Material,
das aus Sperrholz mit aufgeklebtem Aluminiumblech bestand. Die gesamte Zelle hinter dem Führersitz war stoffbespannt.

Angetrieben von einem wassergekühlten 860 PS-Motor
vom Typ Hispano-Suiza 12Y-31 mit 12 Zylindern, erreichte
die 2450 kg schwere Maschine eine Höchstgeschwindigkeit
von 485 km/h. Die Dienstgipfelhöhe betrug 9400 m und

die Reichweite 800 km. Zur Bewaffnung gehörte eine durch
den Propeller schießende 2 cm-Bordkanone Hispano-Suiza
HS 404 mit 60 Schuß Munition und zwei 7,5 mm-MAC
1934-MG in den Tragflächen mit je 300 Schuß Munition.

Obwohl die M.S. 406 ein zuverlässiges, wendiges und
leicht zu fliegendes Flugzeug gewesen ist, war sie keine
außergewöhnliche Konstruktion. Im Frankreichfeldzug bedeutete sie keine ernsthafte Bedrohung für die Me 109 E.
Französische Piloten, die die M.S. 406 im Einsatz flogen,
meldeten 269 Abschüsse, darunter auch viele Me 109 E.

Dewoitine D.520

Sie war Frankreichs bester Jäger im Zweiten Weltkrieg. Da
zu wenige dieser Maschinen an die Armée de l'Air ausgeliefert wurden, konnte sie das Schlachtenglück im Frankreichfeldzug nicht mehr wenden. Von einem Konstruktionsteam
unter Emile Dewoitine 1937 entworfen, machte der Prototyp im Oktober des folgenden Jahres seinen Erstflug.
Ursprünglich war das Flugzeug mit Vorflügeln ausgerüstet,
ebenso wie die Me 109, aber man hielt sie für überflüssig,
und so entfielen sie bei der Serienfertigung.

Am 1. Februar 1940 wurden die ersten acht Serienflug-
zeuge an die Armée de l'Air ausgeliefert. Einen Monat
später hatte sie 31 und am 20. Juni 1940 schon 312 davon
im Bestand. Als Deutschland den Angriff gegen Frankreich
eröffnete, war nur die Jagdgruppe GC I/3 mit der D.520
voll einsatzbereit ausgerüstet. Am 18. Mai 1940 hatte die
GC II/3 umgerüstet, und die GC III/3, GC III/6 und
GC II/7 folgten im Juni. Zwar als Flugzeug für eine Groß-
serienfertigung ausgelegt, verzögerte sich die Auslieferung
dieser schönen Maschine, weil das Technische Amt der
Armeé de l'Air zwischen April und November 1939 immer
wieder einschneidende technische Veränderungen gefordert
hatte.

Ein 12-Zylinder-V-Motor mit Wasserkühlung und Höhenlader vom Typ Hispano-Suiza 12Y-45 leistete 910 PS
und gab dem 2800 kg schweren Flugzeug eine Höchstgeschwindigkeit von 530 km/h. Die Dienstgipfelhöhe betrug
11 000 m und die Reichweite 1000 km. Die Bewaffnung bestand aus einer 2 cm-Motorkanone Hispano-Suiza 404 mit
60 Schuß und vier 7,5 mm-MG MAC 1934 in den Tragflächen mit je 500 Schuß Munition.

Obwohl die Höchstgeschwindigkeit der Me 109 E um
32 km/h höher lag, ließ sich die D.520 sehr leicht fliegen,
und sie war äußerst wendig. Mit Ausnahme der Sturzflug-

geschwindigkeit war die Maschine der Me 109 E zumindest ebenbürtig, wenn nicht gar überlegen. Sie konnte die Me 109 ohne weiteres auskurven. Trotz der Tatsache, daß die erwähnten Jagdgruppen erst verhältnismäßig spät im Verlaufe des Frankreichfeldzuges auf die Dewoitine D.520 umgerüstet worden waren, meldeten die Groupes de Chasse 147 Abschüsse, von denen offiziell 114 anerkannt wurden.

Curtiss ›Hawk‹ 75A

Mit diesem Jagdflugzeug erzielte die Armeé de l'Air an der Westfront ihre ersten zwei Abschüsse, als fünf dieser in Amerika hergestellten Jäger der GC II/4 am 8. September 1939 zwei Me 109 E bezwangen.

1938 erteilte eine französische Beschaffungskommission den Kaufauftrag für 100 Jagdflugzeuge ›Hawk‹ 75A, die bereits Ende des Jahres ausgeliefert wurden. Weitere Aufträge folgten 1939, so daß man schließlich 730 Maschinen im Bestand hätte haben können, aber 291 ›Hawk‹ waren bis zum Waffenstillstand Frankreichs geliefert worden.

Die Curtiss ›Hawk‹ 75A war die Exportversion des Curtiss-Jägers P 36, der im Dienst der amerikanischen Heeresluftstreitkräfte stand. Ursprünglich auf Eigeninitiative der Curtiss-Wright-Werke 1934 entwickelt, war diese Maschine gleichsam Zeitgenosse der Me 109. Die Curtiss-Konstruktionsnummer 75 wurde im April 1938 an die Heeresluftstreitkräfte der USA ausgeliefert. Die strategischen Grundzüge der USA galten in den dreißiger Jahren insbesondere der Küstenverteidigung, so daß man in großer Höhe fliegende Jagdflugzeuge für überflüssig erachtete. Man drang darauf, stabile Schlachtflugzeuge zu erhalten, ganz ähnlich dem Denken der Sowjets. So hatten es Mitte der dreißiger Jahre amerikanische Jagdflugzeuge schwer im Wettbewerb mit westeuropäischen Hochleistungsjagdflugzeugen.

Die ›Hawk‹ 75A-3 hatte einen 1200 PS Pratt & Whitney R-1830-17 Twin Wasp-Sternmotor mit 14 Zylindern, der die 3250 kg schwere Maschine bis auf 500 km/h beschleunigen konnte. Die Dienstgipfelhöhe betrug 10300 m, die Reichweite über 1300 km. Die Bewaffnung bestand aus 7,5 mm-MG, zwei oberhalb des Motors und je zwei in den Tragflächen, die außerhalb des Propellerkreises schossen. Außer einer anderen Bewaffnung hatten die französischen Muster Fluginstrumente mit metrischen Angaben, einen veränderten Sitz, um einen Rückenfallschirm aufnehmen zu können, ein anderes Funkgerät, Sauerstoffversorgungssystem und Zielgerät. Die ›Hawk‹ 75A war ein Ganzmetall-flugzeug, bei dem nur die Ruderflächen stoffbespannt waren. Das Fahrwerk fuhr nach hinten in die Tragflächen ein, beim Einfahren eine 90°-Drehung machend.

Zwar war die Geschwindigkeit der ›Hawk‹ weit geringer als die der Me 109 E, aber dank ihrer geringen Flächenbelastung war sie viel wendiger. Im kurzfristigen Steigvermögen war sie der Me 109 ebenbürtig, in der Reichweite überlegen. Weit überlegen war die Me 109 jedoch bei länger dauernden Steig- und Sturzflügen.

Die Curtiss ›Hawk‹ 75A wurde von den Schlachtgruppen I/4, II/4, I/5, II/5 und II/2 geflogen, die im Frankreichfeldzug insgesamt 230 sichere und 81 wahrscheinliche Abschüsse meldeten. Martin La Meslee von der I/5 erzielte 15 bestätigte und 5 wahrscheinliche Abschüsse mit der Curtiss ›Hawk‹ 75A.

Hawker ›Hurricane‹

Englische Jagdflugzeuge von diesem Typ schossen in der Luftschlacht um England mehr deutsche Flugzeuge ab als alle anderen englischen Jagdflugzeugtypen und die Flugabwehr insgesamt! Sidney Camm, der Chefkonstrukteur der Hawker-Flugzeugwerke, hat aus eigenem Antrieb diese Maschine Anfang 1934 entworfen. 1937 wurden die ›Hurricane‹ in die RAF eingeführt. Sie war gleichsam Zeitgenosse der Me 109 und das erste Flugzeug, das schneller als 480 km/h flog. Mehr als 14000 Hawker ›Hurricane‹ sind gebaut worden.

Der Zellenaufbau entsprach bewährten, aber nicht mehr dem neuesten Stand der Technik folgenden Konstruktionsmerkmalen. So bestand der Rumpf aus einem Stahlrohrfachwerkgitterrahmen mit Verkleidungsaussteifungen aus Holz und war hinter dem Führerraum stoffbespannt, davor mit Duraluminium beplankt. Die Tragflächen bestanden aus einem Ganzmetallgerüst, waren stoffbespannt und setzten sich aus drei Baugruppen zusammen. Das Fahrwerk fuhr nach innen ein, verfügte über eine große Spurweite, im Gegensatz zur Me 109, wodurch das Flugzeug beim Rollen, Starten und Landen äußerst richtungsstabil war. Die hochsitzende Kanzel und die abgeflachte Motorhaube vermittelten dem Flugzeugführer eine bessere Sicht nach vorne, als es bei den gleichartigen Jagdflugzeugen seinerzeit der Fall war. Mit dem wassergekühlten 12-Zylinder-V-Motor Rolls Royce ›Merlin‹ III von 1030 PS erreichte die ›Hurricane‹ Mk.I in 5000 m Höhe 520 km/h. Das Fluggewicht betrug 3000 kg, die Reichweite 685 km und die Dienstgipfelhöhe

10 400 m. Die Spannweite der ›Hurricane‹ war etwa 2,5 m länger als die der Me 109. Die Bewaffnung umfaßte acht 7,7 mm-MG in den Tragflächen.

Im September 1939 hatten die Hawker-Werke 497 ›Hurricane‹ an die RAF ausgeliefert, am 8. August 1940 hatte das RAF Fighter Command die 2309. ›Hurricane‹ übernommen. Zu Beginn der Luftschlacht um England waren 32 Staffeln mit ›Hurricane‹ und nur 19 mit ›Spitfire‹ ausgerüstet.

Beim Luftkampf mit der Me 109 E in großen Höhen enttäuschte die ›Hurricane‹ besonders. Obwohl sie unterhalb von 6000 m wendiger als die Me 109 E war, reichte sie in allen Höhenbereichen geschwindigkeitsmäßig überhaupt nicht an die Me 109 heran. Wie viele alliierte Jagdflugzeuge war auch sie der Me 109 im Steigvermögen unterlegen. Aber als Waffenplattform war das Flugzeug dank seines stabilen Flugverhaltens hervorragend. Die robuste Maschine konnte im Luftkampf einiges ›wegstecken‹, so daß viele ›Hurry-Kisten‹ nach schwerem Luftkampf nach Hause fliegen konnten. Insgesamt war die Hawker-Konstruktion benachteiligt durch die größeren Widerstandsbeiwerte und geringeren Motorbeschleunigungswerte. Das hieß natürlich, daß die ›Hurricane‹ länger als erwünscht im Zielbereich der Me 109 herumkurvte.

Je mehr ›Spitfire‹ während der Luftschlacht um England in die englischen Jagdverbände zuliefen, um so mehr ›Hurricane‹ konnten für die Bekämpfung der Stukas und größeren Kampffliegerverbände abgezogen werden. Das soll nicht heißen, daß sie den Me 109 nicht doch schwer zugesetzt haben, wie deutsche Jagdflieger, die den Krieg überlebt haben, eindeutig erklären. Die berühmten englischen Jagdflieger Cobber Kain, Douglas Bader und R. R. S. Tuck haben mit der ›Hurricane‹ beträchtliche Abschußerfolge erzielt.

Supermarine ›Spitfire‹

Dieses englische Jagdflugzeug war der Hauptgegner der Me 109 in der Luftschlacht um England. Reginald J. Mitchell, Chefkonstrukteur der Supermarine-Flugzeugwerke, war der Schöpfer dieser schönen und aerodynamisch durchkonzipierten Maschine. Mitchell ging von denselben Voraussetzungen aus wie Willy Messerschmitt, nämlich die kleinstmögliche Flugzeugzelle für den stärksten verfügbaren Motor zu bauen, in der nur Platz für den Flugzeugführer, genügend Kraftstoff und entsprechende Bewaffnung

vorhanden war. 1934 entworfen, machte der Prototyp im Frühjahr 1936 seinen Jungfernflug, womit er sich gleichzeitig in die Schöpfungen der ›Hurricane‹, Morane, Dewoitine und Me 109 einreihte. Die ›Spitfire‹ war das erste in England produzierte Ganzmetall-Jagdflugzeug. Das schmale, nach außen einziehbare Fahrwerk ähnelte dem der Me 109 und brachte genau dieselben Probleme mit sich. Trotz ärztlicher Warnungen arbeitete Reginald Mitchell Tag und Nacht am Entwurf der Maschine, weil er wußte, daß Willy Messerschmitt an der Me 109 arbeitete. Kurz nachdem die Entwicklung der ›Spitfire‹ abgeschlossen war, starb Mitchell. Man darf sicher behaupten, daß er sein Leben gab, um England ein Flugzeug zu geben, das mit der Me 109 ebenbürtig zu kämpfen in der Lage gewesen ist.

Es wurden etwa 20 350 ›Spitfire‹ aller Varianten gefertigt.

Die während der Luftschlacht um England eingesetzten ›Spitfire‹ IA hatten denselben Rolls-Royce-Motor, den 1030 PS ›Merlin‹ III, der dem 2600 kg schweren Flugzeug in 5800 m Höhe eine Höchstgeschwindigkeit von 590 km/h verlieh. Die normale Reichweite betrug 930 km und die Dienstgipfelhöhe 10 400 m. Die Bewaffnung bestand aus acht 7,7 mm-MG in den Tragflächen.

Die ›Spitfire‹ IA war schneller und viel wendiger als die Me 109 E, abgesehen von längeren Steig- und Sturzflügen, wo sie im Leistungsvermögen zurückfiel. Viele Me 109 E-Piloten stürzten aus einem Luftkampf weg, um den acht MG der ›Spitfire‹ zu entkommen. Die englischen Piloten versuchten dann erst gar nicht, hinterherzustürzen, taten sie es dennoch, mußten sie schnell feststellen, daß es unmöglich war, die Me 109 zu erreichen. In großer Höhe fiel die Leistung der ›Spitfire‹ gegenüber der Me 109 ab. Ein wesentlicher Vorteil der Me 109 E war ihre Bewaffnung. Die Bordkanonen schossen weiter als die englischen MG, so daß deutsche Piloten früher das Feuer eröffnen konnten. Spätere Entwicklungen der ›Spitfire‹ verfügten dann über wenigstens eine Bordkanone. Die Me 109 E und die ›Spitfire‹ IA unterschieden sich in der Leistung in der Tat nicht. Die Entscheidung im Luftkampf hing alleine vom Piloten ab – von seiner fliegerischen Fähigkeit, seinem Angriffsgeist und seinem Glück!

Curtiss ›Kittyhawk‹ IA

Dieses Jagdflugzeug war im Afrikafeldzug Gegner der Jagdwaffe. Es wurde von der RAF, SAAF und RAAF gegen die Me 109-Varianten ›Emil‹, ›Franz‹ und ›Gustav‹

eingesetzt. Die amerikanische ›Kittyhawk‹ wurde aus der an Frankreich gelieferten ›Hawk‹ 75A weiterentwickelt. Die erste von fast 15000 Curtiss P-40, wie sie beim USAAC genannt wurde, wurde im Oktober 1938 an die Truppe ausgeliefert. Sie entsprach weitgehend der P-36 (oder 75A), nur hatte sie statt eines luftgekühlten Sternmotors einen wassergekühlten V-Motor.

Zunächst unter der Bezeichnung ›Tomahawk‹ mit über 1000 Stück an England geliefert, hatte die ›Kittyhawk‹ mit verbesserter Bewaffnung und Motorleistung auf dem europäischen Kriegsschauplatz mehr Chancen. 1941 bestellte England 2000 ›Kittyhawk‹, gerade rechtzeitig, als der Wüstenkrieg begann. Im Januar 1942 waren die Jagdverbände mit dem neuen Typ einsatzbereit.

Der 1150 PS starke wassergekühlte 12-Zylinder Allison-Motor V-1710-39 gab der ›Kittyhawk‹ IA in 4600 m Höhe eine Höchstgeschwindigkeit von 580 km/h; das Fluggewicht betrug 3750 kg, die Reichweite etwa 1100 km und die Dienstgipfelhöhe 8850 m. In 1500 m betrug das Steigvermögen 10,6 m/s. Die Bewaffnung bestand aus sechs 12,7 mm-MG in den Tragflächen, zusätzlich konnten eine 250 kg-Bombe oder zwei 50 kg-Bomben mitgeführt werden.

Hauptsächlich wurden die ›Kittyhawk‹ als Jabos und Schlachtflieger eingesetzt, aber auch für freie Jagd im unteren Höhenbereich, während ›Hurricane‹ die Höhe sicherten. Der Me 109 E war sie an Geschwindigkeit überlegen, nicht aber der ›Franz‹ und ›Gustav‹. Im Steigvermögen reichte sie an keine der Me 109-Varianten heran. Gegen Stukas und italienische Jäger erzielten die ›Kittyhawk‹ des Commonwealth beträchtliche Abschußerfolge. Robust und wendig, wurde die ›Kittyhawk‹ meistens von den Me 109 ›Emil‹ und ›Gustav‹ bezwungen, immer unterlegen war sie hingegen der schnellen und sehr wendigen ›Franz‹, die mit blitzartigem Zuschlagen Curtiss-Verbände angriff.

Trotz ihrer leistungsmäßigen Überlegenheit konnten die mit ›Kittyhawk‹ ausgerüsteten Staffeln in Nordafrika über 420 Abschüsse erzielen. Berühmte Jagdflieger des Commonwealth, wie C.R. Caldwell, N. Duke und J.F. Edwards, aber auch viele andere, die die Curtiss-Jagdmaschine flogen, waren sehr erfolgreich damit.

Iljuschin Il-2 ›Stormowik‹

Diesen Flugzeugtyp gab es in keiner anderen Flugwaffe, denn er war nur für eine einzige Aufgabe konstruiert worden: Bekämpfung von Truppen und Gerät im reinen Schlachtfliegereinsatz. Zwar in technischer Sicht kein Jagdflugzeug, ist es hier dennoch mit aufgeführt, weil die Jagdwaffe soviel damit beschäftigt war. Alle Jagdflieger waren sich darin einig, daß die ›Stormowik‹ am allerschwierigsten abzuschießen war und den Me 109 heftigen Tribut abforderte!

Das Konstruktionsbüro von Iljuschin begann 1937 mit den Entwurfsarbeiten für ein gepanzertes Schlachtflugzeug (Broniwanni Stormowik), das bereits im Jahr darauf vorgestellt wurde. Ende 1939 machte der Prototyp seinen Erstflug, und im August 1941 kam die Maschine als Einsitzer an die Front. 1942 wurde das Flugzeug umkonstruiert, um einen Heckschützen und bessere Bewaffnung aufnehmen zu können, die Wendigkeit zu verbessern und die Startrollstrecke zu verkürzen.

Bis auf den Rumpfteil hinter dem Führersitz, der in Schalenbauweise aus Holz gefertigt war, bestand das Flugzeug aus Ganzmetallbauweise. Das hervorstechendste Merkmal war die außerordentlich starke Panzerung, die nicht wie bei allen üblichen Flugzeugen auf die Beplankung aufgenietet war, sondern in den Zellenaufbau voll integriert war, so daß Motor, Kühler, Kraftstofftanks und Führersitz von der Panzerung als tragendes Element umgeben waren. Diese Panzerung wog alleine 730 kg, was etwa 15% des Gesamtgewichts der Maschine ausmachte! Der 1750 PS leistende wassergekühlte 12-Zylinder-V-Motor Am-38 brachte die 5300 kg schwere ›Stormowik‹ auf eine Höchstgeschwindigkeit von 420 km/h. Da die Maschine nur für den Tiefflug ausgelegt war, betrug die noch annehmbare Arbeitshöhe der Il-2 ungefähr 760m. Die Bewaffnung bestand aus einer 2 cm-Motorkanone und zwei in den Flächen liegenden 2 cm-Bordkanonen. Besonders der hohen Mündungsgeschwindigkeit der Waffen und der Explosivkraft der Bordgranaten verdankte die ›Stormowik‹ ihr außergewöhnliches Wirkungsvermögen gegen gepanzerte Fahrzeuge. Der Heckschütze hatte ein 12,7 mm-MG UBT in Drehringlafette, was als sehr großes Kaliber für den Heckschützen einer zweisitzigen Maschine galt. Zur Bekämpfung von Truppen dienten zwei 7,62 mm-MG Sh KAS. Etwa 360 kg Bombenlast oder acht 82 mm-Raketen und vier 100 kg-Bomben konnten unter den Tragflächen mitgeführt werden.

Für deutsche Jagdflieger war es ein mühseliges Unterfangen, eine ›Stormowik‹ anzugreifen, weil sie so tief und langsam flog. Sobald eine Me 109 im Anflug war, pflegte der

Heckschütze sein schweres MG in der Il-2 einzusetzen. Selbst wenn er nicht traf, genügte es dem entnervten Jagdflieger schon, nicht mehr richtig zielen zu können oder aber den Angriff abzubrechen! Nicht selten sahen die Jagdflieger ihre MG-Treffer an der Panzerung der ›Stormowik‹ abprallen, die ungeschoren ihren Weg fortsetzte. Nachgewiesenermaßen haben die ersten Il-2, die Anfang 1943 an die Front kamen, innerhalb von ein paar Tagen zehn Me 109 abgeschossen. Häufig kam es vor, daß ›Stormowik‹ auf dem Wege zu ihren Zielen zunächst ein paar Stukas abschossen, um danach deutsche Truppen und Panzer anzugreifen! An der Ostfront spielten die ›Stormowik‹, von denen 35000 gebaut wurden, eine entscheidende Rolle. Jeder Jagdflieger, der eine ›Stormowik‹ abschießen konnte, hatte wirklich einen Grund zum Feiern!

Mikojan-Gurewitsch MiG-3

Vor 1943 war diese Maschine das einzige Jagdflugzeug, das der Me 109 über 5000 m Einsatzhöhe überlegen war. Die Konstrukteure Artem Mikojan und Michael Gurewitsch begannen Ende 1939 mit dem Entwurf der Maschine, nachdem man erkannt hatte, daß die Westmächte über Höhenjäger verfügten, während sich die Sowjetunion ganz den Tiefangriffsflugzeugen verschrieben hatte. Aus der MiG-1 entstand dann 1941 die MiG-3, für deren Entwurf die Konstrukteure mit dem Stalinpreis ausgezeichnet wurden. Das Flugzeug war eines der wenigen russischen Höhenflugzeuge.

Mit dem 1350 PS starken wassergekühlten 12-Zylinder-V-Motor Mikulin AM-35A erreichte die 3500 kg schwere MiG-3 in 7000 m Höhe eine Höchstgeschwindigkeit von 650 km/h. Die Dienstgipfelhöhe betrug 12100 m und die Reichweite 820 km. In nur viereinhalb Minuten stieg sie auf 5000 m Höhe. Die Bewaffnung bestand aus zwei 7,62 mm-MG mit je 375 Schuß, auf der Motorhaube sitzend, und einem 12,7 mm-MG Beresin BS auf einer Seite. Nachdem man festgestellt hatte, daß diese verhältnismäßig leichte Bewaffnung nicht ausreichte, wurden Rüstsätze gebaut, mit denen die Truppe an der Front zwei zusätzliche 12,7 mm-MG unter den Tragflächen einbauen konnten.

Bis auf die äußeren Tragflächenbeplankungen, den hinteren Rumpf und das Leitwerk, die in Holzbauweise gefertigt waren, war die Zelle in Metallbauweise ausgeführt.

Im Herbst 1941 wurde die Produktion der MiG-3, von der nur ein paar Tausend gebaut worden waren, zugunsten

der Il-2 eingestellt. Offensichtlich paßte ein Höhenjäger nicht in das taktische Konzept der Sowjets. 1943 war die MiG-3 aus allen Frontverbänden verschwunden.

Bell P-39 ›Airacobra‹

Sie war eine der außergewöhnlichsten propellergetriebenen Jagdflugzeuge des Zweiten Weltkriegs. Über 4750 von 9558 in Amerika gefertigten ›Airacobra‹ wurden im Rahmen des Leih- und Pachtvertrages an Rußland übergeben. Diese Anzahl machte allein ungefähr die Hälfte aller von den USA an die Sowjets gelieferten Maschinen aus. Die Westalliierten hielten sie für eine schlecht gelungene Konstruktion, aber die Russen hielten sehr viel von der ›Airacobra‹, weil sie sich als Schlachtflugzeug bewährte.

Nachdem die Bell-Flugzeugwerke gerade erst ein Jahr bestanden, machten sich im Juni 1936 Larry Bell, R. J. Woods und H. M. Poyer an die Entwurfsarbeit für ein außergewöhnliches Ganzmetalljagdflugzeug. Der Motor saß hinter dem Führersitz im Schwerpunkt der Flugzeugzelle. Der Propellerantrieb erfolgte durch eine über 3 m lange Welle, die unter dem Pilotensitz verlief und über Planetengetriebe mit dem Propeller verbunden war. Mit dieser Einbaumethode hatte man Platz in der Rumpfspitze gewonnen, um eine 3,7 cm-Kanone einzubauen, die durch die Propellernabe schoß. Die in Rumpfmitte eingebaute schwere Motormasse lag nahe des Flugzeugschwerpunktes, was ein wendiges Flugverhalten versprach. Neu war auch das Bugfahrwerk, das zum ersten Mal in einem einmotorigen Jagdflugzeug verwendet wurde. Beim Erstflug im April 1938 erreichte die Maschine fast 650 km/h. Aber Änderungswünsche der USAAC – wie Streichung des Höhenladers, Einbau beschußsicherer Tanks und von vier zusätzlichen MG – schränkten das Leistungsvermögen in mittleren und großen Höhen beträchtlich ein.

Nur wenige ›Airacobra‹ kamen im Westen zum Einsatz, den Russen paßte diese Maschine jedoch sehr gut in ihr taktisches Konzept vom Tiefflugeinsatz, so daß die Maschine außerordentlich häufig eingesetzt wurde. Die meisten der in sowjetischen Diensten stehenden ›Airacobra‹ entsprachen dem USAAC-Muster P-39Q. Von dieser Variante gab es die größten Fertigungszahlen. Angetrieben von dem 1350 PS starken, wassergekühlten 12-Zylinder-V-Motor Allison V-1710-85, erreichte die P-39Q bei einem Fluggewicht von 3750 kg in 4600 m Höhe eine Höchstgeschwindigkeit von 600 km/h. Die Steigzeit auf 6000 m betrug 8,5 Minuten, die Dienstgipfelhöhe 10 600 m und die Reichweite 960 km, die mit einem abwerfbaren Zusatztank auf 1750 km erweitert werden konnte. Die Bewaffnung bestand aus einer 3,7 cm-Kanone M-4 mit 30 Schuß Munition in der Flugzeugnase, die durch die Propellernabe schoß, zwei 12,7 mm-MG mit je 200 Schuß auf dem Vorderrumpf und zwei 12,7 mm-MG mit je 300 Schuß in Gondeln unter den Tragflächen.

Deutsche Jagdflieger berichteten, daß sich die ›Airacobra‹ in niedrigen Höhen ähnlich wie die Me 109 verhielt, jedoch viel Leistung und Wendigkeit oberhalb von 4500 m Höhe einbüßte. Es sei daran erinnert, daß Gerhard Barkhorn von einer ›Airacobra‹ abgeschossen worden war. Die 3,7 mm-Kanone war eine tödliche Waffe. Es genügte ein guter Treffer, um den Feind vom Himmel zu holen!

Jakowlew Jak-3

Bis in Höhen von 6000 m war diese Maschine der Me 109 G hinsichtlich Geschwindigkeit, Steigvermögen, Beschleunigung und Kurvenradius überlegen. Anfang 1943 von dem Konstruktionsteam um Alexander Jakowlew aus dem Jabo Jak-1 entwickelt, griff die Jak-3 bereits im Sommer 1943 während der Offensive bei Kursk in die Kämpfe ein. Ein halbes Jahr später war sie bereits in großer Zahl in den Frontverbänden. Sie war für viele Luftwaffenverbände ein sehr gefährlicher Gegner. Wie viele russische Konstruktionen, so bestand die Jak-3 auch aus Gemischtbauweise: Aus Holz gefertigte Tragflächen und ein mit Sperrholz beplankter Rumpf, der ein Metall- und Holzgitterfachwerk hatte. Die 2600 kg schwere Maschine wurde angetrieben von einem 1222 PS starken wassergekühlten 12-Zylinder-V-Motor Klimow M-105 PF-2, der das Flugzeug in 5000 m Höhe bis auf 650 km/h beschleunigen konnte.

Die Jak-3, die mit dem Motor VK-107 A ausgerüstet waren, erreichten sogar 720 km/h. Die Reichweite betrug 900 km. Die Bewaffnung bestand aus einer 2 cm-Motorkanone Sh VAK mit 120 Schuß und zwei 12,7 mm-MG Beresin auf der Motorhaube. Die gleichzeitig mit der Jak-3 gefertigte Jak-9 hatte ähnliche Leistungen. Etwa 29 000 Jak-Jäger sind gebaut worden.

Hartmann und Barkhorn hielten die Jak für die gefährlichsten und am schwierigsten zu bezwingenden russischen Jäger, nicht alleine aufgrund ihrer hohen Geschwindigkeit, sondern auch dank ihrer überlegenen Wendigkeit. Die erfahrenen deutschen Jagdflieger rissen ihre Me 109 mit vier-facher Beschleunigung in eine Steilkurve, bis die Vorflügel herausklappten und etwa 240 km/h erreicht waren. Mit diesem Manöver konnte man die wendige Jak-3 sogar in niedrigeren Höhen auskurven. Je stärker in der Kurve das Lastvielfache wurde, um so schwerer ließen sich die Ruder der Me 109 bewegen, so daß die Jak wieder in den Vorteil geriet. Natürlich waren nicht alle deutschen Jagdflieger erfahren, und so forderten die Jak-3 der Luftwaffe einen hohen Blutzoll ab. Der 14. Juli 1944 war für russische Jagdflieger ein besonders erfolgreicher Tag. Bei einem Einsatz flogen acht Jak-3 gegen einen Luftwaffenverband mit 60 Ju 88 und Me 109, die Begleitschutz gaben. Drei Ju 88 und vier Me 109 konnten ohne eigene Verluste abgeschossen werden. Am selben Tag waren 18 Jak-3 in einen Luftkampf mit 30 Me 109 verwickelt, wovon 15 Me 109 abgeschossen wurden, aber nur ein russischer Verlust zu melden war. Diese erstaunlichen Erfolge veranlaßten den besorgten Luftflottenchef General Keßelring zu dem Befehl an seine Jagdflieger, sich nicht mehr mit Jak-3 im Luftkampf einzulassen, da Verluste für die abnehmenden Einsatzstärken der Jagdwaffe nicht verantwortbar wären!

Lawotschkin La-7

Diese Maschine war die Verbesserung des schon erfolgreichen Jagdflugzeuges La-5. Viele der sehr erfolgreichen russischen Jagdflieger, wie Pokryschkin und Koschedub, flogen die La-5, die über dem Kursker Bogen 1943 eine entscheidende Rolle spielte. Unterhalb von 6500 m Höhe war diese Maschine der Me 109 hinsichtlich Geschwindigkeit, Steigvermögen und Kurvenradius überlegen. Im Vergleich zu den verhältnismäßig starken Steuerdrücken der Me 109 flog sich die russische Maschine sehr gut mit leichter Hand.

Nachdem Semjon A. Lawotschkin mit Gudkow und Gorbunow die LaGG-3 entwickelt hatte, machte er sich an die Arbeit, seine Konstruktion für einen luftgekühlten Doppelsternmotor statt des wassergekühlten V-Motors umzubauen. Daraus entstand die La-5, die erstmals im Herbst 1942 über Stalingrad auftauchte. Das Flugzeug war hauptsächlich aus dem Holz der sibirischen Birke gefertigt, und mit feuchtigkeitsresistem Sperrholz beplankt. Die La-7 kam dann 1943 an die Front.

Das Fluggewicht der La-7 betrug 3400 kg, und mit dem 1775 PS starken luftgekühlten 14-Zylinder-Doppelsternmotor mit Einspritzung vom Typ Schwezow M-82FN erreichte die Maschine in 5000 m Höhe eine Höchstgeschwindigkeit von 690 km/h. Mit Notleistung konnte der Motor für kurze Zeit sogar 2640 PS abgeben. Die Bewaffnung bestand aus drei 2 cm-Kanonen Sh VAK im Rumpf, die durch den Propellerkreis schossen.

Die Lawotschkin-Konstruktion konnte in Bodennähe so eng kurven, daß manche Me 109 Strömungsabriß bekam, abschmierte und Boden- oder Baumberührung bekam.

Aus diesen Angaben ersehen wir, daß die Jagdwaffe an der Ostfront ihre hohen Abschußzahlen nicht im Kampf gegen veraltete und längst technisch überholte Flugzeuge errang. In mancher Hinsicht waren viele russische Flugzeuge der Me 109 ebenbürtig oder überlegen.

Wenngleich die bisher vorgestellten amerikanischen Flugzeuge nur mittelmäßige Leistungen aufwiesen, denn ihre Entwicklung ging auf die amerikanischen Verteidigungsrichtlinien Mitte der dreißiger Jahre zurück, waren die im folgenden dargestellten drei amerikanischen Jagdflugzeuge durchaus klassische Konstruktionen, die sich mit den Maschinen der Jagdwaffe sehr gut messen konnten.

Lockheed P-38 ›Lightning‹

Dieses Jagdflugzeug war das erste des US-Army Air Corps (USAAC), das im Zweiten Weltkrieg ein Flugzeug der Luftwaffe abschießen konnte. Es war ein Fernaufklärer Fw 200 ›Condor‹, der im Februar 1942 über dem Atlantik zum Opfer fiel.

1937 war die P-38 in der Konstruktionsphase als Abfangjäger mit hohem Steigvermögen vorgesehen. Noch in der Entwicklung mußte man sie als zweimotorige Maschine auslegen, weil es keinen Motor gab, der das geforderte Steigvermögen gewährleistet hätte. Im Januar 1939 machte der Prototyp seinen Jungfernflug, im Monat darauf stellte er mit einem siebenstündigen Rekordflug von Kalifornien nach New York eine neue Weltbestleistung für Transkontinentalflüge auf. Fast 10000 dieser zweimotorigen Jagdflugzeuge wurden im Zweiten Weltkrieg gebaut. Auf dem europäischen Kriegsschauplatz wurde die P-38 als Langstreckenbegleitjäger für Bomberverbände eingesetzt.

Die P-38G, von der mehr als 1000 Stück gefertigt wurden, kam im Sommer 1942 an die Front. Sie hatte zwei 1325 PS starke wassergekühlte 12-Zylinder-V-Motoren vom Typ Allison V-1710-51/55, die der Maschine in 7600 m Höhe bei einem Fluggewicht von 9000 kg eine Höchstgeschwindigkeit von 640 km/h verliehen. Bei einer Marschgeschwindigkeit von 350 km/h in 3000 m Höhe betrug die

Reichweite 1370 km, die mit zwei abwerfbaren Zusatztanks auf 2700 km ausgedehnt werden konnte. Diese Variante stieg in 8,5 Minuten auf 6000 m. Die Dienstgipfelhöhe betrug 12000 m. Die Bewaffnung bestand aus einer 2 cm-Bordkanone Hispano MI mit 150 Schuß und vier 12,7 mm-MG Colt-Browning MG 53-2 mit 500 Schuß pro Waffe. Für Jagdbombereinsätze konnten 250- und/oder 500 kg-Bomben geladen werden.

Die zwei Motoren und die Größe des Flugzeuges schränkten die Wendigkeit ein, so daß die Wirksamkeit gegen Feindjäger etwas litt. Die in großer Höhe bessere Me 109 wurde von P-38-Piloten herausgefordert, der ›Lightning‹ bis in etwa 4500 m Höhe zu folgen, wo beide Gegner ungefähr gleiche Kampfbedingungen hatten.

Republic P-47 ›Thunderbolt‹

Diese Maschine war das bisher schwerste und größte einmotorige Jagdflugzeug, das gebaut wurde. Im Sommer 1940 von Alexander Kartvali entworfen, machte der Prototyp knapp ein Jahr später, im Mai 1941, seinen Jungfernflug. Die P-47B kam im April 1943 als Höhenbegleitjäger für Bomberverbände an die Front.

Angetrieben von einem aufgeladenen 2000 PS Pratt & Whitney R-2800-21, einem luftgekühlten 18-Zylinder-Doppelsternmotor, erreichte der 6000 kg schwere Jäger in 8200 m Höhe eine Höchstgeschwindigkeit von 690 km/h. Bei einer Marschgeschwindigkeit von 540 km/h betrug die Reichweite in 3000 m Höhe 880 km. Die Dienstgipfelhöhe betrug 12800 m. Die Weiterentwicklung P-47C verfügte über einen abwerfbaren Zusatztank, womit die Reichweite auf 2000 km erweitert wurde.

Das enorme Gewicht und die massige Bauweise schränkten die Wendigkeit der ›Thunderbolt‹ beträchtlich ein. Immerhin zählte sie jedoch zu den wenigen Flugzeugen, die eine höhere Sturzgeschwindigkeit als die Me 109 erreichten. Beim Abfangen neigte sie dazu durchzurutschen oder durchzusacken. In großen Höhen war die P-47B der Me 109 im Steigvermögen überlegen, in mittleren und tieferen Höhenbereichen konnte sie es mit der Me 109 an Steigvermögen und Wendigkeit nicht aufnehmen. Die Bewaffnung war sehr wirksam und bestand aus acht 12,7 mm-MG Colt-Browning mit je 267 Schuß, die in den Tragflächen lagen.

Insgesamt wurden etwa 15600 ›Thunderbolt‹ in mehreren amerikanischen Flugzeugwerken, so auch Curtiss, gefer-

Vier hervorragende Jagdflieger, die nach dem Aufbau der Bundesluftwaffe bis in den Generalsrang aufstiegen. Oben: Dieter Hrabak und Günther Rall. Unten: Johannes Steinhoff und Hannes Trautloft.

Am 15. Dezember 1966 gratuliert der Inspekteur der Luftwaffe, General Steinhoff, Hptm. Peter Hufnagel in Luke Air Force Base, Arizona, zum Erreichen der 1000. Flugstunde auf F-104G *Starfighter*. Das Gros der Umschulung und taktischen Ausbildung auf F-104G wurde in den USA durchgeführt.

General Steinhoff bei der Verleihung des Bundesverdienstkreuzes an General Trautloft, 1970, dem Kommandierenden General der Luftwaffengruppe Süd.

tigt. Ungefähr 10300 standen im Dienst der USAAC. 520 Flugzeuge, oder etwas mehr als 5 %, gingen verloren. Dieses hervorragende Verlustverhältnis kann man der außerordentlich robusten Bauweise der P-47 zuschreiben, die sogar Explosivgeschosse verkraften konnte und es noch schaffte, den Heimathafen zu erreichen.

North American P-51 ›Mustang‹

Oft als schönstes und bestes Jagdflugzeug des Zweiten Weltkriegs bezeichnet, war es ein Jagdflugzeug, vor dem die deutschen Jagdflieger hohen Respekt hatten. Der Konstruktionsentwurf wurde Anfang 1940 von der britischen Beschaffungskommission angeregt, die den North American-Flugzeugwerken die allgemeinen Beschaffungsrichtlinien gab, die die RAF anhand der Erfahrungen aus der Luftschlacht um England erarbeitet hatte. Verlangt wurde die Fertigung eines Prototyps innerhalb von 120 Tagen nach Annahme des Konstruktionsentwurfs. Der Präsident der North American-Flugzeugwerke, J. H. Kindeberger, beauftragte Raymond Rick und Edgar Schmund mit den Entwurfsarbeiten. Schmund hatte schon früher als Konstrukteur bei Fokker und Messerschmitt gearbeitet. Kein Wunder, daß fachkundige Luftfahrtkreise etwas mehr als

nur zufällige Ähnlichkeiten zwischen der ›Mustang‹ und der Me 109 entdeckten.

Der Prototyp war nach 117 Tagen fertiggestellt, ausgerüstet mit einem Motor von Allison. Die ersten Serienmodelle trafen Ende 1941 in England ein, aber die RAF war mit den Motoren, die in unteren Höhen ihre beste Leistung hatten, nicht zufrieden. Nachdem Testflüge mit vier Maschinen, die mit dem Rolls-Royce ›Merlin‹ versehen worden waren, erheblich bessere Leistungen erbracht hatten, plante man sehr schnell um und ließ die ›Merlin‹-Motoren in den USA bei der Firma Packard in Lizenz fertigen. Die P-51D-Variante war die am meisten von allen P-51-Typen gebaute: 7956 Stück von insgesamt 15220 Maschinen des Grundtyps.

Der 1695 PS starke wassergekühlte 12-Zylinder-V-Motor Packard V-165-7 ›Merlin‹ beschleunigte die 4500 kg schwere Maschine P-51D auf eine Höchstgeschwindigkeit von 700 km/h. Mit einer Marschgeschwindigkeit von 635 km/h in 7600 m Höhe betrug die Reichweite gute 1500 km, die mit abwerfbaren Zusatztanks auf knapp 3400 km erweitert werden konnte. Das Anfangssteigvermögen lag bei 17,5 m/s, die Dienstgipfelhöhe bei 12800 m. Zur Bewaffnung gehörten sechs 12,7 mm-MG Colt-Browning MG 53-2 mit je 400 Schuß Munition, die in den Tragflächen untergebracht waren.

211

Oberstleutnant Erich Hartmann, Kommodore JG 71 »Richthofen«, anläßlich eines Besuches in den USA 1961. Er unterhält sich mit Generalleutnant Robert M. Lee, USAF, über den Lockheed *Starfighter*.

Dieses Bild aus dem Jahre 1965 zeigt den ›Alten Puma‹ der kgl. Ungarischen Luftstreitkräfte, Aladar de Heppes, der jetzt in den USA wohnt und dort als Designer arbeitet.

Nach Aussage der Experten war die ›Mustang‹ oberhalb von 6000 m schneller und wendiger als die Me 109, unterhalb von 4500 m begann der Vorteil der ›Mustang‹ zu schrumpfen. Aber einen Vorteil hatte die Me 109 gegenüber der ›Mustang‹ in allen Höhenbereichen: Die Me 109 konnte in eine sehr enge Kurve ziehen und durchziehen, denn die Vorflügel klappten heraus, die Maschine begann zu schütteln, aber sie flog noch. Dagegen begab sich die ›Mustang‹ in den Bereich des Hochgeschwindigkeitsströmungsabrisses mit dem typischen Verhalten zum Aufbäumen dabei.

Jagdflieger der ›Mustang‹ haben 4950 Gegner abgeschossen, viele davon waren Me 109-Piloten, die in großer Höhe operierten. Die Abfangjäger der Jagdwaffe mußten in große Höhen aufsteigen, um die dort anfliegenden Bomberströme angreifen zu können, und dort oben wurden sie von den noch höher fliegenden ›Mustang‹ angegriffen.

Focke-Wulf Fw 190

Sie war zwar kein Gegner der Me 109 im Kriege, aber immerhin ein mit ihr im Wettbewerb stehendes Jagdflugzeug, um alliierte Flugzeuge am Himmel über Europa zu bekämpfen. Es ist nicht uninteressant, diese neuere Konstruktion mit der älteren Me 109 zu vergleichen. Dipl.- Ing.

212

Kurt Tank entwarf 1938 diese Maschine kompakt um einen luftgekühlten Sternmotor herum. Im Sommer 1938 machte die Fw 190 ihren Erstflug und kam zwei Jahre später an die Kanalfront, wo sie im Rahmen der Jabo- und Zerstöreinsätze über Südostengland zum Einsatz kam. Von der Fw 190 wurden etwa 13350 als Jäger und etwa 6600 als Jabo- und Schlachtflugzeuge gebaut.

Die Variante Fw 190 A-8 kam Ende 1943 an die Front. Der 1700 PS starke luftgekühlte 14-Zylinder-Sternmotor BMW 801 D-2 verlieh der 4900 kg schweren Maschine in 6300 m Höhe eine Höchstgeschwindigkeit von 660 km/h. Die Reichweite betrug 800 km und die Dienstgipfelhöhe 11 400 m. Zur Bewaffnung gehörten zwei 13 mm-MG 131 in den Tragflächenwurzeln und vier 2 cm-Bordkanonen MG 152 in Gondeln auswärts des Fahrwerks.

Das breitspurige Fahrwerk der Fw 190 erleichterte das Rollen am Boden, den Start und die Landung. Dieses, die schwere Bewaffnung und die leichte Bedienung machten die Fw 190 bei jüngeren und weniger erfahrenen Piloten zu einer beliebten Maschine. Unterhalb von 6000 m Höhe war die Fw 190 der Me 109 leistungsmäßig überlegen, aber sie hatte dieselben Tücken im Hochgeschwindigkeitsbereich wie die ›Mustang‹, wenn es in den Kurvenkampf ging. Oberhalb von 6000 m Höhe ließ das Leistungsvermögen nach, vor allem bereiteten die Motoren dort manche Probleme, die nicht behoben werden konnten.

Manche Experten behaupten, die Me 109 G wäre im Kurvenkampf besser gewesen als die Fw 190, obwohl die Fw 190 sehr viel wendiger war. Sie zogen es sogar vor, die Me 109 und nicht die Fw 190 zu fliegen. Gerhard Barkhorn führte das mit Fw 190 ausgerüstete JG 6 als Kommodore, lehnte aber Frontflüge mit dieser Maschine ab. Statt dessen flogen er und sein Rottenflieger Me 109, während sein Geschwader die kriegsstärkemäßig zugewiesenen Fw 190 D flog. Auch Erich Hartmann zog es vor, auf der Me 109 weiterzufliegen.

Alle stimmten darin überein, daß die Me 109 ein richtiges jagdfliegerfreundliches Flugzeug gewesen ist, genau das, was man für den Einsatz brauchte. Nachdem sie sich mit dem Flugverhalten der Maschine vertraut gemacht, alle Schlichen und Tücken erlernt hatten, hatten sie die Maschine richtig liebgewonnen, und sie wollten mit keiner anderen tauschen.

VERLUSTE

Bis hierher haben wir von Einzel- oder Gruppen-/Staffelerfolgen gehört, aber nichts über Gesamtverluste. Da in vielen Fällen keine genauen Nachweise geführt worden sind, ist es höchst schwierig, genaue Zahlen über Personal- und Materialverluste zu erhalten. In der Zeit von 1939 bis 1945 betrugen die Verluste der Jagdwaffe bei den Jagdeinsitzerverbänden: etwa 8500 Gefallene und Tote, 2700 Vermißte oder Kriegsgefangene und 9100 Verwundete. Im Vergleich zu den Millionen von Toten im Zweiten Weltkrieg mögen diese Verluste verhältnismäßig gering ins Gewicht fallen, aber es sei daran erinnert, daß es sich hier nur

Dieses Mahnmal, den gefallenen Jagdfliegern aller Nationen gewidmet, eine Stiftung der Gemeinschaft der Jagdflieger, wurde am Ufer des Rheins bei Geisenheim errichtet. Die zwei Adler symbolisieren eine Jagdfliegerrotte.

um Verluste der Jagdeinsitzerverbände handelt. Die Gesamtverluste der Luftwaffe beliefen sich bis 1944 auf 97000 Gefallene, Vermißte oder Verwundete. Bei den Jagdeinsitzerverbänden waren die Verluste äußerst hoch. So verzeichnet das JG 26 ›Schlageter‹ über 800 gefallene oder vermißte Piloten, das JG 27 ungefähr 825. In der Personalstärke umfaßte ein Jagdgeschwader ungefähr 120 Flugzeugführer, von geringfügigen Schwankungen nach oben oder unten einmal abgesehen. Es ist ersichtlich, daß die Personalverluste das Sechseinhalbfache der normalen Kriegsstärke ausmachten, aber auch, daß die Jagdwaffe aufgrund von Gefallenen und Vermißten sechseinhalbmal ihre Flugzeugführerzahlen regenerieren und ersetzen mußte.

Die Flugzeugverluste der Jagdwaffe waren natürlich viel höher. Denn sehr häufig überlebte ein Flugzeugführer bei Bruchlandungen oder dem Notausstieg mit dem Fallschirm. Etwa 15000 Jagdeinsitzer gingen durch Feindeinwirkung und zusätzlich 7500 durch andere Gründe verloren. Etwa 17000 Maschinen wurden beschädigt, davon ein Drittel durch Feindeinwirkung.

Die Gesamtverluste des US Army Air Corps auf den Kriegsschauplätzen Europa und Mittelmeerraum beliefen sich auf 11000 gefallene und 4000 verwundete Piloten. Die Flugzeugverluste der RAF und des USAAC betrugen auf beider Kriegsschauplätzen von 1941 bis 1945 fast 42000 Flugzeuge aller Typen, wovon die Jagdwaffe 25000 Flugzeuge abschoß. Der Rest entfiel auf die deutsche Flaktruppe, die Teil der Luftwaffe war.

Im Frankreichfeldzug hatten die Armée de l'Air 201 Gefallene, 231 Verwundete und 31 Kriegsgefangene gemeldet. Vermutlich waren es noch sehr viel mehr Verluste, die aber in der Hitze des Gefechts gar nicht verzeichnet werden konnten.

Nach zuverlässigen Schätzungen soll die Sowjetunion insgesamt etwa 77000 Flugzeuge verloren haben, wovon ungefähr 45000 durch die Jagdwaffe abgeschossen wurden. In dieser Zahl sind etwa 16000 Abschüsse enthalten, die von deutschen Waffenbrüdern oder Verbündeten erzielt wurden. Der Rest wurde Opfer der deutschen Flak oder am Boden vernichtet. Offiziell gibt es keine Zahlen über Personalverluste, aber recht genaue Schätzungen lassen die Annahme zu, daß ungefähr 40000 russische Piloten gefallen sind.

120000 Feindflugzeuge hat die Luftwaffe während des Krieges vernichtet, 70000 davon gingen auf das Konto der Jagdwaffe, der Rest auf Flak- und andere Kampftätigkeit.

Aus den Zahlen geht hervor, daß die Flugzeugverluste der Russen etwa doppelt so hoch wie die der Westalliierten waren. Demnach darf man den Berichten Glauben schenken, die über die erbittert geführten Luftkämpfe an der Ostfront keinen Zweifel aufkommen lassen.

Von den über 28000 ausgebildeten Jagdfliegern der Luftwaffe überlebten weniger als 1400 den Krieg.

Der Weg zurück war für die einstigen Helden der Nation eine bittere und steinige Erfahrung.

Epilog
Zurück in der Heimat

Trotz übermenschlicher Anstrengungen konnten es die deutschen Jagdflieger nicht schaffen, die überwältigende Niederlage, die sich für die Wehrmacht anbahnte, abzuwenden. Auch die Truppenführer, die ihre Karriere und selbst ihr Leben aufs Spiel setzten, wenn sie sich gegen die Meinung des Oberkommando der Luftwaffe stellten, konnten gegen Inkompetenz und wirre Führungsvorstellungen nichts mehr machen. All die Gegenvorstellungen und vernünftigen Argumente von Lützow, Galland, Trautloft und von Maltzahn stießen auf taube Ohren. Und die tapferen Jagdflieger wurden nur so vom Himmel gefegt. Hätte die Jagdwaffe politischer- und militärischerseits die ihr gebührende Unterstützung bekommen, so hätte die Geschichte vielleicht einen anderen Weg genommen.

Als der Krieg vorüber war und Frieden einkehrte, vertrat die öffentliche Meinung in Deutschland den Standpunkt, die Jagdwaffe wäre dafür verantwortlich, daß man den Engländern und Amerikanern bei der Bombardierung und Brandschatzung keinen Einhalt gebot und die vorrückenden alliierten Truppen nicht stoppte. Die Hauptschuld lastete man den Jagdfliegern an, weil es die militärischen Planer schafften, sie zu den Sündenböcken abzustempeln, um ihre eigene Unfähigkeit zu vertuschen. Die historischen Tatsachen belegen es, daß nicht die Jagdwaffe gefehlt hatte, sondern sie statt dessen den Dank des Vaterlandes verdient hätte.

Bei der Rückkehr ins zivile Leben fanden die ehemaligen Jagdflieger erhebliche Schwierigkeiten vor, die ihre Familien und das tägliche Leben belasteten. Wenn sie sich um eine Arbeitsstelle bewarben, die man unbedingt benötigte, mußte jedermann natürlich auf dem Bewerbungsbogen notieren, über welche Berufserfahrung er verfüge. Mögliche Arbeitgeber lehnten es unweigerlich ab, einen Bewerber einzustellen, sobald irgendwo das Wort Jagdflieger erschien. Einmal abgesehen von den Wohlhabenderen und denjenigen, die im Ausland eine Beschäftigung fanden, zählten die Jagdflieger und ihre Familien zu den armen und notleidenden Mitgliedern der neuen deutschen Gesellschaftsschichten. Deutschland war ein geschlagenes Land, und die Regierung mußte Reparationen zahlen und die Besatzungsarmeen freihalten. Für die ehemaligen Helden der Nation war kein Geld vorhanden. Von 1945 bis 1949 konnten sich die meisten Jagdflieger nicht viel leisten.

1949 wurde die Gemeinschaft der Jagdflieger e. V. begründet, um Jagdfliegern bei der Arbeitssuche behilflich zu sein und Angehörigen Gefallener Unterstützung zu gewähren. Die siegreichen Alliierten hatten Deutschland geteilt, und so bemühte sich die Gemeinschaft auch darum, Kameraden, die jenseits des Eisernen Vorhangs lebten, die Flucht in den Westen zu ermöglichen. Die Flucht erfolgte aber erst, wenn man für den Flüchtling eine seinem ehemaligen Dienstgrad entsprechende Arbeitsstelle und eine Wohnmöglichkeit gefunden hatte. Durch großzügige Spenden von Wohltätern, Mitgliedern und Aktionen im »Jägerblatt«, dem offiziellen Organ der Gemeinschaft der Jagdflieger, konnte man genügend Geld zusammenbringen, um manchem in der Gemeinschaft zu einem besseren Lebensstandard zu verhelfen. Langsam gelang es den Mitgliedern, den ihnen in der Gesellschaft angemessenen Stand zurückzugewinnen.

Im selben Jahr zeigte es sich, daß die Luftwaffe eines Tages wieder fliegen würde. Die während des Krieges gegen die Jagdwaffe erhobenen schändlichen Vorwürfe wurden demaskiert, denn sie fielen auf ihre unfähigen Urheber zurück, und richtiggestellt. Ehemalige Jagdflieger erwiesen sich als sehr zuverlässig beim Wiederaufbau der Luftwaffe. Männer, wie die Generäle Trautloft, Steinhoff und Kammhuber, nahmen höchste Dienststellungen ein.

1961 wurde durch die Gemeinschaft der Jagdflieger in Geisenheim am Rhein für die gefallenen Jagdflieger aller

Nationen das Jagdfliegerehrenmal geschaffen. Im besten Sinne echter Kameradschaft nahmen auch Vertreter amerikanischer Jagdfliegergemeinschaften an den Einweihungsfeierlichkeiten teil. Die American Fighter Aces' Association und die American Fighter Pilots' Association hatten großzügig gespendet, um die Kosten des Ehrenmals tragen zu können.

Als besonderer Menschenschlag hielten sich die Jagdflieger in ihrem Leben und Kämpfen an die alte Soldatentugend der Ritterlichkeit. Alle alliierten Piloten, die einst gegen sie kämpften, legen immer wieder Zeugnis dafür ab, wie tapfer, ritterlich und fair deutsche Jagdflieger gewesen sind. Jagdflieger hielten sich immer an die guten Traditionen von Ritterlichkeit und Treue. Sie schrieben eins der farbigsten und unglaublichsten Kapitel in der Kriegsgeschichte.

Anhang

ORDEN

Das Eiserne Kreuz

Das Eiserne Kreuz ist der bekannteste deutsche Orden, mit dem sich zugleich symbolhaft deutsches Soldatentum verbindet. Dieser Orden wurde im März 1813 vom preußischen König Friedrich Wilhelm III. gestiftet. Die Vorlage bildete das Kreuz des Deutschen Ritterordens, der im Mittelalter auf Kreuzzügen gegen die Sarazenen kämpfte. König Friedrich Wilhelm beauftragte den berühmten preußischen Architekten Schinkel, einen schönen und schlichten Orden zu entwerfen. Jeder konnte das Eiserne Kreuz ohne Rücksicht auf Rang und Dienststellung erwerben. Im Deutsch-Französischen Krieg erneuerte König Wilhelm I. im Juli 1870 den Orden für die Dauer des Krieges. Zu Beginn des Ersten Weltkrieges ließ ihn Kaiser Wilhelm im August 1914 wieder aufleben, und am 15. März 1915 verordnete er, daß der Orden auch an Angehörige verbündeter ausländischer Staaten verliehen werden durfte. Die traditionelle Klasseneinteilung blieb unverändert.

Mit Beginn des Zweiten Weltkriegs wurde der bisher rein preußische Orden als deutscher Orden zum dritten Male erneuert. Das Eiserne Kreuz wurde in Form der I. Klasse und II. Klasse verliehen. Die I. Klasse stand über der II. Klasse und konnte nur erworben werden, wenn der Empfänger schon die II. Klasse verliehen bekommen hatte.

Das Ritterkreuz

Der Pour le mérite (abfällig auch ›Blauer Max‹ genannt) war der höchste deutsche Tapferkeitsorden im Ersten Weltkrieg, der nur an Offiziere verliehen wurde (Unteroffiziere und Mannschaften erhielten das Militär-Verdienst-Kreuz in Gold; d.Ü.). Als Ersatz für den kaiserlichen Orden Pour le mérite wurde im September 1939 die neue Klasse des Ritterkreuzes zum Eisernen Kreuz geschaffen, die nun allen Dienstgraden der Wehrmacht offenstand. Das Ritterkreuz war der höchste Orden der Wehrmacht im Kriege.

Das Ritterkreuz war die nächste Stufe nach dem Eisernen Kreuz I. Klasse, das dann noch erweitert wurde: Ritterkreuz des Eisernen Kreuzes mit Eichenlaub – mit Eichenlaub und Schwertern – mit Eichenlaub, Schwertern und Brillanten. Es gab noch zwei höhere Stufen, die aber nur je einmal verliehen wurden.

Das Ritterkreuz wurde als Halsorden mit einem Band in den Farben schwarz-weiß-rot getragen. Es wurde verliehen für besondere Tapferkeit vor dem Feind und hervorragende Verdienste in der Truppenführung. Einmalige hervorragende Tapferkeit reichte für die Verleihung nicht aus. Somit entsprachen die Verleihungsbedingungen genau dem Pour le mérite. Wer das Ritterkreuz erhalten hatte und weitere außergewöhnliche Leistungen an der Front vollbracht hatte, bekam als nächste Stufe das Eichenlaub verliehen, dann die Schwerter und schließlich die Brillanten. Im Gegensatz zum englischen Victoria Cross oder der amerikanischen Congressional Medal of Honor wurde das Ritterkreuz nie für eine einmalige, noch so heldenhafte Tapferkeitstat vor dem Feinde verliehen.

Das Ritterkreuz wurde insgesamt 7500mal verliehen, an die Luftwaffe 1739mal, davon in den Stufen Ritterkreuz 1483mal, mit Eichenlaub 192mal, mit Schwertern 41mal, mit Brillanten 12mal. Das Goldene Eichenlaub und das Großkreuz des Eisernen Kreuzes wurde je einmal verliehen.

ORGANISATION DER JAGDWAFFE UND MARKIERUNGEN VON FLUGZEUGEN

Die taktische Einheit in der Jagdwaffe war die Rotte mit zwei Flugzeugen. Zwei Rotten bildeten den Schwarm und drei oder vier Schwärme die Staffel. Entsprechend dem Dreiersystem bildeten drei Staffeln eine Gruppe und drei bis vier Gruppen den größten verlegbaren, unter einheitlicher Führung stehenden Verband: Das Jagdgeschwader.

Personal- und Materialumfang der Jagdgruppen und Jagdgeschwader hingen vom Einsatzauftrag und der Zahl von verfügbaren Flugzeugen und Piloten ab. Selbst wenn das Geschwader unter einheitlicher Führung stand, bedeutete das nicht, daß es alleine von einem Platz aus oder nur in einem Frontabschnitt operierte. Die Jagdwaffe war eine sehr bewegliche Organisation. Gruppen oder gar Staffeln hatten oft Einsatzräume, die Hunderte von Kilometern auseinanderlagen, je nachdem es die Lage erforderte.

Zur Bezeichnung hatte jedes Jagdgeschwader eine arabische Zahlengruppe, der die Abkürzung JG voranstand. So schrieb man Jagdgeschwader Nr. 51 lediglich JG 51.

Die Gruppen wurden nach römischen Ziffern numeriert, die vor der Jagdgeschwaderbezeichnung, getrennt durch einen Schrägstrich, standen. Die zweite Gruppe des Jagdgeschwaders 51 schrieb sich II./JG 51. Arabische Zahlen hatten die Staffeln, die vor die Jagdgeschwaderbezeichnung gesetzt wurde: 3./JG 51 war die 3. Staffel des JG 51. Die Staffelbezeichnung lehnte sich an die des Geschwaders und nicht an die der Gruppe an.

Bei der Identifizierung konnte es nicht zu Verwechslungen kommen, weil zu jeder Gruppe bestimmte Staffeln gehörten. Wenn man dieses System einmal begriffen hat, kann man sofort erkennen, welche Staffel zu welcher Gruppe welches Geschwaders gehört. Die 1., 2. und 3. Staffel gehörten zur I. Gruppe, die 4., 5. und 6. zur II. Gruppe, die 7., 8. und 9. zur III. Gruppe und die 10., 11. und 12. zur IV. Gruppe. Demnach besagt, daß die 3./JG 51 die 3. Staffel der I. Gruppe des Jagdgeschwaders 51 ist.

Unter diesen Bedingungen war es erforderlich, eine schnelle, klare Erkennung der verschiedenen Flugzeuge innerhalb der Staffel zu entwickeln. So entstand die Kombination von Zahlen und Farben. Die Flugzeuge der Staffel wurden durchnumeriert von 1 bis 12. Die Zahlen wurde am Rumpf zwischen Führerseite und Balkenkreuz aufgemalt. Die 1., 4., 7. und 10. Staffel hatte weiße Nummern, die 2., 5., 8. und 11. rote und die 3., 6., 9. und 12. gelbe Nummern.

Ähnlich hatte jede Gruppe ein Erkennungszeichen, das am Rumpf zwischen Balkenkreuz und Flugzeugheck angebracht war. Die I. Gruppe hatte kein Zeichen, die II. einen Querbalken, die III. hatte zunächst eine Wellenlinie und später einen senkrechten Balken, während die IV. Gruppe zunächst einen schwarzen Punkt hatte, der aber häufig mit der englischen Kokarde verwechselt und daher gegen ein kleines Balkenkreuz ausgetauscht wurde.

Mit dieser Kennzeichung konnte man auf einen Blick erfassen, welcher Pilot aus welcher Staffel und Gruppe die Maschine flog. Nehmen wir als Beispiel die Weiße Drei mit senkrechtem Balken: Es ist das Flugzeug Nummer 3 der 7. Staffel in der III. Gruppe. Wir wissen, daß die 7., 8. und 9. Staffel zur III. Gruppe gehört, aber nur die 7. Staffel hat weiße Nummern.

Gewöhnlich flog der Staffelkapitän das Flugzeug mit der Nummer Eins seiner Staffel.

Besondere Kennzeichen gab es für den Geschwaderkommodore und seinen Stab. Ähnliche, eher entsprechende Markierungen hatten die Gruppenkommandeure und ihre Stabsoffiziere. Meist flog der Geschwaderschwarm seine Feindflüge unabhängig vom Geschwaderverband. Die Skizzen zeigen die verschiedenen Markierungen, bezogen auf das Geschwader und die Gruppen, wie sie beiderseits des Rumpfes hinter dem Führersitz um das Balkenkreuz angeordnet waren. Die Symbole waren in schwarzer Farbe, die von weißer Umrandung eingefaßt waren.

DIENSTSTELLEN UND DIENSTGRADE DER LUFTWAFFE

In der Luftwaffe gab es eine Spanne von Dienstgraden des Führungspersonals, denn der Dienstgrad hatte keinen direkten Bezug zur eingenommenen Dienststellung. So konnte ein Gruppenkommandeur den Dienstgrad eines Hauptmanns, Majors oder Oberstleutnants haben. Dem Leser mag die folgende Übersicht darüber Klarheit geben:

Dienststellung	Dienstgrad
Oberbefehlshaber der Luftwaffe	Reichsmarschall
Chef des Generalstabes der Luftwaffe	General der Flieger Generaloberst
Luftflotte	General der Flieger Generalfeldmarschall
Fliegerkorps	Generalleutnant General der Flieger
Fliegerdivision	Generalmajor Generalleutnant General der Flieger

Dienststellung	Dienstgrad
Geschwader 120 Flugzeuge (Kommodore)	Major/Oberstleutnant Oberst/Generalmajor
Gruppe 30-48 Flugzeuge (Gruppenkommandeur)	Major/Hauptmann Oberstleutnant
Staffel 9-12 Flugzeuge (Staffelkapitän)	Oberleutnant Hauptmann
Schwarm (4 Flugzeuge) Kette (3 Flugzeuge) (Schwarmführer)	Unteroffizier Leutnant Oberleutnant

LUFTWAFFENDIENSTGRADE IM VERGLEICH ZUR RAF UND USAAF

Luftwaffenabkürzung	Luftwaffe	RAF	USAAF
Ofhr.	Oberfähnrich	—	Cadet
Fw.	Feldwebel	Sergeant	Sergeant
Obfw.	Oberfeldwebel	Sergeant Major	Master Sergeant oder Warrant Officer
Gefr.	Gefreiter	Lance Corporal	Private 1st Class
Uffz.	Unteroffizier	Corporal	Corporal
Lt.	Leutnant	Pilot Officer	2nd Lieutenant
Oblt.	Oberleutnant	Flying Officer	Lieutenant
Hptm.	Hauptmann	Flight Lieutenant	Captain
Maj.	Major	Squadron Leader	Major
Oberstlt.	Oberstleutnant	Wing Commander	Lt. Colonel
Oberst	Oberst	Group Captain	Colonel
Gen. Maj.	Generalmajor	Air Commodore	Brig. General
Gen. Lt.	Generalleutnant	Air Vice Marshal	Maj. General
Gen. d. Fl.	General der Flieger	Air Marshal	Lt. General
Gen. Oberst	Generaloberst	Air Chief Marshal	General
Gen. Feldm.	Generalfeldmarschall	Marshal of the Royal Air Force	General of the Army

LUFTWAFFEN-ABKÜRZUNGEN

Adju.	=	Adjutant
E. Gr.	=	Erprobungsgruppe
Erg. Gr.	=	Ergänzungsgruppe
Fw.	=	Feldwebel
Gefr.	=	Gefreiter
Gr.	=	Gruppe
Hptm.	=	Hauptmann
Jabo	=	Jagdbomber
JG	=	Jagdgeschwader
Kap.	=	Staffelkapitän
Kdr.	=	Gruppenkommandeur
Kdre.	=	Geschwaderkommodore
KG	=	Kampfgeschwader
KGr.	=	Kampfgruppe
LG	=	Lehrgeschwader
Lt.	=	Leutnant
Maj.	=	Major
NAG	=	Nahaufklärungsgruppe
NJG	=	Nachtjagdgeschwader
OKH	=	Oberkommando des Heeres
OKL	=	Oberkommando der Luftwaffe
OKM	=	Oberkommando der Marine
Obfw.	=	Oberfeldwebel
Oblt.	=	Oberleutnant
Oberstlt.	=	Oberstleutnant
RLM	=	Reichsluftfahrtministerium
SG	=	Schlachtgeschwader
SKG	=	Schnelles Kampfgeschwader
St. G.	=	Stukageschwader
TG	=	Transportgeschwader
TO	=	Technischer Offizier
Uffz	=	Unteroffizier
ZG	=	Zerstörergeschwader

SIE FLOGEN DIE ME 109

(eine unvollständige alphabetische Auflistung über die Zahl der Luftsiege)

Name	Luftsiege
Adam, Heinz-Günther	7
Ademeit, Horst	166
Adolph, Walter	28
Ahnert, Heinz-Wilhelm	57
Ahrens, Peter	11
Aistleitner, Johann	12
Andel, Peter	6
Babenz, Emil	24
Bachnick, Herbert	80
Badum, Johann	54
Bär, Heinrich »Heinz«	220
Balthasar, Wilhelm	47
Bareuther, Herbert	56
Barkhorn, Gerhard	301
Bartels, Heinrich	99
Barten, Franz	53
Bartz, Erich	30
Batz, Wilhelm	237
Bauer, Konrad	60
Bauer, Viktor	106
Becker, Paul	20
Beckh, Friedrich	48
Beerenbrock, Franz-Josef	117
Beese, Artur	22
Beißwenger, Hans	152
Belser, Helmut	36
Bendert, Karl-Heinz	54
Bennemann, Helmut	92
Benz, Siegfried	6
Berres, Heinz-Edgar	53
Bertram, Otto	21
Beutin, Gerhard	60
Beyer, Franz	81
Beyer, Georg	8
Beyer, Heinz	33
Bierwirth, Heinrich	8
Birkner, Hans-Joachim	117
Bitsch, Emil	108
Blazytko, Franz	29

Name	Luftsiege	Name	Luftsiege
Bleckmann, Günther	27	Crinius, Wilhelm	114
Bloemertz, Günther	10	Crump, Peter	31
Blume, Walter	14	Dahl, Walther	128
Bob, Hans-Ekkehard	59	Dahmer, Hugo	57
Böhm-Tettelbach, Karl	40	Dähne, Paul-Heinrich	100
Bohn, Kurt	5	Dammers, Hans	113
Bolz, Helmut-Felix	56	Darjes, Emil	82
Bonin, Hubertus von	77	Denk, Gustav	67
Borchers, Adolf	132	Dickfeld, Adolf	136
Boremski, Eberhard von	90	Dietze, Gottfried	5
Börngen, Ernst	45	Dinger, Fritz	67
Borreck, Hans-Joachim	5	Dipple, Hans	19
Borris, Karl	43	Dirksen, Hans	5
Böwing-Treuding, Wolfgang	46	Dittlmann, Heinrich	57
Brändle, Werner-Kurt	180	Döbele, Anton	94
Brandt, Paul	34	Döbrich, Hans-Heinrich	70
Brandt, Walter	57	Dombacher, Kurt	68
Bremer, Peter	40	Dörr, Franz	128
Brendel, Joachim	189	Dörre, Edgar	9
Bretnütz, Heinz	37	Dortenmann, Hans	38
Bretschneider, Klaus	40	Düllberg, Ernst	50
Brewes	18	Düttmann, Peter	152
Broch, Hugo	81	Ebbinghausen, Karl	7
Brocke, Jürgen	45	Ebeling, Heinz	18
Broennle, Herbert	57	Ebener, Kurt	57
Brükel, Wendelin	14	Ebersberger, Kurt	27
Brunner, Albert	53	Eberwein, Manfred	56
Buchner, Hermann	58	Eckerle, Franz	59
Bucholz, Max	30	Eder, Georg-Peter	78
Bühligen, Kurt	112	Edmann, Johannes	5
von Bülow-Bothkamp, Hilmer		Ehlen, Karl-Heinz	7
»Harry« (+ 6 im I. WK)	18	Ehlers, Hans	52
Bunzek, Johannes	75	Ehrenberger, Rudolf	49
Burckhardt, Lutz-Wilhelm	58	Ehrler, Heinrich	209
Burk, Alfred	56	Eichel-Streiber, Diethelm von	96
Bürschgens, Josef	10	Eickhoff	5
Busch, Erwin	8	Einsiedel, Heinrich Graf von	35
Busse, Heinz	22	Eisenach, Franz	129
Carganico, Horst	60	Ellenrieder, Xavier	12
Cech, Franz	65	Engfer, Siegfried	58
Christof, Ernst	9	Ettel, Wolf-Udo	124
Claude, Emil	27	Ewald, Heinz	84
Clausen, Erwin	132	Ewald, Wolfgang	78
Cordes, Heine	52	Fassong, Horst-Günther von	136

Name	Luftsiege	Name	Luftsiege
Fast, Hans-Joachim	5	Grasser, Hartmann	103
Fengler, Georg	16	Graßmuck, Berthold	65
Findeisen, Herbert	67	Gratz, Karl	138
Fink, Günther	46	Grislawski, Alfred	133
Fleig, Erwin	66	Grollmus, Helmut	75
Fönnekold, Otto	136	Gromotka, Fritz	27
Fözö, Josef	27	Groß, Alfred	52
Francsi, Gustav	56	Grünberg, Hans	82
Franke, Alfred	59	Grünlinger, Walter	7
Franzisket, Ludwig	43	Grzymalla, Gerhard	7
Freuwörth, Wilhelm	58	Guhl, Hermann	15
Frey, Hugo	32	Günther, Joachim	11
Freytag, Siegfried	102	Guttmann, Gerhard	10
Friebel, Herbert	58	Haas, Friedrich	74
Fröhlich, Hans-Jürgen	5	Haase, Horst	82
Fuchs, Karl	67	Hachtel, August	5
Fuhrmann, Erich	5	Hacker, Joachim	32
Füllgrabe, Heinrich	65	Hackl, Anton	192
Fuß, Hans	71	Hackler, Heinrich	56
Gabl, Pepi	38	Hafner, Anton	204
Gaiser, Otto	74	Hafner, Ludwig	52
Galland, Adolf	104	Hahn, Hans »Assi«	108
Galland, Paul	17	Hahn, Hans von	34
Galland, Wilhelm-Ferdinand	55	Haiböck, Josef	77
Gallowitsch, Bernd	64	Hammerl, Karl	63
Gartner, Josef	6	Handrick, Gotthardt	20
Gath, Wilhelm	14	Hannak, Günther	47
Geißhardt, Friedrich »Fritz«	102	Hannig, Horst	98
Gentzen, Hannes	18	Harder, Harro	22
Gerhard, Dieter	8	Harder, Jürgen	64
Gerhard, Günther	18	Hartigs, Hans	6
Gerhardt, Werner	13	Hartmann, Erich	352
Gerth, Werner	30	Hauswirth, Wilhelm	54
Gienanth, Eugene von	10	Heckmann, Alfred	71
Glunz, Adolf	71	Heckmann, Günther	20
Golinski, Heinz	47	Heimann, Friedrich	30
Gollob, Gordon M.	150	Hein, Kurt	8
Goltzsch, Kurt	43	Heinecke, Hans-Joachim	28
Gommann, Heinz	12	Henrici, Eberhard	7
Gossow, Heinz	70	Hermichen, Rolf	64
Gottlob, Heinz	6	Herrmann, Hajo	9
Götz, Franz	63	Herrmann, Isken	56
Götz, Hans	82	Heuser, Heinrich	5
Graf, Hermann	212	Heyer, Hans-Joachim	53

Name	Luftsiege	Name	Luftsiege
Hilleke, Otto-Heinrich	6	Keil, Georg	36
Hirschfeld, Ernst-Erich	45	Kelch, Günther	13
Hoeckner, Walter	68	Keller, Hannes	24
Höfemeier, Heinrich	96	Keller, Lothar	20
Hoffmann, Gerhard	125	Kelter, Kurt	60
Hoffmann, Heinrich	63	Kemethmüller, Heinz	89
Hoffmann, Hermann	8	Kempf, Karl-Heinz	65
Hoffmann, Reinhold	66	Kiefner, Georg	11
Hoffmann, Karl	70	Kientsch, Willi	52
Hofmann, Wilhelm	44	Kirchmayr, Rüdiger von	46
Hohagen, Erich	55	Kirschner, Joachim	188
Holl, Walter	7	Kittel, Otto	267
Holler, Kurt	18	Klein, Alfons	39
Holtz, Helmut	56	Klemm, Rudolf	42
Homuth, Gerhard	63	Klöpper, Heinrich	94
Hoppe, Helmut	24	Knappe, Kurt	54
Hörschelmann, Jürgen	44	Knauth, Hans	26
Hrabak, Dietrich »Dieter«	125	Knittel, Emil	50
Hrdlicka, Franz	96	Knoke, Heinz	44
Hübner, Eckhard	47	Koall, Gerhard	37
Hübner, Wilhelm	62	Köppen, Gerhard	85
Hülshoff, Karl	24	Köhler, Armin	69
Huppertz, Herbert	68	Kolbow, Hans	27
Huy, Wolf-Dietrich	40	König, Hans-Heinrich	24
Ihlefeld, Herbert	130	Körner, Friedrich	36
Isken, Eduard	56	Korts, Berthold	113
Jackel, Ernst	8	Koslowski, Eduard	12
Javer, Erich	12	Kosse, Wolfgang	11
Jenne, Peter	17	Krafft, Heinrich	78
Jennewein, Josef	86	Krahl, Karl-Heinz	
Jessen, Heinrich	6	Kroh, Hans	22
Johannsen, Hans	8	Kroschinski, Hans-Joachim	76
Joppien, Hermann-Friedrich	70	Krug, Heinz	9
Josten, Günther	178	Krupinski, Walter	197
Jung, Harald	20	Kühlein, Elias	36
Jung, Heinrich	68	Kunz, Franz	12
Kageneck, Erbo Graf von	67	Kutscha, Herbert	47
Kaiser, Herbert	68	Lang, Emil	173
Kalden, Peter	84	Lange, Friedrich	8
Kalkum, Adolf	57	Lange, Gerhard	5
Kaminski, Herbert	7	Lange, Heinz	70
Karch, Fritz	47	Langer, Karl-Heinz	30
Kayser, August	25	Laskowski, Erwin	46
Kehl, Dietrich	6	Lasse, Kurt	39

Name	Luftsiege	Name	Luftsiege
Laub, Karl	7	Mayer, Otto	22
Lausch, Bernhard	39	Mayer, Wilhelm	27
Leber, Heinz	54	Mayerl, Maximilian	76
Leesmann, Karl-Heinz	37	Meckel, Helmut	25
Leibold, Erwin	11	Meier, Johann-Hermann	77
Leie, Erich	118	Meimberg, Julius	53
Lemke, Siegfried	96	Meltzer	35
Lemke, Wilhelm	131	Menge, Robert	18
Leppla, Richard	68	Mertens, Helmut	97
Leuschel, Rudolf	9	Meyer, Conny	
Leykauf, Erwin	33	Meyer, Eduard	18
Liebelt, Fritz	25	Meyer, Walter	18
Lieres, Carl von	31	Michalek, Georg	59
Liesendahl, Frank	50	Michalski, Gerhard	73
Lignitz, Arnold	25	Miethig, Rudolf	101
Lindelaub, Friedrich	5	Mietusch, Klaus	72
Lindemann, Theodor	7	Mink, Wilhelm	72
Lindner, Anton	73	Mischkot, Bruno	7
Lindner, Walter	64	Missner, Helmut	82
Linz, Rudolf	70	Mölders, Werner	115
Lipfert, Helmut	203	Moritz, Wilhelm	44
Lippert, Wolfgang	29	Mors, August	60
Litjens, Stefan	38	Müller, Friedrich-Karl »Tutti«	140
Loos, Gerhard	92	Müller, Kurt	5
Loos, Walter	38	Müller, Rudolf	101
Losigkeit, Fritz	68	Müller, Wilhelm	10
Lucas, Werner	106	Müller-Dühe, Gerhard	5
Lücke, Max-Hermann	81	Müncheberg, Joachim	135
Lüddecke, Fritz	50	Munderloh, Georg	20
Lüders, Franz	5	Münster, Leopold	95
Lützow, Günther	108	Munz, Karl »Fox«	60
Machold, Werner	32	Mütherich, Hubert	43
Mackenstedt, Willy	6	Naumann, Johannes	34
Mader, Anton	86	Nemitz, Willi	81
Mai, Lothar	90	Neu, Wolfgang	12
Makrocki, Wilhelm	9	Neuhoff, Hermann	40
Maltzahn, Günther Freiherr von	68	Neumann, Eduard	13
Marquardt, Heinz	121	Neumann, Helmut	62
Marseille, Hans-Joachim	158	Neumann, Karl	75
Matoni, Walter	44	Neumann, Klaus	37
Matzak, Kurt	18	Ney, Siegfried	11
May, Lothar	45	Nordmann, Karl-Gottfried	78
Mayer, Egon	102	Norz, Jakob	117
Mayer, Hans-Karl	38	Nowotny, Walter	258

Name	Luftsiege	Name	Luftsiege
Obleser, Friedrich	127	Roch, Eckhard	5
Ohlrogge, Walter	83	Rödel, Gustav	98
Olejnik, Robert	41	Roehrig, Hans	75
Omert, Emil	70	Rohwer, Detlev	38
Oesau, Walter	123	Rollwage, Herbert	102
Osterkamp, Theodor (+ 32 im I. WK)	6	Romm, Oskar	92
Ostermann, Max-Hellmuth	102	Roßmann, Edmund	93
Petermann, Viktor	64	Roth, Willi	20
Peters, Erhard	22	Rübell, Günther	47
Pfeiffer, Karl	10	Rudorffer, Erich	222
Pflanz, Rudolf	52	Rüffler, Helmut	70
Pfüller, Helmut	28	Ruhl, Franz	64
Philipp, Hans	206	Rupp, Friedrich	53
Philipp, Wilhelm	81	Rysayy, Martin	8
Pichler, Johann	75	Sachsenberg, Heinz	104
Piffer, Anton-Rudolf	26	Sattig, Karl	53
Pingel, Rolf	26	Schacht, Emil	25
Plucker, Karl-Heinz	34	Schack, Günther	174
Pöhs, Josef	43	Schall, Franz	137
Polster, Wolfgang	5	Schauder, Paul	20
Pragen, Hans	23	Scheel, Günther	71
Preinfalk, Alexander	76	Scheer, Klaus	24
Priller, Josef »Pips«	101	Schellmann, Wolfgang	26
Pringle, Rolf-Peter	22	Schentke, Georg	90
Puschmann, Herbert	54	Scheyda, Erich	20
Quaet-Faslem, Klaus	49	Schieß, Franz	67
Quante, Richard	44	Schilling, Wilhelm	50
Quast, Werner		Schleef, Hans	98
Rademacher, Rudolf	126	Schleinghege, Hermann	96
Radener, Waldemar	36	Schlichting, Joachim	8
Rall, Günther	275	Schmid, Johannes	41
Rammelt, Karl	46	Schmidt, Erich	47
Rauch, Alfred	60	Schmidt, Gottfried	8
Redlich, Karl-Wolfgang	43	Schmidt, Heinz »Johnny«	173
Reiff	48	Schmidt, Johannes	12
Reinert, Ernst-Wilhelm	174	Schmidt, Rudolf	51
Reinhard, Emil	42	Schmidt, Winifrid	19
Reischer, Peter	19	Schneider, Gerhard	41
Remmer, Hans	26	Schneider, Walter	20
Resch, Anton	91	Schnell, Karl-Heinz	72
Resch, Rudolf	94	Schnell, Siegfried	93
Reschke, Willi	26	Schnörrer, Karl »Quax«	46
Richter, Hans	22	Schönfelder, Helmut	56
Richter, Rudolf	70	Schöpfel, Gerhard	40

Name	Luftsiege	Name	Luftsiege
Schramm, Herbert	42	Stendel, Fritz	39
Schröer, Werner	114	Stengel, Walter	34
Schuck, Walter	206	Sternberg, Horst	23
Schulte, Franz	46	Sterr, Heinrich Bazi	130
Schultz, Otto	73	Stolle Bruno	35
Schulwitz, Gerhard	9	Stolte, Paul-August	5
Schulz, Otto	51	Stotz, Maximilian	189
Schwaiger, Franz	67	Strakeljahn, Friedrich-Wilhelm	18
Schwartz, Gerhard	20	Straßl, Hubert	67
Schwarz, Erich	11	Strelow, Hans	68
Seegatz, Hermann	31	Stritzel, Fritz	19
Seeger, Günther	56	Strohecker, Karl	10
Seelmann, Georg	39	Stumpf, Werner	47
Seidel	20	Sturm, Heinrich	157
Seifert, Johannes	57	Surau, Alfred	46
Seiler, Reinhard	109	Süß, Ernst	70
Semelka, Waldemar	65	Swallisch, Erwin	31
Setz, Heinrich	138	Szugger, Willy	9
Siegler, Peter	48	Tabbat, Adolf	5
Simon	22	Tange, Otto	68
Simsch, Siegfried	95	Tangermann, Kurt	60
Sinner, Rudolf	39	Tanzer, Kurt	143
Sochatzy, Kurt	38	Tautscher, Gabriel	55
Soffing, Waldemar	33	Tegtmeier, Fritz	146
Sommer, Gerhard	20	Teumer, Alfred	76
Späte, Wolfgang	99	Thiel, Edwin	76
Specht, Günther	32	Thyben, Gerhard	157
Spies, Wilhelm	20	Tichy, Eckehard	25
Spreckles, Robert	21	Tietzen, Horst	27
Sprick, Gustav	31	Tonne, Wolfgang	122
Stadek, Karl	25	Trautloft, Hannes	57
Stahlschmidt, Hans-Arnold	59	Trenkel, Rudolf	138
Staiger, Hermann	63	Ubben, Kurt	110
Stammberger, Otto	7	Udet, Hans	20
Stechmann, Hans	33	Ulbrich	33
Stedfeld, Günther	25	Ulenberg, Horst	17
Steffen, Karl	59	Unger, Willi	22
Steffens, Hans Joachim	22	Unzeitig, Robert	10
Steigler, Franz	28	Vandeweerd, Heinrich	6
Steinbatz, Leopold	99	Vechtel, Bernard	108
Steinhausen, Günther	40	Vinzent, Otto	44
Steinhoff, Johannes	176	Vogel, Ferdinand	33
Steinmann, Wilhelm	44	Vogt, Heinz-Gerhard	48
Steis, Heinrich	21	Wachowiak, Friedrich	86

Name	Luftsiege	Name	Luftsiege
Wagner, Edmund	57	Willius, Karl	50
Wagner, Rudolf	81	Winkler, Max	21
Waldmann, Hans	134	Winterfeldt, Alexander von	9
Walter, Horst	25	Wischnewski, Hermann	28
Wandel, Joachim	75	Witzel, Hans	14
Weber, Karl-Heinz	136	Wöhnert, Ulrich	86
Wefers, Heinrich	52	Woidich, Franz	110
Wehnelt, Herbert	36	Wolf, Albin	144
Weik, Hans	36	Wolf, Hermann	57
Weiß, Robert	121	Wolf, Robert	21
Weißenberger, Theodor	208	Wolfrum, Walter	137
Weissmann, Ernst	69	Wübke, Waldemar	15
Weneckers	9	Wünsch, Karl	25
Werfft, Peter, Dr.	26	Wünschelmeyr, Karl	16
Wernicke, Heinz »Piepl«	117	Würfel, Otto	79
Wernitz, Ulrich	101	Wurmheller, Josef	102
Werra, Franz von	21	Zeller, Joachim	7
Weßling, Otto	83	Zellot, Walter	85
Westphal, Hans-Jürgen	22	Zimmermann, Oskar	48
Wettstein, Helmut	34	Zink, Fülbert	36
Wever, Walther	60	Zirngibl, Josef	9
Wick, Helmut	56	Zoufahl, Franz-Josef	26
Wiegand, Gerhard	32	Zweigart, Eugen-Ludwig	69
Wiese, Johannes	133	Zwernemann, Josef »Jupp«	126
Wilcke, Wolf-Dietrich	161	Zwesken, Rudi	25

FLUGZEUG-KENNZEICHEN DER JAGDWAFFE

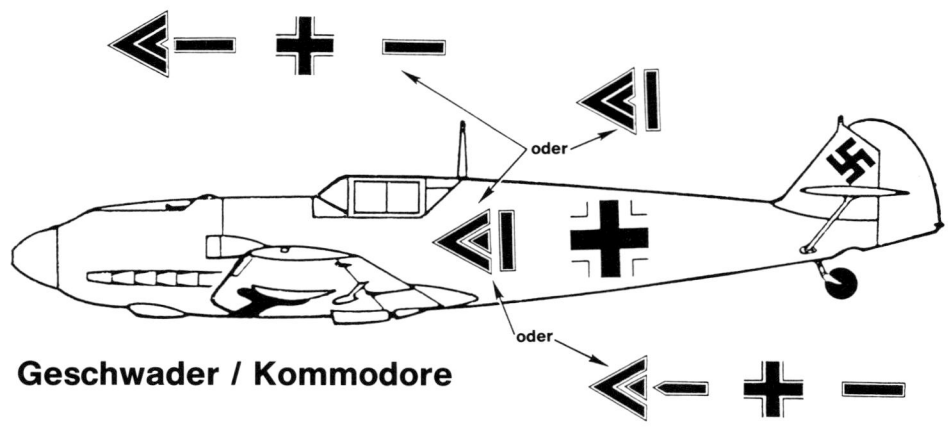

Geschwader / Kommodore

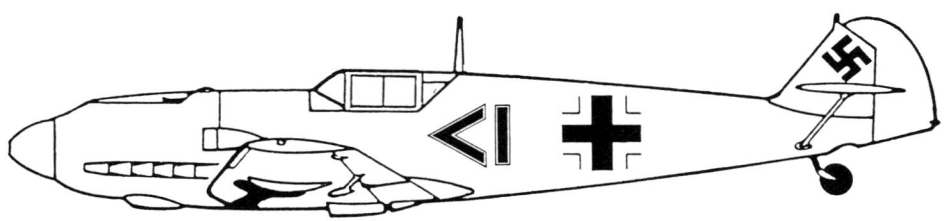

Geschwader / Adjutant

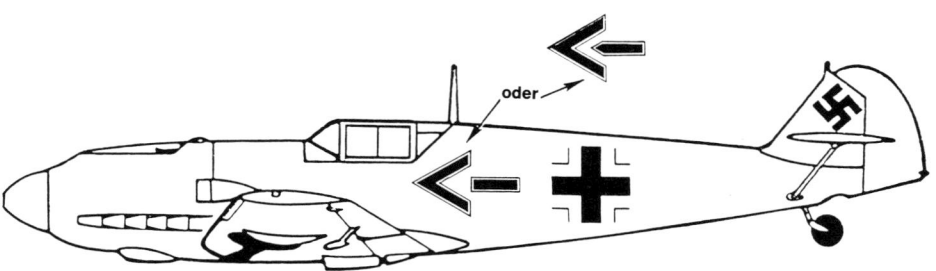

Geschwader / Ia (Einsatzoffizier)

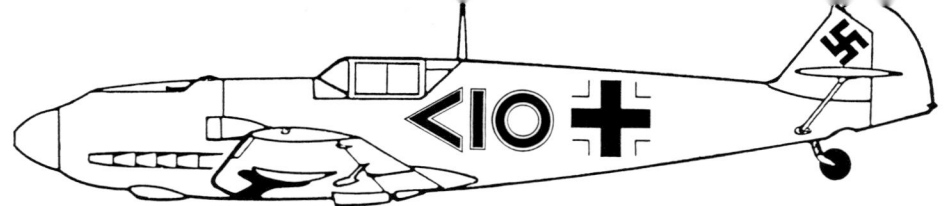

Geschwader / T.O. (Technischer Offizier)

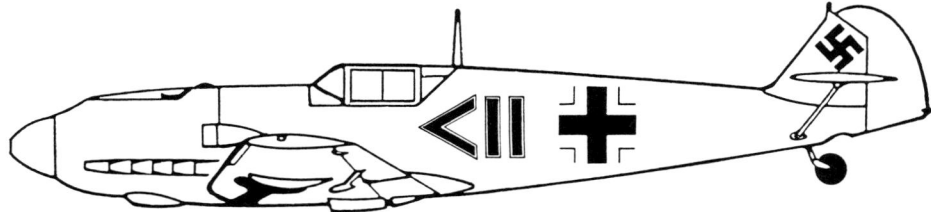

Geschwader / Major beim Stabe

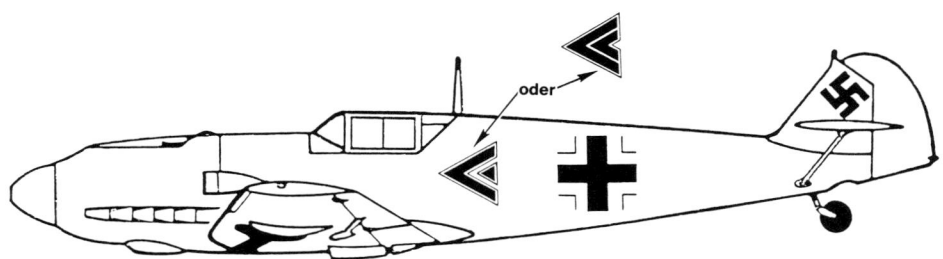

I. Gruppe / Kommandeur

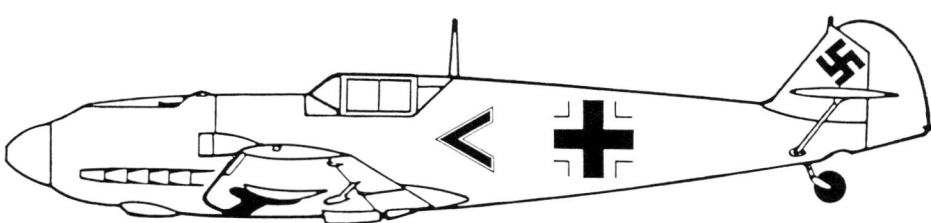

I. Gruppe / Adjutant

229

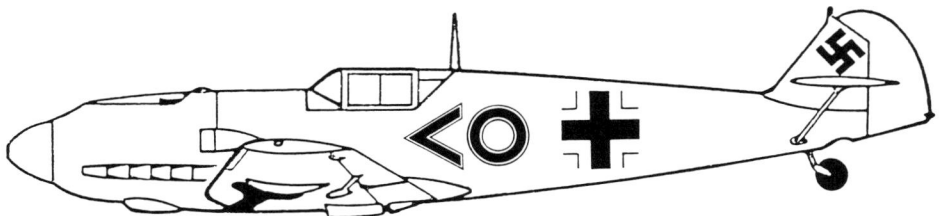

I. Gruppe / T.O. (Technischer Offizier)

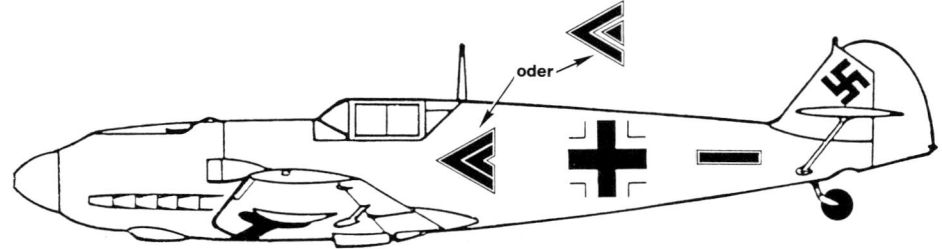

II. Gruppe / Kommandeur

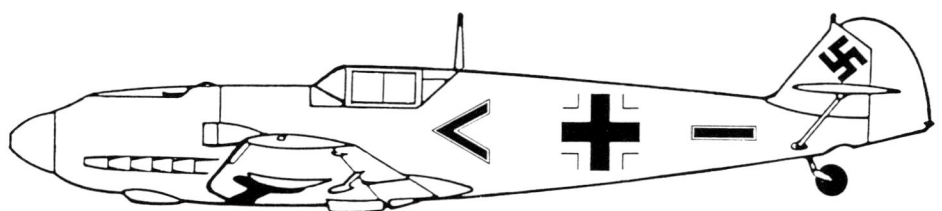

II. Gruppe / Adjutant

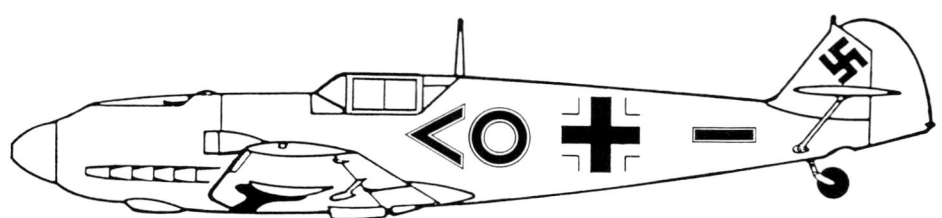

II. Gruppe / T.O. (Technischer Offizier)

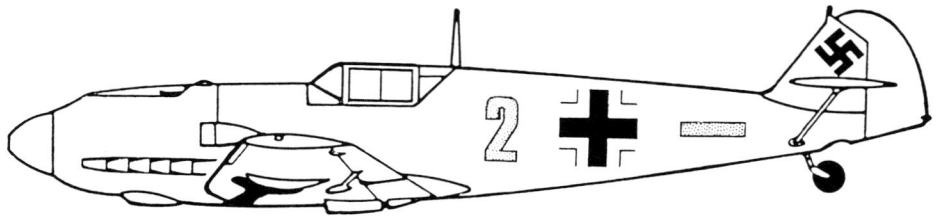

II. Gruppe / 6. Staffel / Gelbe 2

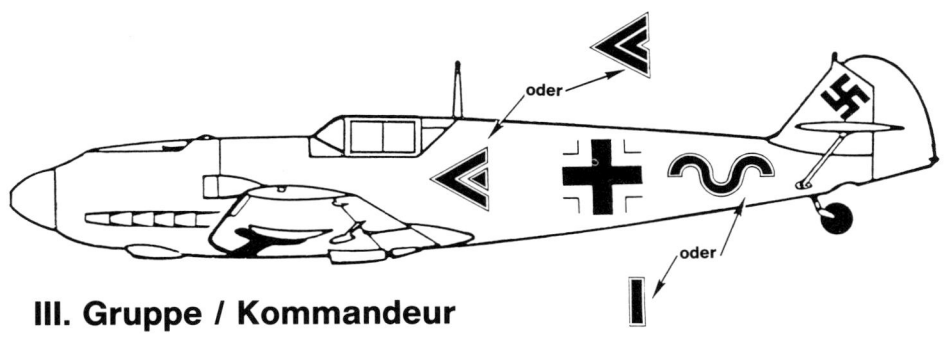

III. Gruppe / Kommandeur

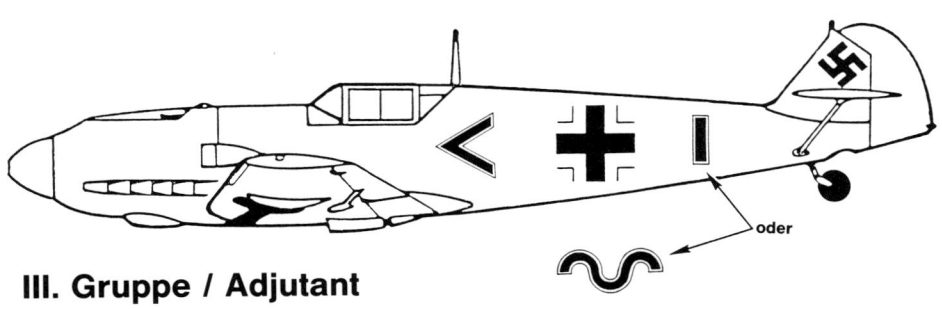

III. Gruppe / Adjutant

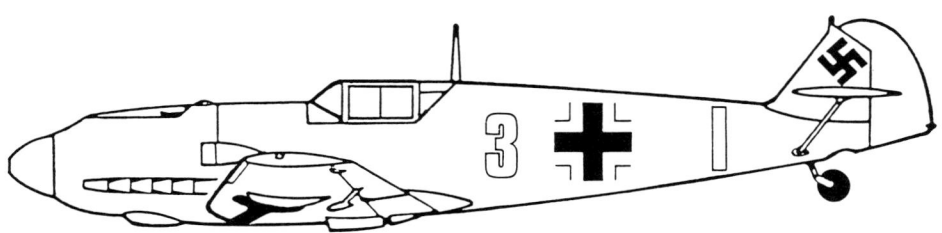

III. Gruppe / 7. Staffel / Weiße 3

231

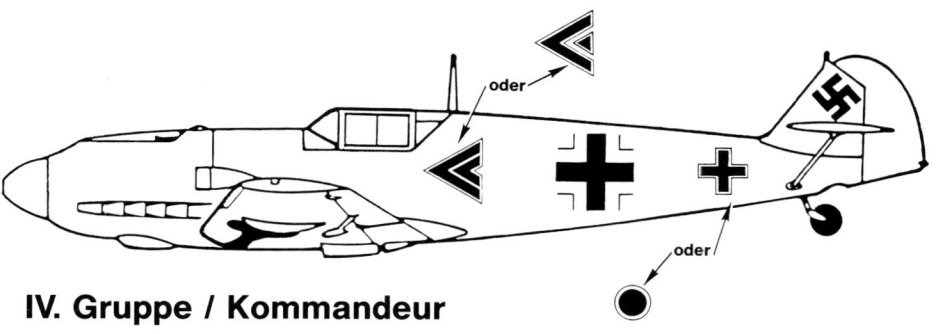

IV. Gruppe / Kommandeur

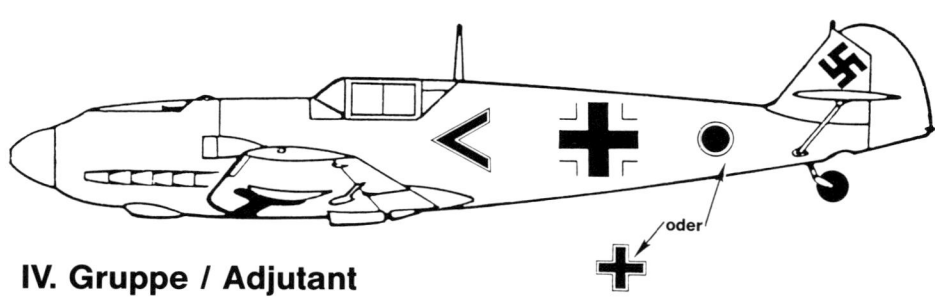

IV. Gruppe / Adjutant

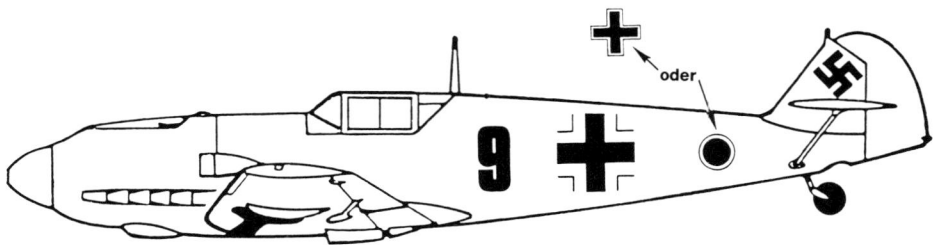

IV. Gruppe / 11. Staffel / Rote 9

Stichwortverzeichnis

Die Me 109 mit Varianten wird nicht im einzelnen erfaßt.